Taschenbuch
Mathematisches Grundwissen
Band 2

TASCHENBUCH MATHEMATISCHES GRUNDWISSEN

BAND 2: Höhere Mathematik

VON Dr. ALFRED HILBERT

Mit 274 Bildern und 282 vorgerechneten Beispielen

VERLAG HARRI DEUTSCH
THUN UND FRANKFURT/M.

CIP–Kurztitelaufnahme der Deutschen Bibliothek

Hilbert, Alfred:

Taschenbuch mathematisches Grundwissen / von
Alfred Hilbert, – Thun: Frankfurt/M.: Deutsch

Bd. 2. Höhere Mathematik. – 1. Aufl. – 1985

ISBN 3-87144-813-3

ISBN 3 87144 813 3

1. Auflage
Lizenzausgabe für den Verlag Harri Deutsch, Thun
Printed in GDR
Gesamtherstellung: Interdruck Graphischer Großbetrieb Leipzig
Redaktionsschluß: 15. 12. 1984

Vorwort

Umfassende und anwendungsbereite mathematische Kenntnisse sind heute unbestreitbar in vielen Berufen sehr nützlich oder gar notwendig. Sie sind unentbehrlich beim Studium naturwissenschaftlicher, technischer oder wirtschaftswissenschaftlicher Disziplinen. Oft wird beim Lösen von Problemen mathematisches Wissen und Können vorausgesetzt, das entweder im Laufe der Zeit in Vergessenheit geraten ist und wieder reaktiviert werden muß oder das im Laufe der Schulzeit nicht erworben wurde, weil es damals nicht Gegenstand des Mathematikunterrichts war und jetzt ergänzt werden muß. Die mathematische Wissenschaft ist gerade in den letzten Jahren um viele neue Erkenntnisse bereichert worden, und das erforderliche Grundwissen zur erfolgreichen Bearbeitung von Problemen der Praxis ist breiter geworden. So gehören heute zu einer soliden **mathematischen Allgemeinbildung** einfache *Sachkenntnisse* aus der mathematischen Logik und Mengenlehre, aus der Wahrscheinlichkeitsrechnung und beschreibenden Statistik und aus der Matrizenrechnung ebenso wie solche aus der Lehre von den Gleichungen, Ungleichungen und Gleichungssystemen, über Funktionen, aus der Geometrie, Vektorrechnung und Infinitesimalrechnung. Es gehören aber auch grundlegende *Verfahrenskenntnisse* dazu wie das Bilden mathematischer Begriffe, das Beweisen mathematischer Aussagen, das Arbeiten mit Größen und mit Näherungswerten und die Nutzung von Rechenhilfsmitteln (einschließlich elektronischer Taschenrechner). Derjenige greift zu einem mathematischen Nachschlagebuch, der sich schnell, umfassend und exakt informieren will; denn eine Formelsammlung gibt zu wenig, ein Lehrbuch ist im allgemeinen zu ausführlich geschrieben.
In dem vorliegenden Nachschlagewerk wird der Stoff der Schulmathematik in 13 Abschnitten systematisch, übersichtlich und faßlich dargestellt.
Die Aufteilung in zwei Bände (Band I: Elementare Mathematik, Band II: Höhere Mathematik) erscheint sinnvoll, um dem jeweiligen Benutzer aus der Sekundarstufe I bzw. II ein handliches und nicht zuletzt auch preiswertes Buch für seine speziellen Bedürfnisse zur Verfügung zu stellen. Die Gliederung der beiden Bände geht aus der Inhaltsübersicht hervor.
Mit dem Abschnitt »Aus der Informatik« soll dem Nutzer ein Überblick über Programmiersprachen im allgemeinen und eine kleine Einführung in die international weit verbreitete Sprache BASIC gegeben werden.
Der Nutzer wird mit typisch mathematischen Denk- und Arbeitsweisen

vertraut gemacht (axiomatisches und strukturelles Arbeiten, Arbeiten mit Größen und Näherungswerten, algorithmisches und heuristisches Arbeiten). Der Stoff wird durch viele Bilder veranschaulicht und durch eine große Anzahl von einprägsamen Beispielen und durch Hinweise erläutert, so daß der Nutzer sofort auf das Wesentliche orientiert wird. *Das Nachschlagebuch will dem Anwender der Mathematik Hilfe bei der Bewältigung seiner Probleme gewähren.* Deshalb und aus Gründen der Beschränkung des Umfangs muß auf die Beweisführung einzelner Sätze verzichtet werden. Wichtige Definitionen, Sätze und Verfahren werden durch einen seitlichen Balken hervorgehoben, ohne diese im einzelnen als solche zu kennzeichnen. Im Text erfolgen Verweise auf andere Abschnitte im Buch, wenn Querverbindungen bestehen, die dem Nutzer das Auffinden weiterer Informationen erleichtern sollen. Auf diese Weise und durch das ausführliche Sachwortverzeichnis soll eine kurze Zugriffszeit gewährleistet werden. Diesem Buch wird eine Übersicht der verwendeten Zeichen (aufgeschlüsselt auf die einzelnen Abschnitte, in denen sie eingeführt werden) vorangestellt. So wurde versucht, einen praktikablen und zuverlässigen Ratgeber auf dem Gebiet der elementaren Mathematik zu schaffen.

Bei dieser schwierigen Arbeit hat mich der Gutachter, Herr Dr. Koch, Leipzig, tatkräftig unterstützt. Für viele Hinweise und Ratschläge bin ich ihm sehr dankbar. Dank gebührt auch dem Verlag sowie den Zeichnern, die auf meine Vorschläge und Wünsche bei der Gestaltung des Buches eingingen und mich in jeder Beziehung unterstützten. Nicht zuletzt möchte ich meiner Frau für ihre Hilfe bei der Anfertigung des Manuskripts und beim Lesen der Korrekturen danken.

Für Vorschläge zur Verbesserung des vorliegenden Nachschlagebuchs sind Autor und Verlag stets dankbar.

Alfred Hilbert

Inhaltsverzeichnis

Übersicht über die in den einzelnen Abschnitten eingeführten Zeichen und ihre Bedeutung

8. Matrizenrechnung

12. Zum praktischen Rechnen mit reellen Zahlen und mit Größen

13. Aus der Informatik

BAND 1 ENTHÄLT:

Übersicht über die in den einzelnen Abschnitten eingeführten Zeichen und ihre Bedeutung

Zeichen	Bedeutung	Einführung auf Seite
6. Funktionen		
$\{0; x, y\}$	Kartesisches Koordinatensystem mit dem Koordinatenursprung 0, der x-Achse und der y-Achse	21
$D(f)$	Definitionsbereich der Funktion f	20
$W(f)$	Wertebereich der Funktion f	20
$x \mapsto y$	Zuordnungspfeil bei Funktionen	20
$P_1(x_1; y_1)$	Punkt der Ebene mit den Koordinaten x_1, y_1	21
f^{-1}	die zu f inverse Funktion	23
(a_k)	Folge mit dem allgemeinen Glied a_k	21
G_u	untere Grenze	61
G_o	obere Grenze	61
$u \circ v$	»u verkettet mit v«; Verkettung zweier Funktionen	30
$x \to a$	»x konvergiert gegen«	68
$\lim\limits_{n \to \infty} a_n$	»Limes a_n für n gegen Unendlich«	68
7. Vektorrechnung		
$\boldsymbol{a}$	Vektor $\boldsymbol{a}$	83
$\boldsymbol{o}$	Nullvektor	83
$-\boldsymbol{a}$	der zu $\boldsymbol{a}$ entgegengesetzte Vektor	83
V^2	Vektorraum der geordneten Paare über $\mathbf{R}$	84
V^3	Vektorraum der geordneten Tripel über $\mathbf{R}$	84
V^n	Vektorraum der geordneten n-Tupel über $\mathbf{R}$	84
E^2	ebene Punktmenge	85
E^3	dreidimensionale Punktmenge	85
V_0^2, V_0^3	Vektorraum der zwei- bzw. dreidimensionalen Ortsvektoren	86
$\overrightarrow{AB}$	Pfeil, gerichtete Strecke, freier Vektor	87
$\lVert\boldsymbol{a}\rVert$	Norm des Vektors $\boldsymbol{a}$	86
$\boldsymbol{b}^T$	der zu $\boldsymbol{b}$ transponierte Vektor	91

Zeichen	Bedeutung	Einführung auf Seite
$\boldsymbol{a} \cdot \boldsymbol{b}$	Skalarprodukt der Vektoren $\boldsymbol{a}, \boldsymbol{b}$	94
$\boldsymbol{a} \times \boldsymbol{b}$	»$\boldsymbol{a}$ Kreuz $\boldsymbol{b}$;« Vektorprodukt der Vektoren $\boldsymbol{a}, \boldsymbol{b}$	100

8. Matrizenrechnung

$A = (a_{ik})_{(m,n)}$	Matrix A vom Typ (m, n) mit dem allgemeinen Element a_{ik}	103
$\tau\ (A)$	Typ einer Matrix	104
(A, s)	Systemmatrix	104
O	die Nullmatrix	109
$-A$	die zu A entgegengesetzte Matrix	109
A^{T}	die transponierte Matrix der Matrix A	110
A^{-1}	die zu A inverse Matrix	128
$\mathrm{Rg}\, A$	Rang der Matrix A	124
$\det A = \|a_{ik}\|$	Determinante der Matrix A	127
$D^{(n)}$	Determinante n-ter Ordnung	136
sgn	Signum	137

9. Wahrscheinlichkeitsrechnung

$A = \{z\}$	zufälliges Ereignis	142
Ω	sicheres Ereignis	143
$\emptyset$	unmögliches Ereignis	143
$\subseteqq$	»zieht nach sich«	143
$A \cup B$	Summe der Ereignisse A, B	144
$A \cap B$	Produkt der Ereignisse A, B	144
$\bar{A}$	das zu A komplementäre Ereignis	146
$A \setminus B$	Differenz der Ereignisse A, B	146
$H_n(A)$	absolute Häufigkeit des Ereignisses A bei n Versuchen	147
$h_n(A)$	relative Häufigkeit des Ereignisses A bei n Versuchen	147
$P(A)$	Wahrscheinlichkeit des zufälligen Ereignisses A	148
$P(A \mid B)$	Wahrscheinlichkeit von A unter der Bedingung B	152
$\bar{x}$	Arithmetischer Mittelwert	165
$\tilde{x}$	Median	166
$\hat{x}$	Modalwert (Mode)	166
$\mathring{x}$	geometrischer Mittelwert	167
$\bar{\bar{x}}$	harmonisches Mittel	167
s^2	Varianz	169
s	Standardabweichung	170

Zeichen	Bedeutung	Einführung auf Seite
10. Analytische Geometrie in der Ebene und im Raum		
$\boldsymbol{p}$	Ortsvektor zum Punkt P	171
λ	Teilverhältnis	172
$\boldsymbol{n}$	Normalenvektor (Stellungsvektor)	181
$\boldsymbol{e}_n$	Normaleneinheitsvektor	183
$\boldsymbol{l}$	Lotvektor	183
m	Anstieg, Richtungsfaktor	186
ε	numerische Exzentrizität	214
p	Halbparameter	219
11. Infinitesimalrechnung		
h; Δx	Argumentdifferenz	230
Δy	Funktionswertdifferenz	230
$\mathrm{d}x$, $\mathrm{d}y$	Differentiale	234
f'; $\frac{\mathrm{d}y}{\mathrm{d}x}$	Differentialquotient, 1. Ableitung der Funktion f	231
f''; $\frac{\mathrm{d}^2y}{\mathrm{d}x^2}$	2. Ableitung der Funktion f	250
$f^{(n)}$; $\frac{\mathrm{d}^ny}{\mathrm{d}x^n}$	n-te Ableitung der Funktion f	250
F	Stammfunktion der Funktion f	269
$\int f(x)\,\mathrm{d}x$	Unbestimmtes Integral f von x dx	270
$\int_a^b f(x)\,\mathrm{d}x$	Integral f von x dx von a bis b	272
$[F(x)]_a^b$	$F(b) - F(a)$	276
12. Zum praktischen Rechnen mit reellen Zahlen und mit Größen		
$:=$	Ergibtanweisung	290
$\sum_{i=1}^{n}$	Summenzeichen	293
$\prod_{i=1}^{n}$	Produktzeichen	293
$\binom{n}{k}$	»n über k«; Binomialkoeffizient	299
$\ll$	»sehr viel kleiner als«	310
ε	absoluter Fehler	312
Δa	Schranke für den absoluten Fehler eines Näherungswertes a	312
δ	Schranke für den relativen Fehler eines Näherungswertes a	312
$\approx$	»ist angenähert«	311

6. Reelle Funktionen

6.1. Zum Funktionsbegriff

6.1.1. Definition des Begriffs »Funktion«

(1) Eine eindeutige Abbildung von einer Menge X auf eine Menge Y heißt **Funktion** (↗ 2.4.3.).

Funktionen werden im allgemeinen mit kleinen lateinischen Buchstaben, z. B. f, bezeichnet.
Die Menge X heißt **Definitionsbereich** der Funktion f (Bezeichnung mit $D(f)$), ihre Elemente werden **Argumente** genannt. Die Menge Y heißt **Wertebereich** der Funktion f (Bezeichnung mit $W(f)$), ihre Elemente werden **Funktionswerte** genannt. Eine Funktion ist eine Teilmenge der Produktmenge $X \times Y$ (↗ 2.4.1.). Sie ist demnach **eine Menge geordneter Paare** $(x; y)$, wobei jedem Argument $x \in D(f)$ genau ein Funktionswert $y \in W(f)$ zugeordnet wird.
Die Zuordnung eines Funktionswertes y zu dem Argument $x \in D(f)$ wird bei der Funktion f durch

$$f\colon\ x \mapsto y = f(x) \quad (x \in D(f))$$

oder kurz durch

$$y = f(x) \quad (x \in D(f))$$

ausgedrückt.

(2) Häufigste Art der Angabe einer Zuordnungsvorschrift für eine Funktion (↗ 2.4.3.) ist eine **Funktionsgleichung** (mit zwei Variablen) **und die Angabe des Definitionsbereichs.**

Zusammenhang zwischen Funktion und Gleichung

Funktionen	**Gleichungen**
Es gibt Funktionen, deren Zuordnungsvorschrift durch eine Gleichung mit zwei Variablen angegeben werden kann. Es gibt aber auch Funktionen, deren Zuordnungsvorschrift nicht durch eine Gleichung (sondern durch eine Wortvorschrift, Wertetafel oder	Es gibt Gleichungen, die als Zuordnungsvorschrift für Funktionen aufgefaßt werden können (z. B. lineare Gleichungen mit zwei Variablen). Es gibt aber auch Gleichungen, die nicht als Zuordnungsvorschrift für Funktionen aufgefaßt wer-

graphische Darstellung) gegeben ist.

den können; z. B. sind

$x = 5, \qquad x^2 + y^2 = 16$

nicht eindeutige Zuordnungsvorschriften.

Für Funktionen, die durch eine Gleichung und Angabe des Definitionsbereichs beschrieben sind, ist **die Menge der geordneten Paare, die die Funktion darstellt,** genau die **Lösungsmenge der Gleichung** (mit zwei Variablen).

(3) **Veranschaulichung einer Funktion durch den Graphen von** f
Funktionen können in einem ebenen **kartesischen Koordinatensystem** (René Descartes, 1596 bis 1650) graphisch dargestellt und damit veranschaulicht werden. Es besteht aus zwei senkrecht zueinander verlaufenden Geraden, den **Koordinatenachsen**, die einander im **Koordinatenursprung** O schneiden und auf denen lineare Skalen abgetragen sind. Wird die horizontale Achse als x-Achse (*Abszissenachse*), die vertikale Achse als y-Achse (*Ordinatenachse*) bezeichnet und wird auf jeder Achse ein von O verschiedener Koordinateneinheitspunkt E_1 bzw. E_2 festgelegt, dem die Zahl 1 zugeordnet wird, dann kann in diesem Koordinatensystem $\{O; x, y\}$ *jedem geordneten Zahlenpaar* $(x_1; y_1) \in f$ *eindeutig umkehrbar ein Punkt der Ebene zugeordnet* werden, der mit $P_1(x_1; y_1)$ bezeichnet wird (Bild 6/1).

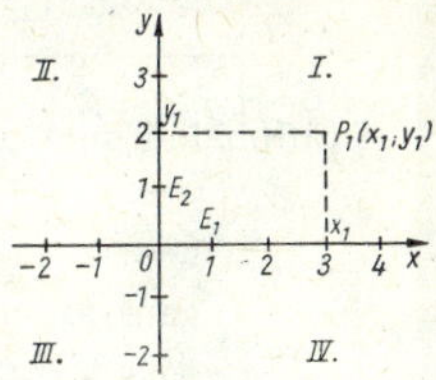

Bild 6/1

Dem Argument x_1 eines geordneten Paares entspricht die Abszisse x_1 des Punktes P_1 der Ebene, dem Funktionswert y_1 eines geordneten Paares entspricht die Ordinate y_1 dieses Punktes.
Die Koordinatenachsen teilen die $x;y$-Ebene in vier Quadranten (Bild 6/1).
Da eine Funktion eine Menge geordneter Paare ist und da jedem geordneten Zahlenpaar im kartesischen Koordinatensystem eineindeutig ein Punkt der Ebene zugeordnet werden kann, kann eine Funktion durch eine eindeutig bestimmte Punktmenge veranschaulicht werden, die **Graph der Funktion** (oder **Kurve**) genannt wird. Bei der Zeichnung des Graphen einer Funktion ist der Definitionsbereich genau zu beachten, d. h., der Graph ist nur in dem angegebenen Intervall zu zeichnen.
(4) Eine Funktion f heißt **konstant**, wenn es ein Element c mit $f(x) = c$ für alle $x \in D(f)$ gibt.
(5) Eine Funktion, deren Definitionsbereich die Menge **N** der natürlichen Zahlen ist, heißt **Folge.** Sie wird eine **reelle Zahlenfolge** genannt, wenn der Wertebereich eine Teilmenge der Menge der reellen Zahlen ist. Jedes Element des Wertebereichs heißt **Glied der Folge.**
Wird der natürlichen Zahl k durch eine Folge das Glied a_k zugeordnet, so wird die Folge mit (a_k) bezeichnet. (Weiteres über Folgen ↗ 6.8.).

(6) Eine Funktion f aus einer beliebigen Menge in die Menge **R** der reellen Zahlen wird **reellwertige Funktion**, eine Funktion aus **R** in **R** wird **reelle Funktion** genannt.

6.1.2. Einteilung der reellen Funktionen

(1) Übersicht

- **Reelle Funktionen**
  - elementare Funktionen
    - algebraische Funktionen
      - irrationale Funktionen
      - rationale Funktionen
        - ganzrationale Funktionen
        - gebrochenrationale Funktionen
          - echt gebrochenrationale Funktionen
          - unecht gebrochenrationale Funktionen
    - transzendente Funktionen
  - nichtelementare Funktionen

(2) Eine reelle Funktion f heißt (in einem offenen Intervall) *elementar*, wenn sie sich in diesem Intervall mit Hilfe endlich vieler Verknüpfungen $u \pm v$, $u \cdot v$, $u : v$, $u \circ v$ aus Potenzfunktionen, Exponentialfunktionen, Winkelfunktionen und deren Umkehrfunktionen in Form einer Gleichung darstellen läßt. Andernfalls heißt sie *nichtelementar*, z. B. ist die »Betragsfunktion« $f(x) = |x|$ mit $x \in \mathbf{R}$ nichtelementar.

(3) Eine elementare Funktion heißt **algebraisch**, wenn die Zuordnungsvorschrift durch eine Gleichung gegeben ist, in der mit den Gleichungsvariablen in den Termen nur algebraische Operationen [Addition, Subtraktion, Multiplikation, Division (Divisor verschieden von Null), Potenzieren und Radizieren (Potenz- und Wurzelexponent positiv und ganzzahlig, Radikand nichtnegativ)] ausgeführt werden.

Nichtalgebraische Funktionen heißen **transzendent**, z. B. sind die Exponential-, Logarithmus- und Winkelfunktionen transzendente Funktionen.

(4) Eine algebraische Funktion heißt **rationale** Funktion, wenn die Zuordnungsvorschrift durch eine Gleichung gegeben ist, in der mit den Gleichungsvariablen endlich viele rationale Rechenoperationen (Addi-

tion, Subtraktion, Multiplikation, Division (Divisor verschieden von Null)) ausgeführt werden.

Eine Funktion u heißt **ganzrationale** Funktion, wenn sie sich in der Form

$$u(x) = a_n x^n + a_{n-1} x^{n-1} + \ldots + a_1 x + a_0$$
$$= \sum_{i=0}^{n} a_i x^i \quad (i \in \mathbf{N})$$

mit $n \in \mathbf{N}$ und $a_i \in \mathbf{R}$ darstellen läßt.

Dann kann eine **rationale** Funktion f als Quotient zweier ganzrationaler Funktionen u, v aufgefaßt werden:

$$f(x) = \frac{u(x)}{v(x)} \quad \text{mit} \quad v(x) \neq 0$$

bzw.

$$f(x) = \frac{\sum_{i=0}^{n} a_i x^i}{\sum_{i=0}^{m} b_i x^i} \quad \text{mit} \quad \sum_{i=0}^{m} b_i x^i \neq 0.$$

Nichtrationale (irrationale) Funktionen sind solche Funktionen, deren Zuordnungsvorschrift zwar durch einen Rechenausdruck angebbar ist, in dem aber nicht nur endlich viele oder nicht nur rationale Rechenoperationen auftreten, z. B. sind Wurzelfunktionen nichtrationale Funktionen, weil das Radizieren keine rationale Operation ist; Exponentialfunktionen sind nichtrationale Funktionen, weil ihre Zuordnungsvorschriften nicht durch explizite Rechenausdrücke mit endlich vielen rationalen Rechenoperationen angegeben werden können.

6.1.3. Umkehrfunktionen

Da jede Funktion eine eindeutige Abbildung ist, gibt es zu jeder Funktion f eine Umkehrabbildung (inverse Abbildung ↗ 2.4.2.), die nicht eine Funktion sein muß. Ist jedoch die Umkehrabbildung eine eindeutige Abbildung, also eine Funktion, so heißt sie **Umkehrfunktion (inverse Funktion)** zu f und wird mit f^{-1} bezeichnet.

Eine Funktion, die eine Umkehrfunktion besitzt, heißt **umkehrbare Funktion.** Eine umkehrbare Funktion ist eine *eineindeutige Funktion* (eine eindeutig umkehrbare Funktion).

Die Funktionen f und f^{-1} sind *zueinander invers:*

	f	f^{-1}
Zuordnungsvorschrift	$y = f(x)$	$x = f^{-1}(y)$
Definitionsbereich	X	Y
Wertebereich	Y	X
geordnete Paare	$(x; y)$	$(y; x)$

BEISPIEL 6/1

Gegeben sei die Funktion f mit $y = f(x) = \sqrt{x}$; der Definitionsbereich sei $D(f) = X = \{4; 9; 16; 25\}$; der Wertebereich ist $W(f) = Y = \{2; 3; 4; 5\}$.
Dann ist die Funktion f die Menge der geordneten Paare:

$$f = \{(4; 2), (9; 3), (16; 4), (25; 5)\}.$$

Die Umkehrfunktion von f ist f^{-1}. Es gilt $x = f^{-1}(y) = y^2$ mit dem Definitionsbereich $D(f^{-1}) = Y = \{2; 3; 4; 5\}$. Der Wertebereich ist $W(f^{-1}) = X = \{4; 9; 16; 25\}$.
Dann ist die zu f inverse Funktion f^{-1}

$$f^{-1} = \{(2; 4), (3; 9), (4; 16), (5; 25)\}.$$

In ein und demselben Koordinatensystem werden zwei zueinander inverse Funktionen $y = f(x)$ und $x = f^{-1}(y)$ durch denselben Graphen dargestellt, nur Definitionsbereich und Wertebereich sind gegeneinander ausgetauscht. Werden jedoch die Variablen in der Funktionsgleichung der Umkehrfunktion $x = f^{-1}(y)$ nachträglich ausgetauscht [also $y = f^{-1}(x)$], dann ist der Graph der Funktion f^{-1} das an der Winkelhalbierenden des I. und III. Quadranten gespiegelte Bild der Funktion f.

Jede streng monotone Funktion (↗ 6.2.3.) besitzt eine Umkehrfunktion: Die Umkehrfunktion einer streng monoton wachsenden (fallenden) Funktion ist wieder eine streng monoton wachsende (fallende) Funktion, d. h., die Eigenschaft der strengen Monotonie von f überträgt sich wegen der Eineindeutigkeit von f auf die Umkehrfunktion f^{-1}.

6.2. Allgemeine Eigenschaften von reellen Funktionen

6.2.1. Beschränkte Funktionen

Eine Funktion f mit $y = f(x)$ heißt in einem Intervall

nach unten beschränkt,	**nach oben beschränkt,**

wenn es eine reelle Zahl k_u bzw. k_o gibt, so daß für alle x aus diesem Intervall gilt

$f(x) \geqq k_u$.	$f(x) \leqq k_o$.

Dann heißt für diese Funktion in diesem Intervall

k_u eine **untere Schranke**	k_o eine **obere Schranke.**

Entsprechend dieser Erklärung ist dann auch jedes

$k'_u < k_u$ eine untere Schranke.	$k'_o > k_o$ eine obere Schranke.

Unter diesen Schranken heißt die

größte die **untere Grenze** G_u.	kleinste die **obere Grenze** G_o.

Besitzt eine Funktion f in einem Intervall sowohl eine untere Schranke k_u als auch eine obere Schranke k_o, gilt also $k_u \leqq f(x) \leqq k_o$ für alle x aus diesem Intervall, so heißt die Funktion f **beschränkt** in diesem Intervall.
Besitzt eine reellwertige Funktion keine untere oder obere Schranke, so wird sie **unbeschränkt** genannt.

BEISPIEL 6/2

a) Die Funktion f mit $f(x) = x^2$ ($x \in \mathbf{R}$) ist nach unten beschränkt. Reelle Zahlen $k_u \leqq 0$ sind untere Schranken. $G_u = 0$ ist die untere Grenze (Bild 6/2).

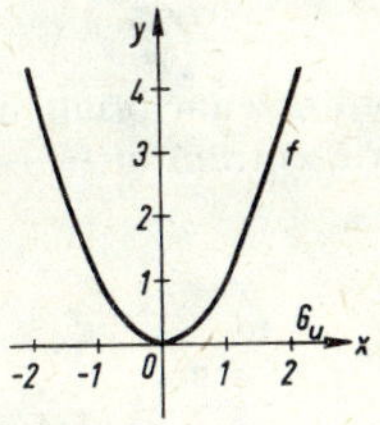

Bild 6/2

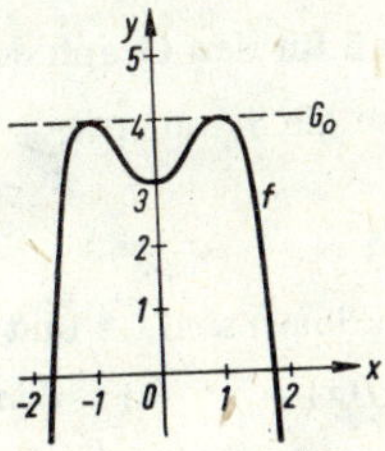

Bild 6/3

b) Die Funktion f mit $f(x) = -x^4 + 2x^2 + 3$ ($x \in \mathbf{R}$) ist nach oben beschränkt. Reelle Zahlen $k_o \geqq 4$ sind obere Schranken. $G_o = 4$ ist die obere Grenze (Bild 6/3).

c) Die Funktion f mit $f(x) = \sin x - \dfrac{1}{2}$ ($x \in \mathbf{R}$) ist beschränkt, da reelle Zahlen $k_u \leqq -\dfrac{3}{2}$ bzw. reelle Zahlen $k_o \geqq \dfrac{1}{2}$ untere bzw. obere Schranken für f sind (Bild 6/4).

d) Die Funktion f mit $f(x) = 2x - 3$ ($x \in \mathbf{R}$) ist unbeschränkt (Bild 6/5).

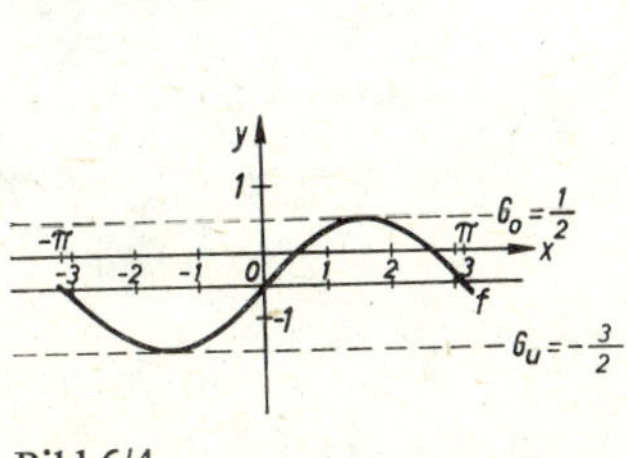

Bild 6/4

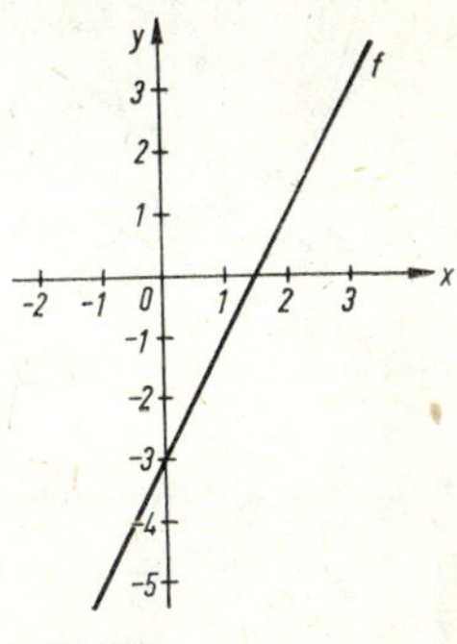

Bild 6/5

6.2.2. Gerade und ungerade Funktionen (Symmetrieeigenschaften)

Eine Funktion f mit $y = f(x)$ heißt

gerade,	**ungerade,**

wenn für alle $x \in D(f)$ mit $D(f) = \mathbf{R}$ gilt

$f(-x) = f(x)$	$f(-x) = -f(x)$.

Zu jedem Punkt auf dem Graphen der Funktion f existiert dann ein zweiter Punkt, der

achsensymmetrisch zur y-Achse	zentralsymmetrisch zum Koordinatenursprung

liegt, so daß für den Graph der Funktion

die y-Achse die Symmetrieachse ist.	der Koordinatenursprung das Symmetriezentrum ist.

BEISPIEL 6/3

a) Gerade Funktionen sind (↗ Bild 6/6):

$$f(x) = x^2 - 1; \quad \text{denn} \quad (-x)^2 - 1 = x^2 - 1,$$

$g(x) = \cos x;$ denn $\cos(-x) = \cos x$

$h(x) = |x|;$ denn $|-x| = |x|$

b) Ungerade Funktionen sind (↗ Bild 6/7):

$f(x) = x^3;$ denn $(-x)^3 = -x^3$

$g(x) = \sin x;$ denn $\sin(-x) = -\sin x$

$h(x) = -\frac{1}{2}x;$ denn $-\frac{1}{2}(-x) = -\left(-\frac{1}{2}x\right)$

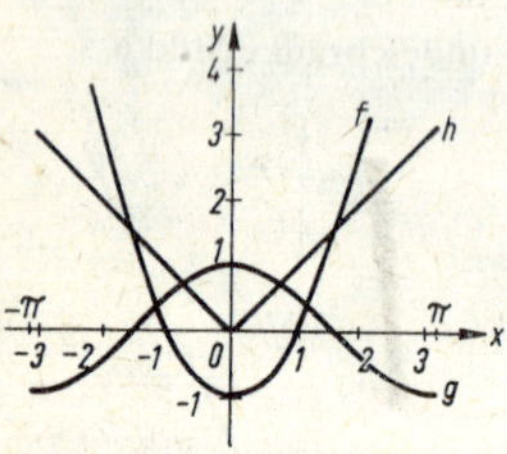

Bild 6/6

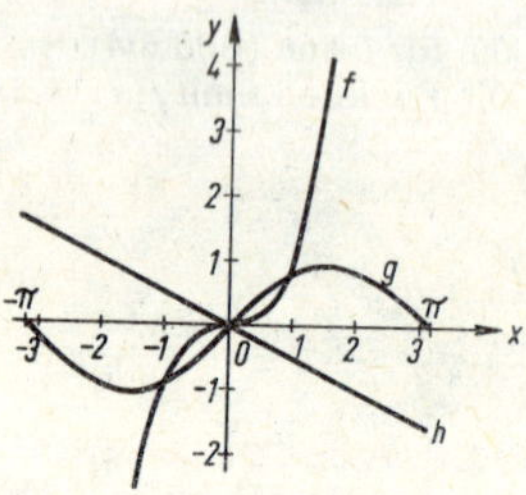

Bild 6/7

6.2.3. Monotone Funktionen

Wenn für eine Funktion f für alle $x_1 < x_2$ aus einem Intervall gilt

$f(x_1) \leqq f(x_2)$,	$f(x_1) \geqq f(x_2)$,

so heißt diese Funktion in diesem Intervall

monoton wachsend	**monoton fallend.**

Wird $f(x_1) = f(x_2)$ ausgeschlossen, gilt also die strengere Bedingung

$f(x_1) < f(x_2)$,	$f(x_1) > f(x_2)$,

so heißt diese Funktion in diesem Intervall

streng monoton wachsend.	**streng monoton fallend.**

Jedes Intervall, in dem eine Funktion monoton ist, heißt ein **Monotonieintervall** der Funktion und der entsprechende Teil des Graphen der Funktion ein **Monotoniebogen.**

BEISPIEL 6/4

a) Die Funktion f mit $f(x) = \lg x$ ($x \in \mathbf{R}_+^*$) ist im ganzen Definitionsbereich streng monoton wachsend (Bild 6/8).

b) Die Funktion g mit $g(x) = \cos x$ ($x \in \mathbf{R}$) ist im Intervall $0 \leqq x \leqq \pi$ streng monoton fallend (Bild 6/8).

c) Die Funktion h mit $h(x) = \frac{1}{2} x^2$ ($x \in \mathbf{R}$) ist im Intervall

$$\left\{\begin{matrix} -\infty < x < 0 \\ 0 \leqq x < \infty \end{matrix}\right\} \text{ streng monoton } \left\{\begin{matrix} \text{fallend} \\ \text{wachsend} \end{matrix}\right\} \text{ (Bild 6/8)}$$

Bild 6/8

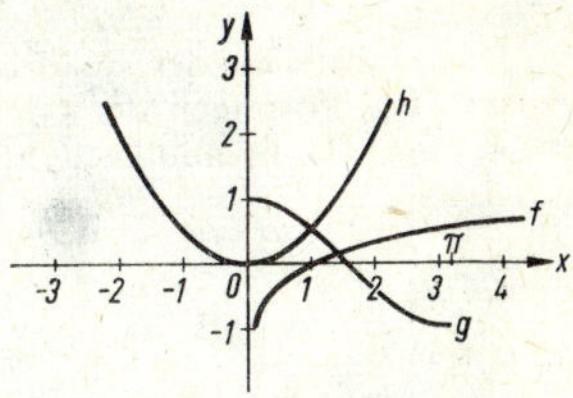

6.2.4. Periodische Funktionen

Wenn es zu einer reellen Funktion f eine reelle Zahl $p > 0$ gibt, so daß für alle $x \in D(f)$ gilt: $f(x) = f(x + p)$, so heißt die Funktion **periodisch** und p eine **Periode** von f.
Gibt es zu einer reellen Funktion eine kleinste positive reelle Zahl p, die die Bedingung $f(x) = f(x + p)$ für alle $x \in D(f)$ erfüllt, so wird p die **primitive** (oder kleinste) **Periode** der Funktion f genannt.

BEISPIEL 6/5

Die Funktion f mit $f(x) = \sin x$ ist eine periodische Funktion; denn es gilt für alle $x \in D(f)$: $\sin x = \sin (x + k \cdot 2\pi)$ mit $k \in \mathbf{G}$ (Bild 6/9). Die kleinste Periode ist $p = 2\pi$.

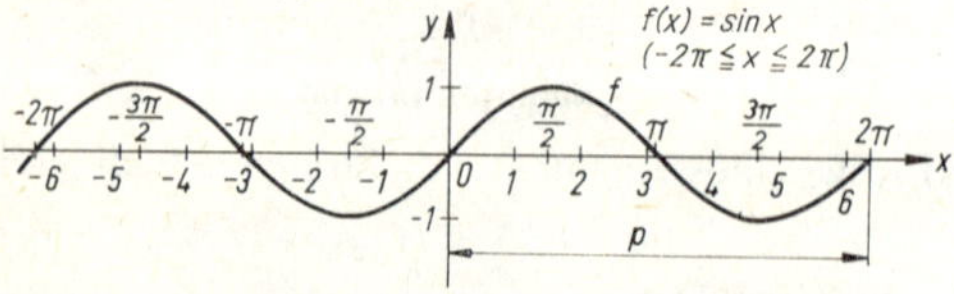

Bild 6/9

6.2.5. Nullstellen einer Funktion

Zur Charakterisierung einer Funktion dient die Ermittlung von Nullstellen.

Ein Element x_N des Definitionsbereichs einer reellen Funktion f heißt **Nullstelle** der Funktion, wenn $f(x_N) = 0$ ist.

Zur Ermittlung der Nullstellen einer Funktion f ist die Gleichung $f(x) = 0$ zu lösen, d. h., die Nullstellen der Funktion f sind alle reellen Lösungen der Gleichung $f(x) = 0$.
Einfache Nullstellen einer Funktion f können als Abszissen der Schnittpunkte, zweifache Nullstellen als Abszissen der Berührungspunkte des Graphen der Funktion f mit der x-Achse geometrisch veranschaulicht werden.

BEISPIEL 6/6

a) Die Nullstelle der linearen Funktion f mit $f(x) = 3x - 1$ wird als Lösung der Gleichung $3x - 1 = 0$ ermittelt: $x_N = \frac{1}{3}$ (Bild 6/10)

b) Die Nullstellen der quadratischen Funktion f mit $f(x) = x^2 - 6x + 9$ sind die Lösungen der Gleichung $x^2 - 6x + 9 = 0$, nämlich $x_{N1} = 3$, $x_{N2} = 3$ (Doppelnullstelle) (Bild 6/11).

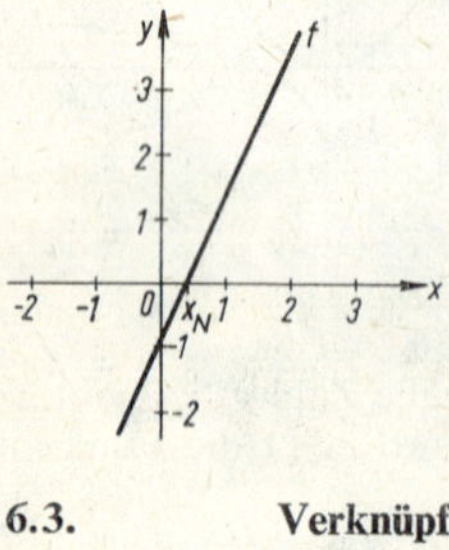

Bild 6/10

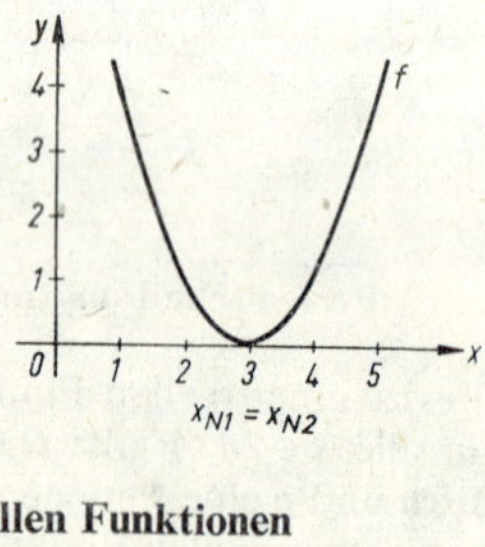

Bild 6/11

6.3. Verknüpfungen von reellen Funktionen

6.3.1. Bildung neuer Funktionen durch rationale Rechenoperationen

Aus gegebenen Funktionen können durch Anwendung rationaler Rechenoperationen neue Funktionen gebildet werden:

(1) **Vervielfachung einer Funktion**

Es sei f eine Funktion und λ eine reelle Zahl, dann ist

$$\lambda f\colon x \mapsto y = \lambda f(x) \quad [x \in D(f)]$$

f und λf haben denselben Definitionsbereich.

(2) Summe und Differenz zweier Funktionen u, v

Für die Summe bzw. Differenz der Funktionen u, v gilt:

$$u \pm v\colon x \mapsto y = u(x) \pm v(x)$$

Der Definitionsbereich der Funktion $u + v$ bzw. $u - v$ ist gleich dem Durchschnitt der Definitionsbereiche $D(u)$ und $D(v)$

$$[x \in D(u) \cap D(v)].$$

(3) Produkt zweier Funktionen u, v

Für das Produkt der Funktionen u, v gilt:

$$u \cdot v\colon x \mapsto y = u(x) \cdot v(x) \quad [x \in D(u) \cap D(v)]$$

(4) Kehrwert einer Funktion f

$$\frac{1}{f}\colon x \mapsto y = \frac{1}{f(x)} \quad [x \in D(f) \quad \text{und} \quad f(x) \neq 0]$$

Beachte: Die Nullstellen der Funktion f gehören nicht mit zum Definitionsbereich der Funktion $\frac{1}{f}$.

(5) Quotient zweier Funktionen u, v

Für den Quotienten der Funktionen u, v gilt:

$$\frac{u}{v}\colon \quad x \mapsto y = \frac{u(x)}{v(x)} \quad [x \in D(u) \cap D(v) \quad \text{und} \quad v(x) \neq 0]$$

Die Menge aller reellen Funktionen mit gemeinsamem Definitionsbereich bildet einen Vektorraum (↗ 2.7.2.).

BEISPIEL 6/7

Gegeben seien die Funktionen $u(x) = x^2$ und $v(x) = 3x$ mit $x \in \mathbf{R}$. Dann können folgende Funktionen gebildet werden: $(x \in \mathbf{R})$

$$f_1(x) = \lambda u(x) = 5x^2 \quad (\lambda = 5)$$

$$f_2(x) = u(x) + v(x) = x^2 + 3x$$

$$f_3(x) = u(x) - v(x) = x^2 - 3x$$

$$f_4(x) = u(x) \cdot v(x) = x^2 \cdot 3x = 3x^3$$

$$f_5(x) = \frac{1}{u(x)} = \frac{1}{x^2} \quad (x \neq 0)$$

$$f_6(x) = \frac{u(x)}{v(x)} = \frac{x^2}{3x} \quad (x \neq 0)$$

6.3.2. Verkettung von Funktionen

Ist v eine Funktion von einer Menge X in eine Menge Y und u eine Funktion von dieser Menge Y in eine Menge Z, so wird die Funktion f von X in Z, die jedem Element $x \in X$ das Element $u(v(x))$ aus Z zuordnet, die **Verkettung** von u nach v genannt und mit $f = u \circ v$ (gelesen »u nach v«) bezeichnet.

$$u \circ v\colon\ x \mapsto y = u(v(x))$$

Dabei heißt u die **äußere** und v die **innere Funktion** von f.

Zur Ausführung der Verkettung der Funktion u mit der Funktion v ist es erforderlich, daß $W(v)$ und $D(u)$ gemeinsame Elemente z haben.
Veranschaulichung der Verkettung $u \circ v$ durch Nacheinanderausführung der Funktionen u, v in Bild 6/12

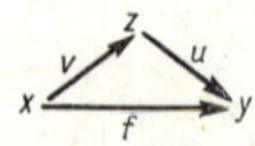

Bild 6/12

BEISPIEL 6/8

Gegeben sei die Funktion f mit $f(x) = (x^2 + 1)^3$ mit $D(f) = \mathbf{R}$. Dann ist die innere Funktion $v(x) = x^2 + 1 = z$ mit dem Wertebereich $W(v) = \{z\colon z \in \mathbf{R}$ und $1 \leqq z < +\infty\}$. Die äußere Funktion ist $u(z) = z^3$ mit dem Definitionsbereich $D(u) = \{z\colon z \in \mathbf{R}$ und $-\infty < z < +\infty\}$.
Gemeinsame Elemente von $W(v)$ und $D(u)$ sind die reellen Zahlen im Intervall $1 \leqq z < +\infty$.
Der Definitionsbereich der Funktion f ist $D(f) = \{x\colon x \in \mathbf{R}$ und $-\infty < x < +\infty\}$.
Veranschaulichung in Bild 6/13

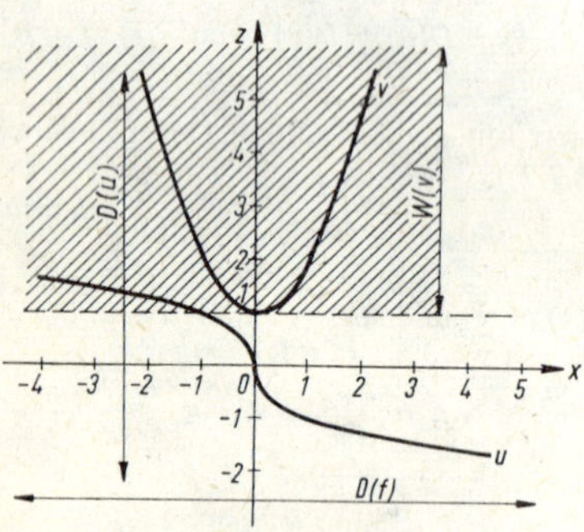

Bild 6/13

Für verkettete Funktionen gelten folgende *Gesetze:*

$$h \circ (g \circ f) = (h \circ g) \circ f \quad \text{(Assoziativgesetz)}$$

$$(g \circ f)^{-1} = f^{-1} \circ g^{-1}.$$

6.4. Geometrische Transformationen der Graphen reeller Funktionen

Aus dem Graphen einer Funktion u entsteht bei Anwendung einer geometrischen Transformation der Graph einer Funktion f.

Unter einer **Transformation** versteht man eine eineindeutige (eindeutig umkehrbare) Abbildung einer Menge **auf sich**, unter einer **geometrischen Transformation** eine eineindeutige Abbildung einer Punktmenge auf sich.

6.4.1. Spiegelungen (↗5.1.2.(3))

Durch Spiegelung des Graphen der Funktion u

an	erhält man den Graphen der Funktion		Veranschaulichung Bild
der y-Achse	$f\colon x \mapsto y = u(-x)$	$[-x \in D(u)]$	6/14
der x-Achse	$f\colon x \mapsto y = -u(x)$	$[x \in D(u)]$	6/15
dem Ursprung	$f\colon x \mapsto y = -u(-x)$	$[-x \in D(u)]$	6/16

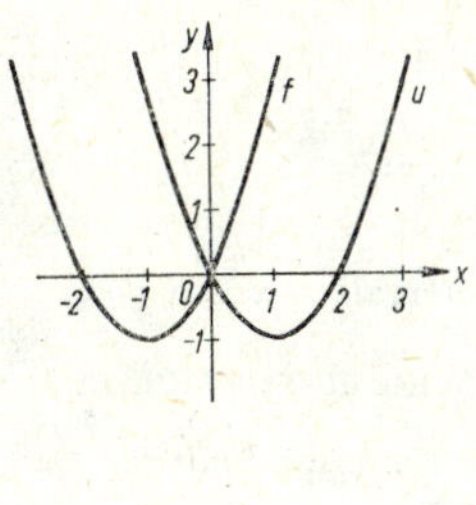

Bild 6/14

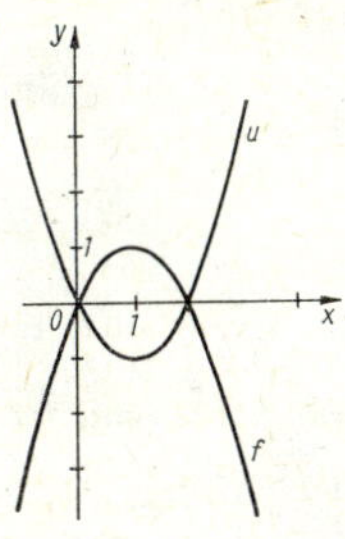

Bild 6/15

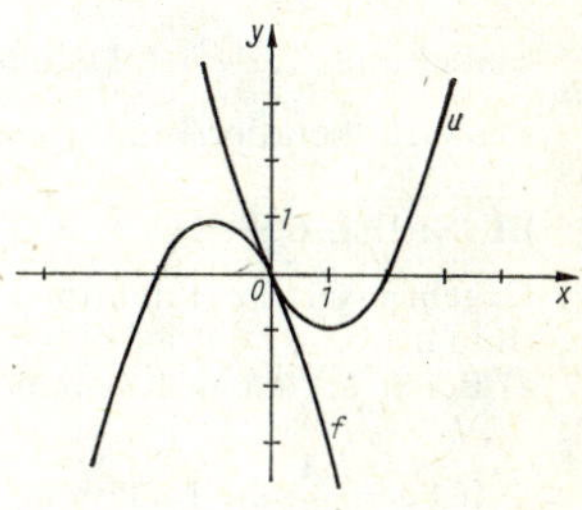

Bild 6/16

6.4.2. Translationen [↗ 5.1.2.(2)]

Durch Translation (Verschiebung) des Graphen der Funktion u um den Vektor $\boldsymbol{a} = (a_1; a_2)$ (↗ 7.2.3.) erhält man den Graphen von f, für den gilt:

$$f\colon x \mapsto y = u(x - a_1) + a_2 \quad [x - a_1 \in D(u)]$$

Veranschaulichung in Bild 6/17

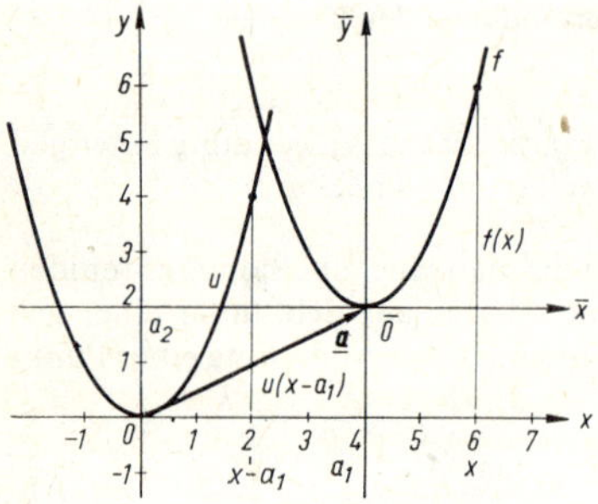

Bild 6/17

6.4.3. Streckungen (Dehnungen bzw. Stauchungen)

Durch Streckung des Graphen der Funktion u im Verhältnis $a:1$ ($a > 0$) in Richtung der

x-Achse von der y-Achse aus | **y-Achse** von der x-Achse aus

erhält man den Graphen von f, für den gilt:

$f\colon x \mapsto y = u\left(\frac{x}{a}\right) \quad \left[\frac{x}{a} \in D(u)\right]$ | $f\colon x \mapsto y = au(x) \quad [x \in D(u)]$

Für $0<a<1$ | Für $a>1$ | Für $0<a<1$ | Für $a>1$

erfolgt eine

Stauchung | Dehnung | Stauchung | Dehnung

des Graphen der Funktion u.

BEISPIEL 6/9

Gegeben sei die Funktion u mit $u(x) = \sin x$ im Intervall $-\pi \leqq x \leqq \pi$ (Bild 6/18).

a) Bei Streckung in Richtung der x-Achse (von der y-Achse aus) erhält man

für $a = \frac{1}{2}$ die Funktion f mit

$$f(x) = \sin \frac{x}{\frac{1}{2}} = \sin 2x$$

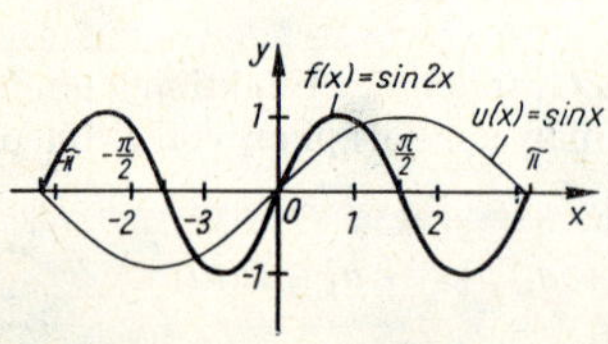

Bild 6/18

für $a = 2$ die Funktion f mit

$$f(x) = \sin \frac{x}{2}$$

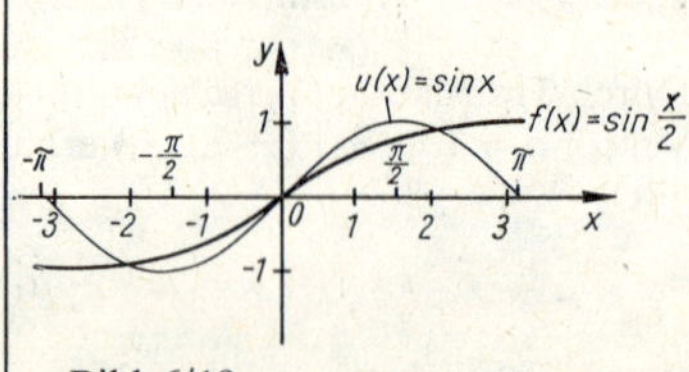

Bild 6/19

b) Bei Streckung in Richtung der y-Achse (von der x-Achse aus) erhält man

für $a = \frac{1}{2}$ die Funktion f mit

$f(x) = \frac{1}{2} \sin x$

für $a = 2$ die Funktion f mit

$f(x) = 2 \sin x$

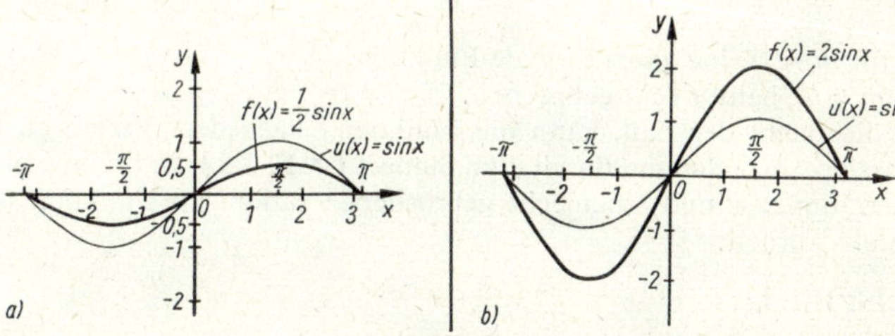

Bild 6/20

6.5. Rationale Funktionen

6.5.1. Zum Begriff »Rationale Funktion«

Durch Anwendung der rationalen Rechenoperationen Addition, Subtraktion und Multiplikation auf das Argument x entsteht ein Term der Form

$$a_0 + a_1x + a_2x^2 + \ldots + a_nx^n \quad \text{mit} \quad a_n \neq 0,$$

Polynom n-ten Grades in x genannt, dem eindeutig umkehrbar eine Funktion f zugeordnet werden kann, so daß für alle $x \in \mathbf{R}$ gilt

$$f(x) = a_nx^n + a_{n-1}x^{n-1} + \ldots + a_1x + a_0 = \sum_{i=0}^{n} a_ix^i.$$

mit $i \in \mathbf{N}$, $n \in \mathbf{N}$, $a_i \in \mathbf{R}$ und $a_n \neq 0$.
Diese Funktion f heißt **reelle ganzrationale Funktion.**
n heißt der **Grad**, die reellen Zahlen a_i heißen die **Koeffizienten** der ganzrationalen Funktion f.

BEISPIEL 6/10

a) Die Funktion f mit $f(x) = 3x^4 - 2x^3 + \frac{1}{2}x^2 - 0{,}3x + \frac{1}{3}$ ist eine ganzrationale Funktion 4. Grades.
b) Jede konstante Funktion f mit $f(x) = c$ $(c \in \mathbf{R})$ ist eine ganzrationale Funktion 0. Grades.

Eine Funktion f heißt **reelle rationale Funktion**, wenn sie als Quotient zweier ganzrationaler Funktionen u, v dargestellt werden kann, so daß

$$f(x) = \frac{u(x)}{v(x)} \quad \text{mit} \quad v(x) \neq 0 \quad \text{gilt [↗ 6.1.2.(4)].}$$

Die Funktion f mit

$$f(x) = \frac{\sum_{i=0}^{n} a_i x^i}{\sum_{i=0}^{m} b_i x^i}$$

ist für $m = 0$ eine ganzrationale Funktion.
Ist $m > n$, heißt f echt gebrochen.
Ist dies nicht der Fall, kann die Funktion f nach dem Verfahren der Division einer Summe durch eine Summe (↗ 12.3.5.) als Summe einer ganzrationalen und einer echt gebrochenen rationalen Funktion dargestellt werden.

BEISPIEL 6/11

a) Die Funktion f mit $f(x) = \frac{x+3}{x^2-5}$ ist eine echt gebrochene rationale Funktion.

b) Die Funktion f mit $f(x) = \frac{x^3+5x^2+3x-4}{x+2}$ kann als Summe $g + h$ der Funktionen g und h dargestellt werden:

$$g(x) = x^2 + 3x - 3; \qquad h(x) = \frac{-2}{x+2}.$$

Denn

$$\begin{array}{l} (x^3 + 5x^2 + 3x - 4) : (x + 2) = x^2 + 3x - 3 - \dfrac{2}{x+2} \\ \underline{-(x^3 + 2x^2)} \\ \qquad 3x^2 + 3x \\ \qquad \underline{-(3x^2 + 6x)} \\ \qquad\qquad -3x - 4 \\ \qquad\qquad \underline{-(-3x - 6)} \\ \qquad\qquad\qquad -2 \end{array}$$

6.5.2. Ganzrationale Funktionen in mehreren Variablen

Sind $m_1, \ldots, m_r$ beliebige natürliche Zahlen, so heißt die Funktion

$$f\colon (x_1, \ldots, x_r) \mapsto y = x_1^{m_1} \cdot \ldots \cdot x_r^{m_r}$$

eine **reelle Potenzproduktfunktion** der r reellen Variablen $x_1, \ldots, x_r$, z. B. ist $y = 5x_1^3 x_2 x_3^2$ eine reelle Potenzproduktfunktion der drei Variablen x_1, x_2, x_3.
Jede Linearkombination von reellen Potenzproduktfunktionen mit reellen Koeffizienten heißt eine reelle **ganzrationale Funktion von mehreren Variablen,** z. B. ist

$$y = 2x_1^3 x_2 x_3^2 + 4x_1^2 x_3 + 3x_2 x_3^2 \quad (x \in \mathbf{R})$$

eine ganzrationale Funktion in den Variablen x_1, x_2, x_3.
Im Falle einer **ganzrationalen Funktion von zwei Variablen** werden die

Variablen mit x, y bezeichnet; z. B. ist $f(x; y) = x^2 - y$ eine ganzrationale Funktion in den Variablen x, y.
Die Menge $\{(x; y): x, y \in \mathbf{R} \text{ und } F(x; y) = 0\}$ kann als eine Punktmenge der Ebene aufgefaßt werden, deren Graph sich aus einer oder mehreren Kurven zusammensetzt. Durch sie wird jedoch im allgemeinen *keine Funktion* definiert.

BEISPIEL 6/12

Der Graph der ganzrationalen Funktion $F(x, y) = x^2 + y^2 - 25$ mit dem Definitionsbereich $-5 \leqq x \leqq 5$ und dem Wertebereich $0 \leqq y \leqq 5$ ist der obere Teil eines Kreises um den Koordinatenursprung mit dem Radius $r = 5$.

6.5.3. Eigenschaften der Potenzfunktionen mit natürlichen Exponenten

Die Graphen der Potenzfunktionen $y = f(x) = x^n (x \in \mathbf{R}, n \in \mathbf{N})$ heißen **Parabeln** n**-ten Grades.**

Gerade Potenzfunktionen	Ungerade Potenzfunktionen
$y = f(x) = x^n = x^{2m} (m = 1, 2, \ldots)$	$y = g(x) = x^n = x^{2m-1}$ $(m = 1, 2, \ldots)$

Graphen der Funktionen

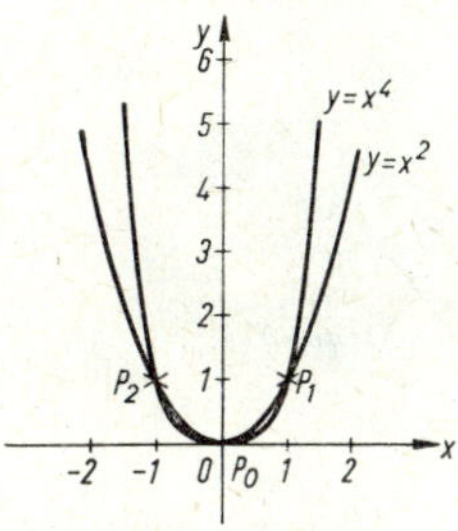

Bild 6/21

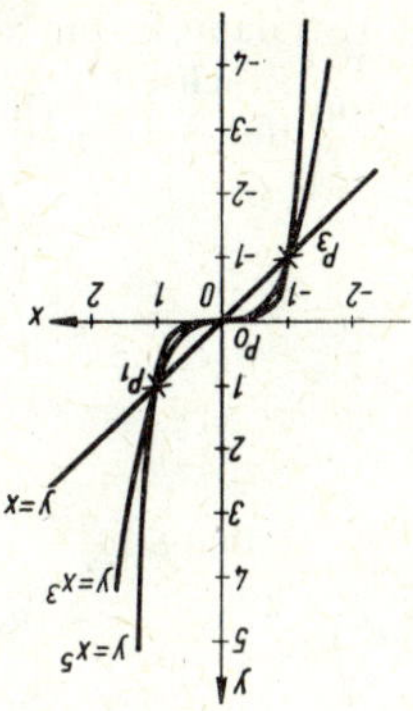

Bild 6/22

Gemeinsame Eigenschaften der Kurvenscharen

Wertebereich: $0 \leqq y < +\infty$	Wertebereich: $-\infty < y < +\infty$
nach unten beschränkte Funktionen;	unbeschränkte Funktionen;
achsensymmetrisch zur y-Achse;	zentralsymmetrisch in bezug auf den Koordinatenursprung;

streng monoton fallend für $x \leqq 0$; streng monoton wachsend für $x \geqq 0$;	streng monoton wachsend für alle $x \in \mathbf{R}$;
Verlauf im II. und I. Quadranten.	Verlauf im III. und I. Quadranten.

Gemeinsame Punkte aller Graphen

$P_0(0; 0)$, $P_1(1; 1)$, $P_2(-1; 1)$	$P_0(0; 0)$, $P_1(1; 1)$, $P_2(-1; -1)$

(Mehrfache) Nullstellen der Funktionen

$x_0 = 0$	$x_0 = 0$

6.5.4. Einige Eigenschaften ganzrationaler Funktionen

(1) Funktionen mit Gleichungen der Form $f(x) = a_1x + a_0$ ($a_1, a_0 \in \mathbf{R}$; $a_1 \neq 0$) heißen **lineare Funktionen.** Der Koeffizient a_1 heißt **Anstieg** oder **Richtungsfaktor.** Es gilt $a_1 = \tan\alpha$, wenn α die Größe des Winkels zwischen dem Graphen der linearen Funktion und der positiven Richtung der x-Achse ist.
Die Graphen linearer Funktionen sind **Geraden.**
Der Graph einer linearen Funktion $f(x) = a_1x + a_0$ geht aus dem Graphen der Funktion $u(x) = a_1x$ durch Verschiebung um a_0 in Richtung der positiven y-Achse hervor (Bild 6/23). a_0 ist der Abschnitt auf der y-Achse.
Wenn $a_1 \gtrless 0$ ist, dann ist $\tan\alpha \gtrless 0$ bzw. $\begin{Bmatrix} 0° < \alpha < 90° \\ 90° < \alpha < 180° \end{Bmatrix}$, d. h., f ist streng monoton $\begin{Bmatrix} \text{wachsend} \\ \text{fallend} \end{Bmatrix}$ (Bild 6/24).

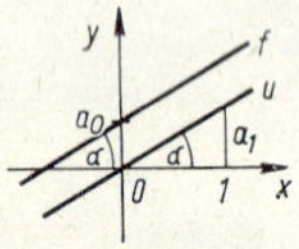

Bild 6/23

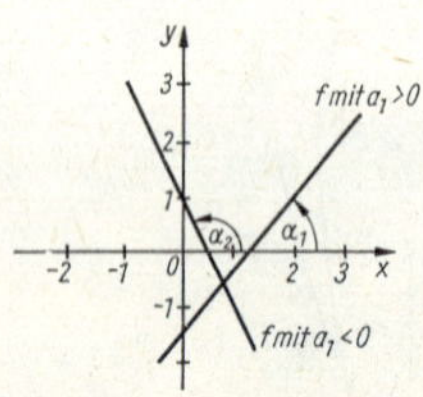

Bild 6/24

BEISPIEL 6/13

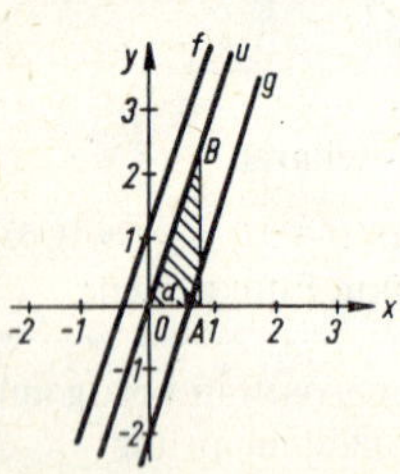

Die Graphen der Funktionen f, g mit $f(x) = 3x + 1$ bzw. $g(x) = 3x - 2$ gehen aus dem Graphen der Funktion $u(x) = 3x$ durch Verschiebung um 1 bzw. -2 in Richtung der positiven y-Achse hervor (Bild 6/25). Der Graph der Funktion u hat den Anstieg $a_1 = \tan\alpha = 3 = \frac{3}{1}$ (Anstiegsdreieck OAB).

Bild 6/25

Die Nullstelle einer linearen Funktion f mit $f(x) = a_1x + a_0$ wird als Lösung der linearen Gleichung $a_1x + a_0 = 0$ ermittelt:

$$x_N = -\frac{a_0}{a_1}.$$

(2) Funktionen mit Gleichungen der Form

$$f(x) = a_2x^2 + a_1x + a_0 \quad (a_2, a_1, a_0 \in \mathbf{R} \quad \text{und} \quad a_2 \neq 0)$$

heißen **quadratische Funktionen** (in *allgemeiner Form*).
Man nennt a_2x^2 das quadratische Glied, a_1x das lineare Glied und a_0 das absolute Glied der quadratischen Funktion f. Die Graphen quadratischer Funktionen sind Parabeln 2. Grades. Durch den Koeffizienten $a_2 > 0$ wird der Graph der Funktion $y = a_2x^2$ gegenüber dem Graph der Potenzfunktion $y = x^2$ einer **Streckung** in Richtung der positiven y-Achse unterworfen. Ist $a_2 \gtrless 1$, dann wird der Graph gegenüber dem Graphen von $y = x^2 \begin{Bmatrix}\text{gedehnt}\\ \text{gestaucht}\end{Bmatrix}$.
Die Parabeln sind nach oben geöffnet (Bild 6/26).
Ist $a_2 < 0$, dann erfolgt eine Streckung in Richtung der y-Achse und eine Spiegelung an der x-Achse (Bild 6/27). Die Parabeln sind nach unten geöffnet.

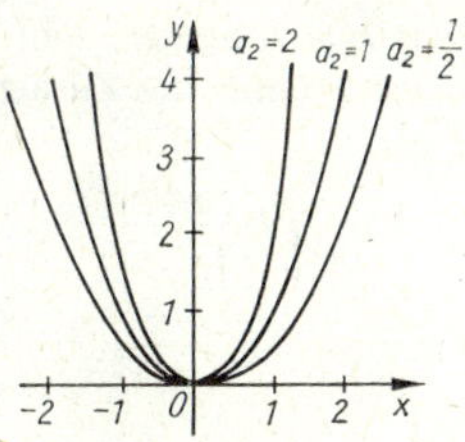

Bild 6/26

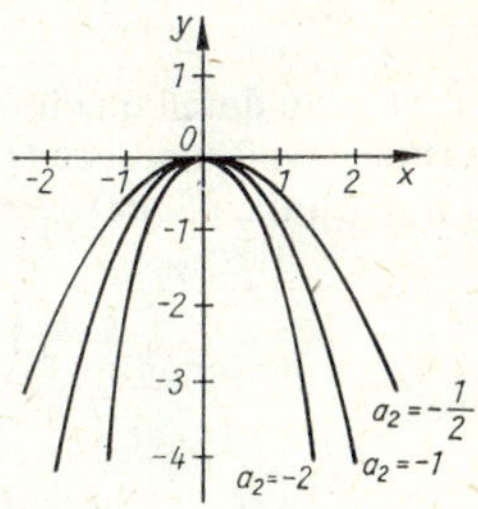

Bild 6/27

Die Gleichung $f(x) = x^2 + px + q$ heißt **Normalform** einer quadratischen Funktion. In diesem Falle ist $a_2 = 1$.
Die Lage des Graphen einer quadratischen Funktion im Koordinatensystem kann mit Hilfe einer **Koordinatentransformation** (vgl. 6.4.2.) ermittelt werden (Bild 6/28).
Es seien zwei Koordinatensysteme $\{O; x; y\}$ und $\{\bar{O}; \bar{x}; \bar{y}\}$ mit zueinander parallelen Achsen gegeben. Der Ursprung $\bar{O}(x_A; y_A)$ sei der Scheitel A einer Parabel mit der Gleichung $\bar{y} = \bar{x}^2$.

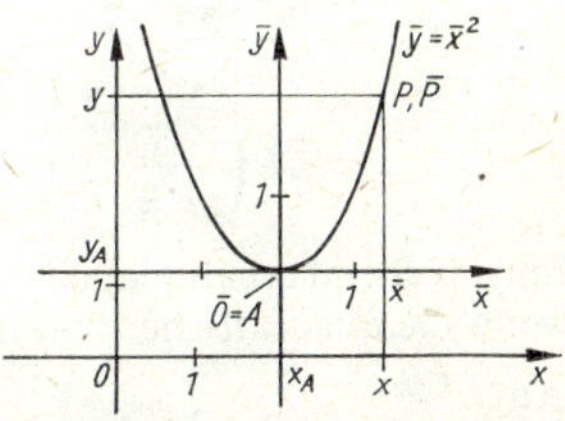

Bild 6/28

Dann kann ein beliebiger Punkt $P(x; y) = \bar{P}(\bar{x};\bar{y})$ in beiden Systemen ausgedrückt werden, weil zwischen den Koordinaten folgende Beziehungen bestehen:

$$x = x_A + \bar{x} \qquad y = y_A + \bar{y}$$

bzw.

$$\bar{x} = x - x_A \qquad \bar{y} = y - y_A.$$

Die im System $\{\bar{O}; \bar{x}; \bar{y}\}$ gegebene Gleichung der Parabel $\bar{y} = \bar{x}^2$ kann im System $\{O; x; y\}$ durch

$$y - y_A = (x - x_A)^2 \quad (*)$$

angegeben werden, wobei x_A, y_A die Koordinaten des Scheitels der Parabel sind.

Ist die quadratische Funktion *f in Normalform* gegeben, so werden die Koordinaten des Scheitels der Parabel mit Hilfe der *quadratischen Ergänzung* ermittelt:

Aus

$$y = x^2 + px + q$$

bzw.

$$y - q = x^2 + 2x\frac{p}{2}$$

erhält man durch quadratische Ergänzung (Ergänzung der rechten Seite zu einem vollständigen Quadrat und Berücksichtigung des Zusatzgliedes auf der linken Seite)

$$y - q + \left(\frac{p}{2}\right)^2 = x^2 + 2x\frac{p}{2} + \left(\frac{p}{2}\right)^2$$

bzw.

$$y - q + \left(\frac{p}{2}\right)^2 = \left(x + \frac{p}{2}\right)^2.$$

Durch Vergleich mit Gleichung (*) erhält man die Koordinaten des Scheitels

$$x_A = -\frac{p}{2}; \quad y_A = q - \frac{p^2}{4},$$

also

$$A\left(-\frac{p}{2}; \quad q - \frac{p^2}{4}\right).$$

Entsprechend erhält man die Koordinaten des Scheitels A einer Parabel, wenn die quadratische Funktion *in allgemeiner Form* gegeben ist:

Aus

$$y = a_2x^2 + a_1x + a_0$$

bzw.

$$y - a_0 = a_2 \left(x^2 + \frac{a_1}{a_2} x\right)$$

erhält man durch quadratische Ergänzung

$$y - a_0 + \frac{a_1^2}{4a_2} = a_2 \left(x + \frac{a_1}{2a_2}\right)^2$$

und daraus die Koordinaten des Scheitels der Parabel

$$A\left(-\frac{a_1}{2a_2}; \quad a_0 - \frac{a_1^2}{4a_2}\right).$$

BEISPIEL 6/14

Zur Ermittlung der Koordinaten des Scheitels der Parabel, die der Graph der quadratischen Funktion $y = f(x) = x^2 - 6x + 7$ ist, wird die quadratische Ergänzung gebildet:

$$y - 7 + 9 = (x - 3)^2$$

bzw.

$$y + 2 = (x - 3)^2.$$

Der Scheitel der Parabel ist $A(3; -2)$ (Bild 6/29).

(3) Jede ganzrationale Funktion ist stetig (↗ 6.9.4.).

(4) Jede ganzrationale Funktion n-ten Grades hat n Nullstellen, die nicht alle reell zu sein brauchen und von denen einige auch mehrfache Nullstellen sein können.
Ist n ungerade, so ist die Funktion unbeschränkt; sie hat mindestens eine Nullstelle.

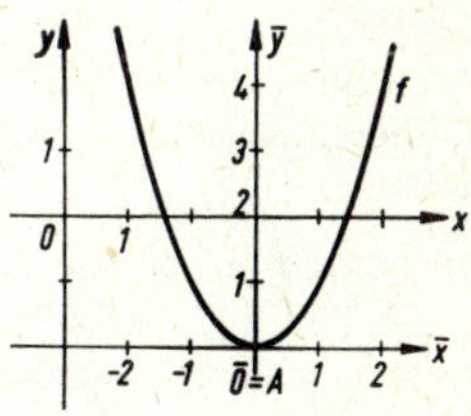

Bild 6/29

Ist n gerade, so ist die Funktion einseitig beschränkt; sie hat entweder keine reelle Nullstelle oder eine gerade Anzahl von Nullstellen.

(5) Hat eine ganzrationale Funktion f mit

$$f(x) = a_n x^n + a_{n-1} x^{n-1} + \ldots + a_1 x + a_0$$

genau n reelle Nullstellen $x_1, x_2, \ldots, x_n$, so kann sie als Produkt von n **Linearfaktoren** dargestellt werden:

$$f(x) = a_n \cdot (x - x_1) \cdot (x - x_2) \cdot \ldots \cdot (x - x_n).$$

Auf weitere Eigenschaften und weitere charakteristische Punkte im Graphen einer ganzrationalen Funktion wird in Abschnitt 11.3. eingegangen.

6.5.5. Hornersches Schema

Zur Berechnung von Funktionswerten ganzer rationaler Funktionen dient das HORNERsche Schema, das auch den Einsatz eines Taschenrechners ermöglicht.
Am Beispiel einer Funktion 3. Grades soll der Aufbau des Schemas erläutert werden:
Gegeben sei $f(x) = a_3x^3 + a_2x^2 + a_1x + a_0$.
Durch Ausklammern von x erhält man

$$f(x) = (a_3x^2 + a_2x + a_1)\,x + a_0$$

bzw.

$$f(x) = [(a_3x + a_2)\,x + a_1]\,x + a_0 .$$

Daraus erhält man folgendes Schema, in dessen Kopfleiste die Koeffizienten stehen:

	a_3	a_2	a_1	a_0
x	a_3	a_3x $a_3x + a_2$	$(a_3x + a_2)\,x$ $(a_3x + a_2)\,x + a_1$	$[(a_3x + a_2)x + a_1]\,x$ $[(a_3x + a_2)x + a_1]\,x + a_0$

Multipliziere a_3 mit x und schreibe das Produkt in die Spalte a_2, addiere a_3x und a_2!
Multipliziere $(a_3x + a_2)$ mit x und schreibe das Produkt in die Spalte a_1, addiere $(a_3x + a_2)\,x$ und a_1!
usw.

BEISPIEL 6/15

Es sind die Funktionswerte der Funktion f mit der Gleichung $f(x) = x^3 - 2x^2 + 0{,}8$ an den Stellen $x_1 = 1{,}6$; $x_2 = 1{,}8$; $x_3 = 1{,}72$; $x_4 = 1{,}733$; $x_5 = 1{,}734$ zu berechnen (↗ Beispiel 4/33).

6.5.6. Einige Eigenschaften gebrochenrationaler Funktionen

Sind $u(x)$, $v(x)$ ganzrationale Funktionen, dann heißt die Funktion f mit
$f(x) = \dfrac{u(x)}{v(x)}$ $[v(x) \neq 0]$ **gebrochenrationale** Funktion.

(1) Der Definitionsbereich umfaßt im allgemeinen den Bereich der reellen Zahlen, jedoch ist die Funktion f für solche Argumente x_P nicht erklärt, für die $v(x_P) = 0$ und $u(x_P) \neq 0$ ist. An diesen Stellen ist der Graph der Funktion unterbrochen. Solche Argumente heißen **Polstellen** der Funktion f. Die Senkrechte zur x-Achse mit der Gleichung $x = x_P$ ist **Asymptote** des Graphen der Funktion. Der Graph der Funktion f kommt bei Annäherung an die Polstelle der Geraden $x = x_P$ beliebig nahe.

Für die Annäherung der Kurve an die Asymptote sind vier Fälle zu unterscheiden (Bild 6/30).

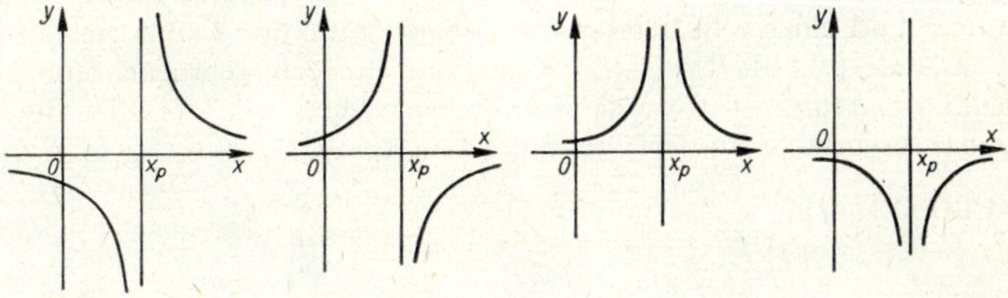

Bild 6/30

(2) **Nullstellen** der gebrochenrationalen Funktion f sind solche Argumente x_N für die $u(x_N) = 0$ und $v(x_N) \neq 0$ gilt.

BEISPIEL 6/16

Gegeben sei die Funktion f mit $f(x) = \dfrac{u(x)}{v(x)} = \dfrac{x^2 - 4}{x^2 + 2x - 3}$

Ermittlung der Nullstellen: $x^2 - 4 = 0$ ergibt

$x_{N1} = 2$; dabei ist $v(2) = 5$, also $v(2) \neq 0$

$x_{N2} = -2$; dabei ist $v(-2) = -3$, also $v(-2) \neq 0$.

Ermittlung der Polstellen: $x^2 + 2x - 3 = 0$ ergibt

$x_{P1} = 1$; dabei ist $u(1) = -3$, also $u(1) \neq 0$

$x_{P2} = -3$; dabei ist $u(-3) = 5$, also $u(-3) \neq 0$.

Graph der Funktion f in Bild 6/31

Bild 6/31

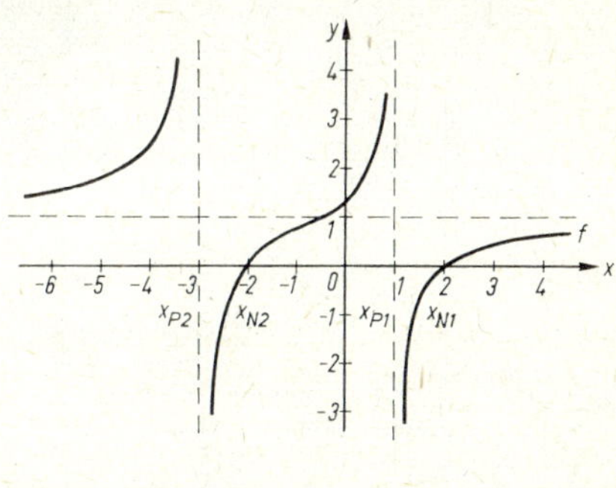

(3) Bei unbeschränkt wachsendem (bzw. fallendem) x kommt der Graph der Funktion f der Geraden mit der Gleichung $y = b$ beliebig nahe. Die Gerade $y = b$ ist eine **Asymptote** der Kurve.

Da sich jede gebrochenrationale Funktion f mit $f(x) = \frac{u(x)}{v(x)}$ mit Hilfe der Division $u(x) : v(x)$ in eine Summe aus einer ganzrationalen Funktion g und einer echt gebrochenrationalen Funktion h umformen läßt (↗ Beispiel 6/11 b): $f(x) = g(x) + h(x)$ und eine echt gebrochenrationale Funktion h für $x \to \pm\infty$ sich der x-Achse beliebig nähert, ist der Graph von g Asymptote für den Graph der Funktion f.

BEISPIEL 6/17

f	$f(x) = g(x) + h(x)$	Asymptote	Bild
echt gebrochen ($n < m$)	$\frac{x}{x^2 - 4} = 0 + \frac{x}{x^2 - 4}$	x-Achse	6/32
unecht gebrochen ($n = m$)	$\frac{2x + 3}{x - 4} = 2 + \frac{11}{x - 4}$	Parallele zur x-Achse im Abstand 2	6/33
unecht gebrochen ($n > m$)	$\frac{x^2 - 3}{x - 2} = x + 2 + \frac{1}{x - 2}$	Gerade mit der Gleichung $y = x + 2$	6/34

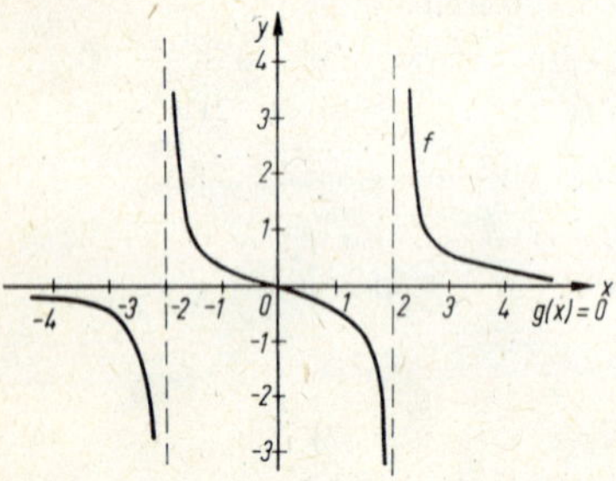

Bild 6/32

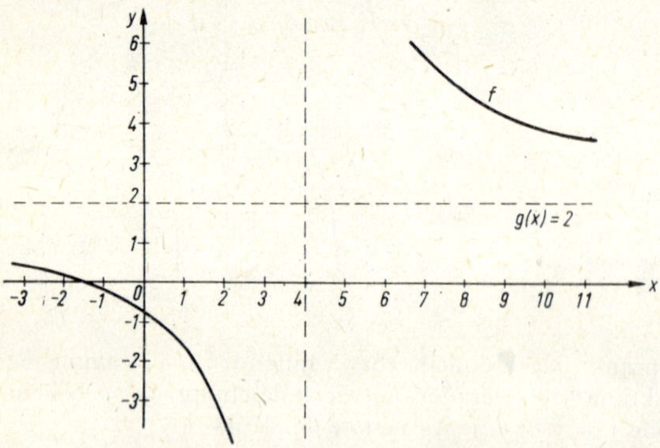

Bild 6/33

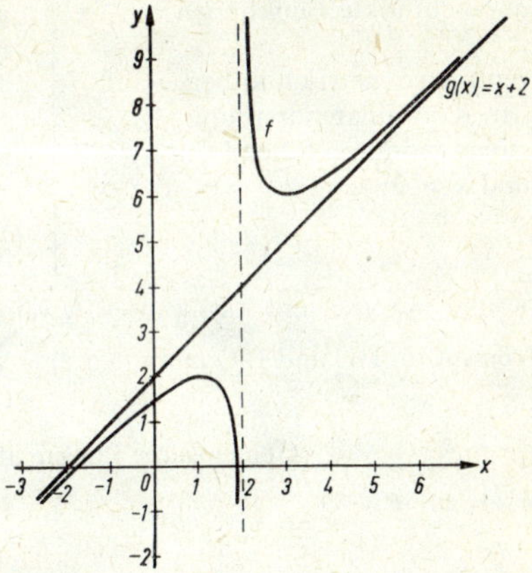

Bild 6/34

6.5.7. Eigenschaften der Potenzfunktionen mit negativen ganzzahligen Exponenten

Die einfachsten Vertreter gebrochenrationaler Funktionen sind die Potenzfunktionen $y = f(x) = x^n$ mit $x \in \mathbf{R}^*$ $n \in \mathbf{Z}$, $n < 0$.
Die Graphen dieser Potenzfunktionen mit negativen ganzzahligen Exponenten heißen **Hyperbeln *n*-ten Grades.**
Eigenschaften dieser Potenzfunktionen bzw. ihrer Graphen:

Ungerade Funktionen	**Gerade Funktionen**
$f(x) = x^n$, $n \leqq -1$, $\lvert n\rvert$ ungerade	$f(x) = x^n$, $n \leqq -2$, $\lvert n\rvert$ gerade

Graphen der Funktionen

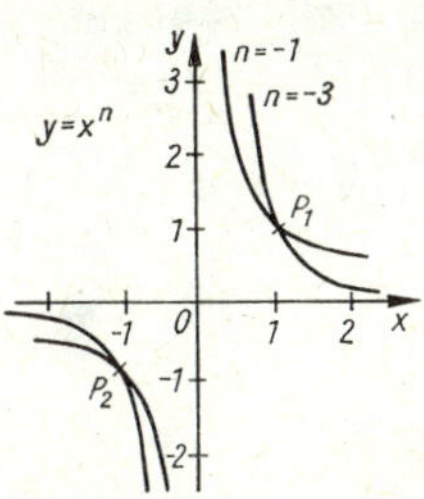

Bild 6/35

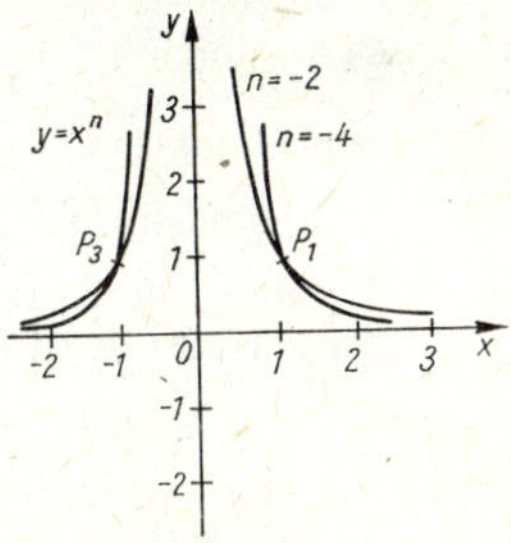

Bild 6/36

Gemeinsame Eigenschaften der Kurvenscharen

Wertebereich: $-\infty < y < 0$ und $0 < y < +\infty$	Wertebereich: $0 < y < +\infty$

unbeschränkte Funktionen;	nach unten beschränkte Funktionen $G_u = 0$;
zentralsymmetrisch in bezug auf den Koordinatenursprung;	achsensymmetrisch zur y-Achse;
streng monoton fallend für $x < 0$ und $x > 0$;	streng monoton wachsend für $x < 0$, streng monoton fallend für $x > 0$;

x- und y-Achse sind Asymptoten; zwei getrennte Äste;

Verlauf im III. und I. Quadranten	Verlauf im II. und I. Quadranten

Gemeinsame Punkte aller Graphen

$P_1(1; 1)$, $P_2(-1; -1)$	$P_1(1; 1)$, $P_3(-1; 1)$

6.6. Irrationale Funktionen

6.6.1. Zum Begriff »irrationale Funktion«

Zu den irrationalen (nichtrationalen) Funktionen [↗ 6.1.2.(4)] gehören

die algebraisch-irrationalen Funktionen, z. B. die Potenzfunktionen mit rationalen Exponenten, speziell die Wurzelfunktionen.	die transzendenten Funktionen (↗ 6.7.), z. B. die Exponentialfunktionen, Logarithmusfunktionen, Winkelfunktionen.

6.6.2. Potenzfunktionen mit rationalen Exponenten

Nach Erweiterung des Potenzbegriffs auf Potenzen mit rationalen Exponenten (↗ 3.4.5.) durch $x^{\frac{p}{q}} = \sqrt[q]{x^p}$ ($x \in \mathbf{R}_+^*$ $p, q \in \mathbf{Z}$, $q > 0$) können Potenzfunktionen f mit $f(x) = x^n$ mit $n = \dfrac{p}{q}$ ($p, q \in \mathbf{Z}$, $q > 0$, p ist nicht Vielfaches von q) untersucht werden. Diese Funktionen sind

- bei $p > 0$ für alle nichtnegativen reellen Zahlen,
- bei $p < 0$ für alle positiven reellen Zahlen

definiert.

BEISPIEL 6/18

Der Graph der folgenden Potenzfunktion f mit rationalen Exponenten ist zu skizzieren.

$f(x) = x^{\frac{2}{3}}$; Anfertigung einer Wertetafel für $y = x^{\frac{2}{3}} = \sqrt[3]{x^2}$ mit $x \in \mathbf{R}$ und $x \geqq 0$ für das Intervall $0 \leqq x \leqq 6$

x	0	1	2	3	4	5	6
y	0	1	1,6	2,1	2,5	2,9	3,3

z. B. $\sqrt[3]{4^2} = \sqrt[3]{16} \approx 2{,}5$

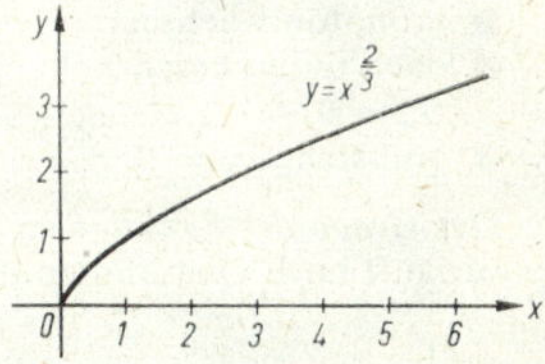

Bild 6/37

6.6.3. Wurzelfunktionen

Spezielle Potenzfunktionen mit rationalen Exponenten sind die Wurzelfunktionen. Sie sind Umkehrfunktionen von Potenzfunktionen g mit $g(x) = x^n$ ($x \geqq 0$, $n \in \mathbf{N}$, $n \geqq 2$).

Jede Funktion f mit $f(x) = \sqrt[n]{x}$ ($x \geqq 0$, $n \in \mathbf{N}$, $n \geqq 2$) heißt **Wurzelfunktion.**

Die Funktionen g und $f = g^{-1}$ sind zueinander invers.
Zum Bilden der Umkehrfunktion muß

- der Definitionsbereich von $g(x) = x^n$ in Monotonieintervalle zerlegt werden (Forderung nach Eineindeutigkeit der Funktion g) und
- die Definition der n-ten Wurzel (↗ 3.4.3.) (für nichtnegative Radikanden) beachtet werden.

Für **geradzahliges** n gibt es für jedes der beiden Monotonieintervalle $-\infty < x \leqq 0$ und $0 \leqq x < +\infty$ der Potenzfunktion $y = x^n$ eine Wurzelfunktion $u(x) = \sqrt[n]{x}$ bzw. $v(x) = -\sqrt[n]{x}$ im Intervall $0 < x < +\infty$. Ihre Graphen sind Parabeläste, axialsymmetrisch zur x-Achse gelegen.

Für **ungeradzahliges** n gibt es im gesamten Definitionsbereich eine eindeutig bestimmte Umkehrfunktion. Sie kann aber *nicht geschlossen durch eine Gleichung* dargestellt werden. Sie wird

für $x \geqq 0$ durch	für $x < 0$ durch
$y = \sqrt[n]{x}$	$y = -\sqrt[n]{-x}$

beschrieben.

BEISPIEL 6/19

a) Die Funktion f mit $f(x) = x^2$ hat zwei Monotonieintervalle. Deshalb gibt es zwei Umkehrfunktionen:

Zu $f(x) = x^2$ mit $x \geqq 0$ und $y \geqq 0$ ist die Umkehrfunktion $u(x) = f^{-1}(x) = \sqrt{x}$ mit $x \geqq 0$ und $y \geqq 0$.

Eigenschaften der Funktion u:

- monoton wachsend
- nach unten beschränkt, $G_u = 0$
- Nullstelle $x_N = 0$

Der *Graph der Funktion u* verläuft im I. Quadranten.

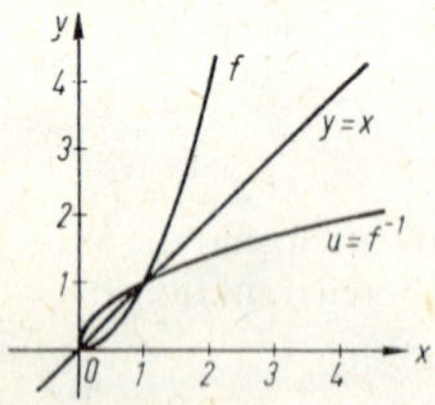

Bild 6/38

Zu $f(x) = x^2$ mit $x \leqq 0$ und $y \geqq 0$ ist die Umkehrfunktion $v(x) = f^{-1}(x) = -\sqrt{x}$ mit $x \geqq 0$ und $y \leqq 0$.

Eigenschaften der Funktion v:

- monoton fallend
- nach oben beschränkt, $G_o = 0$
- Nullstelle $x_N = 0$

Der *Graph der Funktion v* verläuft im IV. Quadranten.

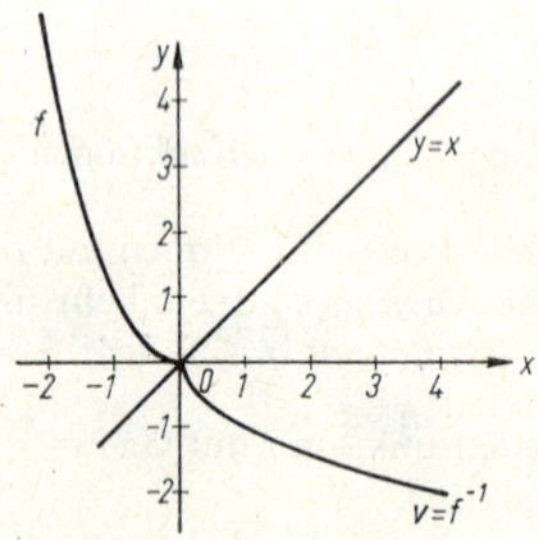

Bild 6/39

b) Die Umkehrfunktion der Funktion f mit $f(x) = x^3$ kann wegen der Wurzeldefinition nicht durch eine Gleichung beschrieben werden. Die zu $f(x) = x^3$ inverse Funktion ist

$$g(x) = f^{-1}(x) = \begin{cases} \sqrt[3]{x} & \text{für } x \geqq 0 \\ -\sqrt[3]{-x} & \text{für } x < 0 \end{cases}$$

Eigenschaften der Funktion g:

- streng monoton wachsend
- unbeschränkt
- ungerade Funktion
- Nullstelle $x_N = 0$.

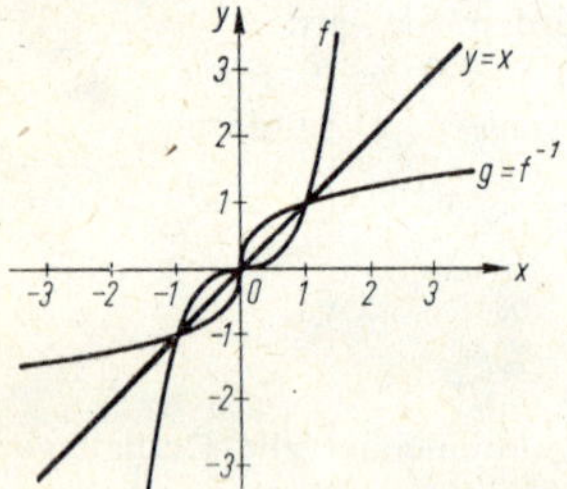

Der *Graph der Funktion g* verläuft im III. und I. Quadranten; er ist zentralsymmetrisch zu Punkt $O(0;\ 0)$ (Bild 6/40).

Bild 6/40

6.7. Transzendente Funktionen

6.7.1. Zum Begriff »transzendente Funktion«

Transzendente Funktionen sind nichtalgebraische Funktionen, d. h. Funktionen, deren Zuordnungsvorschrift nicht durch eine algebraische Gleichung [↗ 4.2.(2)] dargestellt werden kann.
Zu den transzendenten Funktionen gehören

- die zueinander inversen Funktionen: die Exponentialfunktionen und die Logarithmusfunktionen,
- die zueinander inversen Funktionen: die Winkelfunktionen und die zyklometrischen Funktionen.

6.7.2. Exponentialfunktionen

Funktionen f mit $f(x) = a^x$ ($a \in \mathbf{R}$, $a > 0$, $a \neq 1$) heißen **Exponentialfunktionen.** Sie sind für alle reellen x definiert. a heißt Basis, x Exponent.
Eigenschaften der Exponentialfunktionen f zur Basis a und ihrer Graphen:

Für $0 < a < 1$ ist f streng monoton fallend, nach unten beschränkt, $G_u = 0$.	Für $a > 1$ ist f streng monoton wachsend, nach unten beschränkt, $G_u = 0$.

Die Graphen verlaufen im II. und I. Quadranten (Bild 6/41).

Alle Graphen gehen durch den Punkt $P(0; 1)$.
Die x-Achse ist Asymptote an die Graphen der Exponentialfunktionen.

Bild 6/41

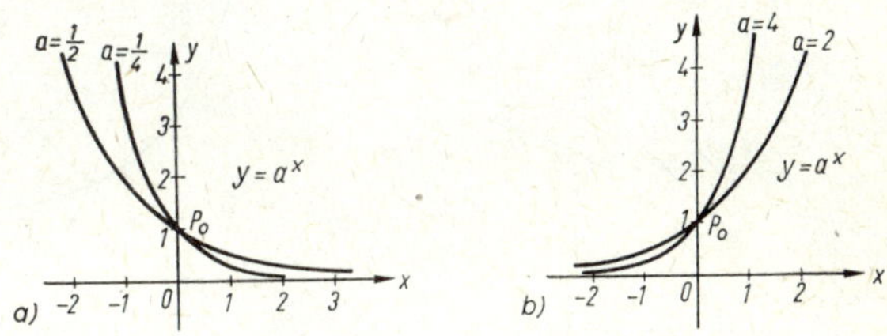

Die Graphen der Funktionen $f(x) = a^x$ und $g(x) = a^{-x}$ liegen achsensymmetrisch zur y-Achse, Bild 6/42.

Da $a^{x_1} \cdot a^{x_2} = a^{x_1+x_2}$ ist (↗ 3.1.3.3. und 3.4.4.), gilt für jede Exponentialfunktion zur Basis a das Additionstheorem

$$f(x_1) \cdot f(x_2) = f(x_1 + x_2).$$

Wählt man als Basis einer Exponentialfunktion die EULERsche Zahl $e = \lim\limits_{n \to \infty} \left(1 + \frac{1}{n}\right)^n \approx 2{,}718281\ldots$ [↗ 6.8.7.(5)], so erhält man die

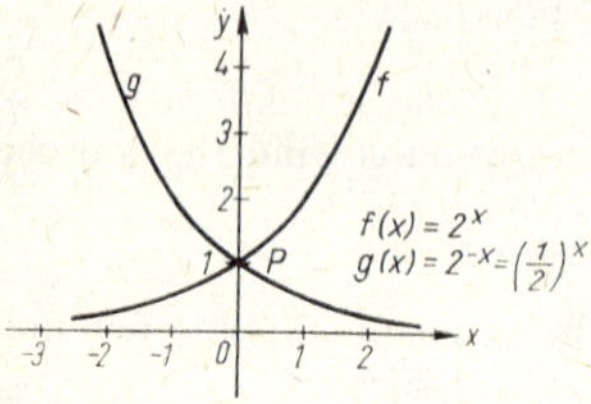

Bild 6/42

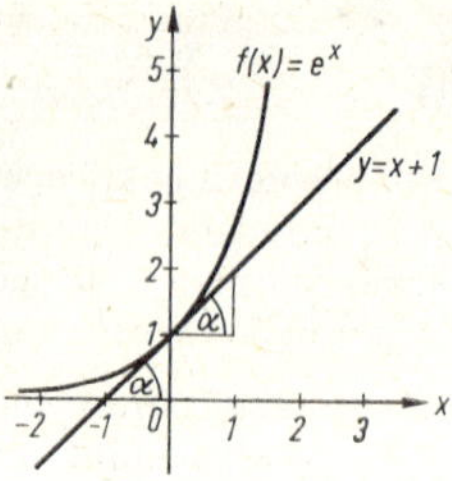

Bild 6/43

natürliche Exponentialfunktion (auch e-Funktion genannt). Sie hat im Punkt $P(0; 1)$ den Anstieg 1, d. h., die Tangente an den Graph der e-Funktion bildet im Punkt $P(0; 1)$ mit der Parallelen zur x-Achse den Winkel $\alpha = 45°$ (Bild 6/43).

6.7.3. Logarithmusfunktionen

Die zur Exponentialfunktion g mit $g(x) = a^x$ ($a \in \mathbf{R}$, $a > 0$, $a \neq 1$) inverse Funktion heißt **Logarithmusfunktion** zur Basis a und wird mit $f(x) = \log_a x$ ($x \in \mathbf{R}$, $x > 0$, $a > 0$, $a \neq 1$) bezeichnet (gelesen: f von x gleich Logarithmus von x zur Basis a).
Graphen der zueinander inversen Funktionen g, f für $a > 1$ in Bild 6/44, für $0 < a < 1$ in Bild 6/45

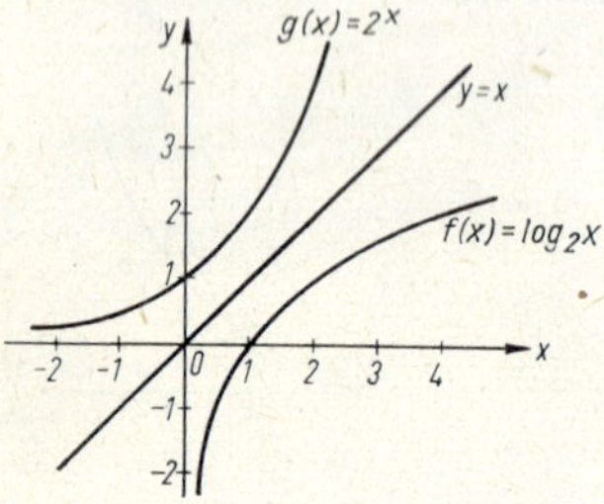

Bild 6/44

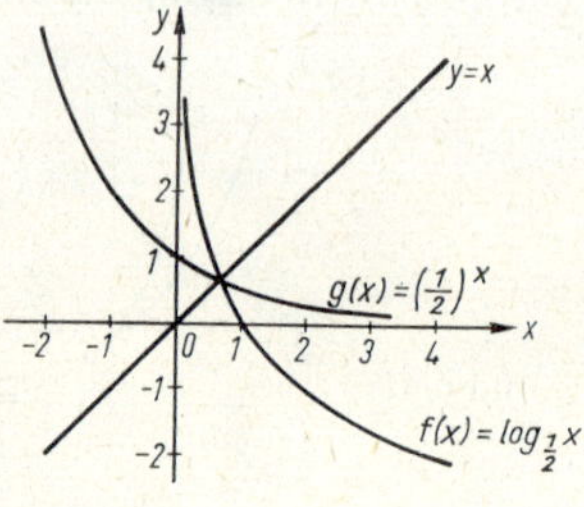

Bild 6/45

Zur Definition des Logarithmus ↗ 3.4.6.
Eigenschaften der Logarithmusfunktion $f(x) = \log_a x$ und ihrer Graphen:

Für $0 < a < 1$ ist f	Für $a > 1$ ist f
– streng monoton fallend	– streng monoton wachsend
– unbeschränkt	– unbeschränkt
– Nullstelle $x_N = 1$	– Nullstelle $x_N = 1$

Die Graphen aller Logarithmusfunktionen verlaufen im I. und IV. Quadranten und gehen durch den Punkt $P(1; 0)$.
Die y-Achse ist Asymptote an die Graphen der Logarithmusfunktionen (Bild 6/46).

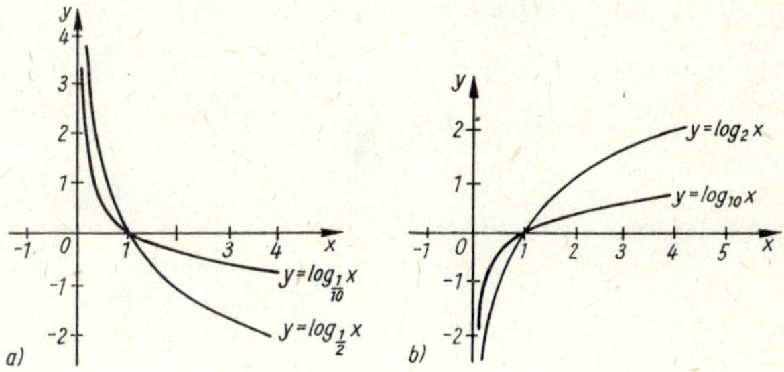

Bild 6/46

Die Graphen der Funktionen $f(x) = \log_a x$ und $g(x) = \log_{\frac{1}{a}} x$ liegen achsensymmetrisch zur x-Achse (Bild 6/47).
Man beachte, daß $\log_{\frac{1}{2}} x = -\log_2 x$ ist; denn aus $\log_{\frac{1}{2}} x = y$ folgt $\left(\frac{1}{2}\right)^y = x$ bzw. $(2^{-1})^y = x$ bzw. $2^{-y} = x$, und aus $2^{-y} = x$ folgt $\log_2 x = -y$ bzw. $-\log_2 x = y$.

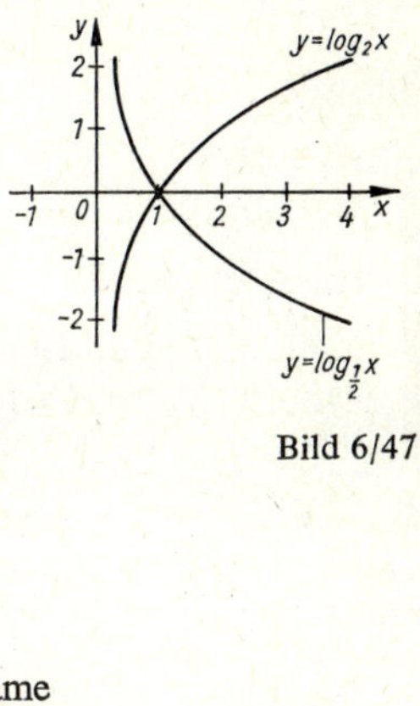

Bild 6/47

Logarithmusfunktionen zu speziellen Basen

Basis a	Funktionsgleichung	Name
e	$f(x) = \log_e x = \ln x$	Funktion der natürlichen Logarithmen
10	$f(x) = \log_{10} x = \lg x$	Funktion der BRIGGSschen (oder Zehner- oder dekadischen) Logarithmen
2	$f(x) = \log_2 x = \text{lb}\, x$	Funktion der Zweier- (oder dyadischen oder binären) Logarithmen

Wegen $\log_a(x_1 \cdot x_2) = \log_a x_1 + \log_a x_2$ erfüllt jede Logarithmusfunktion die Gleichung $f(x_1 \cdot x_2) = f(x_1) + f(x_2)$.
Beziehungen zwischen Logarithmen verschiedener Basen ↗ 3.4.6.

6.7.4. Winkelfunktionen

Zum Winkelbegriff ↗5.1.1.(6), zur Kongruenz von Winkeln ↗ 5.1.3.(4), zur Messung von Winkeln ↗ 5.1.5.(3)

(1) **Definitionen der Winkelfunktionen**

Um den Ursprung O eines ebenen kartesischen Koordinatensystems sei ein Kreis mit dem Radius $r > 0$ gezeichnet. Auf seiner Peripherie befinde sich ein beliebiger Punkt $P(u; v)$. Verbindet man P mit O, so entsteht der orientierte Winkel $\sphericalangle\, QOP = \sphericalangle\, x$, wobei Q der Fußpunkt des Lotes von P auf die u-Achse sei (Bild 6/48).
Jedem Winkel x können Zahlenverhältnisse zugeordnet werden, die aus der Abszisse u, der Ordinate v des Punktes P und dem Radius r des Kreises gebildet werden ($u, v, r \in \mathbf{R}$, $r > 0$).

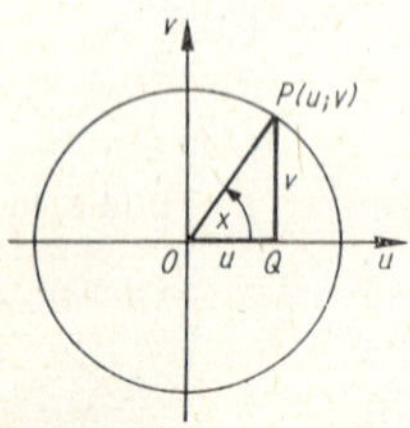

Bild 6/48

Das Verhältnis von Ordinate v des Punktes P zum Radius r ist eine reelle Zahl, die mit sin x bezeichnet wird: $\sin x = \frac{v}{r}$. Aus den reellen Zahlen x und sin x können geordnete Paare $(x; \sin x)$ gebildet werden. Die Menge dieser geordneten Paare $(x; \sin x)$ heißt **Sinusfunktion** und wird mit $y = f(x) = \sin x$ bezeichnet.

Der Graph der Sinusfunktion wird punktweise mit Hilfe des Einheitskreises ermittelt, indem die den Winkeln x entsprechenden Funktionswerte den im Bogenmaß auf der x-Achse abgetragenen Winkeln zugeordnet werden, Bild 6/49.

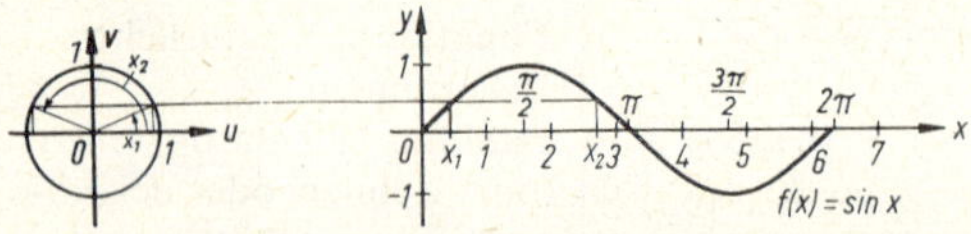

Bild 6/49

Für zueinander äquivalente Winkel [↗ 5.1.5.(3)] erhält man gleiche Funktionswerte (Bild 6/50). Es gilt $\sin(x + 2k\pi) = \sin x$, $k \in \mathbf{Z}$.

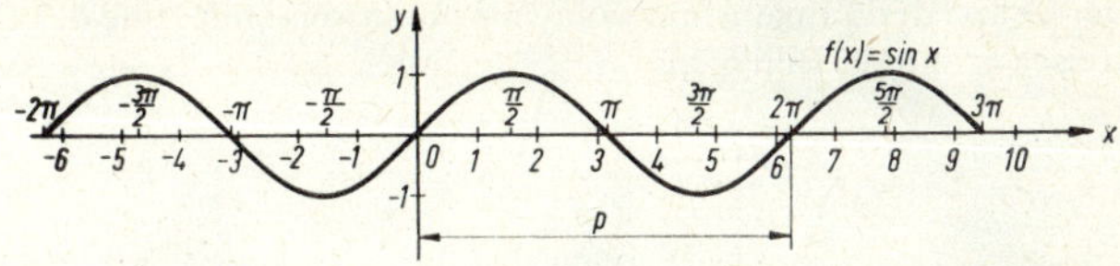

Bild 6/50

Das Verhältnis von Abszisse u zu Radius r ist eine reelle Zahl, die mit $\cos x$ bezeichnet wird: $\cos x = \frac{u}{r}$.

Die Menge der geordneten Paare $(x; \cos x)$ heißt **Cosinusfunktion** und wird mit $y = f(x) = \cos x$ bezeichnet.

Der Graph der Cosinusfunktion wird punktweise mit Hilfe des Einheitskreises ermittelt, wobei aus Zweckmäßigkeit das $u;v$-Koordinatensystem um 90° im mathematisch positiven Sinn gedreht wird, Bild 6/51.

Bild 6/51

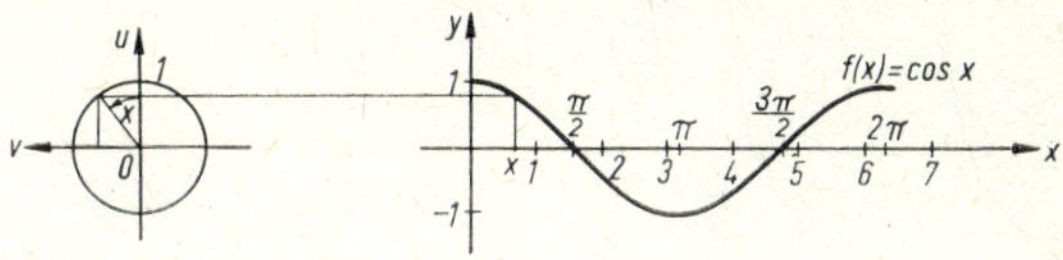

Für zueinander äquivalente Winkel erhält man gleiche Funktionswerte (Bild 6/52). Es gilt $\cos(x + 2k\pi) = \cos x$, $k \in \mathbf{Z}$.

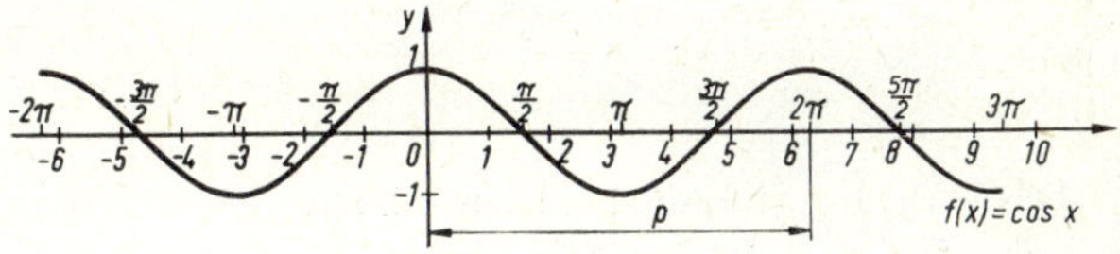

Bild 6/52

Das Verhältnis von Ordinate v zu Abszisse u eines Punktes P ist eine reelle Zahl, die mit $\tan x$ bezeichnet wird: $\tan x = \frac{v}{u}$ mit $u \neq 0$.

Da $\sin x = \frac{v}{r}$ und $\cos x = \frac{u}{r}$ ist, kann $\tan x$ auch als Quotient von $\sin x$ und $\cos x$ dargestellt werden: $\tan x = \frac{\sin x}{\cos x}$ mit $\cos x \neq 0$.

Die Menge der geordneten Paare $(x; \tan x)$ mit $x \neq (2k + 1)\frac{\pi}{2}$, $k \in \mathbf{Z}$, heißt **Tangensfunktion** und wird mit $y = f(x) = \tan x$ bezeichnet.

Der Graph der Tangensfunktion wird punktweise mit Hilfe des Einheitskreises ermittelt, Bild 6/53.

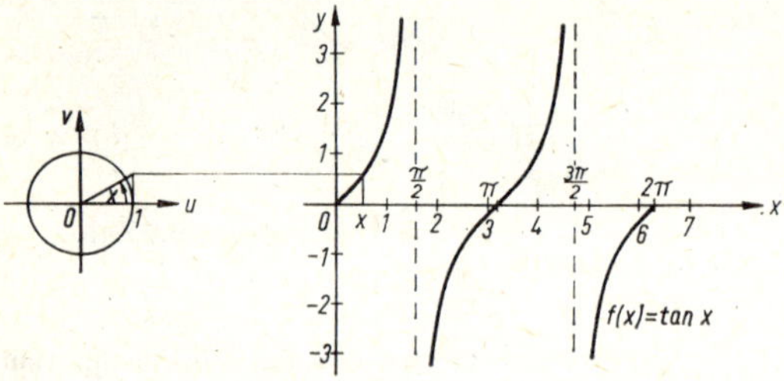

Bild 6/53

Für zueinander äquivalente Winkel erhält man gleiche Funktionswerte (Bild 6/54). Es gilt $\tan(x + k\pi) = \tan x$, $k \in \mathbf{Z}$.

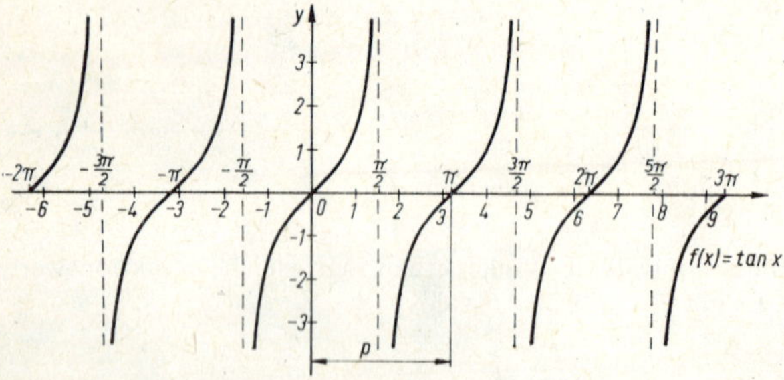

Bild 6/54

Das Verhältnis von Abszisse u zu Ordinate v eines Punktes P ist eine reelle Zahl, die mit $\cot x$ bezeichnet wird: $\cot x = \frac{u}{v}$ mit $v \neq 0$.
Da $\cos x = \frac{u}{r}$ und $\sin x = \frac{v}{r}$ ist, kann $\cot x$ auch als Quotient von $\cos x$ und $\sin x$ dargestellt werden: $\cot x = \frac{\cos x}{\sin x}$ mit $\sin x \neq 0$.
Die Menge der geordneten Paare $(x; \cot x)$ mit $x \neq k\pi$ $(k \in \mathbf{Z})$ heißt **Cotangensfunktion** und wird mit $y = f(x) = \cot x$ bezeichnet.

Der Graph der Cotangensfunktion wird punktweise mit Hilfe des Einheitskreises ermittelt, wobei das $u;v$-Koordinatensystem um 90° im mathematisch positiven Sinn gedreht wird, Bild 6/55.
Für zueinander äquivalente Winkel erhält man gleiche Funktionswerte (Bild 6/56). Es gilt $\cot(x + k\pi) = \cot x$, $k \in \mathbf{Z}$.

Bild 6/55

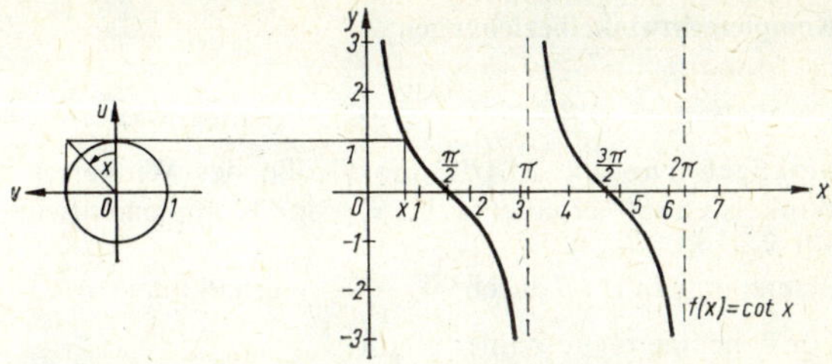

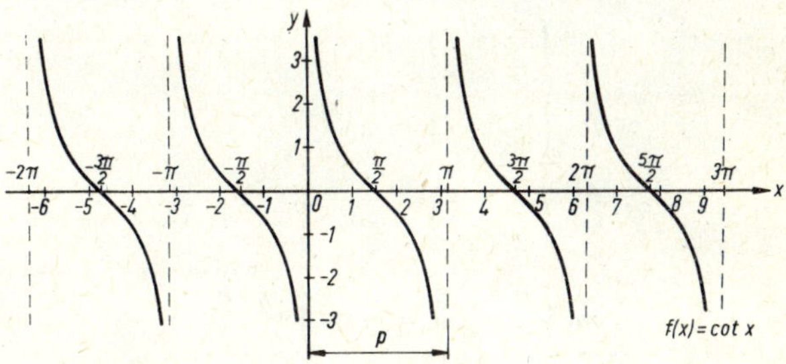

Bild 6/56

(2) **Winkelfunktionen im rechtwinkligen Dreieck, Komplementwinkelbeziehungen**

Unter Beschränkung des Definitionsbereichs von α auf $0° < \alpha < 90°$ können die Winkelfunktionen am rechtwinkligen Dreieck erklärt werden. Im Dreieck $\triangle ABC$ (Bild 6/57) sei a der Zahlenwert der Länge der Gegenkathete des Winkels α, b der Zahlenwert der Länge der Ankathete dieses Winkels, c der Zahlenwert der Länge der Hypotenuse.

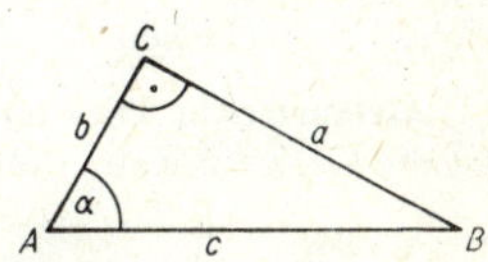

Bild 6/57

Dann gilt für die

Winkelfunktion		das Verhältnis der Zahlenwerte der Längen
Sinus	$\sin\alpha = \frac{a}{c}$	von Gegenkathete und Hypotenuse
Cosinus	$\cos\alpha = \frac{b}{c}$	von Ankathete und Hypotenuse
Tangens	$\tan\alpha = \frac{a}{b}$	von Gegenkathete und Ankathete
Cotangens	$\cot\alpha = \frac{b}{a}$	von Ankathete und Gegenkathete

Komplementwinkelbeziehungen

Da $\sin\alpha = \frac{a}{c}$ und $\cos\beta = \frac{a}{c}$ ist, gilt $\sin\alpha = \cos\beta$. (*) Da im rechtwinkligen Dreieck $\triangle ABC$ die Größe des Winkels β die Größe des Winkels α zu 90° ergänzt [d. h., α, β sind Komplementwinkel (↗ 5.4.(1))], gilt $\beta = 90° - \alpha$.
Ersetzt man in (*) β durch $90° - \alpha$, so erhält man $\sin\alpha = \cos(90° - \alpha)$.

Für beliebige reelle Zahlen x gilt

$$\sin\left(\frac{\pi}{2} - x\right) = \cos x$$

$$\cos\left(\frac{\pi}{2} - x\right) = \sin x$$

$$\left.\begin{aligned}\tan\left(\frac{\pi}{2} - x\right) &= \cot x\\ \cot\left(\frac{\pi}{2} - x\right) &= \tan x\end{aligned}\right\} \quad \text{wobei} \quad x \neq k\frac{\pi}{2} \quad \text{mit} \quad k \in \mathbf{Z}$$

Da x und $\frac{\pi}{2} - x$ Komplementwinkel sind, heißen die Funktionen sin und cos bzw. tan und cot **Cofunktionen.**

(3) **Eigenschaften der Winkelfunktionen**
siehe Übersicht Seite 56/57.

(4) **Geometrische Transformationen der Graphen der Winkelfunktionen**
Ist die Gleichung einer Winkelfunktion in der Form

$$y = f(x) = y_0 + a\sin[b(x - x_0)]$$

gegeben, dann ist bei der Zeichnung des Graphen der Funktion nacheinander eine Streckung des Graphen der Funktion $g(x) = \sin x$ in Richtung der x-Achse (↗ 6.4.3.), eine Streckung in Richtung der y-Achse (↗ 6.4.3.), eine Translation (↗ 6.4.2.) und evtl. eine Spiegelung an der x-Achse (bei negativem a) (↗ 6.4.1.) durchzuführen.

BEISPIEL 6/20

Um den Graph der Funktion

$$y = f(x) = 1{,}5 + 2\sin\left(\frac{x}{2} - \frac{\pi}{4}\right)$$

darzustellen, wird diese Gleichung umgeformt:

$$y - 1{,}5 = 2\sin\left[\frac{1}{2}\left(x - \frac{\pi}{2}\right)\right].$$

Dann ist der Koordinatenursprung $\bar{O}$ gegeben durch $x_0 = \frac{\pi}{2}$, $y_0 = 1{,}5$.

Ferner ist $a = 2$ und $b = \frac{1}{2}$.

Darstellung des Graphen im Intervall $-\frac{\pi}{2} \leqq x \leqq \frac{5\pi}{2}$ in Bild 6/58

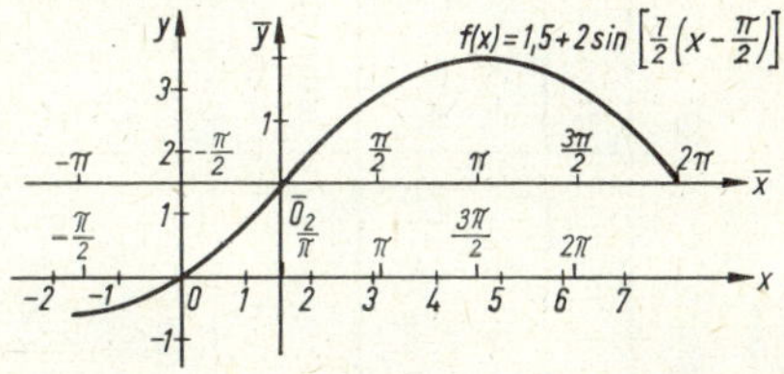

Bild 6/58

(5) **Ermitteln von Funktionswerten der Winkelfunktionen**

Die meisten Funktionswerte der Winkelfunktionen sind irrationale Zahlen. Ein elektronischer Taschenrechner für wissenschaftliche Arbeiten (vgl. Bild 12/24) gibt die Winkelfunktionswerte näherungsweise direkt an.
Steht kein elektronischer Taschenrechner zur Verfügung, sind zur Ermittlung der Funktionswerte Tafeln für Winkelfunktionswerte oder ein Rechenstab zu nutzen.
In den Tafeln der Winkelfunktionswerte sind auf Grund der Komplementbeziehungen [↗ 6.7.4.(2)] die Funktionswerte der Winkelfunktionen als Näherungswerte für den I. Quadranten tabelliert. Diese Tabellen besitzen zwei gegenläufige Eingänge, so daß die Funktionswerte von sin und cos bzw. tan und cot in je einer Tabelle zusammengefaßt sind.
Zur Erhöhung der Genauigkeit der Näherungswerte kann die **lineare Interpolation** (Zwischenschalten von Funktionswerten) dienen.

(6) **Einfache Zusammenhänge zwischen Winkelfunktionen**

- Für alle reellen Zahlen x gilt: $\sin^2 x + \cos^2 x = 1$, wobei $\sin^2 x = (\sin x)^2$ ist.
- Für alle reellen Zahlen x mit $x \neq \frac{k\pi}{2}$ $(k \in \mathbf{Z})$ gilt: $\tan x \cdot \cot x = 1$.

Daraus folgt $\tan x = \frac{1}{\cot x}$ bzw. $\cot x = \frac{1}{\tan x}$.

6.7.5. Die Arcusfunktionen

Die inversen Funktionen zu den streng monotonen Funktionen

$$y = g(x) = \sin x \quad \text{mit} \quad -\frac{\pi}{2} \leqq x \leqq \frac{\pi}{2}$$

$$y = g(x) = \cos x \quad \text{mit} \quad 0 \leqq x \leqq \pi$$

(3) **Eigenschaften der Winkelfunktionen**

Übersicht $k \in \mathbf{Z}$

	$f(x) = \sin x$	$f(x) = \cos x$	$f(x) = \tan x$	$f(x) = \cot x$
Definitionsbereich	$-\infty < x < +\infty$	$-\infty < x < +\infty$	$-\infty < x < +\infty$ $x \neq (2k+1)\frac{\pi}{2}$;	$-\infty < x < +\infty$ $x \neq k\pi$
Wertebereich	beschränkt: $-1 \leqq y \leqq 1$	beschränkt: $-1 \leqq y \leqq 1$	unbeschränkt: $-\infty < y < +\infty$	unbeschränkt: $-\infty < y < +\infty$
Monotonie	monoton wachsend: $-\frac{\pi}{2} + 2k\pi \leqq x \leqq \frac{\pi}{2} + 2k\pi$ monoton fallend: $2k\pi + \frac{\pi}{2} \leqq x \leqq (2k+1)\pi + \frac{\pi}{2}$	monoton wachsend: $(2k-1)\pi \leqq x \leqq 2k\pi$ monoton fallend: $2k\pi \leqq x \leqq (2k+1)\pi$	monoton wachsend: $k\pi - \frac{\pi}{2} < x < k\pi + \frac{\pi}{2}$	monoton fallend: $k\pi < x < (k+1)\pi$
Symmetrie	ungerade Funktion; zentrisch symmetrisch zum Koordinatenursprung	gerade Funktion; achsensymmetrisch zur y-Achse	ungerade Funktion; zentrisch symmetrisch zum Koordinatenursprung	ungerade Funktion; zentrisch symmetrisch zum Koordinatenursprung

Nullstellen	$x_N = k\pi$	$x_N = (2k+1)\frac{\pi}{2}$	$x_N = k\pi$	$x_N = (2k+1)\frac{\pi}{2}$
Polstellen	keine	keine	$x_p = (2k+1)\frac{\pi}{2}$	$x_p = k\pi$
kleinste Periode	2π	2π	π	π
Vorzeichen der Funktionswerte	I. II. III. IV. Quadr. + + − −	I. II. III. IV. Quadr. + − − +	I. II. III. IV. Quadr. + − + −	I. II. III. IV. Quadr. + − + −

$$y = g(x) = \tan x \quad \text{mit} \quad -\frac{\pi}{2} < x < \frac{\pi}{2}$$

$$y = g(x) = \cot x \quad \text{mit} \quad 0 < x < \pi$$

heißen **Arcusfunktionen (oder zyklometrische Funktionen)** und werden mit

$$y = f(x) = \arcsin x \quad \text{mit} \quad -1 \leqq x \leqq 1 \quad \text{(Bild 6/59)}$$

$$y = f(x) = \arccos x \quad \text{mit} \quad -1 \leqq x \leqq 1 \quad \text{(Bild 6/60)}$$

$$y = f(x) = \arctan x \quad \text{mit} \quad -\infty < x < +\infty$$
(Bild 6/61)

$$y = f(x) = \operatorname{arccot} x \quad \text{mit} \quad -\infty < x < +\infty$$
(Bild 6/62)

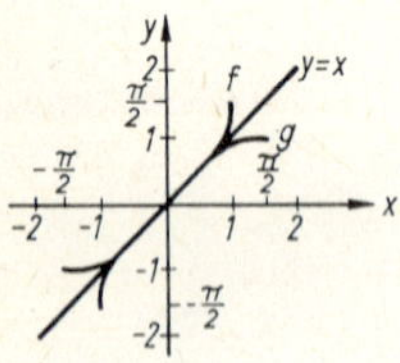

Bild 6/59

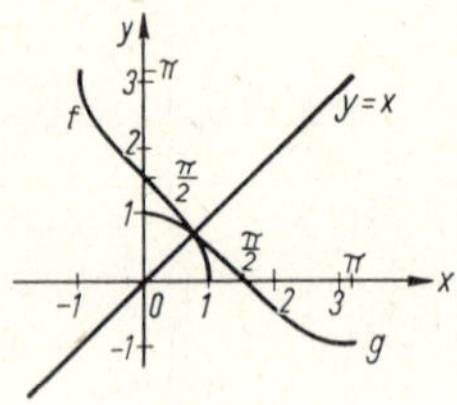

Bild 6/60

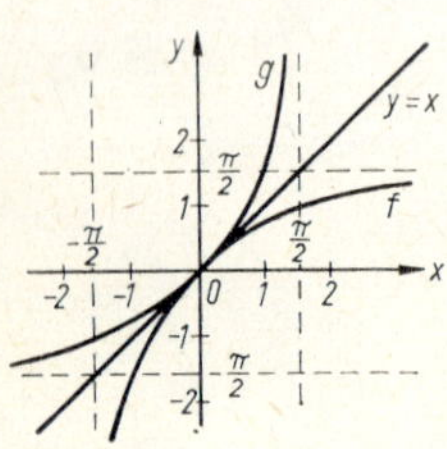

Bild 6/61

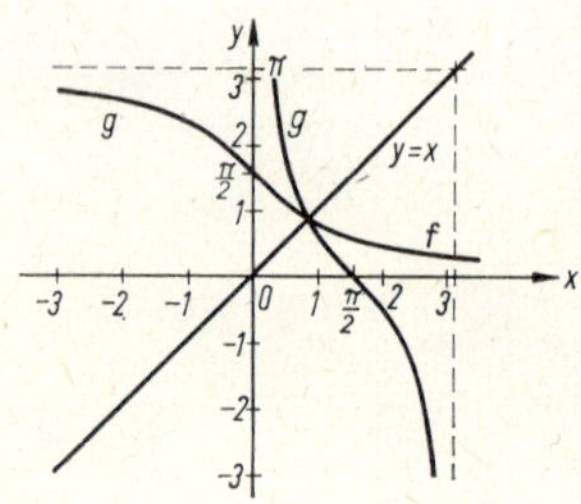

Bild 6/62

6.8. Zahlenfolgen und Reihen

6.8.1. Zum Begriff »Zahlenfolge«

(1) Eine Funktion, deren Definitionsbereich eine Menge natürlicher Zahlen ist, heißt **reelle Zahlenfolge**, wenn der Wertebereich eine Teilmenge der Menge der reellen Zahlen ist.

Jedes Element des Wertebereichs heißt **Glied** der Zahlenfolge. Wird der natürlichen Zahl k durch eine Bildungsvorschrift in Form einer Glei-

chung das Glied a_k zugeordnet, so wird die Zahlenfolge mit (a_k) bezeichnet.
Ist der Definitionsbereich eine endliche Menge natürlicher Zahlen, so heißt die Zahlenfolge **endlich**, andernfalls **unendlich.**
a_k heißt das **allgemeine Glied** einer Zahlenfolge,
a_0 bzw. a_1 das **Anfangsglied**, je nachdem, ob der Definitionsbereich mit Null oder mit eins beginnt,
a_n das **Endglied** einer endlichen Zahlenfolge.

BEISPIEL 6/21

a) Die Zahlenfolge $(a_k) = (1; 3; 5; 7; 9)$ ist endlich. Sie enthält alle ungeraden Zahlen, die kleiner als 10 sind. Das Anfangsglied ist $a_1 = 1$, das Endglied ist $a_5 = 9$. Das allgemeine Glied ist $a_k = 2k - 1$ mit $k \in \mathbf{N}^*$ und $k \leqq 5$.
b) Die Zahlenfolge $(a_k) = (0; 2; 4; 6; \ldots)$ ist eine unendliche Zahlenfolge, die alle geraden Zahlen enthalten soll. Das Anfangsglied ist $a_0 = 0$, das allgemeine Glied ist $a_k = 2k$ mit $k \in \mathbf{N}$.

(2) Die **Zuordnungsvorschrift** der Zahlenfolge kann explizit oder rekursiv erfolgen:

Explizite Zuordnungsvorschrift in Form einer Gleichung $a_k = f(k)$; eine **rekursive** Zuordnungsvorschrift legt durch eine Gleichung fest, wie jedes Glied a_{k+1} aus seinem Vorgänger a_k gebildet wird.

BEISPIEL 6/22

a) Die Zahlenfolge (a_k) mit der expliziten Zuordnungsvorschrift $a_k = 3k + 1$ mit $k \in \mathbf{N}$ ist unendlich: $(a_k) = (1; 4; 7; 10; \ldots)$. Man schreibt auch $(a_k) = (3k + 1)$, $k \in \mathbf{N}$.
b) Gegeben seien das Anfangsglied $a_1 = 2$ und die rekursive Zuordnungsvorschrift $a_{k+1} = a_k + 2k$.

Dann ist $a_2 = a_1 + 2 \cdot 1 = 2 + 2 = 4$,

$a_3 = a_2 + 2 \cdot 2 = 4 + 4 = 8$,

$a_4 = a_3 + 2 \cdot 3 = 8 + 6 = 14$ usw.

Die Zahlenfolge (a_k) ist unendlich; $(a_k) = (2; 4; 8; 14; \ldots)$.

Es gibt auch Zahlenfolgen, deren Zuordnungsvorschriften weder explizit noch rekursiv angegeben werden können, z. B. die Folge der Primzahlen.

(3) Eine **Veranschaulichung** von Zahlenfolgen kann in einem kartesischen Koordinatensystem oder auf der Zahlengeraden erfolgen. In einem kartesischen Koordinatensystem besteht der Graph einer Zahlenfolge aus allen Punkten $(k; a_k)$ mit $k \in \mathbf{N}$ bzw. $k \in \mathbf{N}^*$. Auf der Zahlengeraden wird der k zugeordnete Funktionswert a_k abgetragen und mit a_k symbolisiert.

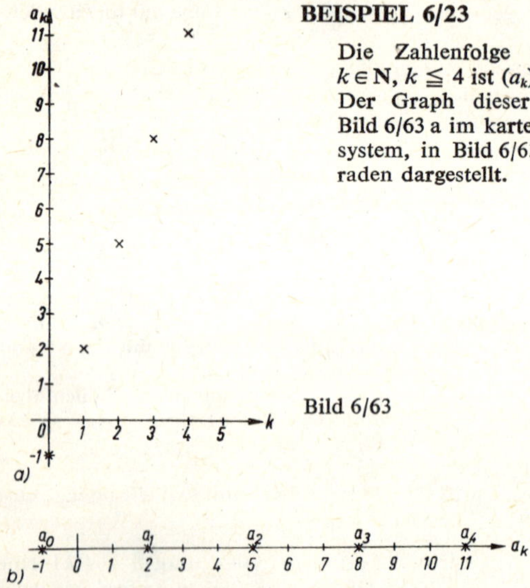

BEISPIEL 6/23

Die Zahlenfolge $(a_k) = (3k - 1)$ mit $k \in \mathbf{N}$, $k \leqq 4$ ist $(a_k) = (-1; 2; 5; 8; 11)$. Der Graph dieser Zahlenfolge ist im Bild 6/63 a im kartesischen Koordinatensystem, in Bild 6/63 b auf der Zahlengeraden dargestellt.

Bild 6/63

6.8.2. Eigenschaften von Zahlenfolgen

Da Zahlenfolgen spezielle Funktionen sind, können die Eigenschaften von Funktionen auf Zahlenfolgen übertragen werden:

(1) Monotonie von Zahlenfolgen

Eine Zahlenfolge (a_k) heißt

- monoton wachsend, wenn $a_k \leqq a_{k+1}$,
- streng monoton wachsend, wenn $a_k < a_{k+1}$,
- monoton fallend, wenn $a_k \geqq a_{k+1}$,
- streng monoton fallend, wenn $a_k > a_{k+1}$

für jedes k gilt.
Eine Zahlenfolge (a_k) mit $a_k = a_{k+1}$ für jedes k heißt **konstante** Zahlenfolge.

BEISPIEL 6/24

a) Die Zahlenfolge (a_k) mit $a_k = \frac{1}{2}k$ wächst streng monoton; $(a_k) = \left(\frac{1}{2}; 1; \frac{3}{2}; 2; \frac{5}{2}; \ldots\right)$. Graph der Zahlenfolge in Bild 6/64

b) Die Zahlenfolge $(a_k) = \left(\frac{3}{k^2}\right)$ mit $k > 0$ fällt streng monoton: $(a_k) = \left(3; \frac{3}{4}; \frac{3}{9}; \frac{3}{16}; \ldots\right)$. Graph der Zahlenfolge in Bild 6/65

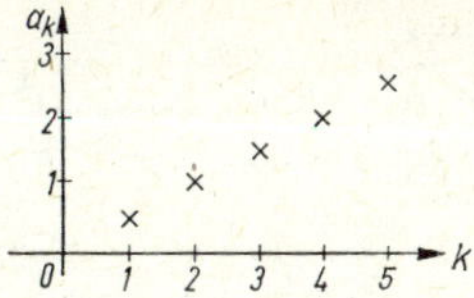

Bild 6/64

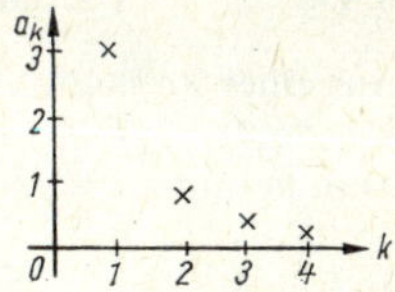

Bild 6/65

(2) **Schranken und Grenzen von Zahlenfolgen**

S heißt eine $\begin{Bmatrix}\text{untere Schranke}\\\text{obere Schranke}\end{Bmatrix}$ einer Zahlenfolge (a_k), wenn für jedes k gilt $\begin{Bmatrix}S \leqq a_k\\S \geqq a_k\end{Bmatrix}$.

Wenn es eine obere (bzw. untere) Schranke einer Zahlenfolge gibt, so heißt die Folge **nach oben (bzw. nach unten) beschränkt.** Ist sie nach beiden Seiten beschränkt, so sagt man, die Zahlenfolge ist beschränkt.

G_u heißt **untere Grenze** einer Zahlenfolge (a_k), wenn G_u die größte aller unteren Schranken von (a_k) ist.

G_o heißt **obere Grenze** einer Zahlenfolge (a_k), wenn G_o die kleinste aller oberen Schranken von (a_k) ist.

BEISPIEL 6/25

Die Zahlenfolge $(a_k) = \left(\frac{1}{3^k}\right)$ mit $k \in \mathbf{N}$ ist streng monoton fallend; $(a_k) = \left(1; \frac{1}{3}; \frac{1}{9}; \ldots\right)$.

Obere Schranken sind z. B. 2; 1,5; 1,1; 1,01.

Die obere Grenze ist $G_o = 1$.

Untere Schranken sind z. B. -1; $-0{,}5$; $-0{,}1$; $-0{,}01$.

Die untere Grenze ist $G_u = 0$.

Veranschaulichung in Bild 6/66

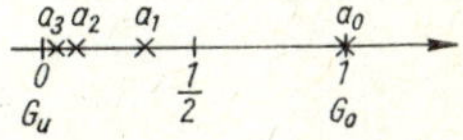

Bild 6/66

6.8.3. Verknüpfungen von Zahlenfolgen

Aus gegebenen Zahlenfolgen (a_k) und (b_k) können durch Anwendung rationaler Rechenoperationen neue Zahlenfolgen gebildet werden: Die Zahlenfolge $(a_k + b_k)$ heißt die **Summe** der Zahlenfolgen (a_k), (b_k); $(a_k - b_k)$ die **Differenz,** $(a_k \cdot b_k)$ das **Produkt,** $\left(\frac{a_k}{b_k}\right)$ der **Quotient** (wenn $b_k \neq 0$ für alle k) der Zahlenfolgen (a_k), (b_k).

Ist $(c_k) = (c_1; c_2; \ldots; c_n; \ldots)$ eine streng monoton wachsende Zahlenfolge von natürlichen Zahlen, so heißt (c_n) eine **Teilfolge** der Zahlenfolge der natürlichen Zahlen, z. B. ist

$(0; 2; 4; \ldots; 2n; \ldots)$ eine Teilfolge der Folge
$(0; 1; 2; 3; \ldots; n; \ldots)$.

6.8.4. Partialsummen

Aus einer Zahlenfolge (a_k) können durch Summation der Glieder a_k für $k = 1; 2; \ldots; n$ Partialsummen gebildet werden.
Man nennt

$$s_n = \sum_{k=1}^{n} a_k = a_1 + a_2 + \ldots + a_k + \ldots + a_n$$

die n-te **Partialsumme** der Folge (a_k).
Im einzelnen erhält man folgende Partialsummen:

$$s_1 = a_1$$
$$s_2 = a_1 + a_2$$
$$s_3 = a_1 + a_2 + a_3$$
$$\ldots$$
$$s_n = a_1 + a_2 + a_3 + \ldots + a_n.$$

Die einzelnen Partialsummen bilden die Glieder einer Partialsummenfolge $(s_1; s_2; \ldots; s_n; \ldots)$, die mit (s_k) bezeichnet wird.
(Zur Partialsummenfolge einer unendlichen Zahlenfolge ↗ 6.8.9. Reihen)

BEISPIEL 6/26

Die Zahlenfolge $(a_k) = (k^2)$ mit $k \in \mathbb{N}^*$ und $k \leqq 10$ ist

$$(a_k) = (1;\ 4;\ 9;\ 16;\ \ldots;\ 100).$$

Dann ist die zehnte Partialsumme

$$s_{10} = \sum_{k=1}^{10} k^2 = 1 + 4 + 9 + 16 + \ldots + 100 = 385.$$

Die Folge (s_k) der Partialsummen ist $(s_k) = (1;\ 5;\ 14;\ 30;\ \ldots\ ;\ 385)$.

6.8.5. Arithmetische Folgen

Eine Zahlenfolge (a_k) heißt **arithmetische Folge**, wenn es eine Zahl d gibt, so daß für jedes k gilt: $a_{k+1} = a_k + d$.

Jedes Glied einer arithmetischen Folge unterscheidet sich also von seinem Vorgänger durch eine konstante Differenz

$$d = a_{k+1} - a_k.$$

$a_{k+1} = a_k + d$ ist eine *rekursive* Zuordnungsvorschrift für arithmetische Folgen. Eine *explizite* Bildungsvorschrift ist

$$a_k = a_1 + (k - 1) \cdot d.$$

Wenn $d > 0$ ist, dann ist (a_k) eine wachsende Folge,
wenn $d < 0$ ist, dann ist (a_k) eine fallende Folge.
Jedes Glied a_k mit $k > 1$ ist das arithmetische Mittel seiner Nachbarglieder:

$$a_k = \frac{a_{k-1} + a_{k+1}}{2}.$$

Für die n-te **Partialsumme** einer arithmetischen Folge, nämlich

$$s_n = a_1 + (a_1 + d) + (a_1 + 2d) + \ldots + [a_1 + (n-1)d],$$

gilt

$$s_n = \sum_{k=1}^{n} a_k = \frac{n}{2}(a_1 + a_n)$$

bzw. mit $a_n = a_1 + (n-1)d$

$$s_n = \frac{n}{2}[2a_1 + (n-1)d] = na_1 + \frac{n(n-1)}{2}d.$$

BEISPIEL 6/27

(a_k) sei eine arithmetische Folge mit $a_1 = 4$, $d = 3$. Gesucht werden a_{12} und s_{12}.

$$a_{12} = a_1 + (n-1)d = 4 + 11 \cdot 3 = 37$$

$$(a_k) = (4;\ 7;\ 10;\ 13;\ 16;\ \ldots;\ 37;\ \ldots)$$

Die Partialsumme für $n = 12$ ist

$$s_{12} = \frac{n}{2}(a_1 + a_{12}) = 6 \cdot (4 + 37) = 6 \cdot 41 = 246$$

6.8.6. Geometrische Folgen

Eine Zahlenfolge (a_k) heißt **geometrische Folge,** wenn es eine Zahl q (mit $q \neq 0$) gibt, so daß für jedes k gilt: $a_{k+1} = a_k \cdot q$ mit Anfangsglied $a_1 \neq 0$.

Jedes Glied einer geometrischen Folge unterscheidet sich also von seinem Vorgänger durch einen konstanten Quotienten

$$q = \frac{a_{k+1}}{a_k} \quad (a_k \neq 0).$$

$a_{k+1} = a_k \cdot q$ ist eine *rekursive* Zuordnungsvorschrift für geometrische Folgen. Eine *explizite* Zuordnungsvorschrift ist $a_k = a_1 \cdot q^{k-1}$ ($a_1 \neq 0$, $q \neq 0$).

Eine geometrische Folge ist

monoton wachsend, wenn		**monoton fallend,** wenn	
$a_1 > 0$, $q > 1$;	$a_1 < 0$, $0 < q < 1$;	$a_1 > 0$ $0 < q < 1$;	$a_1 < 0$ $q > 1$;
nach oben unbeschränkt; Beispiel 6/28 a	obere Grenze $G_o = 0$	untere Grenze $G_u = 0$ Beispiel 6/28 b	nach unten unbeschränkt

Eine geometrische Folge heißt **alternierend**, wenn zwei aufeinander folgende Glieder verschiedene Vorzeichen haben.

Eine alternierende geometrische Folge ist

unbeschränkt, wenn	**beschränkt,** wenn
$a_1 > 0,\ q < -1$ oder $a_1 < 0,\ q < -1$ (Beispiel 6/28 c)	$a_1 > 0,\ -1 < q < 0$ oder $a_1 < 0,\ -1 < q < 0$

Jedes Glied a_k mit $k > 1$ ist das geometrische Mittel seiner Nachbarglieder:

$$a_k = \sqrt{a_{k-1} \cdot a_{k+1}}\,.$$

Für die n**-te Partialsumme** einer geometrischen Folge, nämlich

$$s_n = a_1 + a_1 q + a_1 q^2 + \ldots + a_1 q^{n-1},$$

gilt

$$s_n = \sum_{k=1}^{n} a_k = a_1 \frac{q^n - 1}{q - 1} = a_1 \frac{1 - q^n}{1 - q} \qquad (\text{mit } q \neq 1)$$

bzw. mit $a_n = a_1 \cdot q^{n-1}$

$$s_n = \frac{a_1 q^{n-1} q - a_1}{q - 1} = \frac{a_n q - a_1}{q - 1}.$$

BEISPIEL 6/28

a) (a_k) sei eine geometrische Zahlenfolge mit $a_1 = 1, q = \frac{3}{2}$. Gesucht werden a_6, s_6.

$$a_6 = a_1 q^5 = 1 \cdot \left(\frac{3}{2}\right)^5 = \frac{3^5}{2^5} = \frac{243}{32}$$

$$s_6 = a_1 \frac{q^6 - 1}{q - 1} = 1 \cdot \frac{\left(\frac{3}{2}\right)^6 - 1}{\left(\frac{3}{2}\right) - 1} = \frac{\frac{729}{64} - 1}{\frac{1}{2}} = \frac{665}{32}$$

$$(a_k) = \left(1; \frac{3}{2}; \frac{9}{4}; \frac{27}{8}; \frac{81}{16}; \frac{243}{32}\right);$$

b) Von der geometrischen Zahlenfolge (a_k) mit $a_1 = 8, q = \frac{1}{2}$ sind a_5 und s_5 zu ermitteln.

$$a_5 = 8 \cdot \left(\frac{1}{2}\right)^4 = 8 \cdot \frac{1}{2^4} = \frac{1}{2}$$

$$s_5 = 8 \cdot \frac{1 - \left(\frac{1}{2}\right)^5}{1 - \frac{1}{2}} = 16 \cdot \left(\frac{31}{32}\right) = \frac{31}{2}$$

c) Eine alternierende Zahlenfolge (a_k) sei gegeben durch

$$a_1 = -2, \qquad q = -\frac{3}{2}.$$

Gesucht werden a_5 und s_5.

$$a_5 = -2 \cdot \left(-\frac{3}{2}\right)^4 = -\frac{81}{8}$$

$$s_5 = -2 \cdot \frac{1 - \left(-\frac{3}{2}\right)^5}{1 + \frac{3}{2}} = -\frac{55}{8}$$

6.8.7. Konvergente Zahlenfolgen

Da in diesem und den folgenden Abschnitten **unendliche Zahlenfolgen** betrachtet werden, soll die unabhängige Variable in der Zuordnungsvorschrift für die Zahlenfolge mit n bezeichnet werden.

(1) Nullfolgen

Die Zahlenfolge (a_n) mit $a_n = \frac{1}{n}$ $(n > 0)$ ist streng monoton fallend und beschränkt. Diese Folge $(a_n) = \left(1; \frac{1}{2}; \frac{1}{3}; \frac{1}{4}; \frac{1}{5}; \ldots\right)$ heißt **harmonische** Folge.

Die obere Grenze der Folge ist $G_o = 1$.

Alle Glieder a_n liegen im Intervall $0 < a_n \leqq 1$.

Bei wachsendem n »nähern sich die Glieder der Folge von rechts immer mehr der Zahl 0«. Aber kein Glied der Folge nimmt den Wert 0 an.

Da die monoton wachsende und nach oben beschränkte Folge unendlich viele Glieder hat, liegen »fast alle« Glieder in einer (beliebig kleinen) Umgebung von 0. Das heißt, es gibt endlich viele Glieder, die außerhalb dieser Umgebung liegen.

Bei der *alternierenden* Zahlenfolge (a_n) mit $\left(\frac{-1}{n}\right)^n$, $n > 0$, nämlich $\left(-1; \frac{1}{4}; -\frac{1}{27}; \frac{1}{256}; \ldots\right)$, nähern sich die Glieder der Folge *von beiden Seiten* der Zahl 0.

Zur mathematischen Erfassung des Annäherns der Glieder einer Folge an eine Zahl (hier die Zahl 0) wird der Begriff »ε-Umgebung« eingeführt: Unter einer **ε-Umgebung** einer reellen Zahl a versteht man das offene Intervall (↗ 3.4.1.)

$$a - \varepsilon < x < a + \varepsilon,$$

wobei ε eine positive reelle Zahl ist.
In den beiden oben genannten Zahlenfolgen kann man stets eine positive reelle Zahl ε angeben, so daß fast alle Folgenglieder a_n im Intervall $-\varepsilon < a_n < \varepsilon$, einer ε-Umgebung von Null, liegen.

Es sei ε eine positive reelle Zahl. Dann heißt die Zahlenfolge (a_n) eine **Nullfolge**, wenn für fast alle n gilt: $|a_n| < \varepsilon$.

Wählt man für die Zahlenfolge $(a_n) = \left(\frac{1}{n}\right)$ eine Zahl $\varepsilon > 0$, so kann man eine natürliche Zahl n_0 ermitteln, von der ab alle Folgenglieder im Intervall $0 < x < \varepsilon$ liegen. Diese Zahl n_0 ist dann der Index desjenigen Gliedes a_n, von dem ab alle weiteren Folgenglieder in der ε-Umgebung liegen.

BEISPIEL 6/29

Für die Zahlenfolge $(a_n) = \left(\frac{1}{n}\right)$ gilt die Ungleichung $\frac{1}{n} < \varepsilon$. Durch Umformung erhält man $\frac{1}{\varepsilon} < n$ bzw. $n_0 > \frac{1}{\varepsilon}$.
Wählt man $\varepsilon = \frac{1}{10}$, so ist $n_0 > \frac{1}{\frac{1}{10}}$ bzw. $n_0 > 10$.

Vom Glied a_{11} an liegen alle weiteren Folgenglieder in dem Intervall $0 < x < \varepsilon$, der $\frac{1}{10}$-Umgebung.

Wählt man $\varepsilon = \frac{1}{100}$, so ist $n_0 > 100$. Vom Glied a_{101} an liegen alle weiteren Folgenglieder in der $\frac{1}{100}$-Umgebung.

Hinweis: Erst dann, wenn die Zahl n_0 als Index desjenigen Gliedes der Folge ermittelt worden ist, von dem ab alle Folgenglieder dem Betrag nach kleiner als ε sind, ist eine Zahlenfolge als Nullfolge nachgewiesen.

BEISPIEL 6/30

Beispiele für Nullfolgen: Es gilt stets $n \neq 0$.

a) $\left(\frac{1}{2n}\right) = \left(\frac{1}{2}; \frac{1}{4}; \frac{1}{6}; \frac{1}{8}; \ldots\right)$ ist eine Nullfolge, denn aus $\frac{1}{2n} < \varepsilon$ folgt $n > \frac{1}{2\varepsilon}$. Wählt man $\varepsilon = \frac{1}{10}$, so ist $n_0 > 5$. Wählt man $\varepsilon = \frac{1}{100}$, so ist $n_0 > 50$.

b) Weitere Nullfolgen sind

$$\left(\frac{1}{n^2}\right) = \left(1; \frac{1}{4}; \frac{1}{9}; \frac{1}{16}; \ldots\right)$$

$$\left(\frac{2n+1}{n^2}\right) = \left(\frac{3}{1}; \frac{5}{4}; \frac{7}{9}; \frac{9}{16}; \ldots\right)$$

$$\left(\frac{10}{n^3}\right) = \left(\frac{10}{1}; \frac{10}{8}; \frac{10}{27}; \frac{10}{64}; \ldots\right)$$

$$\left(\frac{2n}{n^2+n}\right) = \left(\frac{2}{2}; \frac{4}{6}; \frac{6}{12}; \frac{8}{20}; \ldots\right)$$

Ist eine Zahlenfolge (a_n) eine Nullfolge, dann sagt man, die Zahlenfolge (a_n) konvergiert gegen 0.

(2) **Konvergenz von Zahlenfolgen**

Es gibt Zahlenfolgen, die nicht gegen Null, sondern gegen eine andere reelle Zahl g konvergieren. Der Begriff »Konvergenz einer Zahlenfolge« wird auf den Begriff »Nullfolge« zurückgeführt.

BEISPIEL 6/31

Die Zahlenfolge $(a_n) = \left(\frac{n-1}{2n}\right)$ mit $n > 0$ ist streng monoton wachsend und beschränkt. Die Glieder der Folge

$$(a_n) = \left(0; \frac{1}{4}; \frac{2}{6}; \frac{3}{8}; \frac{4}{10}; \frac{5}{12}; \frac{6}{14}; \frac{7}{16}; \frac{8}{18}; \frac{9}{20}; \ldots\right)$$

liegen im Intervall $0 \leqq a_n < \frac{1}{2}$.

Die Zahlenfolge hat die untere Grenze $G_u = 0$ und konvergiert gegen die Zahl $\frac{1}{2}$.

Für jedes Glied a_n gilt mit $n \neq 0$:

$a_n = \frac{n-1}{2n} = \frac{1}{2} - \frac{1}{2n}$. Da $\left(\frac{1}{2n}\right)$ eine Nullfolge ist (Beispiel 6/30a), konvergiert die Zahlenfolge $(a_n) = \left(\frac{n-1}{2n}\right)$ gegen die Zahl $g = \frac{1}{2}$.

Eine reelle Zahlenfolge (a_n) heißt **konvergent**, wenn es eine reelle Zahl g gibt, so daß die Folge $(a_n - g)$ eine Nullfolge ist.

BEISPIEL 6/32

Nachweis der Konvergenz für die Zahlenfolge $(a_n) = \left(\frac{n-1}{2n}\right)$. Es gilt

$|a_n - g| < \varepsilon$ mit $g = \frac{1}{2}$

$$\left|\frac{n-1}{2n} - \frac{1}{2}\right| < \varepsilon \quad \text{bzw.} \quad \left|-\frac{1}{2n}\right| < \varepsilon.$$

Daraus erhält man $n > \frac{1}{2\varepsilon}$.
Wählt man $\varepsilon = \frac{1}{10}$, so ist $n_0 > 5$. Ab a_6 liegen alle weiteren Folgenglieder im Intervall $\frac{4}{10} < a_n < \frac{1}{2}$. Endlich viele Glieder der Folge liegen außerhalb dieses Intervalls, nämlich 0; $\frac{1}{4}$; $\frac{3}{8}$; $\frac{4}{10}$. Fast alle Glieder liegen innerhalb des Intervalls.
Für die Glieder dieser Folge läßt sich kein kleinster Abstand von der Zahl $\frac{1}{2}$ angeben. Die Zahl $\frac{1}{2}$ gehört nicht zur Folge. Die Zahl $\frac{1}{2}$ heißt der Grenzwert der Zahlenfolge.

Die reelle Zahl g heißt **Grenzwert** der reellen Zahlenfolge (a_n), wenn $(a_n - g)$ eine Nullfolge ist. Sie wird mit $g = \lim\limits_{n \to \infty} a_n$ bezeichnet. (Gelesen »g gleich Limes a_n für n gegen Unendlich«). Man sagt auch, **die Zahlenfolge (a_n) konvergiert gegen g.**

Dabei ist stets nachzuweisen, daß es einen Index $n \geqq N(\varepsilon)$ gibt, von dem ab alle weiteren Folgenglieder in der ε-Umgebung von g liegen

$$g - \varepsilon < a_n < g + \varepsilon.$$

BEISPIEL 6/33

Die Zahlenfolge $(a_n) = \left(\frac{6n+1}{2n}\right)$ hat den Grenzwert $g = 3$. Man findet diese Zahl 3 durch geeignete Umformung des Terms

$$\frac{6n+1}{2n} = \frac{2n\left(3 + \frac{3}{6n}\right)}{2n} = 3 + \frac{1}{2n} \quad (\text{mit } n \neq 0).$$

Es ist zu zeigen, daß $(a_n - g)$ eine Nullfolge ist: $\left(3 + \frac{1}{2n} - 3\right) = \left(\frac{1}{2n}\right)$ ist im Beispiel 6/30a als Nullfolge nachgewiesen worden.

(3) Sätze über konvergente Zahlenfolgen

(I) Jede konvergente reelle Zahlenfolge ist beschränkt.

(II) Hat eine konvergente Zahlenfolge (a_n) nur $\begin{Bmatrix}\text{positive}\\\text{negative}\end{Bmatrix}$ Glieder, so ist der Grenzwert $g = \lim\limits_{n \to \infty} a_n \begin{Bmatrix}\text{nicht negativ}\\\text{nicht positiv}\end{Bmatrix}$.

(III) Jede nach $\begin{Bmatrix}\text{oben}\\\text{unten}\end{Bmatrix}$ beschränkte, monoton $\begin{Bmatrix}\text{wachsende}\\\text{fallende}\end{Bmatrix}$ Zahlenfolge (a_n) konvergiert gegen ihre $\begin{Bmatrix}\text{obere}\\\text{untere}\end{Bmatrix}$ Grenze.
Die $\begin{Bmatrix}\text{obere}\\\text{untere}\end{Bmatrix}$ Grenze ist nicht Glied der Folge.

(IV) Wenn für zwei konvergente Zahlenfolgen (a_n) und (b_n) gilt: $a_n \leqq b_n$ für alle n, so ist $\lim\limits_{n\to\infty} a_n \leqq \lim\limits_{n\to\infty} b_n$.

(V) Ist (a_n') Teilfolge einer konvergenten Folge (a_n), so ist (a_n') konvergent und hat den gleichen Grenzwert wie (a_n).

BEISPIEL 6/34

a) Zu (III)

Die Zahlenfolge $(a_n) = \left(2 + \frac{1}{n}\right)$ hat die untere Grenze $G_u = 2$.

Der Grenzwert ist $\lim\limits_{n\to\infty} \left(2 + \frac{1}{n}\right) = 2$.

Die Zahl 2 ist nicht Glied der Folge.

b) Zu (IV)

Es sei $(a_n) = \left(\frac{n}{n+1}\right)$ und $(b_n) = \left(\frac{2n}{n+1}\right)$. Dann ist stets $a_n < b_n$ und $\lim\limits_{n\to\infty} a_n < \lim\limits_{n\to\infty} b_n$ in Übereinstimmung mit $\lim\limits_{n\to\infty} a_n = 1$, $\lim\limits_{n\to\infty} b_n = 2$.

c) Zu (V)

$(a_n') = \left(\frac{1}{n^2}\right)$ ist Teilfolge der konvergenten Folge $(a_n) = \left(\frac{1}{n}\right)$, denn

$$\left(\frac{1}{n}\right) = \left(\frac{1}{1}; \frac{1}{2}; \frac{1}{3}; \frac{1}{4}; \frac{1}{5}; \frac{1}{6}; \frac{1}{7}; \frac{1}{8}; \frac{1}{9}; \frac{1}{10}; \ldots\right)$$

$$\left(\frac{1}{n^2}\right) = \left(\frac{1}{1}; \qquad \frac{1}{4}; \qquad \frac{1}{9}; \qquad \ldots\right).$$

Die Teilfolge $(a_n') = \left(\frac{1}{n^2}\right)$ ist konvergent und hat den gleichen Grenzwert $g = 0$ wie die Folge $(a_n) = \left(\frac{1}{n}\right)$.

(4) Grenzwertsätze für konvergente Zahlenfolgen

Sind die Zahlenfolgen (a_n) und (b_n) konvergent, d. h., gilt $\lim\limits_{n\to\infty} a_n = a$ und $\lim\limits_{n\to\infty} b_n = b$, so gelten die Sätze:

(I) $\lim\limits_{n\to\infty} (a_n + b_n) = \lim\limits_{n\to\infty} a_n + \lim\limits_{n\to\infty} b_n = a + b$

(II) $\lim\limits_{n\to\infty} (a_n - b_n) = \lim\limits_{n\to\infty} a_n - \lim\limits_{n\to\infty} b_n = a - b$

(III) $\lim\limits_{n\to\infty} (a_n \cdot b_n) = \lim\limits_{n\to\infty} a_n \cdot \lim\limits_{n\to\infty} b_n = a \cdot b$

(IV) $\lim\limits_{n\to\infty} \left(\frac{a_n}{b_n}\right) = \frac{\lim\limits_{n\to\infty} a_n}{\lim\limits_{n\to\infty} b_n} = \frac{a}{b}$

[$b_n \neq 0$ für alle n; (b_n) keine Nullfolge]

BEISPIEL 6/35

a) $\lim\limits_{n\to\infty}\left(\frac{1}{2n}+\frac{1}{n^2}\right)=\lim\limits_{n\to\infty}\frac{1}{2n}+\lim\limits_{n\to\infty}\frac{1}{n^2}=0+0=0$

b) $\lim\limits_{n\to\infty}\left(2-\frac{1}{n^3}\right)=\lim\limits_{n\to\infty}2-\lim\limits_{n\to\infty}\frac{1}{n^3}=2-0=2$

c) $\lim\limits_{n\to\infty}\frac{3}{2n}=\lim\limits_{n\to\infty}\left(3\cdot\frac{1}{2n}\right)=\lim\limits_{n\to\infty}3\cdot\lim\limits_{n\to\infty}\frac{1}{2n}=3\cdot 0=0$

d) $\lim\limits_{n\to\infty}\frac{2n^2+3n}{3n^2-2}=\lim\limits_{n\to\infty}\frac{2+\frac{3}{n}}{3-\frac{2}{n^2}}=\frac{\lim\limits_{n\to\infty}\left(2+\frac{3}{n}\right)}{\lim\limits_{n\to\infty}\left(3-\frac{2}{n^2}\right)}=\frac{2+0}{3-0}=\frac{2}{3}$

(5) **Grenzwert der Zahlenfolge** $(a_n)=\left(\left(1+\frac{1}{n}\right)^n\right)$ mit $n>0$

Auf Grund der folgenden Wertetafel

n	$\left(1+\frac{1}{n}\right)^n$	n	$\left(1+\frac{1}{n}\right)^n$
1	2,00000	10	2,59375...
2	2,25000	100	2,70483...
3	2,37037...	1000	2,71706...
4	2,44141...	10000	2,71824...
⋮	⋮	100000	2,71826...
		⋮	⋮

gelangt man zu der Vermutung, daß die Folge $(a_n)=\left(\left(1+\frac{1}{n}\right)^n\right)$ konvergiert; denn die Zahlenfolge wächst monoton und ist beschränkt. Da monotone und beschränkte Zahlenfolgen konvergent sind [nach (3), Satz (III)], konvergiert auch die Folge (a_n). Der Grenzwert ist eine irrationale Zahl, die mit e bezeichnet wird. Es ist $\lim\limits_{n\to\infty}\left(1+\frac{1}{n}\right)^n=e=2{,}718281828459\ldots$

6.8.8. Divergente Zahlenfolgen

Jede Zahlenfolge (a_n), die nicht konvergent ist, heißt **divergent.** Es gibt natürliche Zahlen n, für die $a_n>K$ ist, wobei K eine (beliebig große) positive reelle Zahl ist.
Wenn bei jeder positiven reellen Zahl K für fast alle n gilt:

Wenn $a_n\begin{Bmatrix}> & K\\ < & -K\end{Bmatrix}$, so heißt die Zahlenfolge (a_n) unbeschränkt $\begin{Bmatrix}\text{wachsend}\\ \text{fallend}\end{Bmatrix}$, und man schreibt $\begin{Bmatrix}\lim\limits_{n\to\infty}a_n=+\infty\\ \lim\limits_{n\to\infty}a_n=-\infty\end{Bmatrix}$.

BEISPIEL 6/36

Die Zahlenfolge $(a_n) = \left(\frac{n^2+1}{n}\right)$ mit $n > 0$ ist divergent.

$(a_n) = \left(\frac{2}{1}; \frac{5}{2}; \frac{10}{3}; \frac{17}{4}; \ldots\right)$ ist streng monoton wachsend und nach oben unbeschränkt. Denn es gibt für jede noch so große reelle Zahl K natürliche Zahlen n, für die $\frac{n^2+1}{n} > K$ ist. Es gilt:

$$\lim_{n\to\infty} a_n = \lim_{n\to\infty} \frac{n^2+1}{n} = \lim_{n\to\infty} \left(n + \frac{1}{n}\right) = +\infty.$$

6.8.9. Reihen

(1) Summe einer Reihe

In 6.8.4. wurde aus den Gliedern einer Zahlenfolge (a_k) eine neue Folge, die Folge (s_k) der Partialsummen, gebildet.
Auch aus den Gliedern einer unendlichen Zahlenfolge (a_n) kann man schrittweise die (unendliche) Folge (s_n) der Partialsummen bilden:

$$(s_n) = \left(\sum_{i=1}^{n} a_i\right).$$

Man nennt (s_n) eine Reihe und bezeichnet sie mit $\sum_{n=1}^{\infty} a_n$ oder
$a_1 + a_2 + a_3 + \ldots$
$a_1, a_2, \ldots$ heißen **Glieder** der Reihe.

Eine Reihe $\sum_{n=1}^{\infty} a_n$ heißt **konvergent**, wenn die Folge (s_n) ihrer Partialsummen konvergent ist, d. h. $\lim_{n\to\infty} s_n = s$ ist. Man nennt s die **Summe der Reihe.**

Hinweis:

Man beachte, daß $\sum_{n=1}^{\infty} a_n$ zwei Bedeutungen hat:

1. $\sum_{n=1}^{\infty} a_n$ bezeichnet die Reihe [das ist die Folge (s_n) der Partialsummen, die zur Folge (a_n) gehört],
2. $\sum_{n=1}^{\infty} a_n$ bezeichnet im Falle der Konvergenz die Summe s der unter 1. genannten Reihe, also den Grenzwert der Folge (s_n).

BEISPIEL 6/37

Die Reihe $\sum_{n=1}^{\infty} \frac{1}{2^n} = \frac{1}{2} + \frac{1}{4} + \frac{1}{8} + \frac{1}{16} + \ldots$ ist konvergent, weil die Folge (s_n) der Partialsummen konvergiert:

$$(s_n) = \left(\frac{1}{2}; \frac{3}{4}; \frac{7}{8}; \frac{15}{16}; \ldots\right).$$

Die Folge (s_n) ist monoton wachsend und nach oben beschränkt.
Sie konvergiert gegen die obere Grenze $G_0 = 1$.
Eine explizite Zuordnungsvorschrift für (s_n) ist

$$s_n = \frac{2^n - 1}{2^n} \quad \text{bzw.} \quad s_n = 1 - \frac{1}{2^n}.$$

Der Grenzwert der Partialsummenfolge ist

$$\begin{aligned} \lim_{n\to\infty} s_n &= \lim_{n\to\infty} \left(1 - \frac{1}{2^n}\right) - \lim_{n\to\infty} 1 - \lim_{n\to\infty} \frac{1}{2^n} \\ &= 1 - 0 = 1, \end{aligned}$$

denn $\left(\frac{1}{2^n}\right)$ ist eine Nullfolge.

(2) Einige Sätze über konvergente Reihen (Konvergenzkriterien)

(I) Konvergiert die Reihe $\sum_{n=1}^{\infty} a_n$, so konvergiert auch die Reihe $\sum_{n=1}^{\infty} ka_n$, $k \in \mathbf{R}$. Es gilt $\sum_{n=1}^{\infty} ka_n = k \sum_{n=1}^{\infty} a_n$.

(II) Konvergieren die Reihen $\sum_{n=1}^{\infty} a_n$ und $\sum_{n=1}^{\infty} b_n$, so konvergiert auch die Reihe $\sum_{n=1}^{\infty} (a_n + b_n)$, und es gilt

$$\sum_{n=1}^{\infty} (a_n \pm b_n) = \sum_{n=1}^{\infty} a_n \pm \sum_{n=1}^{\infty} b_n.$$

(III) Wenn die Reihe $\sum_{n=1}^{\infty} a_n$ konvergent ist, so bilden ihre Glieder eine Nullfolge.
Diese Bedingung $\lim_{n\to\infty} a_n = 0$ ist zwar notwendig, jedoch nicht hinreichend für die Konvergenz einer Reihe, wie das Beispiel der harmonischen Reihe zeigt (Beispiel 6/38a)

(IV) **Reihenvergleich:** Wenn eine Reihe $\sum_{n=1}^{\infty} u_n$ mit positiven Gliedern konvergiert, so konvergiert jede Reihe $\sum_{n=1}^{\infty} v_n$ mit $v_n \geqq 0$, für die $v_n \leqq u_n$ ist. Man nennt die Reihe $\sum_{n=1}^{\infty} u_n$ eine Oberreihe (Majorante) der Reihe $\sum_{n=1}^{\infty} v_n$ (Beispiel 6/38b).

(V) Eine alternierende Reihe ist konvergent, wenn die absoluten Beträge der Glieder dieser Reihe eine monotone Nullfolge ergeben (Beispiel 6/38c).

BEISPIEL 6/38

a) Die Glieder der harmonischen Reihe

$$\sum_{n=1}^{\infty} \frac{1}{n} = 1 + \frac{1}{2} + \frac{1}{3} + \frac{1}{4} + \dots$$

bilden eine Nullfolge: $\lim_{n\to\infty} a_n = \lim_{n\to\infty} \frac{1}{n} = 0$.

Die Glieder dieser Reihe kann man in folgender Weise zusammenfassen:

$$s = 1 + \frac{1}{2} + \left(\frac{1}{3} + \frac{1}{4}\right) + \left(\frac{1}{5} + \frac{1}{6} + \frac{1}{7} + \frac{1}{8}\right) + \left(\frac{1}{9} + \dots + \frac{1}{16}\right) + \dots$$

und mit der Reihe

$$\sigma = 1 + \frac{1}{2} + \quad \frac{1}{2} \quad + \quad \frac{1}{2} \quad + \quad \frac{1}{2} \quad + \dots$$

vergleichen. Dabei erkennt man, daß $s > \sigma$ und σ divergent ist. Wenn σ nicht konvergent ist, dann ist auch s nicht konvergent.

b) Die Reihe $\sum_{n=1}^{\infty} v_n = \sum_{n=1}^{\infty} \frac{1}{2^n + n} = \frac{1}{3} + \frac{1}{6} + \frac{1}{11} + \frac{1}{20} + \dots$ ist konvergent, weil es eine Vergleichsreihe, die geometrische Reihe [↗ (3)]

$$\sum_{n=1}^{\infty} u_n = \sum_{n=1}^{\infty} \frac{1}{2^n} = \frac{1}{2} + \frac{1}{4} + \frac{1}{8} + \frac{1}{16} + \dots,$$

als Majorante gibt, die konvergiert und für die $v_n < u_n$ gilt.

c) Die Reihe $\sum_{n=1}^{\infty} (-1)^{n-1} \frac{1}{2n-1} = 1 - \frac{1}{3} + \frac{1}{5} - \frac{1}{7} + \frac{1}{9} - + \dots$ ist konvergent, da die Folge $\left(1; \frac{1}{3}; \frac{1}{5}; \frac{1}{7}; \frac{1}{9}; \dots\right)$ eine monotone Nullfolge ist.

(3) Geometrische Reihen

Aus der geometrischen Folge (↗ 6.8.6.) $(a_n) = (a_1; a_1q; a_1q^2; \dots)$ erhält man durch Bildung der Partialsummen

$$s_1 = a_1$$

$$s_2 = a_1 + a_1q$$

$$s_3 = a_1 + a_1q + a_1q^2$$

$$\dots$$

die **geometrische Reihe** $\sum_{n=1}^{\infty} a_1q^{n-1} = a_1 + a_1q + a_1q^2 + \dots$

Nach 6.8.6. gilt für die n-te Partialsumme einer geometrischen Folge

$$s_n = \sum_{k=1}^{n} a_k = a_1 \frac{1-q^n}{1-q}$$

(konvergent für $|q| < 1$).

Für $n \to \infty$ erhält man dann

$$s = \lim_{n\to\infty} s_n = \lim_{n\to\infty} \sum_{n=1}^{\infty} a_n = \lim_{n\to\infty} a_1 \frac{1-q^n}{1-q}$$

$$= a_1 \lim_{n\to\infty} \frac{1-q^n}{1-q} = a_1 \frac{\lim\limits_{n\to\infty}(1-q^n)}{\lim\limits_{n\to\infty}(1-q)}$$

$$= \frac{a_1}{1-q} \lim_{n\to\infty}(1-q^n) = \frac{a_1}{1-q}\cdot 1 - \frac{a_1}{1-q} \lim_{n\to\infty} q^n,$$

wobei (q^n) wegen $|q| < 1$ eine Nullfolge ist.

Die Summe der konvergenten geometrischen Reihe $\sum\limits_{n=1}^{\infty} a_1 q^{n-1}$ ist $s = \dfrac{a_1}{1-q}$.

BEISPIEL 6/39

Die geometrische Reihe $\sum\limits_{n=1}^{\infty} a_1 q^{n-1}$ mit $a_1 = \dfrac{4}{5}$ und $q = \dfrac{1}{3}$ ist

$$\sum_{n=1}^{\infty} \frac{4}{5}\left(\frac{1}{3}\right)^{n-1} = \frac{4}{5}\left(\frac{1}{3}\right)^0 + \frac{4}{5}\left(\frac{1}{3}\right)^1 + \frac{4}{5}\left(\frac{1}{3}\right)^2 + \frac{4}{5}\left(\frac{1}{3}\right)^3$$

$$+ \ldots = \frac{4}{5} + \frac{4}{15} + \frac{4}{45} + \frac{4}{135} + \ldots.$$

Sie ist konvergent, da $q = \dfrac{1}{3} < 1$ ist. Ihre Summe ist

$$s = \frac{\frac{4}{5}}{1-\frac{1}{3}} = \frac{\frac{4}{5}}{\frac{2}{3}} = \frac{4}{5}\cdot\frac{3}{2} = \frac{12}{10} = \frac{6}{5}.$$

(4) Periodische Dezimalbrüche

Periodische Dezimalbrüche können als geometrische Reihen mit $q = \left(\dfrac{1}{10}\right)^p$ (p sei die Periodenlänge) dargestellt werden. Dadurch ist es möglich, einen periodischen Dezimalbruch in einen gemeinen Bruch umzuformen (↗ 3.2.5.1.).

BEISPIEL 6/40

a) $0{,}\overline{3} = 0{,}333\ldots = \dfrac{3}{10} + \dfrac{3}{100} + \dfrac{3}{1000} + \ldots = \sum\limits_{n=1}^{\infty} \dfrac{3}{10^n}$

$$= \sum_{n=1}^{\infty} \frac{3}{10}\cdot\left(\frac{1}{10}\right)^{n-1}$$

Demnach ist $a_1 = \frac{3}{10}$, $q = \frac{1}{10}$ und damit $s = \frac{\frac{3}{10}}{1 - \frac{1}{10}} = \frac{1}{3}$.

b) $0,\overline{24} = \sum_{n=1}^{\infty} \frac{24}{100} \left(\frac{1}{100}\right)^{n-1} = \frac{24}{99} = \frac{8}{33}$

c) $0,35\overline{711} = \frac{35}{100} + \sum_{n=1}^{\infty} \frac{711}{10^5} \left(\frac{1}{1000}\right)^{n-1} = \frac{35}{100} + \frac{711}{10^5\left(1 - \frac{1}{1000}\right)}$

$$= \frac{35}{100} + \frac{711}{99900} = \frac{35}{100} + \frac{79}{11100} = \frac{3964}{11100} = \frac{991}{2775}$$

6.9. Grenzwerte von Funktionen, stetige Funktionen

6.9.1. Grenzwert einer Funktion an einer Stelle x_0

Es gibt Funktionen, die an gewissen Stellen nicht definiert sind, d. h., für ein Argument x_0 kann der zugehörige Funktionswert nicht berechnet werden.

BEISPIEL 6/41

a) Die Funktion f mit $f(x) = \frac{1}{x}$ hat an der Stelle $x_0 = 0$ keinen Funktionswert. Sie hat an der Stelle 0 einen **Pol** (↗ 6.5.6.).

b) Die Funktion f mit $f(x) = \frac{x^2 - 4}{x + 2}$ ist für $x_0 = -2$ nicht definiert. Der Graph der Funktion f hat an der Stelle -2 eine **Lücke.**

c) Die Funktion f mit $f(x) = \frac{|x + 1|}{x + 1}$ ist an der Stelle -1 nicht definiert. Es ist

$$f(x) = \begin{cases} 1 & \text{für } x > -1 \\ -1 & \text{für } x < -1. \end{cases}$$

Der Graph der Funktion f hat an der Stelle $x_0 = -1$ einen **Sprung.** Die Punkte $P_1(-1;\ 1)$, $P_2(-1;\ -1)$ gehören nicht zum Graphen der Funktion, Bild 6/67.

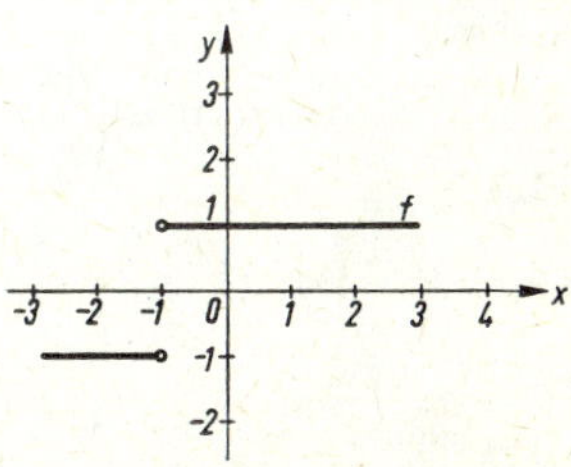

Bild 6/67

Um zu untersuchen, wie sich die Funktionswerte einer Funktion f, die in einer Umgebung von x_0 (evtl. mit Ausnahme von x_0 selbst) definiert ist, bei Annäherung an die Stelle x_0 verhalten, wird

- eine Folge (x_n) von Zahlen aus dem Definitionsbereich von f gewählt, die den Grenzwert x_0 hat, und
- zu jedem x_n dieser Folge der Funktionswert $f(x_n)$ ermittelt.

Damit wird jeder Folge (x_n) mit $x_n \neq x_0$ eindeutig eine Folge $(f(x_n))$ der Funktionswerte zugeordnet, die das Verhalten der Funktion f in einer Umgebung von x_0 beschreibt.
Es wird ersichtlich, daß die Untersuchungen bei Annäherung an x_0 von links und von rechts getrennt geführt werden können. Dabei leisten Nullfolgen gute Dienste.

BEISPIEL 6/42

a) Die Funktion f mit $f(x) = \frac{1}{x}$ hat an der Stelle $x_0 = 0$ keinen Funktionswert. Bei Annäherung an $x_0 = 0$ wird die Folge $(x_n) = \left(\frac{1}{n}\right)$ gewählt.
Die Folge der zugehörigen Funktionswerte

$$(f(x)) = \left(\frac{1}{x_n}\right) = \left(\frac{1}{\frac{1}{n}}\right) = (n) \text{ ist}$$

für $n > 0$ eine unbeschränkt wachsende Folge,
für $n < 0$ eine unbeschränkt fallende Folge.

Das heißt, die Funktion $f(x) = \frac{1}{x}$ hat an der Stelle 0 keinen Grenzwert.

b) Die Funktion f mit $f(x) = \frac{x^2 - 4}{x + 2}$ hat an der Stelle -2 einen Grenzwert.

Bei *Annäherung an* $x_0 = -2$ *von rechts* wird die Folge

$$(x_n) = \left(-2 + \frac{1}{n}\right)$$

gewählt. Sie konvergiert gegen -2.
Die Folge der zugehörigen Funktionswerte

$$(f(x)) = \left(\frac{\left(-2 + \frac{1}{n}\right)^2 - 4}{-2 + \frac{1}{n} + 2}\right)$$

$$= \left(\frac{4 - \frac{4}{n} + \frac{1}{n^2} - 4}{\frac{1}{n}}\right) = \left(-4 + \frac{1}{n}\right)$$

ist konvergent, und es gilt

$$\lim_{n\to\infty}\left(-4+\frac{1}{n}\right)=-4.$$

Wählt man eine andere Folge $(x_n)=\left(-2-\frac{1}{n}\right)$ bei *Annäherung an* x_0 *von links*, so ist die Folge der zugehörigen Funktionswerte $(f(x_n))=\left(-4-\frac{1}{n}\right)$ auch konvergent, und es gilt

$$\lim_{n\to\infty}\left(-4-\frac{1}{n}\right)=-4.$$

Dann sagt man, die Funktion f mit $f(x)=\frac{x^2-4}{x+2}$ hat an der Stelle -2 den Grenzwert -4, und man schreibt

$$\lim_{n\to\infty}\left(\frac{x^2-4}{x+2}\right)=-4.$$

Es sei f eine Funktion, x_0 und g seien reelle Zahlen. Wenn

(1) die Funktion f in einer Umgebung der Stelle x_0 (eventuell mit Ausschluß von x_0) definiert ist und

(2) für jede gegen x_0 konvergierende Folge (x_n) mit $x_n \neq x_0$ für jedes n die Folge der zugehörigen Funktionswerte $(f(x_n))$ gegen die Zahl g konvergiert,

so hat die Funktion f an der Stelle x_0 den **Grenzwert** g.

BEISPIEL 6/43

a) Die Funktion f mit $f(x)=x^3$ hat an der Stelle 2 den Grenzwert 8.
Es sei (x_n) eine beliebige Folge, die gegen 2 konvergiert. Dann konvergiert die Folge der zugehörigen Funktionswerte $(f(x_n))=(x_n^3)$ gegen 8, d. h., $\lim\limits_{x\to 2} x^3=8$.

b) Die Funktion f mit $f(x)=x^0$ hat an der Stelle 0 den Grenzwert 1.
Denn sowohl bei der Wahl der Folge $(x_n)=\left(\frac{1}{n}\right)$ als auch bei der Wahl der Folge $(x_n)=\left(-\frac{1}{n}\right)=\left(\frac{1}{-n}\right)$ erhält man als Folge der zugehörigen Funktionswerte

$(f(x_n))=(x_n^0)=\left(\left(\frac{1}{n}\right)^0\right)=\left(\frac{1^0}{n^0}\right)=(1)$, d. h., $\lim\limits_{x\to 0} x^0=1$.

c) Die Funktion f mit $f(x)=\frac{x^2-9}{x-3}$ hat an der Stelle 3 den Grenzwert 6.

Zunächst gilt für $x \neq 3$: $f(x)=\frac{x^2-9}{x-3}=\frac{(x+3)(x-3)}{(x-3)}=x+3$.

Damit ist $\lim\limits_{x\to 3}\frac{x^2-9}{x-3}=\lim\limits_{x\to 3}(x+3)=6$.

6.9.2. Grenzwerte einiger nichtrationaler Funktionen

(1) **Grenzwert der Funktion** $f(x) = \dfrac{\log_a(1+x)}{x}$ für $x \to 0$

Vorbemerkung: Da die Logarithmusfunktion $f(x) = \log_a x$ ($a > 0$, $a \neq 1$) im gesamten Definitionsbereich $0 < x < \infty$ stetig ist (↗ 6.9.4.), folgt:

Konvergiert x in $\log_a x$ gegen die Zahl c, so konvergiert $\log_a x$ gegen $\log_a c$; d. h., $\lim\limits_{x \to c} (\log_a x) = \log_a \left(\lim\limits_{x \to c} x\right) = \log_a c$. Wird der Term $\dfrac{\log_a(1+x)}{x} = \dfrac{1}{x} \cdot \log_a(1+x)$ unter Anwendung des 3. Logarithmengesetzes (↗ 3.4.6.) umgeformt in $\log_a(1+x)^{\frac{1}{x}}$ und wird x durch $\dfrac{1}{n}$ ersetzt, so erhält man $\log_a \left(1 + \dfrac{1}{n}\right)^n$.

Da der Grenzwert der Funktion $f(x) = \dfrac{\log_a(1+x)}{x}$ für $x \to 0$ gesucht wird, besteht jetzt die Aufgabe, den Grenzwert der Funktion $f(x) = \log_a \left(1 + \dfrac{1}{n}\right)^n$ für $n \to \infty$ zu ermitteln:

Nach der Vorbemerkung gilt $\lim\limits_{n \to \infty} \log_a \left(1 + \dfrac{1}{n}\right)^n = \log_a \lim\limits_{n \to \infty} \left(1 + \dfrac{1}{n}\right)^n$.

Nach 6.8.7.(5) ist $\lim\limits_{n \to \infty} \left(1 + \dfrac{1}{n}\right)^n = \mathrm{e}$.

Daraus folgt

$$\boxed{\lim_{x \to 0} \frac{\log_a(1+x)}{x} = \log_a \mathrm{e}}$$

mit e = 2,71828…

(2) **Grenzwert der Funktion** $f(x) = \dfrac{\sin x}{x}$ für $x \to 0$

Für die Flächeninhalte der Dreiecke $\triangle\, ODB$, $\triangle\, OAC$ und des Kreissektors OAB gilt die Beziehung (Bild 6/68)

$$A_{\triangle ODB} \leqq A_{\text{Sektor}} \leqq A_{\triangle OAC}$$

$$\frac{1}{2} r^2 \sin x \cos x \leqq \frac{1}{2} r^2 x \leqq \frac{1}{2} r^2 \frac{\sin x}{\cos x}$$

$$\sin x \cos x \leqq x \leqq \frac{\sin x}{\cos x}$$

$$\cos x \leqq \frac{x}{\sin x} \leqq \frac{1}{\cos x}$$

bzw.

$$\frac{1}{\cos x} \geqq \frac{\sin x}{x} \geqq \cos x$$

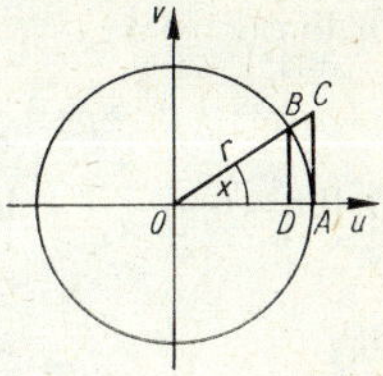

Bild 6/68

Bei Bildung des Grenzwertes für $x > 0$ ist

$$\lim_{x\to 0} \frac{1}{\cos x} \geqq \lim_{x\to 0} \frac{\sin x}{x} \geqq \lim_{x\to 0} \cos x$$

$$1 \geqq \lim_{x\to 0} \frac{\sin x}{x} \geqq 1,$$

d. h.,

$$\boxed{\lim_{x\to 0} \frac{\sin x}{x} = 1.}$$

6.9.3. Grenzwertsätze für Funktionen

Aus den Grenzwertsätzen für Folgen [↗ 6.8.7.(4)] ergeben sich die **Grenzwertsätze für Funktionen:**

Es seien u, v Funktionen, die an der Stelle x_0 die Grenzwerte $\lim\limits_{x\to x_0} u(x) = g_1$ und $\lim\limits_{x\to x_0} v(x) = g_2$ haben. Dann existiert

(I) der Grenzwert der **Summe** $u + v$ zweier Funktionen, und es ist $\lim\limits_{x\to x_0} [u(x) + v(x)] = \lim\limits_{x\to x_0} u(x) + \lim\limits_{x\to x_0} v(x) = g_1 + g_2$;

(II) der Grenzwert der **Differenz** $u - v$ zweier Funktionen, und es ist $\lim\limits_{x\to x_0} [u(x) - v(x)] = \lim\limits_{x\to x_0} u(x) - \lim\limits_{x\to x_0} v(x) = g_1 - g_2$;

(III) der Grenzwert des **Produkts** $u \cdot v$ zweier Funktionen, und es ist $\lim\limits_{x\to x_0} [u(x) \cdot v(x)] = \lim\limits_{x\to x_0} u(x) \cdot \lim\limits_{x\to x_0} v(x) = g_1 \cdot g_2$;

(IV) der Grenzwert des **Quotienten** $\frac{u}{v}$ [mit $v(x) \neq 0$] zweier Funktionen, und es ist

$$\lim_{x\to x_0} \frac{u(x)}{v(x)} = \frac{\lim\limits_{x\to x_0} u(x)}{\lim\limits_{x\to x_0} v(x)} = \frac{g_1}{g_2} \quad (g_2 \neq 0).$$

BEISPIEL 6/44

a) $\lim\limits_{x \to 1} (x^3 + 5x^2 - 3x + 4) = \lim\limits_{x \to 1} x^3 + 5 \lim\limits_{x \to 1} x^2 - 3 \lim\limits_{x \to 1} x + 4$

$= 1 + 5 - 3 + 4 = 7$

b) $\lim\limits_{x \to 0} \dfrac{x^2 - 2x}{x^2 + 3x} = \lim\limits_{x \to 0} \dfrac{x - 2}{x + 3}$ (mit $x \neq 0$)

$$= \frac{\lim\limits_{x \to 0} (x - 2)}{\lim\limits_{x \to 0} (x + 3)} = -\frac{2}{3}$$

6.9.4. Stetige Funktionen

(1) **Zum Begriff »stetige Funktion«**

Bei der Definition des Grenzwertes einer Funktion f an einer Stelle x_0 ist die Existenz des Funktionswertes an dieser Stelle nicht erforderlich. Stimmt bei einer Funktion f der Funktionswert an der Stelle x_0 mit dem Grenzwert der Funktion an dieser Stelle überein, so liegt eine stetige Funktion vor.

> Eine Funktion f ist **an der Stelle x_0 stetig**, wenn
> f an der Stelle x_0 definiert ist,
> $\lim\limits_{x \to x_0} f(x)$ existiert und
> $\lim\limits_{x \to x_0} f(x) = f(x_0)$ ist.

Es müssen alle drei Bedingungen erfüllt sein. Sonst heißt die Funktion **unstetig** an der Stelle x_0.

BEISPIEL 6/45

a) Die Funktion f mit $f(x) = x^3$ ist an der Stelle 2 stetig, denn $f(x) = x^3$ ist an der Stelle 2 definiert,
der Grenzwert $\lim\limits_{x \to 2} x^3$ existiert, er ist gleich 8 und $\lim\limits_{x \to 2} x^3 = f(2) = 8$.

b) Die Funktion f mit $f(x) = \dfrac{x^2 - 4}{x + 2}$ ist an der Stelle -2 nicht stetig, denn f ist an der Stelle -2 nicht definiert.
Der Grenzwert existiert jedoch: $\lim\limits_{x \to -2} (x - 2) = -4$.
Bildet man eine neue Funktion g mit

$$g(x) = \begin{cases} f(x) \text{ für } x \neq -2 \\ -4 \text{ für } x = -2, \end{cases}$$

so ist g an der Stelle -2 stetig und stimmt mit der Funktion h mit $h(x) = x - 2$ überein. Eine solche Unstetigkeit einer Funktion wird *hebbar* genannt.

> Eine Funktion ist **in einem Intervall I stetig**, wenn sie für jedes $x \in I$ stetig ist.

BEISPIEL 6/46

Die Funktion f mit $f(x) = \frac{1}{x^2}$ ist an der Stelle 0 nicht stetig, da sie an dieser Stelle nicht definiert ist. Sie ist aber im Intervall $1 \leqq x \leqq 3$ stetig.

Ist eine Funktion f an **jeder Stelle ihres Definitionsbereiches** stetig, so sagt man, **f ist stetig.**

BEISPIEL 6/47

a) Da die Funktion $f(x) = \frac{1}{x^2}$ an der Stelle 0 nicht definiert ist, ist f an jeder Stelle des Definitionsbereichs stetig. Man sagt, $f(x) = \frac{1}{x^2}$ ist stetig.

b) Die Funktionen sin, cos, tan, cot, die Exponentialfunktionen und die Logarithmusfunktionen sind stetig, weil sie an jeder Stelle ihres Definitionsbereichs stetig sind.

(2) **Eigenschaften stetiger Funktionen**

Es sei f eine im abgeschlossenen Intervall $a \leqq x \leqq b$ stetige Funktion, dann gelten folgende Sätze:

(I) Wenn die Funktionswerte $f(a)$, $f(b)$ an den Endpunkten des Intervalls unterschiedliche Vorzeichen haben, so existiert wenigstens eine Nullstelle der Funktion in diesem Intervall (Satz von BOLZANO über die Existenz einer Nullstelle einer Funktion).

(II) Wenn für die Funktionswerte $f(a)$, $f(b)$ an den Endpunkten des Intervalls gilt: $f(a) \neq f(b)$, so nimmt f in diesem Intervall jeden Wert zwischen $f(a)$ und $f(b)$ in wenigstens einem Punkt des Intervalls als Funktionswert an (Zwischenwertsatz).

(III) Der Wertebereich jeder stetigen Funktion f besitzt im abgeschlossenen Intervall $a \leqq x \leqq b$ ein Maximum und ein Minimum, das ist die größte bzw. kleinste Zahl unter den Funktionswerten (Satz vom Maximum und Minimum).

BEISPIEL 6/48

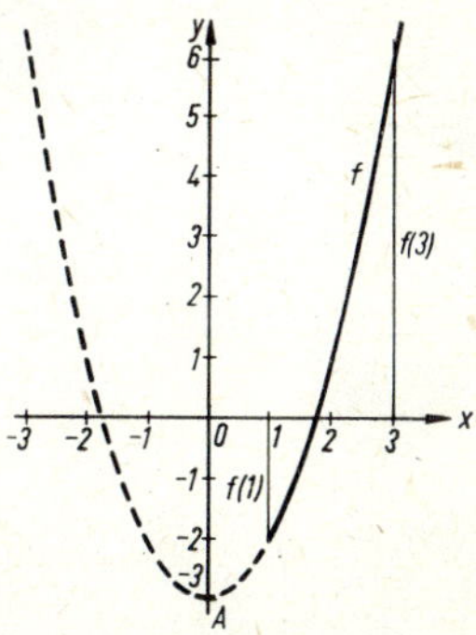

Bild 6/69

Die Funktion f mit $f(x) = x^2 - 3$ hat im Intervall $1 \leqq x \leqq 3$ eine Nullstelle, denn $f(1) = -2$ und $f(3) = 6$ [Satz (I)]. Diesen Satz kann man benutzen, um eine Nullstelle näherungsweise zu ermitteln: Eine Nullstelle liegt im Intervall $1{,}7 \leqq x \leqq 1{,}8$, denn $f(1{,}7) = -0{,}11$ und $f(1{,}8) = +0{,}24$. (Verfahren zur Verbesserung von Näherungswerten für Lösungen von Gleichungen ↗ 4.6.)
Im Intervall $1 \leqq x \leqq 3$ nimmt die Funktion $f(x) = x^2 - 3$ jeden Funktionswert im Intervall $-2 \leqq f(x) \leqq 6$ an [Satz (II)]. Die Funktion f hat an der Stelle $a = 1$ den kleinsten Funktionswert (Minimum), an der Stelle $b = 3$ den größten Funktionswert (Maximum) [Satz (III)].
Veranschaulichung in Bild 6/69

7. Vektorrechnung

7.1. Zum Begriff »Vektor«

(1) Vektorraum über dem Körper der reellen Zahlen

In 2.7.2. wird die algebraische Struktur »Vektorraum über dem Körper der reellen Zahlen« als ein Beispiel für ein Axiomensystem genannt: Ist V eine nichtleere Menge mathematischer Objekte, für die eine Operation »Addition« erklärt ist, ist **R** der Körper der reellen Zahlen (↗ 2.7.1.) und ist für V und **R** eine Verknüpfung »Multiplikation mit einer reellen Zahl« erklärt, so daß die in 2.7.2. genannten Axiome gelten, dann heißt die Menge V zusammen mit diesen Operationen ein **Vektorraum über dem Körper der reellen Zahlen.**

▌ Die Elemente eines Vektorraums heißen **Vektoren.**

Vektoren werden hier in der international üblichen Weise durch halbfett gedruckte kleine lateinische Buchstaben bezeichnet. (In der deutschsprachigen Literatur werden häufig kleine Frakturbuchstaben zur Bezeichnung von Vektoren verwendet.)
Ist $\boldsymbol{a}$ ein Element des Vektorraums V, schreibt man $\boldsymbol{a} \in V$.

(2) Eigenschaften von Vektoren

Aus den in 2.7.2. genannten Axiomen ergeben sich folgende Eigenschaften von Vektoren:

1. Es gibt in jedem Vektorraum V bezüglich der Vektoraddition genau ein **neutrales Element**, das der **Nullvektor** von V genannt und mit $\boldsymbol{o}$ bezeichnet wird.
   Für jedes $\boldsymbol{a} \in V$ gilt: $\boldsymbol{a} + \boldsymbol{o} = \boldsymbol{a}$.
2. Zu jedem Element $\boldsymbol{a} \in V$ gibt es genau ein bezüglich der Vektoraddition **inverses Element**, das mit $-\boldsymbol{a}$ bezeichnet und der **zu *a* entgegengesetzter Vektor** genannt wird.
   Für jedes $\boldsymbol{a} \in V$ gilt: $\boldsymbol{a} + (-\boldsymbol{a}) = \boldsymbol{o}$.
3. Jede Gleichung $\boldsymbol{a} + \boldsymbol{x} = \boldsymbol{b}$ mit $\boldsymbol{a}, \boldsymbol{b} \in V$ hat genau eine Lösung, die mit $\boldsymbol{x} = \boldsymbol{b} - \boldsymbol{a}$ bezeichnet und die **Differenz** von $\boldsymbol{b}$ und $\boldsymbol{a}$ genannt wird.

4. Für Vektoren $\boldsymbol{a}, \boldsymbol{b} \in V$ und $\lambda \in \mathbf{R}$ gelten folgende Beziehungen:

$$\boldsymbol{a} + (-\boldsymbol{b}) = \boldsymbol{a} - \boldsymbol{b}$$

$$-(-\boldsymbol{a}) = \boldsymbol{a}$$

$$-(\boldsymbol{a} + \boldsymbol{b}) = -\boldsymbol{a} - \boldsymbol{b} \qquad -(\boldsymbol{a} - \boldsymbol{b}) = -\boldsymbol{a} + \boldsymbol{b}$$

$$0\boldsymbol{a} = \boldsymbol{o} \qquad \lambda\boldsymbol{o} = \boldsymbol{o}$$

$$(-\lambda)\,\boldsymbol{a} = \lambda(-\boldsymbol{a})$$

7.2. Beispiele für Vektorräume

7.2.1. Vektorräume der geordneten Zahlen-n-tupel

Es sei $\mathbf{R}$ der Körper der reellen Zahlen. Dann ist

$$V = \{(x_1; x_2): (x_1; x_2) \in \mathbf{R}^2\}$$

die Menge aller geordneten Paare über $\mathbf{R}$.
Die Menge V ist nicht leer. Werden eine Addition und eine Multiplikation mit einer reellen Zahl λ erklärt:

$$(x_1; x_2) + (y_1; y_2) = (x_1 + y_1; x_2 + y_2)$$

$$\lambda(x_1; x_2) = (\lambda x_1; \lambda x_2),$$

so daß die in 2.7.2. genannten Axiome gelten, dann ist die Menge ein **Vektorraum der geordneten Paare über dem Körper der reellen Zahlen.** Er wird mit V^2 (gelesen: vau oben zwei) bezeichnet.
Analog ist $V = \{(x_1; x_2; x_3): (x_1; x_2; x_3) \in \mathbf{R}^3\}$ die Menge aller geordneten Tripel über $\mathbf{R}$. Werden eine Addition und eine Multiplikation mit einer reellen Zahl λ in entsprechender Weise erklärt und gelten die in 2.7.2. genannten Axiome, dann ist V der **Vektorraum der geordneten Tripel über dem Körper der reellen Zahlen** und wird mit V^3 bezeichnet.
Entsprechend erhält man den Vektorraum V^4 der geordneten Quadrupel über dem Körper der reellen Zahlen und allgemein den **Vektorraum V^n der geordneten n-Tupel über dem Körper der reellen Zahlen:**

$$V^n = \{(x_1; \ldots; x_n): \quad (x_1; \ldots; x_n) \in \mathbf{R}^n\}.$$

BEISPIEL 7/1

Gegeben seien die Vektoren $\boldsymbol{a}, \boldsymbol{b} \in V^4$ mit $\boldsymbol{a} = (2; 3; 5; -4)$, $\boldsymbol{b} = (7; -2; 4; 1)$ sowie die reellen Zahlen $\lambda = 4{,}3$, $\lambda_1 = -2{,}13$, $\lambda_2 = 0{,}57$. Dann ist

a) die Summe $\boldsymbol{s}$ der Vektoren $\boldsymbol{a}, \boldsymbol{b}$
$\boldsymbol{s} = \boldsymbol{a} + \boldsymbol{b} = (2;\ 3;\ 5;\ -4) + (7;\ -2;\ 4;\ 1) =$
$= (2 + 7;\ 3 + (-2);\ 5 + 4;\ -4 + 1) = (9;\ 1;\ 9;\ -3);$

b) die Differenz $\boldsymbol{d}$ der Vektoren $\boldsymbol{a}, \boldsymbol{b}$
$\boldsymbol{d} = \boldsymbol{a} - \boldsymbol{b} = (2;\ 3;\ 5;\ -4) - (7;\ -2;\ 4;\ 1) = (-5;\ 5;\ 1;\ -5);$

c) das λ-fache des Vektors $\boldsymbol{a}$
$\boldsymbol{c} = \lambda\boldsymbol{a} = 4{,}3(2;\ 3;\ 5;\ -4) = (8{,}6;\ 12{,}9;\ 21{,}5;\ -17{,}2);$

d) der mit der Summe $\lambda_1 + \lambda_2$ multiplizierte Vektor $\boldsymbol{a}$
$$\boldsymbol{f} = \lambda_1\boldsymbol{a} + \lambda_2\boldsymbol{a} = (\lambda_1 + \lambda_2)\,\boldsymbol{a}$$
$$= -2{,}13\boldsymbol{a} + 0{,}57\boldsymbol{a} = -1{,}56(2;\ 3;\ 5;\ -4)$$
$$= (-3{,}12;\ -4{,}68;\ -7{,}80;\ 6{,}24);$$
e) die mit λ multiplizierte Summe der Vektoren $\boldsymbol{a}$, $\boldsymbol{b}$
$$\boldsymbol{g} = \lambda\boldsymbol{a} + \lambda\boldsymbol{b} = \lambda(\boldsymbol{a} + \boldsymbol{b}) = 4{,}3(9;\ 1;\ 9;\ -3)$$
$$= (38{,}7;\ 4{,}3;\ 38{,}7;\ -12{,}9).$$

Zwei Vektoren $\boldsymbol{a}$, $\boldsymbol{b}$ sind **gleich**, wenn sie Elemente des gleichen Vektorraums V^n sind und wenn sie in den entsprechenden **Komponenten** der geordneten n-Tupel übereinstimmen.

BEISPIEL 7/2

Gegeben seien die Vektoren $\boldsymbol{a}$, $\boldsymbol{b}$ mit $\boldsymbol{a} = (2;\ 4;\ 8;\ 16)$ und $\boldsymbol{b} = (2^1;\ 2^2;\ 2^3;\ 2^4)$. Dann ist $\boldsymbol{a} = \boldsymbol{b}$, weil $\boldsymbol{a} \in V^4$, $\boldsymbol{b} \in V^4$ und $2 = 2^1$, $4 = 2^2$, $8 = 2^3$, $16 = 2^4$ ist.

7.2.2. Vektorräume der Ortsvektoren

(1) Ein geometrischer Punktraum werde mit E^n (mit $n = 0, 1, 2, 3$) bezeichnet, dann ist

E^0 die Bezeichnung für einen Punkt,
E^1 die Bezeichnung für eine Gerade,
E^2 die Bezeichnung für eine Ebene,
E^3 die Bezeichnung für den dreidimensionalen Anschauungsraum, kurz »Raum« genannt.

Werden zwei Punkte A, B einer Ebene E^2 bzw. eines Raums E^3 so verbunden, daß A der Anfangspunkt, B der Endpunkt einer gerichteten Strecke ist, so entsteht ein **geordnetes Punktepaar** (A ist der erste Punkt, B ist der zweite Punkt), das **Pfeil** genannt und mit $\overrightarrow{AB}$ bezeichnet wird.

Die Pfeile $\overrightarrow{AB}$ und $\overrightarrow{BA}$ heißen **zueinander entgegengesetzt.**

Der Pfeil $\overrightarrow{AA}$ heißt **Nullpfeil.**

Zwei Pfeile $\overrightarrow{AB}$, $\overrightarrow{CD}$ heißen **parallelgleich**, wenn bei der (eindeutig existierenden) Parallelverschiebung, die A in C abbildet, der Punkt B in den Punkt D übergeht. In Zeichen $\overrightarrow{AB} \# \overrightarrow{CD}$ (Bild 7/1).

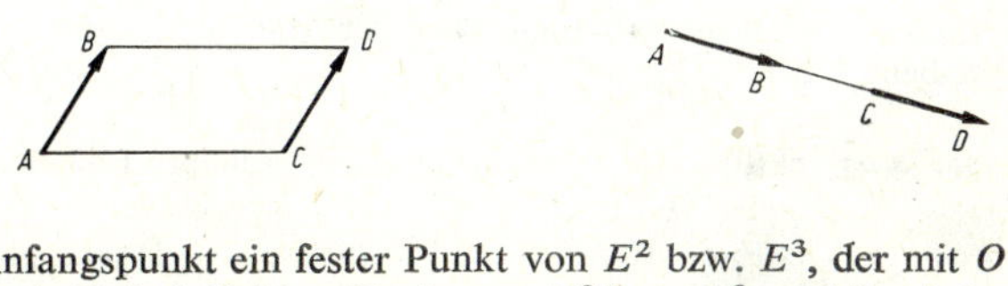

Bild 7/1

(2) Ist der Anfangspunkt ein fester Punkt von E^2 bzw. E^3, der mit O bezeichnet wird, X ein beliebiger Punkt von E^2 bzw. E^3, und $\mathbf{R}$ sei der Körper der reellen Zahlen, dann ist V_0^2 bzw. V_0^3 die Menge aller Pfeile

der Ebene E^2 bzw. des Raums E^3, die den Punkt O als Anfangspunkt haben. Dafür wird geschrieben:

$$V_0^2 = \{\overrightarrow{OX}:\ X \in E^2\} \quad \text{(Bild 7/2a)}$$

$$V_0^3 = \{\overrightarrow{OX}:\ X \in E^3\} \quad \text{(Bild 7/2b)}$$

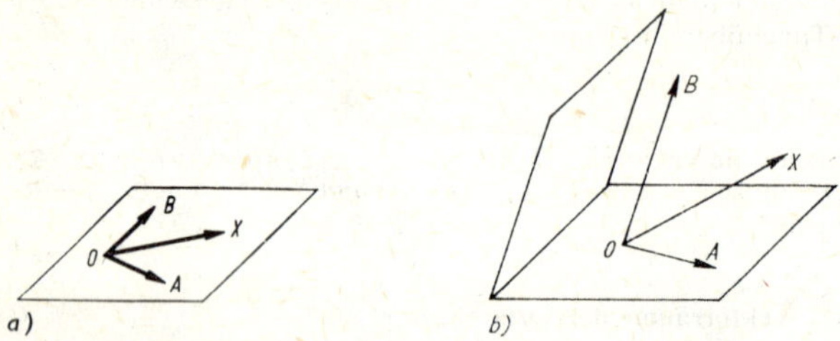

Bild 7/2

Die Menge V_0^n mit $n = 2$ bzw. $n = 3$ ist nicht leer. Sind in der Menge V_0^n eine Addition und eine Multiplikation mit einer reellen Zahl λ erklärt und gelten die in 2.7.2. genannten Axiome, dann ist die Menge V_0^2 bzw. V_0^3 ein Vektorraum über **R**, und **jeder Pfeil mit dem Anfangspunkt O repräsentiert einen Vektor.**
Jeder Punkt X der Ebene E^2 bzw. des Raumes E^3 wird eindeutig durch einen Vektor $\boldsymbol{x} = \overrightarrow{OX} \in V_0^2$ bzw. $\boldsymbol{x} = \overrightarrow{OX} \in V_0^3$ beschrieben.
Vektoren, die durch Pfeile mit dem Anfangspunkt O repräsentiert werden, werden **Ortsvektoren** genannt und in der für Vektoren üblichen Weise bezeichnet.
Unter der **Norm** eines Ortsvektors $\boldsymbol{a}$ versteht man den Abstand der Punkte O und A in der Ebene E^2 bzw. im Raum E^3. Die Norm entspricht der Länge der Strecke OA. Wenn ein Ortsvektor $\overrightarrow{OA}$ mit $\boldsymbol{a}$ bezeichnet wird, dann ist die Norm $\|\boldsymbol{a}\| = \overline{OA}$. Die Norm ist eine Abbildung des Vektorraums V_0^n (mit $n = 2$ bzw. $n = 3$) in den Körper **R** der reellen Zahlen.

Hinweis: Der Begriff »Betrag« sollte der Abbildung von **R** in **R** vorbehalten bleiben (↗ 3.4.2.).

Der Ortsvektor $\boldsymbol{e} \in V_0^n$ $(n = 2,\ n = 3)$ heißt **Einheitsvektor**, wenn $\|\boldsymbol{e}\| = 1$ gilt.
Zwei Ortsvektoren $\boldsymbol{a}, \boldsymbol{b} \in V_0^n$ ($n = 2$ bzw. $n = 3$) sind **gleich**, wenn sie gleichgerichtet sind und gleiche Norm $\|\boldsymbol{a}\| = \|\boldsymbol{b}\|$ haben, in Zeichen $\boldsymbol{a} = \boldsymbol{b}$.

BEISPIEL 7/3

Gegeben seien die Ortsvektoren $\boldsymbol{a}, \boldsymbol{b} \in V_0^2$, die durch die Pfeile $\overrightarrow{OA} = \boldsymbol{a}$ und $\overrightarrow{OB} = \boldsymbol{b}$ in Bild 7/3 dargestellt sind; ferner seien $\|\boldsymbol{a}\| = 4$, $\|\boldsymbol{b}\| = 5$, der Winkel zwischen den Vektoren $\boldsymbol{a}, \boldsymbol{b}$ sei 30° ($\overline{\sphericalangle (\boldsymbol{a}, \boldsymbol{b})} = 30°$).

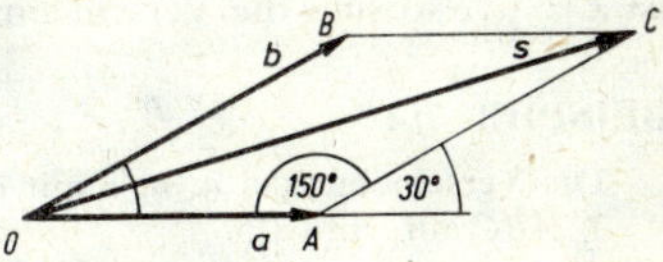

Bild 7/3

Die Norm des Summenvektors $\boldsymbol{s}$, d. h. die Länge der Strecke OC, wird mit Hilfe des Cosinussatzes berechnet:

$$\overline{OC} = \sqrt{\overline{OA}^2 + \overline{OB}^2 - 2\overline{OA}\,\overline{OB}\cos 150°}$$
$$= \sqrt{16 + 25 - 2 \cdot 4 \cdot 5 \cdot (-\sin 60°)} = \sqrt{75{,}64} \approx 8{,}7$$
$$\overline{OC} = 8{,}7 \quad \text{bzw.} \quad \|\boldsymbol{s}\| = 8{,}7.$$

7.2.3. Vektorräume der Translationen eines geometrischen Punktraums

Es sei T^2 bzw. T^3 die Menge der Translationen (Parallelverschiebungen) der Ebene E^2 bzw. des Raums E^3 und **R** der Körper der reellen Zahlen.
Da jede Parallelverschiebung eine Abbildung der Ebene E^2 bzw. des Raums E^3 auf sich ist (↗ 6.4.), wird bei einer Translation einem beliebigen Punkt $P \in E^2$ bzw. $P \in E^3$ ein eindeutig bestimmter Punkt $P' = Q \in E^2$ bzw. $P' = Q \in E^3$ zugeordnet. Der Pfeil $\overrightarrow{PQ}$ beschreibt die Translation (Parallelverschiebung) eindeutig.
Sind in der nichtleeren Menge T^2 bzw. T^3 eine Addition und eine Multiplikation mit einer reellen Zahl λ erklärt und genügen die Verschiebungen den Vektorraumaxiomen, dann ist die Menge T^2 bzw. T^3 ein Vektorraum über **R**; d. h., **jede Verschiebung repräsentiert einen Vektor** und wird in der für Vektoren üblichen Weise bezeichnet.
Der **Vektorraum der Translationen** eines geometrischen Punktraums ist ein Vektorraum aus **»freien Vektoren«.**
Die Länge der Repräsentanten einer Verschiebung $\boldsymbol{a} = \overrightarrow{AB}$ nennt man die **Verschiebungsweite** oder *Norm* $\|\boldsymbol{a}\|$ bzw. $\overline{AB}$.
Die **Einheitsverschiebung** in Richtung von $\boldsymbol{a}$ wird mit $\boldsymbol{a}^0$ bezeichnet. Sie kann durch $\boldsymbol{a}^0 = \dfrac{\boldsymbol{a}}{\|\boldsymbol{a}\|}$ dargestellt werden.
Die **Nacheinanderausführung zweier Verschiebungen** $\overrightarrow{AB} = \boldsymbol{a}$, $\overrightarrow{BC} = \boldsymbol{b}$ kann als Addition der Verschiebungen (bzw. Vektoren) aufgefaßt wer-

den: $\vec{AB} + \vec{BC} = \vec{AC}$ bzw. $\boldsymbol{a} + \boldsymbol{b} = \boldsymbol{s}$ (Bild 7/4). Die Verschiebung $\vec{AA}$ heißt **Nullverschiebung.**

Zwei Verschiebungen $\boldsymbol{a} \neq \boldsymbol{o}$, $\boldsymbol{b} \neq \boldsymbol{o}$ sind **parallel** zueinander, wenn es eine reelle Zahl λ gibt, so daß $\boldsymbol{a} = \lambda \boldsymbol{b}$ ist; in Zeichen $\boldsymbol{a} \parallel \boldsymbol{b}$. Solche Verschiebungen heißen **kollinear.**

Ist $\lambda \begin{Bmatrix} >0 \\ <0 \end{Bmatrix}$, so sind die Verschiebungen $\begin{Bmatrix} \text{gleichgerichtet} \\ \text{entgegengesetzt gerichtet} \end{Bmatrix}$.

BEISPIEL 7/4

Die Verschiebungen $\boldsymbol{a}$, $\boldsymbol{b}$, $\boldsymbol{c}$ mit $\boldsymbol{a} + \boldsymbol{b} + \boldsymbol{c} = \boldsymbol{o}$ »spannen« ein Dreieck $\triangle\, ABC$ auf, Bild 7/5.

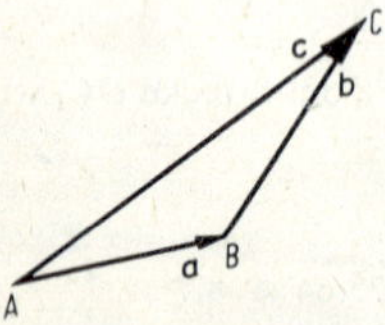

Bild 7/4

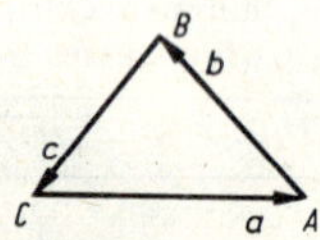

Bild 7/5

7.2.4. Weitere Beispiele für Vektorräume

In der mathematischen Logik nennt man eine konkrete Interpretation eines Axiomensystems ein **Modell.** Die Vektorräume der geordneten Zahlen-n-tupel, die Vektorräume der Ortsvektoren, die Vektorräume der Translationen eines geometrischen Punktraums sind Modelle der algebraischen Struktur »Vektorraum über **R**«.

Weitere Modelle der Vektorraumstruktur sind z. B.

– die Vektorräume der konvergenten Folgen reeller Zahlen mit den Verknüpfungen

$$(a_n) + (b_n) = (a_n + b_n)$$
$$\lambda(a_n) = (\lambda a_n);$$

– die Vektorräume der Polynome $\sum_{i=1}^{n} a_i x^i$ mit reellen Koeffizienten a_i, wenn die Addition und Multiplikation in der für Zahlen üblichen Weise erfolgt;

– die Vektorräume der im Intervall $a \leqq x \leqq b$ stetigen reellen Funktionen f, g mit den Verknüpfungen

$$[f + g](x) = f(x) + g(x)$$
$$[\lambda f](x) = \lambda f(x)$$

Die Elemente der genannten Vektorräume sind von unterschiedlicher Art; sie stimmen jedoch in der Eigenschaft, die Axiome der erklärten Operationen »Addition« und »Multiplikation mit einer reellen Zahl« zu erfüllen, überein. Geordnete Zahlen-n-tupel, Pfeile, Parallelverschiebungen ... sind Vektoren (das Umgekehrte gilt nicht). Die folgenden Ausführungen beziehen sich auf Vektoren, und es wird angegeben – wenn es für das Verständnis erforderlich ist – welcher Vektorraum zugrunde liegt.

7.3. Endlichdimensionale Vektorräume

7.3.1. Linearkombinationen von Vektoren

Sind n Elemente $\boldsymbol{a}_1, \ldots, \boldsymbol{a}_n$ ($n \in \mathbf{N}^*$) eines Vektorraums V^n gegeben und sind $\lambda_1, \ldots, \lambda_n$ Zahlen des Körpers **R**, dann heißt der Vektor $\boldsymbol{b} \in V^n$ mit

$$\boldsymbol{b} = \lambda_1 \boldsymbol{a}_1 + \ldots + \lambda_n \boldsymbol{a}_n = \sum_{i=1}^{n} \lambda_i \boldsymbol{a}_i$$

eine **Linearkombination** der Vektoren $\boldsymbol{a}_1, \ldots, \boldsymbol{a}_n$.
Die reellen Zahlen λ_i werden die Koeffizienten der Linearkombination genannt.

BEISPIEL 7/5

Gegeben seien die Vektoren $\boldsymbol{a}_1, \boldsymbol{a}_2, \boldsymbol{a}_3, \boldsymbol{a}_4$ des Vektorraums V_0^2 (Bild 7/6a) Dann ist der Vektor $\boldsymbol{b} = 2\boldsymbol{a}_1 + 2{,}5\boldsymbol{a}_2 + 1{,}75\boldsymbol{a}_3 + 1{,}8\boldsymbol{a}_4$ eine Linearkombination der gegebenen Vektoren (Bild 7/6b).

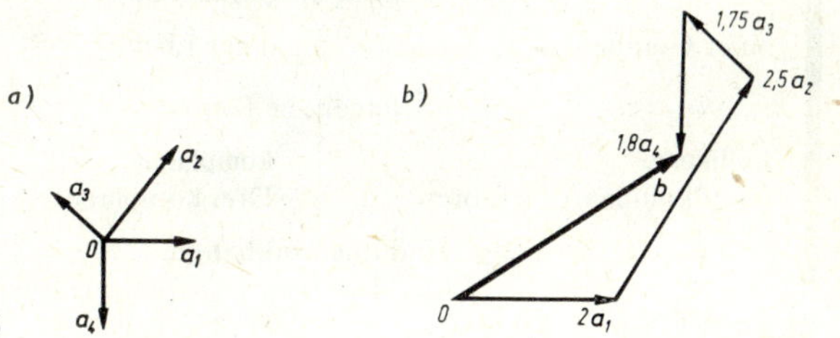

Bild 7/6

Jeder Vektor

$\boldsymbol{b} \in V_0^2$	$\boldsymbol{b} \in V_0^3$

kann auf eindeutige Weise als eine Linearkombination der Vektoren

$\boldsymbol{a}_1, \boldsymbol{a}_2 \in V_0^2$ und $\boldsymbol{a}_1 \nparallel \boldsymbol{a}_2$	$\boldsymbol{a}_1, \boldsymbol{a}_2, \boldsymbol{a}_3 \in V_0^3$, von denen keiner eine Linearkombination der anderen Vektoren ist,

dargestellt werden:

$\boldsymbol{b} = \lambda_1 \boldsymbol{a}_1 + \lambda_2 \boldsymbol{a}_2$	$\boldsymbol{b} = \lambda_1 \boldsymbol{a}_1 + \lambda_2 \boldsymbol{a}_2 + \lambda_3 \boldsymbol{a}_3$

Veranschaulichung

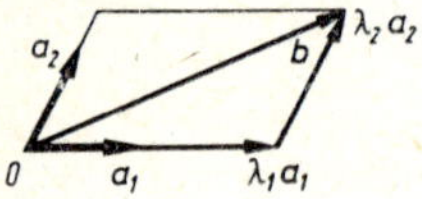

Bild 7/7

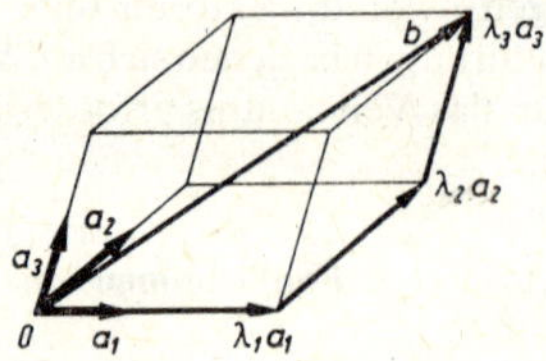

Bild 7/8

Linear unabhängige und linear abhängige Vektoren

Ergibt sich der Nullvektor $\boldsymbol{o}$ eines Vektorraums V über **R** als Linearkombination der Vektoren $\boldsymbol{a}_1, \ldots, \boldsymbol{a}_n \in V$

nur, wenn alle $\lambda_i = 0$ sind,	**auch,** wenn wenigstens ein $\lambda_i \neq 0$ ist,

so heißen die Vektoren $\boldsymbol{a}_1, \ldots, \boldsymbol{a}_n$

linear unabhängig:	**linear abhängig:**
$\boldsymbol{o} = 0\boldsymbol{a}_1 + \ldots + 0\boldsymbol{a}_n$	$\boldsymbol{o} = \lambda_1\boldsymbol{a}_1 + \ldots + \lambda_n\boldsymbol{a}_n$
(triviale Darstellung des Nullvektors).	mit wenigstens einem $\lambda_i \neq 0$.

Vektoren, die parallel zu

einer Geraden	einer Ebene

liegen, heißen

kollinear. Zwei kollineare Vektoren	**komplanar.** Drei komplanare Vektoren

sind linear abhängig.

BEISPIEL 7/6

$\boldsymbol{a}_1 \parallel \boldsymbol{a}_2$ Für die Vektoren in Bild 7/9 gilt $3\boldsymbol{a}_1 + (-1)\,\boldsymbol{a}_2 = \boldsymbol{o}$	Für die Vektoren in Bild 7/10a gilt $2{,}5\boldsymbol{a}_1 + (-2)\,\boldsymbol{a}_2 + 1{,}5\boldsymbol{a}_3 = \boldsymbol{o}$ (Bild 7/10b)

Bild 7/9

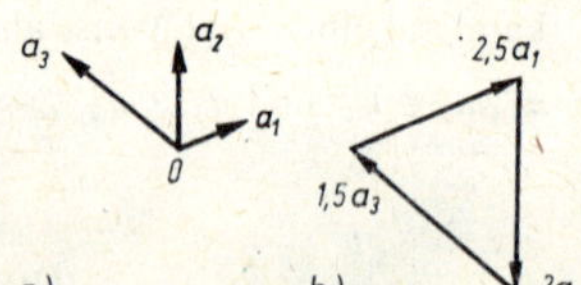

Bild 7/10

7.3.2. Basis und Dimension von Vektorräumen

Sind in einem Vektorraum V über $\mathbf{R}$ n Vektoren ($n \in \mathbf{N}^*$) linear unabhängig und sind stets je $n + 1$ Vektoren aus V linear abhängig, dann heißt V **endlichdimensionaler Vektorraum**, der mit V^n bezeichnet wird; n ist seine Dimension, in Zeichen: $n = \dim V$.

n linear unabhängige Vektoren $\boldsymbol{a}_1, \ldots, \boldsymbol{a}_n$ des Vektorraums V^n nennt man **eine Basis** B von V^n, geschrieben $B = \{\boldsymbol{a}_1, \ldots, \boldsymbol{a}_n\}$ mit fester Reihenfolge der Vektoren.

Ist $B = \{\boldsymbol{a}_1, \ldots, \boldsymbol{a}_n\}$ eine Basis von V^n, so ist jeder Vektor $\boldsymbol{b} \in V^n$ eindeutig als Linearkombination

$$\boldsymbol{b} = \lambda_1 \boldsymbol{a}_1 + \ldots + \lambda_n \boldsymbol{a}_n = \sum_{i=1}^{n} \lambda_i \boldsymbol{a}_i$$

von Elementen aus B darstellbar.
Die Vektoren $\boldsymbol{a}_i$ heißen **Basisvektoren**, die Vektoren $\lambda_i \boldsymbol{a}_i$ **Komponenten**, die eindeutig bestimmten reellen Koeffizienten λ_i die **Koordinaten** von $\boldsymbol{b}$ bezüglich der Basis B.
Da die Reihenfolge der Basisvektoren festgelegt ist, kann der Vektor $\boldsymbol{b}$ durch die Koordinaten in der Form eines **Spaltenvektors** dargestellt werden:

$$\boldsymbol{b}_B = \begin{pmatrix} \lambda_1 \\ \vdots \\ \lambda_n \end{pmatrix} \quad \text{bzw.} \quad \boldsymbol{b} = \begin{pmatrix} \lambda_1 \\ \vdots \\ \lambda_n \end{pmatrix},$$

wenn keine Verwechslungen möglich sind.
Dadurch ist eine bezüglich einer festen Basis von V^n eineindeutige Zuordnung der Vektoren von V^n zu den geordneten n-Tupeln reeller Zahlen festgelegt. Deshalb gilt: Jeder reelle n-dimensionale Vektorraum ist **isomorph** zum Vektorraum der geordneten n-Tupel reeller Zahlen.
Durch das »**Transponieren**« (↗ 8.4.) entsteht aus einem Spaltenvektor ein Zeilenvektor. Der zu $\boldsymbol{b} = \begin{pmatrix} \lambda_1 \\ \vdots \\ \lambda_n \end{pmatrix}$ transponierte Vektor ist $\boldsymbol{b}^{\mathrm{T}} = (\lambda_1, \ldots, \lambda_n)$.
Ferner ist $(\boldsymbol{b}^{\mathrm{T}})^{\mathrm{T}} = \boldsymbol{b}$.
Um im Druck Platz zu sparen, wird ein Spaltenvektor oft in seiner transponierten Form dargestellt:

$$\boldsymbol{b} = \begin{pmatrix} \lambda_1 \\ \vdots \\ \lambda_n \end{pmatrix} = (\lambda_1, \ldots, \lambda_n)^{\mathrm{T}}.$$

7.3.3. Koordinatensysteme in geometrischen Punkträumen

(1) Der Vektorraum V_0^2 | Der Vektorraum V_0^3

beschreibe den geometrischen Punktraum

E^2 (Ebene) | E^3 (Raum).

Gegeben sei eine Basis B mit

$B = \{\boldsymbol{a}_1, \boldsymbol{a}_2\}$ | $B = \{\boldsymbol{a}_1, \boldsymbol{a}_2, \boldsymbol{a}_3\}$.

Dann heißt

$\{0; \boldsymbol{a}_1, \boldsymbol{a}_2\}$ | $\{0; \boldsymbol{a}_1, \boldsymbol{a}_2, \boldsymbol{a}_3\}$

ein (im allgemeinen schiefwinkliges) Koordinatensystem

der Ebene. | des Raumes.

Veranschaulichung

Punkt $P(\lambda_1, \lambda_2)$

Der Ortsvektor des Punktes P ist

$$\boldsymbol{p} = \overrightarrow{OP} = \lambda_1\boldsymbol{a}_1 + \lambda_2\boldsymbol{a}_2$$

bzw.

$$\boldsymbol{p} = \begin{pmatrix} \lambda_1 \\ \lambda_2 \end{pmatrix}.$$

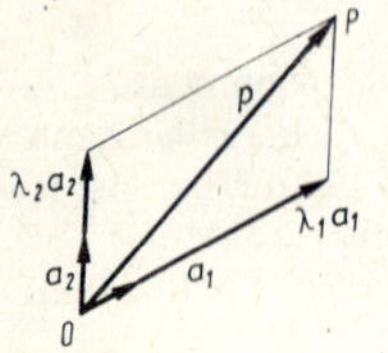

Bild 7/11

Punkt $P(\lambda_1, \lambda_2, \lambda_3)$

Der Ortsvektor des Punktes P ist

$$\boldsymbol{p} = \overrightarrow{OP} = \lambda_1\boldsymbol{a}_1 + \lambda_2\boldsymbol{a}_2 + \lambda_3\boldsymbol{a}_3$$

bzw.

$$\boldsymbol{p} = \begin{pmatrix} \lambda_1 \\ \lambda_2 \\ \lambda_3 \end{pmatrix}.$$

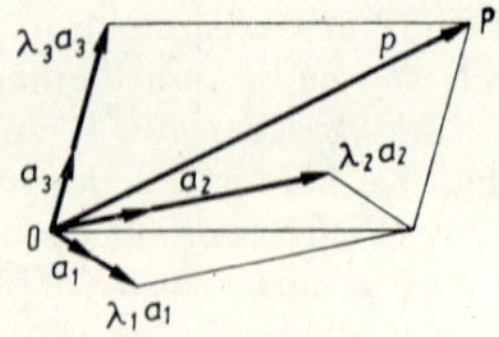

Bild 7/12

(2) Stehen die Basisvektoren (paarweise) senkrecht aufeinander, so heißt die Basis orthogonal und jedes dieser Basis entsprechende **Koordinatensystem orthogonal.**

(3) Sind die Basisvektoren Einheitsvektoren, so heißen Basis und **Koordinatensystem normiert.**

(4) Orthogonale und normierte Basen bzw. Koordinatensysteme heißen **orthonormiert.** Ein orthonormiertes Koordinatensystem wird **kartesisches Koordinatensystem** genannt.

Veranschaulichung

Es seien $\boldsymbol{i}, \boldsymbol{j}$ Einheitsvektoren, Gegeben sei der Punkt $P(x, y)$ im ebenen kartesischen Koordinatensystem $\{O; \boldsymbol{i}, \boldsymbol{j}\}$

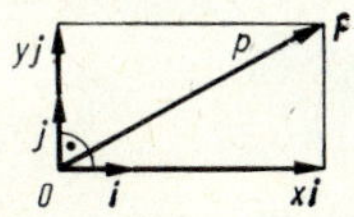

Bild 7/13

Ortsvektor des Punktes P:

$\boldsymbol{p} = \overrightarrow{OP} = x\boldsymbol{i} + y\boldsymbol{j}$ bzw.

$$\boldsymbol{p} = \begin{pmatrix} x \\ y \end{pmatrix}$$

Es seien $\boldsymbol{i}, \boldsymbol{j}, \boldsymbol{k}$ Einheitsvektoren, die ein *Rechtssystem*[1]) bilden. Gegeben sei der Punkt $P(x, y, z)$ im räumlichen Koordinatensystem $\{O; \boldsymbol{i}, \boldsymbol{j}, \boldsymbol{k}\}$

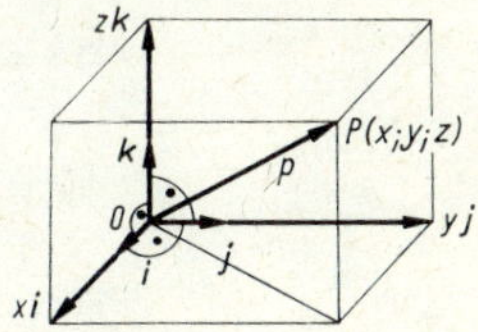

Bild 7/14

Ortsvektor des Punktes P:

$\boldsymbol{p} = \overrightarrow{OP} = x\boldsymbol{i} + y\boldsymbol{j} + z\boldsymbol{k}$

bzw.

$$\boldsymbol{p} = \begin{pmatrix} x \\ y \\ z \end{pmatrix}.$$

Die Komponenten $x\boldsymbol{i}, y\boldsymbol{j}$, bzw. $x\boldsymbol{i}, y\boldsymbol{j}, z\boldsymbol{k}$ sind die senkrechten Projektionen des Vektors $\boldsymbol{p}$ auf die Koordinatenachsen.

[1]) *Hinweis zum Rechtssystem:* Wird der Vektor $\boldsymbol{a}$ in der von $\boldsymbol{a}$ und $\boldsymbol{b}$ aufgespannten Ebene in die Richtung des Vektors $\boldsymbol{b}$ gedreht, so ergibt sich bei einer Rechtsschraubung ein Fortschreiten in Richtung von $\boldsymbol{c}$. Veranschaulichung in den Bildern 7/15 a, b.

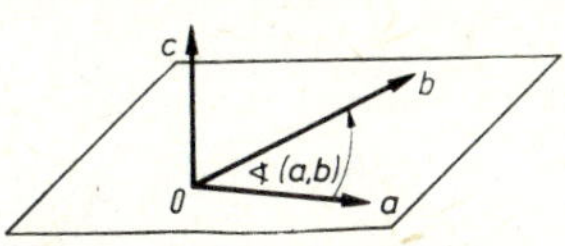

Bild 7/15 a

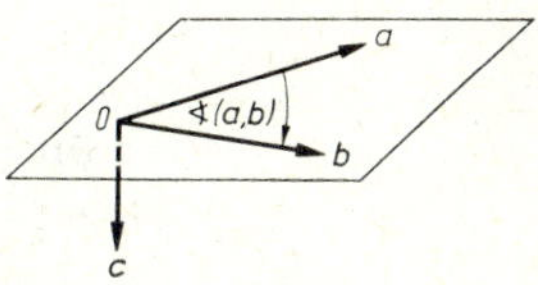

Bild 7/15 b

BEISPIEL 7/7

a) Die Punkte $P_1(2;\ 3)$,
$P_2(-3;\ 1)$,
$P_3(-1;\ -2)$,
$P_4(4;\ -3)$

b) Die Punkte $P_1(1;\ 3;\ 2{,}5)$,
$P_2(-3;\ -3;\ 2)$

werden durch die zugehörigen Ortsvektoren $\boldsymbol{r}$ im kartesischen Koordinatensystem veranschaulicht:

$\boldsymbol{p}_1 = 2\boldsymbol{i} + 3\boldsymbol{j}$; $\quad \boldsymbol{p}_1 = \begin{pmatrix} 2 \\ 3 \end{pmatrix}$

$\boldsymbol{p}_2 = -3\boldsymbol{i} + 3\boldsymbol{j}$; $\quad \boldsymbol{p}_2 = \begin{pmatrix} -3 \\ 1 \end{pmatrix}$

$\boldsymbol{p}_3 = -\boldsymbol{i} - 2\boldsymbol{j}$; $\quad \boldsymbol{p}_3 = \begin{pmatrix} -1 \\ -2 \end{pmatrix}$

$\boldsymbol{p}_4 = 4\boldsymbol{i} - 3\boldsymbol{j}$; $\quad \boldsymbol{p}_4 = \begin{pmatrix} -4 \\ -3 \end{pmatrix}$

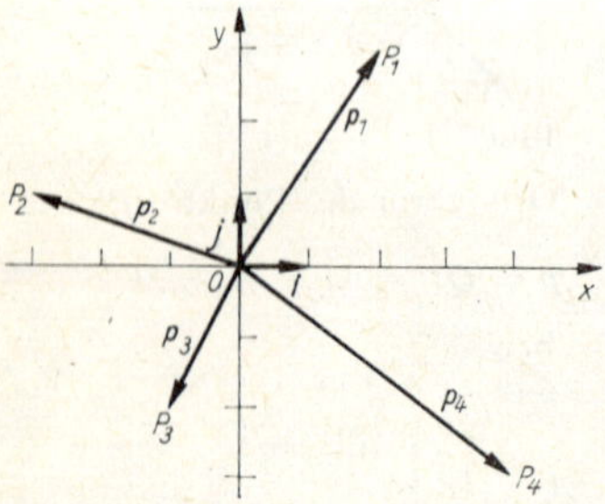

Bild 7/16

$\boldsymbol{p}_1 = \boldsymbol{i} + 3\boldsymbol{j} + 2{,}5\boldsymbol{k}$; $\boldsymbol{p}_1 = \begin{pmatrix} 1 \\ 3 \\ 2{,}5 \end{pmatrix}$

$\boldsymbol{p}_2 = -3\boldsymbol{i} - 3\boldsymbol{j} + 2\boldsymbol{k}$;

$\boldsymbol{p}_2 = \begin{pmatrix} -3 \\ -3 \\ 2 \end{pmatrix}$

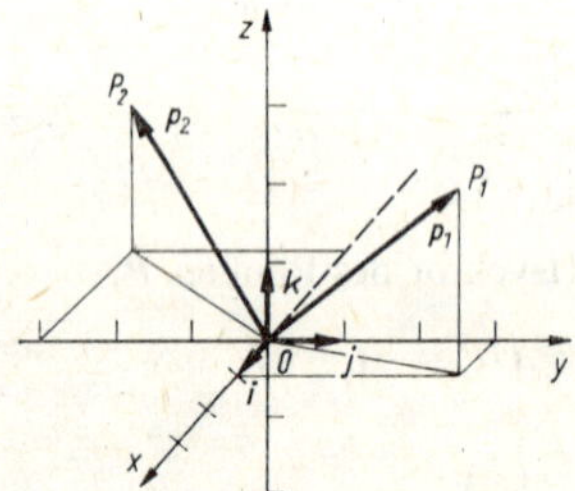

Bild 7/17

7.4. Das Skalarprodukt

7.4.1. Der Winkel zwischen zwei Vektoren

Es seien $\boldsymbol{a}$, $\boldsymbol{b}$ Ortsvektoren mit $\boldsymbol{a}, \boldsymbol{b} \in V_0^n$ $(n = 2, n = 3)$ und $\boldsymbol{a} \neq \boldsymbol{o}$, $\boldsymbol{b} \neq \boldsymbol{o}$, dann versteht man unter dem **Winkel zwischen den Vektoren** $\boldsymbol{a}$, $\boldsymbol{b}$, in Zeichen $\sphericalangle(\boldsymbol{a}, \boldsymbol{b})$, den Elementarwinkel (↗ 5.1.1.(7)) zwischen zwei Strahlen mit dem gemeinsamen Anfangspunkt O im geometrischen Raum E^n $(n = 2, n = 3)$. Bild 7/18

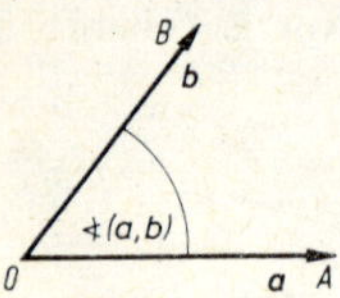

Bild 7/18

Die Größe des Winkels werde im Grad- bzw. im Bogenmaß angegeben. Es gelte $\overline{\sphericalangle(\boldsymbol{a}, \boldsymbol{b})} = \overline{\sphericalangle(\boldsymbol{b}, \boldsymbol{a})}$ und

$$0^\circ \leqq \sphericalangle(\boldsymbol{a}, \boldsymbol{b}) \leqq 180^\circ \quad \text{bzw.} \quad 0 \leqq \sphericalangle(\boldsymbol{a}, \boldsymbol{b}) \leqq \pi .$$

7.4.2. Definition des Skalarprodukts

Sind $\boldsymbol{a}$, $\boldsymbol{b}$ beliebige Vektoren des Vektorraums V_0^2 bzw. V_0^3 mit $\boldsymbol{a} \neq 0$, $\boldsymbol{b} \neq 0$, so heißt die reelle Zahl

$$c = \boldsymbol{a} \cdot \boldsymbol{b} = \|\boldsymbol{a}\| \, \|\boldsymbol{b}\| \cos \overline{\sphericalangle(\boldsymbol{a}, \boldsymbol{b})}$$

das **Skalarprodukt** (auch inneres Produkt genannt) der Vektoren $\boldsymbol{a}$, $\boldsymbol{b}$.

Es ist

$$a \cdot b \begin{cases} > 0, \text{ wenn } 0 < \overline{\sphericalangle(a, b)} < \dfrac{\pi}{2}, \\ = 0, \text{ wenn } a = o \text{ oder } b = o \text{ oder } a \perp b, \\ < 0, \text{ wenn } \dfrac{\pi}{2} < \overline{\sphericalangle(a, b)} < \pi \text{ ist.} \end{cases}$$

Ein reeller Vektorraum, für den ein Skalarprodukt definiert ist, heißt **Euklidischer Vektorraum.**

Für *kollineare Vektoren* $a, b \in T^n$ $(n = 2, n = 3)$ mit $a \neq o$; $b \neq o$ (↗ 7.3.1.) gilt

bei gleichgerichteten Vektoren wegen $\cos \sphericalangle(a, b) = \cos 0° = 1$:

$$a \cdot b = \|a\| \, \|b\|$$

bzw. bei entgegengesetzt gerichteten Vektoren wegen $\cos \sphericalangle(a, b) = \cos 180° = -1$:

$$a \cdot b = -\|a\| \, \|b\|.$$

Sind die Vektoren a, b **gleich,** d. h., gilt $a = b$, so ist $a \cdot a = \|a\|^2$.
Für $a \cdot a$ schreibt man auch a^2.
Umgekehrt gilt

$$\sqrt{a^2} = \|a\|.$$

Aus der Definitionsgleichung für das Skalarprodukt kann der Winkel zwischen den Vektoren $a, b \in V_0^2$ bzw. $a, b \in V_0^3$ ermittelt werden:

$$\cos \sphericalangle(a, b) = \frac{a \cdot b}{\|a\| \, \|b\|}.$$

BEISPIEL 7/8

a) Gegeben seien die Vektoren a, $b \in V_0^2$ mit $\|a\| = 2{,}9$, $\|b\| = 6{,}4$ und $\sphericalangle(a, b) = 132°$. Dann ist das Skalarprodukt $a \cdot b = 2{,}9 \cdot 6{,}4 \cdot \cos 132° = 2{,}9 \cdot 6{,}4 \cdot (-\sin 42°) = -12{,}42$.

b) Gegeben seien die Vektoren $a, b \in V_0^2$ mit $\|a\| = 2{,}5$, $\|b\| = 4{,}3$ sowie das Skalarprodukt $a \cdot b = 9{,}309$.
Da $\cos \sphericalangle(a, b) = \dfrac{a \cdot b}{\|a\| \, \|b\|} = \dfrac{9{,}309}{2{,}5 \cdot 4{,}3} = 0{,}866$ ist, schließen die Vektoren a, b den Winkel $\sphericalangle(a, b) = 30°$ ein.

7.4.3. Geometrische Deutung des Skalarprodukts

Es seien $a, b \in V_0^2$ mit $\overrightarrow{OA} = a \neq o$ und $\overrightarrow{OB} = b \neq o$ sowie $\sphericalangle(a, b) = \varphi$.
Da $\cos \varphi \begin{Bmatrix} >0 \\ <0 \end{Bmatrix}$ für $\begin{Bmatrix} 0° \leqq \varphi < 90° \\ 90° < \varphi \leqq 180° \end{Bmatrix}$ ist, gilt für die Länge $\overline{OB'}$ der

Normalprojektion von $\boldsymbol{b}$ auf die Gerade g durch O mit dem Richtungsvektor $\boldsymbol{a}$: $\overline{OB'} \begin{cases} >0 \\ <0 \end{cases}$ (Bild 7/19)

$$\overline{OB'} = \|\boldsymbol{b}\| \cos\gamma = \frac{\boldsymbol{a} \cdot \boldsymbol{b}}{\|\boldsymbol{a}\|}$$

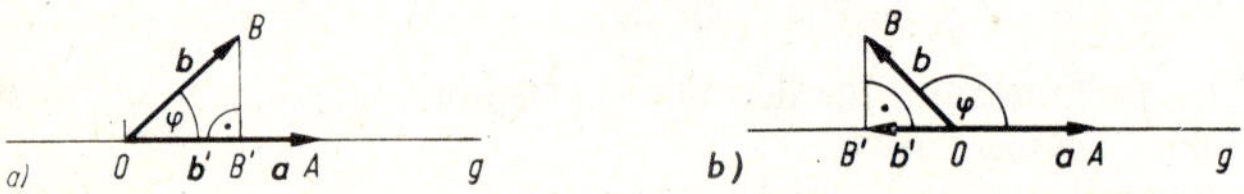

Bild 7/19

Die Normalprojektion von $\boldsymbol{b}$ ist ein Vektor $\overrightarrow{OB'} = \boldsymbol{b}'$ mit

$$\boldsymbol{b}' = \frac{\boldsymbol{a} \cdot \boldsymbol{b}}{\|\boldsymbol{a}\|} \boldsymbol{a}^0 \quad \text{bzw.} \quad \boldsymbol{b}' = \frac{\boldsymbol{a} \cdot \boldsymbol{b}}{\|\boldsymbol{a}\|} \cdot \frac{\boldsymbol{a}}{\|\boldsymbol{a}\|}.$$

Man sagt auch, $\boldsymbol{b}'$ ist die Projektion des Vektors $\boldsymbol{b}$ auf den Vektor $\boldsymbol{a}$ und bezeichnet $\boldsymbol{b}'$ mit $\boldsymbol{b}_a$.

Die Projektion des Vektors $\boldsymbol{b}$ auf den Vektor $\boldsymbol{a}$ ist eindeutig, aber nicht eindeutig umkehrbar; es gibt unendlich viele Vektoren $\boldsymbol{b}_1, \boldsymbol{b}_2, \ldots$, die jeweils die Winkel $\varphi_1, \varphi_2, \ldots$ mit $\boldsymbol{a}$ bilden und deren Projektionen auf den Vektor $\boldsymbol{a}$ den gleichen Vektor $\boldsymbol{b}_a$ ergeben. Veranschaulichung Bild 7/20

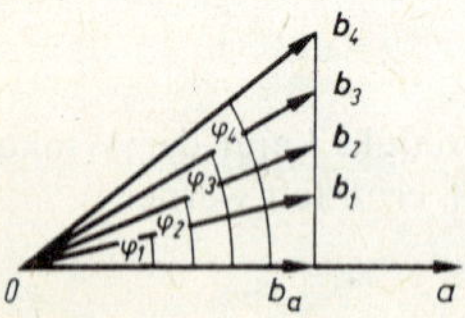

Bild 7/20

Da die Projektion des Vektors $\boldsymbol{b}$ auf den Vektor $\boldsymbol{a}$ nicht eindeutig umkehrbar ist, ist die **Operation »Skalarprodukt« nicht umkehrbar.**

7.4.4. Eigenschaften des Skalarprodukts

Es seien $\boldsymbol{a}, \boldsymbol{b}, \boldsymbol{c} \in V_0^n$ $(n = 2, n = 3)$, $\lambda \in \mathbf{R}$. Dann gilt das Kommutativgesetz

$$\boldsymbol{a} \cdot \boldsymbol{b} = \boldsymbol{b} \cdot \boldsymbol{a},$$

das Distributivgesetz

$$\boldsymbol{a} \cdot (\boldsymbol{b} + \boldsymbol{c}) = \boldsymbol{a} \cdot \boldsymbol{b} + \boldsymbol{a} \cdot \boldsymbol{c},$$

das Assoziativgesetz für die Multiplikation des Skalarprodukts mit einer reellen Zahl

$$(\lambda \boldsymbol{a}) \cdot \boldsymbol{b} = \boldsymbol{a} \cdot (\lambda \boldsymbol{b}) = \lambda(\boldsymbol{a} \cdot \boldsymbol{b}).$$

Ein Assoziativgesetz für das Skalarprodukt ist nicht gültig, weil das Skalarprodukt zweier Vektoren eine reelle Zahl (und kein Vektor) ist.

Eine weitere Skalarproduktbildung mit einem Vektor ist deshalb nicht möglich.

7.4.5. Skalarprodukt zweier Ortsvektoren aus V_0^3

(1) Für die Basisvektoren $\boldsymbol{i}, \boldsymbol{j}, \boldsymbol{k}$ gilt

wegen der Kollinearität:

$$\boldsymbol{i} \cdot \boldsymbol{i} = \boldsymbol{j} \cdot \boldsymbol{j} = \boldsymbol{k} \cdot \boldsymbol{k} = 1,$$

wegen der Orthogonalität:

$$\boldsymbol{i} \cdot \boldsymbol{j} = \boldsymbol{j} \cdot \boldsymbol{k} = \boldsymbol{k} \cdot \boldsymbol{i} = 0.$$

(2) Für zwei Ortsvektoren $\boldsymbol{a}$, $\boldsymbol{b} \in V_0^3$ und $\boldsymbol{a} = a_x\boldsymbol{i} + a_y\boldsymbol{j} + a_z\boldsymbol{k}$ und $\boldsymbol{b} = b_x\boldsymbol{i} + b_y\boldsymbol{j} + b_z\boldsymbol{k}$ gilt

$$\boldsymbol{a} \cdot \boldsymbol{b} = (a_x\boldsymbol{i} + a_y\boldsymbol{j} + a_z\boldsymbol{k}) \cdot (b_x\boldsymbol{i} + b_y\boldsymbol{j} + b_z\boldsymbol{k})$$

und auf Grund des Distributivgesetzes und nach (1)

$$\boldsymbol{a} \cdot \boldsymbol{b} = a_x b_x + a_y b_y + a_z b_z.$$

BEISPIEL 7/9

Gegeben seien die Vektoren $\boldsymbol{a}, \boldsymbol{b}$ mit $\boldsymbol{a} = 8\boldsymbol{i} + 2\boldsymbol{j} - \boldsymbol{k}$ und $\boldsymbol{b} = 2\boldsymbol{i} + 5\boldsymbol{j} - 4\,\boldsymbol{k}$. Dann ist das Skalarprodukt $\boldsymbol{a} \cdot \boldsymbol{b} = 8 \cdot 2 + 2 \cdot 5 + (-1)(-4)$ $= 16 + 10 + 4 = 30$.

(3) Die **Norm** des Vektors $\boldsymbol{a} \in V_0^3$ mit $\boldsymbol{a} = a_x\boldsymbol{i} + a_y\boldsymbol{j} + a_z\boldsymbol{k}$ ist

$$\|\boldsymbol{a}\| = \sqrt{\boldsymbol{a}^2} = \sqrt{\boldsymbol{a} \cdot \boldsymbol{a}} = \sqrt{a_x^2 + a_y^2 + a_z^2}\,.$$

BEISPIEL 7/10

Die Norm des Vektors $\boldsymbol{a}$ mit $\boldsymbol{a} = 3\boldsymbol{i} + 4\boldsymbol{j} + 5\boldsymbol{k}$ ist

$$\|\boldsymbol{a}\| = \sqrt{9 + 16 + 25} = \sqrt{50} = 5\sqrt{2}.$$

(4) **Der Winkel zwischen den Vektoren** $\boldsymbol{a}, \boldsymbol{b} \in V_0^3$ wird durch

$$\cos \sphericalangle(\boldsymbol{a}, \boldsymbol{b}) = \frac{\boldsymbol{a} \cdot \boldsymbol{b}}{\|\boldsymbol{a}\|\,\|\boldsymbol{b}\|} = \frac{a_x b_x + a_y b_y + a_z b_z}{\sqrt{a_x^2 + a_y^2 + a_z^2}\sqrt{b_x^2 + b_y^2 + b_z^2}}$$

ermittelt.

BEISPIEL 7/11

a) Der Winkel zwischen den Vektoren $\boldsymbol{a}$, $\boldsymbol{b}$ mit $\boldsymbol{a} = 3\boldsymbol{i} + 2\boldsymbol{j} + \boldsymbol{k}$ und $\boldsymbol{b} = \boldsymbol{i} + 2\boldsymbol{j} + 5\boldsymbol{k}$ ist

$$\cos \sphericalangle(\boldsymbol{a}, \boldsymbol{b}) = \frac{3 + 4 + 5}{\sqrt{9 + 4 + 1}\sqrt{1 + 4 + 25}} = \frac{12}{\sqrt{420}} \approx 0{,}5855,$$

daraus erhält man den Winkel der Größe $\sphericalangle(\boldsymbol{a}, \boldsymbol{b}) \approx 54{,}16°$.

b) Der Winkel zwischen den Vektoren $\boldsymbol{a}$, $\boldsymbol{b}$ mit $\boldsymbol{a} = 2\boldsymbol{i} + 3\boldsymbol{j} + \boldsymbol{k}$ und $\boldsymbol{b} = 4\boldsymbol{i} + 6\boldsymbol{j} + 2\boldsymbol{k}$ ist 0°, da

$$\cos \overline{\sphericalangle(\boldsymbol{a}, \boldsymbol{b})} = \frac{8 + 18 + 2}{\sqrt{4 + 9 + 1}\sqrt{16 + 36 + 4}} = \frac{28}{\sqrt{14}\sqrt{56}} \frac{28}{28} = 1$$

ist; die Vektoren $\boldsymbol{a}$, $\boldsymbol{b}$ sind kollinear.

c) Die Vektoren $\boldsymbol{a}, \boldsymbol{b}$ mit $\boldsymbol{a} = 2\boldsymbol{i} + 3\boldsymbol{j} - 2\boldsymbol{k}$ und $\boldsymbol{b} = \boldsymbol{i} + 2\boldsymbol{j} + 4\boldsymbol{k}$ stehen aufeinander senkrecht, da $\boldsymbol{a} \cdot \boldsymbol{b} = 2 + 6 - 8 = 0$ ist.

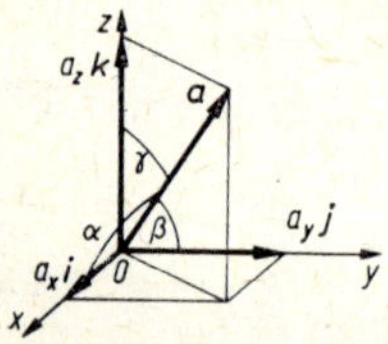

Bild 7/21

(5) Zur Ermittlung der Größen der **Winkel zwischen dem Vektor $\boldsymbol{a} \in V_0^3$ und den Koordinatenachsen** werden die Winkel zwischen dem Vektor $\boldsymbol{a}$ und den Basisvektoren $\boldsymbol{i}$, $\boldsymbol{j}$, $\boldsymbol{k}$ mit Hilfe der **Richtungscosinus** bestimmt: (Bild 7/21)

$$\cos \alpha = \cos \overline{\sphericalangle(\boldsymbol{a}, \boldsymbol{i})} = \frac{a_x}{\|\boldsymbol{a}\|}$$

$$\cos \beta = \cos \overline{\sphericalangle(\boldsymbol{a}, \boldsymbol{j})} = \frac{a_y}{\|\boldsymbol{a}\|}$$

$$\cos \gamma = \cos \overline{\sphericalangle(\boldsymbol{a}, \boldsymbol{k})} = \frac{a_z}{\|\boldsymbol{a}\|}$$

Für die Richtungscosinus gilt: $\cos^2 \alpha + \cos^2 \beta + \cos^2 \gamma = 1$, denn es ist

$$\cos^2 \alpha = \frac{a_x^2}{\|\boldsymbol{a}\|^2}, \quad \cos^2 \beta = \frac{a_y^2}{\|\boldsymbol{a}\|^2},$$

$$\cos^2 \gamma = \frac{a_z^2}{\|\boldsymbol{a}\|^2} \quad \text{und} \quad \|\boldsymbol{a}\|^2 = \boldsymbol{a}^2;$$

damit erhält man

$$\cos^2 \alpha + \cos^2 \beta + \cos^2 \gamma = \frac{a_x^2 + a_y^2 + a_z^2}{\|\boldsymbol{a}\|^2} = \frac{\|\boldsymbol{a}\|^2}{\|\boldsymbol{a}\|^2} = 1$$

BEISPIEL 7/12

Um die Größen der Winkel zu berechnen, die der Vektor $\boldsymbol{a} = 3\boldsymbol{i} + 2\boldsymbol{j} + 2{,}5\boldsymbol{k}$ mit den Koordinatenachsen bildet, werden zunächst die Richtungscosinus ermittelt:

$$\cos \alpha = \frac{3}{\sqrt{9 + 4 + 6{,}25}} = \frac{3}{\sqrt{19{,}25}} = \frac{3}{4{,}3874} = 0{,}6838;$$

$$\cos \beta = \frac{2}{\sqrt{19{,}25}} = 0{,}4559;$$

$$\cos \gamma = \frac{2{,}5}{\sqrt{19{,}25}} = 0{,}5698.$$

Daraus erhält man die gesuchten Winkel: $\alpha = 46{,}86°$, $\beta = 62{,}88°$, $\gamma = 55{,}26°$ (Bild 7/22).

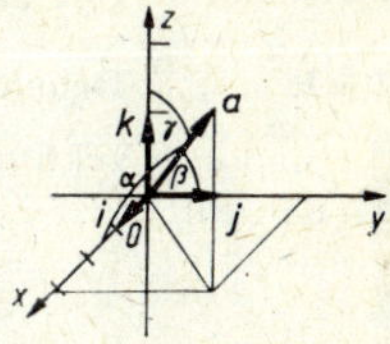

Bild 7/22

7.4.6. Skalarprodukt zweier Vektoren des Vektorraums der geordneten *n*-Tupel •

(1) Das Skalarprodukt der Vektoren $\boldsymbol{a}, \boldsymbol{b} \in V^n$ wird mit Hilfe des transponierten Vektors formuliert:

$$\boldsymbol{a}^{\mathrm{T}} \cdot \boldsymbol{b} = (a_1, \ldots, a_n) \begin{pmatrix} b_1 \\ \vdots \\ b_n \end{pmatrix} = \sum_{i=1}^{n} a_i b_i = a_1 b_1 + \ldots + a_n b_n$$

Man nennt diese Summe von n Produkten $a_i b_i$ auch **Produktsumme.** Sie ist mit Hilfe eines Taschenrechners leicht zu bilden, weil die Produkte im Speicher addiert werden können.

BEISPIEL 7/13

Gegeben seien die Vektoren $\boldsymbol{a} = \begin{pmatrix} 5 \\ 3 \\ 2 \\ 1 \end{pmatrix}$, $\boldsymbol{b} = \begin{pmatrix} 1 \\ 2 \\ 5 \\ 3 \end{pmatrix}$. Dann ist

$$\boldsymbol{a}^{\mathrm{T}} \cdot \boldsymbol{b} = (5\ \ 3\ \ 2\ \ 1) \cdot \begin{pmatrix} 1 \\ 2 \\ 5 \\ 3 \end{pmatrix} = 5 + 6 + 10 + 3 = 24$$

(2) Die in 7.4.4. genannten **Gesetze für das Skalarprodukt** werden unter Nutzung des transponierten Vektors formuliert:

Es seien $\boldsymbol{a}, \boldsymbol{b}, \boldsymbol{c} \in V^n$. Dann gelten

das Kommutativgesetz

$$\boldsymbol{a}^{\mathrm{T}} \cdot \boldsymbol{b} = \boldsymbol{b}^{\mathrm{T}} \cdot \boldsymbol{a},$$

zwei Distributivgesetze

$$\boldsymbol{a}^{\mathrm{T}} \cdot (\boldsymbol{b} + \boldsymbol{c}) = \boldsymbol{a}^{\mathrm{T}} \cdot \boldsymbol{b} + \boldsymbol{a}^{\mathrm{T}} \cdot \boldsymbol{c}$$

$$(\boldsymbol{a}^{\mathrm{T}} + \boldsymbol{b}^{\mathrm{T}}) \cdot \boldsymbol{c} = \boldsymbol{a}^{\mathrm{T}} \cdot \boldsymbol{c} + \boldsymbol{b}^{\mathrm{T}} \cdot \boldsymbol{c}$$

das Assoziativgesetz für die Multiplikation des Skalarprodukts mit einer reellen Zahl $(\lambda \boldsymbol{a}^{\mathrm{T}}) \cdot \boldsymbol{b} = \boldsymbol{a}^{\mathrm{T}} \cdot (\lambda \boldsymbol{b}) = \lambda(\boldsymbol{a}^{\mathrm{T}} \cdot \boldsymbol{b})$.

7.5. Das Vektorprodukt

7.5.1. Definition des Vektorprodukts

Sind $\boldsymbol{a}$, $\boldsymbol{b}$ Vektoren des Vektorraums V^3, so heißt der Vektor $\boldsymbol{c}$, für den gilt:

$$\|\boldsymbol{c}\| = \|\boldsymbol{a}\| \, \|\boldsymbol{b}\| \sin \overline{\sphericalangle(\boldsymbol{a}, \boldsymbol{b})} \quad \text{mit} \quad 0 \leqq \overline{\sphericalangle(\boldsymbol{a}, \boldsymbol{b})} \leqq \pi,$$

$$\boldsymbol{c} \perp \boldsymbol{a}, \qquad \boldsymbol{c} \perp \boldsymbol{b},$$

die Vektoren $\boldsymbol{a}$, $\boldsymbol{b}$, $\boldsymbol{c}$ bilden in dieser Reihenfolge ein Rechtssystem, das **Vektorprodukt** (auch äußeres Produkt genannt) von $\boldsymbol{a}$, $\boldsymbol{b}$. Es wird mit $\boldsymbol{c} = \boldsymbol{a} \times \boldsymbol{b}$ (gelesen: $\boldsymbol{a}$ Kreuz $\boldsymbol{b}$) bezeichnet.

Gilt $\boldsymbol{a} \parallel \boldsymbol{b}$ mit $\boldsymbol{a} \neq \boldsymbol{o}$ und $\boldsymbol{b} \neq \boldsymbol{o}$, dann ist $\|\boldsymbol{c}\| = \|\boldsymbol{a}\| \, \|\boldsymbol{b}\| \sin 0° = 0$. Daraus folgt: $\boldsymbol{a} \times \boldsymbol{b} = \boldsymbol{o}$ mit $\boldsymbol{a} \neq \boldsymbol{o}$ und $\boldsymbol{b} \neq \boldsymbol{o}$ gilt genau dann, wenn $\boldsymbol{a} \parallel \boldsymbol{b}$ ist.

BEISPIEL 7/14

Die Vektoren $\boldsymbol{a}$, $\boldsymbol{b}$ mit $\|\boldsymbol{a}\| = 3$, $\|\boldsymbol{b}\| = 4$ bilden den Winkel $\sphericalangle(\boldsymbol{a}, \boldsymbol{b})$ mit der Größe $\delta = 30°$.
Gesucht wird das Vektorprodukt $\boldsymbol{c} = \boldsymbol{a} \times \boldsymbol{b}$.
Die Norm des Vektors $\boldsymbol{c}$ ist $\|\boldsymbol{c}\| = \|\boldsymbol{a}\| \, \|\boldsymbol{b}\| \sin \overline{\sphericalangle(\boldsymbol{a}, \boldsymbol{b})} = 3 \cdot 4 \cdot \sin 30°$ $= 12 \cdot \dfrac{1}{2} = 6$.
Der Vektor $\boldsymbol{c}$ steht auf der durch die Vektoren $\boldsymbol{a}$, $\boldsymbol{b}$ aufgespannten Ebene senkrecht und zeigt (nach dem Rechtssystem) nach oben (Bild 7/23).

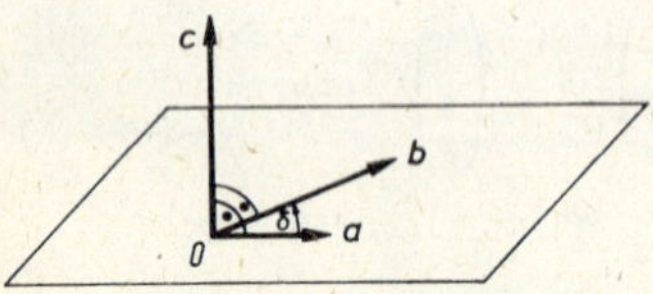

Bild 7/23

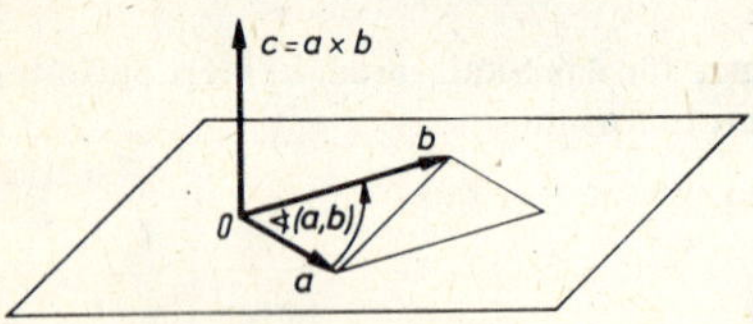

Bild 7/24

7.5.2. Geometrische Deutung des Vektorprodukts

Die Norm $\|\boldsymbol{a} \times \boldsymbol{b}\|$ des Vektorprodukts der Vektoren $\boldsymbol{a}, \boldsymbol{b}$ kann als Zahlenwert des Flächeninhalts des von den Vektoren $\boldsymbol{a}, \boldsymbol{b}$ aufgespannten Parallelogramms geometrisch gedeutet werden. Nach der Formel für den Flächeninhalt eines Dreiecks [↗5.1.14.3.(3)] gilt $A_\triangle = \dfrac{1}{2} ab \sin \gamma$ (Bild 7/24).

Der **Winkel** $\sphericalangle(\boldsymbol{a}, \boldsymbol{b})$ zwischen den Vektoren $\boldsymbol{a}, \boldsymbol{b}$ kann über die Beziehung

$$\sin \overline{\sphericalangle(\boldsymbol{a}, \boldsymbol{b})} = \frac{\boldsymbol{a} \times \boldsymbol{b}}{\|\boldsymbol{a}\| \, \|\boldsymbol{b}\|}$$

wegen $\sin \alpha = \sin(\pi - \alpha)$ nicht eindeutig bestimmt werden. Die Operation »Vektorprodukt« ist **nicht umkehrbar.** Man kann zu $\boldsymbol{c}$ und $\boldsymbol{a}$ nicht eindeutig einen Vektor $\boldsymbol{b}$ angeben, für den gelten würde: $\boldsymbol{a} \times \boldsymbol{b} = \boldsymbol{c}$, denn die Vektoren $\boldsymbol{b}_i$ mit $i = 1, 2, \ldots$ ergeben die gleiche Norm des projizierten Vektors $\boldsymbol{p}$:

$$\|\boldsymbol{p}\| = \|\boldsymbol{b}_1\| \sin \alpha_1 = \|\boldsymbol{b}_2\| \sin \alpha_2 = \ldots$$

(Bild 7/25)

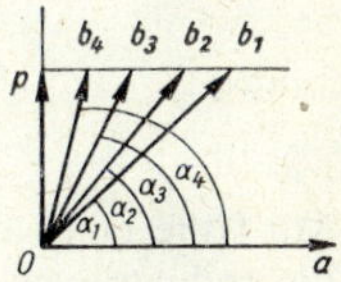

Bild 7/25

7.5.3. Eigenschaften des Vektorprodukts

Für das Vektorprodukt gelten folgende **Gesetze:**

Es seien $\boldsymbol{a}, \boldsymbol{b}, \boldsymbol{c} \in V^3$ und $\lambda \in \mathbf{R}$, dann gelten

das Alternativgesetz

$$\boldsymbol{a} \times \boldsymbol{b} = -(\boldsymbol{b} \times \boldsymbol{a}),$$

(ein Kommutativgesetz gibt es für das Vektorprodukt nicht),
die Distributivgesetze

$$\boldsymbol{a} \times (\boldsymbol{b} + \boldsymbol{c}) = \boldsymbol{a} \times \boldsymbol{b} + \boldsymbol{a} \times \boldsymbol{c}$$

$$(\boldsymbol{a} + \boldsymbol{b}) \times \boldsymbol{c} = \boldsymbol{a} \times \boldsymbol{c} + \boldsymbol{b} \times \boldsymbol{c},$$

das Assoziativgesetz für die Multiplikation des Vektorprodukts mit einer reellen Zahl

$$(\lambda \boldsymbol{a}) \times \boldsymbol{b} = \lambda(\boldsymbol{a} \times \boldsymbol{b})$$

bzw.

$$\boldsymbol{a} \times (\lambda \boldsymbol{b}) = \lambda(\boldsymbol{a} \times \boldsymbol{b}),$$

(ein Assoziativgesetz für das Vektorprodukt gibt es nicht).

7.5.4. Vektorprodukt zweier Vektoren des Vektorraums der geordneten Tripel

Für die Basisvektoren $\boldsymbol{i}, \boldsymbol{j}, \boldsymbol{k}$ gilt auf Grund der Definition des Vektorprodukts

$$\boldsymbol{i} \times \boldsymbol{i} = \boldsymbol{o} \qquad \boldsymbol{i} \times \boldsymbol{j} = \boldsymbol{k} \qquad \boldsymbol{j} \times \boldsymbol{i} = -\boldsymbol{k}$$

$$\boldsymbol{j} \times \boldsymbol{j} = \boldsymbol{o} \qquad \boldsymbol{j} \times \boldsymbol{k} = \boldsymbol{i} \qquad \boldsymbol{k} \times \boldsymbol{j} = -\boldsymbol{i}$$

$$\boldsymbol{k} \times \boldsymbol{k} = \boldsymbol{o} \qquad \boldsymbol{k} \times \boldsymbol{i} = \boldsymbol{j} \qquad \boldsymbol{i} \times \boldsymbol{k} = -\boldsymbol{j}$$

(2) Für zwei Vektoren $\boldsymbol{a}, \boldsymbol{b} \in V^3$ mit $\boldsymbol{a} = a_x\boldsymbol{i} + a_y\boldsymbol{j} + a_z\boldsymbol{k}$ und $\boldsymbol{b} = b_x\boldsymbol{i} + b_y\boldsymbol{j} + b_z\boldsymbol{k}$ gilt

$$\begin{aligned}\boldsymbol{a} \times \boldsymbol{b} &= (a_x\boldsymbol{i} + a_y\boldsymbol{j} + a_z\boldsymbol{k}) \times (b_x\boldsymbol{i} + b_y\boldsymbol{j} + b_z\boldsymbol{k}) \\ &= a_xb_x(\boldsymbol{i} \times \boldsymbol{i}) + a_xb_y(\boldsymbol{i} \times \boldsymbol{j}) + a_xb_z(\boldsymbol{i} \times \boldsymbol{k}) \\ &\quad + a_yb_x(\boldsymbol{j} \times \boldsymbol{i}) + a_yb_y(\boldsymbol{j} \times \boldsymbol{j}) + a_yb_z(\boldsymbol{j} \times \boldsymbol{k}) \\ &\quad + a_zb_x(\boldsymbol{k} \times \boldsymbol{i}) + a_zb_y(\boldsymbol{k} \times \boldsymbol{j}) + a_zb_z(\boldsymbol{k} \times \boldsymbol{k}) \\ &= (a_yb_z - a_zb_y)\boldsymbol{i} - (a_xb_z - a_zb_x)\boldsymbol{j} + (a_xb_y - a_yb_x)\boldsymbol{k}.\end{aligned}$$

Mit Hilfe einer dreireihigen Determinante (↗ 8.9.1.) läßt sich das Vektorprodukt übersichtlich darstellen:

$$\boldsymbol{a} \times \boldsymbol{b} = \begin{vmatrix} \boldsymbol{i} & \boldsymbol{j} & \boldsymbol{k} \\ a_x & a_y & a_z \\ b_x & b_y & b_z \end{vmatrix}$$

BEISPIEL 7/15

Gegeben seien die Vektoren $\boldsymbol{a} = 8\boldsymbol{i} + 2\boldsymbol{j} - \boldsymbol{k}$ und $\boldsymbol{b} = 2\boldsymbol{i} + 5\boldsymbol{j} - 4\boldsymbol{k}$. Dann ist das Vektorprodukt $\boldsymbol{a} \times \boldsymbol{b}$ gleich dem Vektor $\boldsymbol{c}$ mit $\boldsymbol{c} = [2 \cdot (-4) - (-1) \cdot 5]\,\boldsymbol{i} - [8 \cdot (-4) - (-1) \cdot 2]\,\boldsymbol{j} + [8 \cdot 5 - 2 \cdot 2]\,\boldsymbol{k} = -3\boldsymbol{i} + 30\boldsymbol{j} + 36\boldsymbol{k}$. Die Norm des Vektors $\boldsymbol{c}$ ist
$\|\boldsymbol{c}\| = \sqrt{9 + 900 + 1296} = \sqrt{2205} \approx 47.$

8. Matrizenrechnung

8.1. Zum Begriff »Matrix«

8.1.1. Die Koeffizientenmatrix

In der **allgemeinen Form** eines Systems von m linearen Gleichungen mit n Variablen $x_1, \ldots, x_n$

$$a_{11}x_1 + a_{12}x_2 + \ldots + a_{1n}x_n = s_1$$
$$a_{21}x_1 + a_{22}x_2 + \ldots + a_{2n}x_n = s_2$$
$$\ldots$$
$$a_{m1}x_1 + a_{m2}x_2 + \ldots + a_{mn}x_n = s_m$$

bzw. unter Verwendung des Summenzeichens

$$\sum_{k=1}^{n} a_{ik}x_k = s_i \quad \text{mit} \quad i = 1, 2, \ldots, m$$

ist die Stellung jedes Koeffizienten a_{ik} durch die Doppelindizes festgelegt [↗ 4.7.2.(1)]. Deshalb genügt es, statt der linken Seite des Gleichungssystems nur dessen Koeffizienten aufzuführen.

Ein System von $m \cdot n$ Elementen, die in einem rechteckigen Schema von m Zeilen und n Spalten angeordnet sind, wird **Matrix** genannt.

Zahlen, Größen, Vektoren oder selbst Matrizen können **Elemente** einer Matrix sein.
Matrizen werden durch fettgedruckte große Kursivbuchstaben, in der Schreibschrift durch unterstrichene große Buchstaben der lateinischen Schrift bezeichnet.
Werden die Koeffizienten des gegebenen Gleichungssystems zu einer Matrix, der **Koeffizientenmatrix**, zusammengefaßt, wird das Koeffizientenfeld durch große runde Klammern eingeschlossen:

$$\boldsymbol{A} = \begin{pmatrix} a_{11} & a_{12} & \ldots & a_{1n} \\ a_{21} & a_{22} & \ldots & a_{2n} \\ \ldots \\ a_{m1} & a_{m2} & \ldots & a_{mn} \end{pmatrix}$$

Gelegentlich wird unter Nutzung des **allgemeinen Elements** a_{ik} eine Kurzschreibweise verwendet:

$$A = (a_{ik})_{(m,n)}.$$

Das allgemeine Element a_{ik} wird in runde Klammern gesetzt. Die nachfolgenden Indizes m, n (in dieser Reihenfolge ebenfalls in runden Klammern) geben an, daß der Zeilenindex i alle natürlichen Zahlen von 1 bis m, der Spaltenindex k alle natürlichen Zahlen von 1 bis n durchlaufen soll. Das Zahlenpaar (m, n) ist der **Typ der Matrix.** Wenn eine Matrix vom Typ (m, n) ist, schreibt man $\tau(A) = (m, n)$.
(Gemeinsame Bezeichnung für Zeilen und Spalten ist »Reihen«)
Die Matrizen vom Typ (m, n) bilden eine Menge, die mit $M_{(m,n)}$ bezeichnet wird. Ist die Matrix A Element der Menge $M_{(m,n)}$ so schreibt man $A_{(m,n)}$.
Ist $m \neq n$, so heißt die Matrix **rechteckig**; ist $m = n$, so heißt sie **quadratisch.** Bei quadratischen Matrizen gibt $m = n$ die **Ordnung** an.
Zwei Matrizen sind nur dann vom gleichen Typ, wenn sie die gleiche Anzahl von Zeilen und die gleiche Anzahl von Spalten haben.
Alle Elemente a_{ik} einer quadratischen Matrix, für die $i = k$ gilt, bilden die **Hauptdiagonale.**

BEISPIEL 8/1

a) Die Koeffizientenmatrix des Gleichungssystems

$$\begin{aligned} 2x_1 + 3x_2 + x_3 - 2x_4 &= 5 \\ x_1 - 2x_2 - 3x_3 + x_4 &= 3 \\ 3x_1 + 2x_2 - 4x_3 + 4x_4 &= -2 \\ x_1 - 3x_2 - 2x_3 - 3x_4 &= -3 \end{aligned}$$

ist

$$A = \begin{pmatrix} 2 & 3 & 1 & -2 \\ 1 & -2 & -3 & 1 \\ 3 & 2 & -4 & 4 \\ 1 & -3 & -2 & -3 \end{pmatrix},$$

sie ist eine quadratische Matrix vom Typ $\tau(A) = (4, 4)$.
Die Elemente $a_{11} = 2$, $a_{22} = -2$, $a_{33} = -4$, $a_{44} = -3$ bilden die Hauptdiagonale.

b) Die Matrix

$$B = \begin{pmatrix} 2 & -1 \\ 1 & 4 \\ -1 & 2 \end{pmatrix}$$

ist eine rechteckige Matrix vom Typ $\tau(B) = (3, 2)$.

Eine einspaltige Matrix vom Typ $(m, 1)$ wird als **Spaltenvektor**, eine einzeilige Matrix vom Typ $(1, n)$ als **Zeilenvektor** aufgefaßt.
Wird eine Koeffizientenmatrix A eines inhomogenen linearen Gleichungssystems um den Vektor s der Absolutglieder erweitert, wird die Matrix (A, s) **Systemmatrix** dieses Gleichungssystems genannt.

8.1.2. Die Inzidenzmatrix

In Ökonomie und Technologie werden Zusammenhänge zwischen einzelnen Objekten in **Verflechtungen** untersucht, z. B.: Wie viele Einzelteile verschiedener Art werden bei der Herstellung bestimmter Enderzeugnisse benötigt? Dabei werden die einzelnen Objekte als Punkte eines Netzwerkes veranschaulicht, und es interessiert nur, welche Punkte miteinander auf Grund einer Relation, z. B. der Relation »... werden benötigt zur Herstellung von ...«, verbunden sind.
Verbindet eine Strecke a zwei Punkte, so sagt man, diese Punkte inzidieren mit der Strecke. Führt eine Strecke vom Punkt i zum Punkt k einer Verflechtung, so ist das Element a_{ik} einer Matrix gleich 1. Ist jedoch der Punkt i nicht mit dem Punkt k verbunden, so ist $a_{ik} = 0$. Die auf diese Weise entstehende Matrix heißt **Inzidenzmatrix** eines Graphen.
Die Hauptdiagonalelemente einer Inzidenzmatrix sind Null, da kein Punkt mit sich selbst verbunden sein soll.
Werden r Teile des Gegenstands i zur Herstellung des Gegenstands k benötigt, so ist das Element a_{ik} der Inzidenzmatrix gleich r.

BEISPIEL 8/2

Werden zur Herstellung eines Enderzeugnisses 4

2 Stück des Teils 1, 3 Stück des Teils 2 und 4 Stück des Teils 3

und zur Herstellung eines anderen Erzeugnisses 5

3 Stück des Teils 1 und 2 Stück des Teils 2

benötigt, so kann dieser Sachverhalt in einem Netzwerk graphisch dargestellt werden (Bild 8/1).

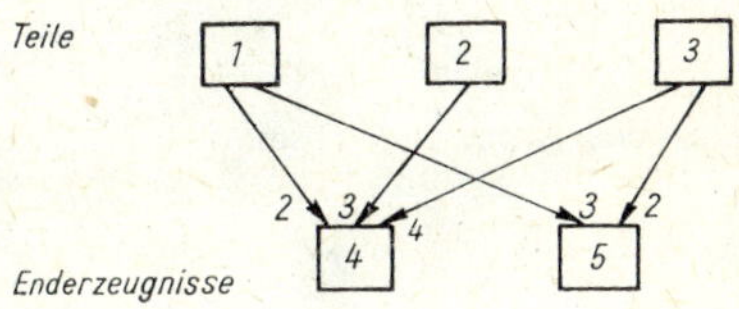

Bild 8/1

Die zugehörige Inzidenzmatrix ist

$$\begin{pmatrix} 0 & 0 & 0 & 2 & 3 \\ 0 & 0 & 0 & 3 & 0 \\ 0 & 0 & 0 & 4 & 2 \\ 0 & 0 & 0 & 0 & 0 \\ 0 & 0 & 0 & 0 & 0 \end{pmatrix}$$

8.1.3. Spezielle Formen quadratischer Matrizen

(1) **Diagonalmatrix:** Alle Elemente außerhalb der Hauptdiagonalen sind gleich Null, in der Hauptdiagonalen gibt es mindestens ein Element ungleich Null.

Sonderfall: **Skalarmatrix:** Alle Elemente in der Hauptdiagonalen einer Diagonalmatrix sind untereinander gleich.

BEISPIEL 8/3

$$D = \begin{pmatrix} 3 & 0 & 0 & 0 \\ 0 & 2 & 0 & 0 \\ 0 & 0 & 4 & 0 \\ 0 & 0 & 0 & 1 \end{pmatrix} \text{ ist eine Diagonalmatrix vierter Ordnung,}$$

$$S = \begin{pmatrix} 5 & 0 & 0 \\ 0 & 5 & 0 \\ 0 & 0 & 5 \end{pmatrix} \text{ ist eine Skalarmatrix dritter Ordnung.}$$

(2) **Einheitsmatrix:** Alle Elemente in der Hauptdiagonalen einer Skalarmatrix sind gleich 1.

(3) **Dreiecksmatrix:**

Obere Dreiecksmatrix

Alle Elemente unterhalb der Hauptdiagonalen sind gleich Null.

BEISPIEL 8/4

$$A = \begin{pmatrix} 2 & 3 & 1 & 6 \\ 0 & 4 & 2 & 7 \\ 0 & 0 & 3 & 1 \\ 0 & 0 & 0 & 7 \end{pmatrix}$$

ist eine obere Dreiecksmatrix 4. Ordnung

Untere Dreiecksmatrix

Alle Elemente oberhalb der Hauptdiagonalen sind gleich Null.

$$B = \begin{pmatrix} 6 & 0 & 0 & 0 \\ 2 & 3 & 0 & 0 \\ 1 & 7 & 3 & 0 \\ 4 & 2 & 7 & 9 \end{pmatrix}$$

ist eine untere Dreiecksmatrix 4. Ordnung

8.2. Relationen zwischen Matrizen

8.2.1. Gleichheit von Matrizen

Zwei Matrizen $\boldsymbol{A} = (a_{ik})_{(m,n)}$, $\boldsymbol{B} = (b_{ik})_{(p,q)}$ sind **gleich** genau dann, wenn sie im Typ übereinstimmen (d. h., $\tau(\boldsymbol{A}) = \tau(\boldsymbol{B})$) und wenn $a_{ik} = b_{ik}$ für alle i und für alle k gilt. Man schreibt dann $\boldsymbol{A} = \boldsymbol{B}$.
Andernfalls heißen die Matrizen ungleich, und man schreibt $\boldsymbol{A} \neq \boldsymbol{B}$.

BEISPIEL 8/5

Die Matrizen $\boldsymbol{A}$, $\boldsymbol{B}$ mit

$$\boldsymbol{A} = \begin{pmatrix} 1 & 3 & 9 \\ 4 & 9 & 25 \end{pmatrix}, \qquad \boldsymbol{B} = \begin{pmatrix} 3^0 & 3^1 & 3^2 \\ 2^2 & 3^2 & 5^2 \end{pmatrix}$$

sind gleich, weil $\tau(A) = \tau(B)$ und $a_{ik} = b_{ik}$ für $i = 1, 2$ und $k = 1, 2, 3$. Also $A = B$.

8.2.2. Kleiner-/Größer-Relation zwischen Matrizen

Eine Matrix A heißt **kleiner** (bzw. **größer**) als eine Matrix B, wenn beide Matrizen vom gleichen Typ sind und wenn für alle Elemente von A, B gilt: $a_{ik} < b_{ik}$ (bzw. $a_{ik} > b_{ik}$). Man schreibt $A < B$ (bzw. $A > B$).
Eine Matrix A heißt **kleiner oder gleich** (bzw. **größer oder gleich**) als eine Matrix B, wenn beide Matrizen vom gleichen Typ sind und wenn für alle Elemente von A und B gilt: $a_{ik} \leqq b_{ik}$ (bzw. $a_{ik} \geqq b_{ik}$). Man schreibt $A \leqq B$ (bzw. $A \geqq B$).

BEISPIEL 8/6

a) Für die Matrizen A, B mit

$$A = \begin{pmatrix} 3 & 1 & 2 \\ 2 & 4 & 3 \end{pmatrix}, \qquad B = \begin{pmatrix} 4 & 5 & 3 \\ 4 & 7 & 5 \end{pmatrix}$$

gilt $A < B$, denn $\tau(A) = \tau(B)$, und für alle Elemente von A, B ist $a_{ik} < b_{ik}$.

b) Für die Matrizen A, B mit

$$A = \begin{pmatrix} 7 & 3 \\ 8 & 6 \end{pmatrix}, \qquad B = \begin{pmatrix} 7 & 2 \\ 6 & 6 \end{pmatrix}$$

gilt $A \geqq B$, denn $\tau(A) = \tau(B)$, und für alle Elemente von A, B ist $a_{ik} \geqq b_{ik}$.

8.3. Der Vektorraum der Matrizen gleichen Typs

Die Matrizen eines festen Typs bilden einen Vektorraum (↗ 2.7.2.), d. h., für die Menge $M_{(m,n)}$ der Matrizen gleichen Typs werden eine Operation »Addition« und für diese Menge $M_{(m,n)}$ und die Menge $\mathbf{R}$ der reellen Zahlen eine Verknüpfung »Multiplikation einer Matrix mit einer reellen Zahl« erklärt, so daß die Vektorraumaxiome (↗ 2.7.2.) gelten.

8.3.1. Addition von Matrizen

Die Matrizenaddition ordnet jedem geordneten Paar (A, B) von Matrizen $A, B \in M_{(m,n)}$ eindeutig ein Element C aus $M_{(m,n)}$ zu, das die Summe von A, B genannt und mit $A + B$ bezeichnet wird.

Schreibweise: $A + B = C$ (Matrizengleichung)

in Kurzschreibweise:

$$(a_{ik})_{(m,n)} + (b_{ik})_{(m,n)} = (a_{ik} + b_{ik})_{(m,n)} = (c_{ik})_{(m,n)}$$

$$\text{für} \quad i = 1, \ldots, m \quad \text{und} \quad k = 1, \ldots, n$$

in ausführlicher Schreibweise:

$$\begin{pmatrix} a_{11} & a_{12} \dots a_{1n} \\ a_{21} & a_{22} \dots a_{2n} \\ \dots & \\ a_{m1} & a_{m2} \dots a_{mn} \end{pmatrix} + \begin{pmatrix} b_{11} & b_{12} \dots b_{1n} \\ b_{21} & b_{22} \dots b_{2n} \\ \dots & \\ b_{m1} & b_{m2} \dots b_{mn} \end{pmatrix}$$

$$= \begin{pmatrix} a_{11} + b_{11} & a_{12} + b_{12} \dots a_{1n} + b_{1n} \\ a_{21} + b_{21} & a_{22} + b_{22} \dots a_{2n} + b_{2n} \\ \dots & \\ a_{m1} + b_{m1} & a_{m2} + b_{m2} \dots a_{mn} + b_{mn} \end{pmatrix}$$

$$= \begin{pmatrix} c_{11} & c_{12} \dots c_{1n} \\ c_{21} & c_{22} \dots c_{2n} \\ \dots & \\ c_{m1} & c_{m2} \dots c_{mn} \end{pmatrix}$$

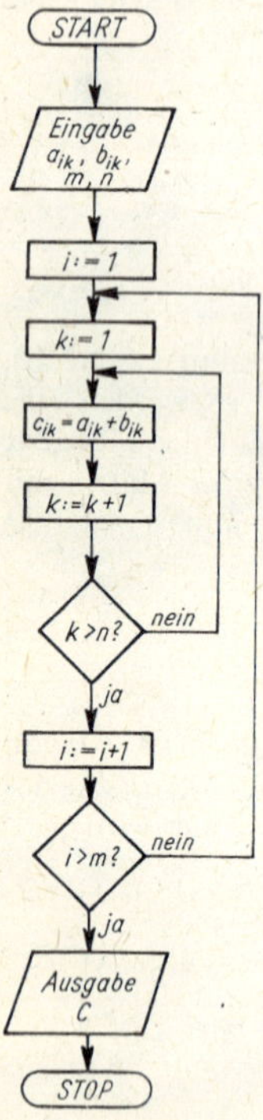

Bild 8/2

BEISPIEL 8/7

Gegeben seien die Matrizen $\boldsymbol{A}$, $\boldsymbol{B}$ mit

$$\boldsymbol{A} = \begin{pmatrix} 3 & -1 & 6 \\ 1 & 5 & 2 \end{pmatrix}, \qquad \boldsymbol{B} = \begin{pmatrix} 2 & 4 & 2 \\ 5 & 3 & -2 \end{pmatrix}.$$

Dann ist die Summenmatrix $\boldsymbol{C}$

$$\boldsymbol{C} = \boldsymbol{A} + \boldsymbol{B} = \begin{pmatrix} 5 & 3 & 8 \\ 6 & 8 & 0 \end{pmatrix}$$

Programmablaufplan für die Addition zweier Matrizen (Bild 8/2)

Auf Grund der Vektorraumaxiome (↗ 2.7.2.) gelten für die Matrizenaddition folgende *Gesetze*:

- Für alle $\boldsymbol{A}, \boldsymbol{B}, \boldsymbol{C} \in M_{(m,n)}$ gilt: $(\boldsymbol{A} + \boldsymbol{B}) + \boldsymbol{C} = \boldsymbol{A} + (\boldsymbol{B} + \boldsymbol{C})$ (Assoziativgesetz).
- Für alle $\boldsymbol{A}, \boldsymbol{B} \in M_{(m,n)}$ gilt: $\boldsymbol{A} + \boldsymbol{B} = \boldsymbol{B} + \boldsymbol{A}$ (Kommutativgesetz).
- Zu je zwei Matrizen $\boldsymbol{A}, \boldsymbol{B} \in M_{(m,n)}$ gibt es stets eine Matrix $\boldsymbol{X}$, so daß $\boldsymbol{A} + \boldsymbol{X} = \boldsymbol{B}$ gilt (Umkehrung der Matrizenaddition).

Aus diesen Axiomen ergeben sich folgende *Eigenschaften:*

1. Es gibt in jeder Menge $M_{(m,n)}$ bezüglich der Matrizenaddition genau ein **neutrales Element,**

das die **Nullmatrix** von $M_{(m,n)}$ genannt und mit $\boldsymbol{O}$ bezeichnet wird.
Für jede Matrix $\boldsymbol{A} \in M_{(m,n)}$ gilt: $\boldsymbol{A} + \boldsymbol{O} = \boldsymbol{A}$.

2. Zu jeder Matrix $\boldsymbol{A} \in M_{(m,n)}$ gibt es genau ein bezüglich der Matrizenaddition **inverses Element,** das mit $-\boldsymbol{A}$ bezeichnet und die **zu $\boldsymbol{A}$ entgegengesetzte Matrix** genannt wird.
3. Jede Gleichung $\boldsymbol{A} + \boldsymbol{X} = \boldsymbol{B}$ mit $\boldsymbol{A}, \boldsymbol{B} \in M_{(m,n)}$ hat genau eine Lösung, die mit $\boldsymbol{X} = \boldsymbol{B} - \boldsymbol{A}$ bezeichnet und die **Differenz** von $\boldsymbol{B}$ und $\boldsymbol{A}$ genannt wird **(Subtraktion von Matrizen).**
Kurzschreibweise:

$$\begin{aligned} X &= (b_{ik})_{(m,n)} - (a_{ik})_{(m,n)} \\ &= (b_{ik} - a_{ik})_{(m,n)} \quad \text{für} \quad i = 1, \ldots, m \quad \text{und} \quad k = 1, \ldots, n \end{aligned}$$

Ausführliche Schreibweise:

$$\boldsymbol{X} = \boldsymbol{B} - \boldsymbol{A} = \begin{pmatrix} b_{11} - a_{11} & b_{12} - a_{12} & \ldots & b_{1n} - a_{1n} \\ b_{21} - a_{21} & b_{22} - a_{22} & \ldots & b_{2n} - a_{2n} \\ \ldots \\ b_{m1} - a_{m1} & b_{m2} - a_{m2} & \ldots & b_{mn} - a_{mn} \end{pmatrix}$$

$$= \begin{pmatrix} x_{11} & x_{12} & \ldots & x_{1n} \\ x_{21} & x_{22} & \ldots & x_{2n} \\ \ldots \\ x_{m1} & x_{m2} & \ldots & x_{mn} \end{pmatrix}$$

Mit Hilfe der entgegengesetzten Matrix kann die Subtraktion von Matrizen gleichen Typs auf die Addition dieser Matrizen zurückgeführt werden:

$$\boldsymbol{B} - \boldsymbol{A} = \boldsymbol{B} + (-\boldsymbol{A}).$$

BEISPIEL 8/8

Gegeben seien die Matrizen $\boldsymbol{A}$, $\boldsymbol{B}$ mit

$$\boldsymbol{A} = \begin{pmatrix} 3 & 2 & 5 \\ 1 & 8 & 6 \end{pmatrix}, \qquad \boldsymbol{B} = \begin{pmatrix} 7 & -5 & 1 \\ 3 & 4 & -3 \end{pmatrix}.$$

Die Differenz der Matrizen $\boldsymbol{B}$, $\boldsymbol{A}$ ist

$$\boldsymbol{B} - \boldsymbol{A} = \begin{pmatrix} 4 & -7 & -4 \\ 2 & -4 & -9 \end{pmatrix}.$$

8.3.2. Multiplikation einer Matrix mit einer reellen Zahl

Die Multiplikation einer Matrix mit einer reellen Zahl ordnet jedem Paar $(\lambda; \boldsymbol{A})$ mit $\lambda \in \mathbf{R}$ und $\boldsymbol{A} \in M_{(m,n)}$ eindeutig eine Matrix aus $M_{(m,n)}$ zu, die mit $\lambda\boldsymbol{A}$ bezeichnet wird.

In Kurzschreibweise: $\lambda\boldsymbol{A} = \lambda(a_{ik}) = (\lambda a_{ik})$.

BEISPIEL 8/9

Gegeben sei die Matrix $A = \begin{pmatrix} 3 & -2 & 5 \\ 4 & 1 & 7 \end{pmatrix}$ und die reelle Zahl $\lambda = 5$.
Dann ist

$$\lambda A = 5 \begin{pmatrix} 3 & -2 & 5 \\ 4 & 1 & 7 \end{pmatrix} = \begin{pmatrix} 15 & -10 & 25 \\ 20 & 5 & 35 \end{pmatrix}.$$

Auf Grund der Vektorraumaxiome gelten für die Multiplikation einer Matrix mit einer reellen Zahl folgende *Gesetze:*

- Für alle $\lambda_1, \lambda_2 \in \mathbf{R}$ und alle Matrizen $A \in M_{(m,n)}$ gilt:
  $$(\lambda_1 \lambda_2) A = \lambda_1(\lambda_2 A) \quad \text{(Assoziativgesetz)}$$
- Für alle $\lambda_1, \lambda_2 \in \mathbf{R}$ und alle Matrizen $A \in M_{(m,n)}$ gilt:
  $$(\lambda_1 + \lambda_2) A = \lambda_1 A + \lambda_2 A \quad \text{(1. Distributivgesetz)}$$
- Für alle $\lambda \in \mathbf{R}$ und alle Matrizen $A, B \in M_{(m,n)}$ gilt:
  $$\lambda(A + B) = \lambda A + \lambda B \quad \text{(2. Distributivgesetz)}$$

8.4. Das Transponieren einer Matrix

Werden in der Matrix $A = (a_{ik})_{(m,n)}$ die Zeilen mit den entsprechenden Spalten vertauscht, so heißt die dadurch entstehende Matrix vom Typ (n, m) die **transponierte Matrix** der Matrix A und wird mit A^T bezeichnet. Werden die Elemente der transponierten Matrix A^T mit a_{ik}^T bezeichnet, so gilt

$$A^T = (a_{ik}^T) = (a_{ki}).$$

BEISPIEL 8/10

Gegeben sei die Matrix $A = \begin{pmatrix} 5 & 3 & 4 \\ 1 & 6 & 2 \end{pmatrix}$.
Die transponierte Matrix A^T ist dann

$$A^T = \begin{pmatrix} 5 & 1 \\ 3 & 6 \\ 4 & 2 \end{pmatrix}.$$

Ist A eine *quadratische Matrix n*-ter Ordnung, so gehören A und A^T der gleichen Matrizenmenge $M_{(n,n)}$ an. Die Elemente der quadratischen Matrix werden beim Transponieren an der Hauptdiagonalen »gespiegelt«.

BEISPIEL 8/11

Die transponierte Matrix A^T der Matrix $A = \begin{pmatrix} 4 & 2 & 7 \\ 1 & 3 & 4 \\ 8 & -4 & 5 \end{pmatrix}$
ist $A^T = \begin{pmatrix} 4 & 1 & 8 \\ 2 & 3 & -4 \\ 7 & 4 & 5 \end{pmatrix}$.

Eigenschaften transponierter Matrizen

Sind $\boldsymbol{A}, \boldsymbol{B} \in M_{(n,n)}$ und $\lambda \in \mathbf{R}$, so gilt:

1. $(\boldsymbol{A}^{\mathrm{T}})^{\mathrm{T}} = \boldsymbol{A}$
2. $(\boldsymbol{A} + \boldsymbol{B})^{\mathrm{T}} = \boldsymbol{A}^{\mathrm{T}} + \boldsymbol{B}^{\mathrm{T}}$
3. $(\lambda \boldsymbol{A})^{\mathrm{T}} = \lambda \boldsymbol{A}^{\mathrm{T}}$.

Eine Matrix $\boldsymbol{A}$ heißt **symmetrisch,** wenn $\boldsymbol{A} = \boldsymbol{A}^{\mathrm{T}}$ gilt.
Eine Matrix $\boldsymbol{A}$ heißt **antimetrisch** (oder auch schiefsymmetrisch), wenn $\boldsymbol{A} = -\boldsymbol{A}^{\mathrm{T}}$ gilt.

BEISPIEL 8/12

a) Die Matrix $\boldsymbol{A} = \begin{pmatrix} 2 & 7 & 5 \\ 7 & -3 & 8 \\ 5 & 8 & -1 \end{pmatrix}$ ist symmetrisch, weil $\boldsymbol{A} = \boldsymbol{A}^{\mathrm{T}}$ gilt.

b) Die Matrix $\boldsymbol{A} = \begin{pmatrix} 0 & 3 & -1 \\ -3 & 0 & 4 \\ 1 & -4 & 0 \end{pmatrix}$ ist antimetrisch, weil $\boldsymbol{A} = -\boldsymbol{A}^{\mathrm{T}}$ gilt.

Ferner sind die Elemente in der Hauptdiagonalen gleich Null.

Jede quadratische Matrix $\boldsymbol{A}$ kann als Summe aus einer symmetrischen Matrix $\boldsymbol{A}_{\mathrm{s}}$ und einer antimetrischen Matrix $\boldsymbol{A}_{\mathrm{a}}$ dargestellt werden. Es gilt:

$$\boldsymbol{A}_{\mathrm{s}} = \frac{\boldsymbol{A} + \boldsymbol{A}^{\mathrm{T}}}{2}, \qquad \boldsymbol{A}_{\mathrm{a}} = \frac{\boldsymbol{A} - \boldsymbol{A}^{\mathrm{T}}}{2}.$$

BEISPIEL 8/13

Die Matrix $\boldsymbol{A} = \begin{pmatrix} 4 & -3 & 1 \\ 5 & 2 & 6 \\ 3 & 1 & 7 \end{pmatrix}$ soll in einen symmetrischen und einen antimetrischen Anteil zerlegt werden.

Die transponierte Matrix $\boldsymbol{A}^{\mathrm{T}}$ ist $\boldsymbol{A}^{\mathrm{T}} = \begin{pmatrix} 4 & 5 & 3 \\ -3 & 2 & 1 \\ 1 & 6 & 7 \end{pmatrix}$.

Dann gilt $\boldsymbol{A}_{\mathrm{s}} = \dfrac{\boldsymbol{A} + \boldsymbol{A}^{\mathrm{T}}}{2} = \begin{pmatrix} 4 & 1 & 2 \\ 1 & 2 & 3{,}5 \\ 2 & 3{,}5 & 7 \end{pmatrix}$

$$\boldsymbol{A}_{\mathrm{a}} = \frac{\boldsymbol{A} - \boldsymbol{A}^{\mathrm{T}}}{2} = \frac{1}{2}\begin{pmatrix} 0 & -8 & -2 \\ 8 & 0 & 5 \\ 2 & -5 & 0 \end{pmatrix} = \begin{pmatrix} 0 & -4 & -1 \\ 4 & 0 & 2{,}5 \\ 1 & -2{,}5 & 0 \end{pmatrix}$$

Unter der **Spur** sp $\boldsymbol{A}$ einer quadratischen Matrix $\boldsymbol{A}$ versteht man die Summe der Elemente in der Hauptdiagonalen, also

$$\mathrm{sp}\,\boldsymbol{A} = a_{11} + a_{22} + \ldots + a_{nn} = \sum_{i=1}^{n} a_{ii}.$$

Es gilt: Die Spur der Summe zweier Matrizen ist gleich der Summe der Spuren der einzelnen Matrizen.

8.5. Multiplikation von Matrizen

8.5.1. Multiplikation einer Matrix mit einem Vektor

Die Multiplikation einer Matrix mit einem Vektor wird auf die Bildung des Skalarprodukts zweier Vektoren zurückgeführt (↗ 7.4.6.).
Eine Matrix wird zeilenweise mit dem Vektor multipliziert, d. h. Matrix und Vektor müssen (in dieser Reihenfolge) **verkettbar** sein: Die Anzahl der Spalten der Matrix A muß gleich der Anzahl der Zeilen des Vektors b sein.
Ist die Matrix $A = (a_{ik})_{(m,n)}$ mit dem Vektor $b \in V^n$ verkettbar, wird das Produkt $Ab = c$ in folgender Weise gebildet:

$$A \cdot b = \begin{pmatrix} a_{11} & a_{12} & \dots a_{1n} \\ a_{21} & a_{22} & \dots a_{2n} \\ \dots & & \\ a_{m1} & a_{m2} & \dots a_{mn} \end{pmatrix} \begin{pmatrix} b_1 \\ b_2 \\ \vdots \\ b_n \end{pmatrix} = \begin{pmatrix} c_1 \\ c_2 \\ \vdots \\ c_n \end{pmatrix} = c,$$

wobei

$$c_1 = a_{11}b_1 + a_{12}b_2 + \dots + a_{1n}b_n$$
$$c_2 = a_{21}b_1 + a_{22}b_2 + \dots + a_{2n}b_n$$
$$\dots$$
$$c_n = a_{m1}b_1 + a_{m2}b_2 + \dots + a_{mn}b_n$$

bzw. unter Verwendung des Summenzeichens

$$c_i = \sum_{j=1}^{n} a_{ij}b_j \quad \text{mit} \quad i = 1, 2, \dots, m$$

BEISPIEL 8/14

Gegeben seien die Matrix A und der Vektor b mit

$$A = \begin{pmatrix} 2 & 1 & 3 & 0 \\ 4 & 2 & -1 & 6 \\ 3 & 2 & 5 & 1 \end{pmatrix}, \qquad b = \begin{pmatrix} 1 \\ 3 \\ 4 \\ 2 \end{pmatrix}$$

Es soll das Produkt $A \cdot b = c$ gebildet werden.
A ist mit b verkettbar, da $\tau(A) = (3;\ 4)$ und $\tau(B) = (4;\ 1)$. Der Vektor c ist dann vom Typ $(3;\ 1)$.
Veranschaulichung der Verkettbarkeitsbedingung in Bild 8/3

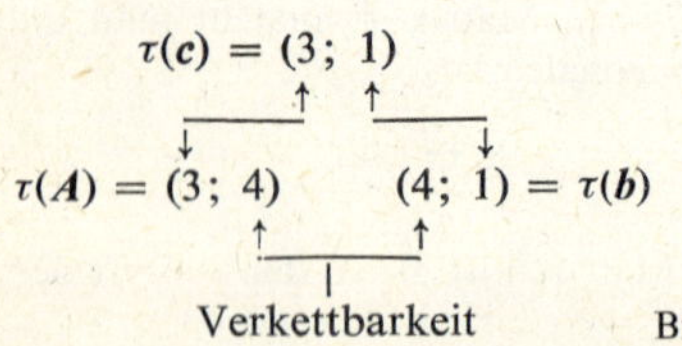

Bild 8/3

Nun werden die Elemente des Vektors $\boldsymbol{c}$ als Skalarprodukte (Produktsummen) der Zeilen der Matrix A mit den Elementen des Vektors $\boldsymbol{b}$ gebildet:

$$\boldsymbol{A} \cdot \boldsymbol{b} = \boldsymbol{c}$$

$$\begin{pmatrix} 2 & 1 & 3 & 0 \\ 4 & 2 & -1 & 6 \\ 3 & 2 & 5 & 1 \end{pmatrix} \begin{pmatrix} 1 \\ 3 \\ 4 \\ 2 \end{pmatrix} = \begin{pmatrix} c_1 \\ c_2 \\ c_3 \end{pmatrix}$$

Berechnung der Elemente des Vektors $\boldsymbol{c}$:

$c_1 = 2 \cdot 1 + 1 \cdot 3 + 3 \cdot 4 + 0 \cdot 2 = 17$

$c_2 = 4 \cdot 1 + 2 \cdot 3 + (-1) \cdot 4 + 6 \cdot 2 = 18$

$c_3 = 3 \cdot 1 + 2 \cdot 3 + 5 \cdot 4 + 1 \cdot 2 = 31$

Der Vektor $\boldsymbol{c}$ ist $\boldsymbol{c} = (17 \;\; 18 \;\; 31)^{\mathrm{T}}$.

8.5.2. Multiplikation zweier Matrizen

Die Multiplikation zweier Matrizen wird auf die Multiplikation einer Matrix mit einem Vektor zurückgeführt. Dazu ist es erforderlich, daß die Matrix $\boldsymbol{A}$ mit der Matrix $\boldsymbol{B}$ verkettbar ist.

Die Matrix $\boldsymbol{A}$ ist mit der Matrix $\boldsymbol{B}$ **verkettbar**, wenn die Anzahl der Spalten der Matrix $\boldsymbol{A}$ gleich der Anzahl der Zeilen der Matrix $\boldsymbol{B}$ ist.

Veranschaulichung der Verkettbarkeitsbedingung in Bild 8/4

$\tau(\boldsymbol{C}) = (m;\ q)$

$\tau(\boldsymbol{A}) = (m;\ n) \qquad (n;\ q) = \tau(\boldsymbol{B})$

Verkettbarkeit

Bild 8/4

BEISPIEL 8/15

Die Matrix $\boldsymbol{A} = \begin{pmatrix} 3 & 4 \\ 2 & 0 \\ 1 & 6 \end{pmatrix}$ ist mit der Matrix $\boldsymbol{B} = \begin{pmatrix} 2 & 4 & 1 & 8 \\ 6 & 5 & 0 & 2 \end{pmatrix}$ verkettbar, weil $\tau(\boldsymbol{A}) = (3;\ 2)$ und $\tau(\boldsymbol{B}) = (2;\ 4)$ sind.

Es ist jedoch die Matrix $\boldsymbol{B}$ mit der Matrix $\boldsymbol{A}$ nicht verkettbar, weil $\tau(\boldsymbol{B}) = (2;\ 4)$ und $\tau(\boldsymbol{A}) = (3;\ 2)$ sind.

Ist die Matrix $\boldsymbol{A}_{(m,n)}$ mit der Matrix $\boldsymbol{B}_{(n,q)}$ verkettbar, dann heißt die Matrix $\boldsymbol{C}_{(m,q)} = \boldsymbol{A} \cdot \boldsymbol{B}$ das **Produkt** der Matrizen $\boldsymbol{A}$, $\boldsymbol{B}$. Ihre Elemente c_{ik} werden durch das Skalarprodukt der i-ten Zeile von $\boldsymbol{A}$ mit der k-ten Spalte von $\boldsymbol{B}$ gebildet.

Für die Matrizenmultiplikation gilt also:

$$\boldsymbol{A} \cdot \boldsymbol{B} = \boldsymbol{C} \quad \text{mit} \quad c_{ik} = \boldsymbol{a}_i^{\mathrm{T}} \cdot \boldsymbol{b}_k = \sum_{j=1}^{n} a_{ij} b_{jk}, \quad i = 1, \ldots, m, \quad k = 1, \ldots, q$$

BEISPIEL 8/16

Gegeben seien die Matrizen $\boldsymbol{A}$, $\boldsymbol{B}$. Gesucht wird die Produktmatrix $\boldsymbol{C} = \boldsymbol{A} \cdot \boldsymbol{B}$.

$$\boldsymbol{A} = \begin{pmatrix} \boxed{3 \quad 7} \\ 2 \quad 4 \\ 1 \quad 5 \end{pmatrix}, \qquad \boldsymbol{B} = \begin{pmatrix} 4 & 3 & \boxed{\begin{matrix} 6 \\ 5 \end{matrix}} \\ 3 & 2 & \end{pmatrix}$$

Da $\tau(\boldsymbol{A}) = (3;\ 2)$ und $\tau(\boldsymbol{B}) = (2;\ 3)$ sind, sind die Matrizen $\boldsymbol{A}$, $\boldsymbol{B}$ in der geforderten Reihenfolge verkettbar. Die Matrix $\boldsymbol{C}$ ist dann vom Typ $\tau(\boldsymbol{C}) = (3;\ 3)$.

Die Elemente c_{ik} der Matrix $\boldsymbol{C}$ werden durch das Skalarprodukt der i-ten Zeile von $\boldsymbol{A}$ mit der k-ten Spalte von $\boldsymbol{B}$ berechnet, z. B. $c_{13} = 3 \cdot 6 + 7 \cdot 5 = 18 + 35 = 53$ (Umrahmung der Vektoren $\boldsymbol{a}_1^{\mathrm{T}}$ und $\boldsymbol{b}_3$ in den Matrizen $\boldsymbol{A}$ bzw. $\boldsymbol{B}$ und des Elements c_{13} in der Matrix $\boldsymbol{C}$).

Die Produktmatrix $\boldsymbol{C}$ ist

$$\boldsymbol{C} = \boldsymbol{A} \cdot \boldsymbol{B} = \begin{pmatrix} 33 & 23 & \boxed{53} \\ 20 & 14 & 32 \\ 19 & 13 & 31 \end{pmatrix}.$$

8.5.3. Gesetzmäßigkeiten der Multiplikation von Matrizen

(1) Ein **Kommutativgesetz** der Multiplikation von Matrizen ist **nicht** gültig.

Es gibt jedoch quadratische Matrizen $\boldsymbol{A}$, $\boldsymbol{B}$, für die $\boldsymbol{A} \cdot \boldsymbol{B} = \boldsymbol{B} \cdot \boldsymbol{A}$ gilt. Solche Matrizen heißen **vertauschbar.**

BEISPIEL 8/17

Die Matrizen $\boldsymbol{A} = \begin{pmatrix} 2 & 1 \\ -1 & 2 \end{pmatrix}$ und $\boldsymbol{B} = \begin{pmatrix} -1 & -3 \\ 3 & -1 \end{pmatrix}$ sind vertauschbar; denn

$$\boldsymbol{A} \cdot \boldsymbol{B} = \begin{pmatrix} 1 & -7 \\ 7 & 1 \end{pmatrix} \text{ und } \boldsymbol{B} \cdot \boldsymbol{A} = \begin{pmatrix} 1 & -7 \\ 7 & 1 \end{pmatrix}, \text{ also } \boldsymbol{A} \cdot \boldsymbol{B} = \boldsymbol{B} \cdot \boldsymbol{A}.$$

Jede quadratische Matrix und die Einheitsmatrix gleicher Ordnung bilden stets ein Paar vertauschbarer Matrizen. Da $\boldsymbol{A} \cdot \boldsymbol{E} = \boldsymbol{A}$ und $\boldsymbol{E} \cdot \boldsymbol{A} = \boldsymbol{A}$ ist, gilt $\boldsymbol{A} \cdot \boldsymbol{E} = \boldsymbol{E} \cdot \boldsymbol{A}$.

Sind $\boldsymbol{A}$ und $\boldsymbol{O}$ verkettbare Matrizen, so gilt stets $\boldsymbol{A} \cdot \boldsymbol{O} = \boldsymbol{O}$ und $\boldsymbol{O} \cdot \boldsymbol{A} = \boldsymbol{O}$, wobei gegebenenfalls die vorkommenden Nullmatrizen von unterschiedlichem Typ sein können.

Es gibt aber auch verkettbare Matrizen $\boldsymbol{A}$, $\boldsymbol{B}$, für die $\boldsymbol{A} \cdot \boldsymbol{B} = \boldsymbol{O}$ ist, wobei $\boldsymbol{A} \neq \boldsymbol{O}$ und $\boldsymbol{B} \neq \boldsymbol{O}$ sind. Solche Matrizen heißen **Nullteiler.**

BEISPIEL 8/18

Die Matrizen $\boldsymbol{A} = \begin{pmatrix} 1 & 2 \\ 2 & 4 \end{pmatrix}$ und $\boldsymbol{B} = \begin{pmatrix} 2 & -2 \\ -1 & 1 \end{pmatrix}$ sind Nullteiler, weil

$$\boldsymbol{A} \cdot \boldsymbol{B} = \begin{pmatrix} 1 & 2 \\ 2 & 4 \end{pmatrix} \begin{pmatrix} 2 & -2 \\ -1 & 1 \end{pmatrix} = \begin{pmatrix} 0 & 0 \\ 0 & 0 \end{pmatrix} = \boldsymbol{O} \text{ ist.}$$

(2) Es gelten folgende **Gesetze** der Multiplikation von Matrizen

Das **Assoziativgesetz:** Wenn A mit B und B mit C verkettbar sind, dann gilt $(A \cdot B) \cdot C = A \cdot (B \cdot C) = A \cdot B \cdot C$.

Die **Distributivgesetze:**

1. Wenn die Matrizen B, $C \in M_{(m,n)}$ und A mit B verkettbar ist, dann gilt $A \cdot (B + C) = A \cdot B + A \cdot C$.
2. Wenn die Matrizen A, $B \in M_{(m,n)}$ und A mit C verkettbar ist, dann gilt $(A + B) \cdot C = A \cdot C + B \cdot C$

Da die Matrizenmultiplikation nicht kommutativ ist, sind zwei Distributivgesetze erforderlich.

(3) Unter Anwendung des Assoziativgesetzes kann die **r-te Potenz** ($r \geqq 2$, $r \in \mathbf{N}$) der quadratischen Matrix A gebildet werden:

$$A^r = \underbrace{A \cdot A \cdot \ldots \cdot A}_{r \text{ Faktoren}}.$$

Ferner wird festgelegt: $A^1 = A$, $A^0 = E$.
Es gelten die Potenzgesetze:

$$A^r \cdot A^s = A^{r+s}$$

$$(A^r)^s = A^{r \cdot s}$$

BEISPIEL 8/19

Gegeben sei die Matrix $A = \begin{pmatrix} 1 & 2 \\ 3 & 0 \end{pmatrix}$.
Dann ist

$$A^2 = \begin{pmatrix} 1 & 2 \\ 3 & 0 \end{pmatrix} \begin{pmatrix} 1 & 2 \\ 3 & 0 \end{pmatrix} = \begin{pmatrix} 7 & 2 \\ 3 & 6 \end{pmatrix},$$

$$A^3 = A^2 \cdot A = \begin{pmatrix} 7 & 2 \\ 3 & 6 \end{pmatrix} \begin{pmatrix} 1 & 2 \\ 3 & 0 \end{pmatrix} = \begin{pmatrix} 13 & 14 \\ 21 & 6 \end{pmatrix},$$

$$A^6 = (A^3)^2 = \begin{pmatrix} 13 & 14 \\ 21 & 6 \end{pmatrix} \begin{pmatrix} 13 & 14 \\ 21 & 6 \end{pmatrix} = \begin{pmatrix} 463 & 266 \\ 399 & 330 \end{pmatrix}$$

8.5.4. Der Ring der quadratischen Matrizen gleicher Ordnung

Da in der Menge der quadratischen Matrizen gleicher Ordnung die Operationen »Addition« und »Multiplikation« erklärt sind, diese Menge bezüglich der Addition eine ABELsche Gruppe ist, das Assoziativgesetz der Multiplikation und die Distributivgesetze gültig sind, bildet diese Menge einen **Ring** (↗ 2.7.1.), der nicht kommutativ ist. Er besitzt Nullteiler. Die Einheitsmatrix ist neutrales Element der Multiplikation.

8.6. Der Gaußsche Algorithmus zur Lösung linearer Gleichungssysteme

8.6.1. Der Gaußsche Algorithmus für ein System von drei Gleichungen mit drei Variablen

Bei der Lösung eines linearen Gleichungssystems von n Gleichungen mit n Variablen, in Matrizenschreibweise

$$\boldsymbol{Ax} = \boldsymbol{s} \quad \text{mit} \quad A \in M_{(n,n)},\ a_{ik} \in \mathbf{R},\quad \boldsymbol{s} \in V^n,\ \boldsymbol{x} \in V^n$$

bzw. in **allgemeiner Form**

(A)
$$\begin{aligned} a_{11}\ x_1 + a_{12}\ x_2 + \ldots + a_{1n}\ x_n &= s_1 \quad (a_{11} \neq 0) \\ a_{21}\ x_1 + a_{22}\ x_2 + \ldots + a_{2n}\ x_n &= s_2 \\ \ldots \\ a_{n1}\ x_1 + a_{n2}\ x_2 + \ldots + a_{nn}\ x_n &= s_n \end{aligned}$$

wird mit Hilfe der Eliminationsmethode bzw. durch Bildung von Linearkombinationen der Gleichung die Anzahl der Variablen verringert, bis nur noch eine Gleichung mit einer Variablen übrigbleibt.
Faßt man die dabei entstehenden ersten Gleichungen von »Zwischengleichungssystemen« zu einem neuen Gleichungssystem zusammen, so hat dieses neue System eine gestaffelte Form, **Normalform** genannt:

(B)
$$\begin{aligned} b_{11}\ x_1 + b_{12}\ x_2 + \ldots + b_{1n}\ x_n &= t_1 \\ b_{22}\ x_2 + \ldots + b_{2n}\ x_n &= t_2 \\ \ldots \\ b_{nn}\ x_n &= t_n, \end{aligned}$$

bzw. in Matrizenschreibweise $\boldsymbol{B} \cdot \boldsymbol{x} = \boldsymbol{t}$.

Die Gleichungssysteme (A) und (B) sind bezüglich eines Variablengrundbereichs **zueinander äquivalent**, denn sie haben die gleiche Lösungsmenge.
Zur Transformation eines linearen Gleichungssystems aus der allgemeinen Form in die Normalform und zum Ermitteln der Lösung aus der Normalform wird eine Rechenvorschrift angegeben, die **Gaußscher Algorithmus** genannt wird.
Beim GAUSSschen Algorithmus (zum Begriff »Algorithmus« ↗ 12.1.1.) werden Linearkombinationen gebildet, indem die erste Gleichung des Systems mit einem Faktor, dem Eliminationskoeffizienten, multipliziert und anschließend zu einer anderen Gleichung dieses Systems addiert wird. Zur Bildung der Eliminationskoeffizienten ist es erforderlich, daß $a_{11} \neq 0$ ist. Sollte $a_{11} = 0$ sein, dann sind die Gleichungen des Systems so anzuordnen, daß der Koeffizient von x_1 in der ersten Gleichung des Systems von Null verschieden ist.
Der GAUSSsche Algorithmus besteht aus folgenden **Schritten:**

1. Festlegen der Eliminationsgleichung. Das ist im allgemeinen die erste Gleichung, wenn $a_{11} \neq 0$ ist.

2. Elimination der Variablen x_1 aus sämtlichen Gleichungen durch Bildung von Linearkombinationen (Multiplikation der Gleichung (I) mit dem Eliminationskoeffizienten c_{i1} und anschließende Addition zur i-ten Gleichung). Dadurch entsteht das erste Zwischengleichungssystem mit $(n-1)$ Gleichungen und $(n-1)$ Variablen.
3. Elimination der weiteren Variablen $x_2, x_3, \ldots, x_{n-1}$ aus den vorangehenden Zwischengleichungssystemen, bis nur noch eine Gleichung mit der Variablen x_n verbleibt.
4. Zusammenfassung der ersten Gleichungen eines jeden Zwischengleichungssystems zur Normalform des linearen Gleichungssystems.
5. Auflösen der Normalform des Gleichungssystems nach den Variablen $x_n, x_{n-1}, \ldots, x_2, x_1$ durch rückläufiges Einsetzen der bereits ermittelten Elemente des Lösungsvektors in die jeweils vorangehende Gleichung.

Gaußscher Algorithmus für ein System von drei linearen Gleichungen mit drei Variablen

Allgemeine Form:

$$
\begin{array}{ll}
\text{(I)} & a_{11}\,x_1 + a_{12}\,x_2 + a_{13}\,x_3 = s_1 \\
\text{(II)} & a_{21}\,x_1 + a_{22}\,x_2 + a_{23}\,x_3 = s_2 \\
\text{(III)} & a_{31}\,x_1 + a_{32}\,x_2 + a_{33}\,x_3 = s_3
\end{array}
$$

Umformung in die Normalform durch zwei Eliminationsstufen:

1. Eliminationsstufe (Elimination von x_1):

Es werden zwei Linearkombinationen gebildet:

– Multiplikation der Gleichung (I) mit dem Eliminationskoeffizienten $c_{21} = \dfrac{a_{21}}{-a_{11}}$ und anschließende Addition dieser Gleichung und Gleichung (II)
– Multiplikation der Gleichung (I) mit dem Eliminationskoeffizienten $c_{31} = \dfrac{a_{31}}{-a_{11}}$ und anschließende Addition dieser Gleichung und Gleichung (III).

Im einzelnen

$$
\begin{array}{r}
\dfrac{a_{21}}{-a_{11}}\,a_{11}x_1 + \dfrac{a_{21}}{-a_{11}}\,a_{12}x_2 + \dfrac{a_{21}}{-a_{11}}\,a_{13}x_3 = \dfrac{a_{21}}{-a_{11}}\,s_1 \\
a_{21}x_1 + \qquad a_{22}x_2 + \qquad a_{23}x_3 = s_2 \\
\hline
\text{(II')}\quad \left(-\dfrac{a_{21}}{a_{11}}\,a_{12} + a_{22}\right)x_2 \\
+ \left(-\dfrac{a_{21}}{a_{11}}\,a_{13} + a_{23}\right)x_3 = -\dfrac{a_{21}}{a_{11}}\,s_1 + s_2
\end{array}
$$

Dafür schreibt man abkürzend

$$a'_{22}x_2 + a'_{23}x_3 = s'_2.$$

bzw.

$$\begin{array}{r}
\dfrac{a_{31}}{-a_{11}}a_{11}x_1 + \dfrac{a_{31}}{-a_{11}}a_{12}x_2 + \dfrac{a_{31}}{-a_{11}}a_{13}x_3 = \dfrac{a_{31}}{-a_{11}}s_1 \\
a_{31}x_1 + \qquad a_{32}x_2 + \qquad a_{33}x_3 = s_3 \\
\hline
\text{(III')} \quad \left(-\dfrac{a_{31}}{a_{11}}a_{12} + a_{32}\right)x_2 \\
+ \left(-\dfrac{a_{31}}{a_{11}}a_{13} + a_{33}\right)x_3 = -\dfrac{a_{31}}{a_{11}}s_1 + s_3
\end{array}$$

Dafür schreibt man abkürzend

$$a'_{32}x_2 + a'_{33}x_3 = s'_3.$$

Es ist folgendes Zwischengleichungssystem entstanden

$$\begin{array}{ll}
\text{(II')} & a'_{22}x_2 + a'_{23}x_3 = s'_2 \\
\text{(III')} & a'_{32}x_2 + a'_{33}x_3 = s'_3.
\end{array}$$

2. Eliminationsstufe (Elimination von x_2):

Es wird folgende Linearkombination gebildet:

- Multiplikation der Gleichung (II′) mit dem Eliminationskoeffizienten $c_{32} = \dfrac{a'_{32}}{-a'_{22}}$ und anschließende Addition dieser Gleichung und Gleichung (III′).

Im einzelnen

$$\begin{array}{r}
\dfrac{a'_{32}}{-a'_{22}}a'_{22}x_2 + \dfrac{a'_{32}}{-a'_{22}}a'_{23}x_3 = \dfrac{a'_{32}}{-a'_{22}}s'_2 \\
a'_{32}x_2 + \qquad a'_{33}x_3 = s'_3 \\
\hline
\text{(III'')} \quad \left(-\dfrac{a'_{32}}{a'_{22}}a'_{23} + a'_{33}\right)x_3 = -\dfrac{a'_{32}}{a'_{22}}s'_2 + s'_3
\end{array}$$

Dafür schreibt man abkürzend

$$a''_{33}x_3 = s''_3.$$

Die Normalform eines linearen Gleichungssystems erhält man durch Zusammenfassung der jeweils ersten Gleichungen des Gleichungssystems in allgemeiner Form und der Zwischengleichungssysteme zu einem neuen Gleichungssystem:

$$\begin{array}{r}
a_{11}x_1 + a_{12}x_2 + a_{13}x_3 = s_1 \\
a'_{22}x_2 + a'_{23}x_3 = s'_2 \\
a''_{33}x_3 = s''_3
\end{array}$$

Werden die Koeffizienten dieses Gleichungssystems in Normalform mit b_{ik} und die Absolutglieder mit t_i bezeichnet, so erhält man

$$\begin{aligned} b_{11}x_1 + b_{12}x_2 + b_{13}x_3 &= t_1 \\ b_{22}x_2 + b_{23}x_3 &= t_2 \\ b_{33}x_3 &= t_3. \end{aligned}$$

Die Lösung der Normalform des Gleichungssystems erfolgt durch Ermitteln von x_3 aus der letzten Gleichung dieses Systems und rückläufiges Einsetzen der bereits bestimmten Elemente des Lösungsvektors in die jeweils vorangehende Gleichung.

BEISPIEL 8/20

Das lineare Gleichungssystem

$$\begin{aligned} &(\text{I}) & x_1 + 2x_2 + 3x_3 &= 4 \\ &(\text{II}) & 2x_1 + 3x_2 - 2x_3 &= 1 \\ &(\text{III}) & 3x_1 - 4x_2 - 5x_3 &= 8 \end{aligned}$$

ist mit Hilfe des Gaussschen Algorithmus zu lösen.

1. Eliminationsstufe

$$c_{21} = \frac{a_{21}}{-a_{11}} = \frac{2}{-1} = -2$$

$$\begin{aligned} -2x_1 - 4x_2 - 6x_3 &= -8 \\ 2x_1 + 3x_2 - 2x_3 &= 1 \\ \hline (\text{II}') \qquad - x_2 - 8x_3 &= -7 \end{aligned}$$

$$c_{31} = \frac{a_{31}}{-a_{11}} = \frac{3}{-1} = -3$$

$$\begin{aligned} -3x_1 - 6x_2 - 9x_3 &= -12 \\ 3x_1 - 4x_2 - 5x_3 &= 8 \\ \hline (\text{III}') \qquad -10x_2 - 14x_3 &= -4 \end{aligned}$$

Zwischengleichungssystem

$$\begin{aligned} &(\text{II}') & - x_2 - 8x_3 &= -7 \\ &(\text{III}') & -10x_2 - 14x_3 &= -4 \end{aligned}$$

2. Eliminationsstufe

$$c_{32} = \frac{a'_{32}}{-a'_{22}} = \frac{-10}{1} = -10$$

$$\begin{aligned} 10x_2 + 80x_3 &= 70 \\ -10x_2 - 14x_3 &= -4 \\ \hline (\text{III}') \qquad 66x_3 &= 66 \end{aligned}$$

Normalform des linearen Gleichungssystems

$$\begin{aligned} &(\text{I}) & x_1 + 2x_2 + 3x_3 &= 4 \\ &(\text{II}') & - x_2 - 8x_3 &= -7 \\ &(\text{III}'') & 66x_3 &= 66 \end{aligned}$$

Bei der Lösung der Normalform des Gleichungssystems erhält man aus

(III″) $x_3 = 1,$

(II′) $-x_2 - 8 = -7$ bzw. $x_2 = -1$

(I) $x_1 - 2 + 3 = 4$ bzw. $x_1 = 3.$

Das geordnete Tripel (3; −1; 1) ist Lösung des gegebenen Gleichungssystems. Angabe des Lösungsvektors: $\boldsymbol{x} = (3;\ -1;\ 1)^T$, die Lösungsmenge ist

$$L = \{(3;\ -1;\ 1)^T\}.$$

8.6.2. Verkettete Form des Gaußschen Algorithmus

Da der Aufwand an Schreibarbeit beim Lösen linearer Gleichungssysteme mit Hilfe des Gaussschen Algorithmus durch das Niederschreiben der Zwischengleichungssysteme noch beträchtlich groß ist, wird die verkettete Form des Gaussschen Algorithmus nach Banachiewicz eingeführt. Sie beruht auf der Zerlegung einer quadratischen Koeffizientenmatrix $\boldsymbol{A}$ in eine obere Dreiecksmatrix $\boldsymbol{B}$ (Koeffizientenmatrix der Normalform des linearen Gleichungssystems) und eine untere Dreiecksmatrix $\boldsymbol{C}$ (Matrix der Eliminationskoeffizienten).
Die Matrizen werden untereinander angeordnet, die Elemente der Matrizen $\boldsymbol{B}$ und $\boldsymbol{C}$ durch einen Linienzug voneinander getrennt. Die Vektoren der Absolutglieder schließen sich rechts an, außerdem wird eine Kontrollspalte zur Überprüfung der Rechnung angefügt (Bild 8/5).

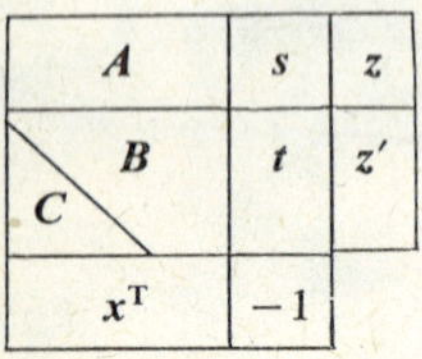

Bild 8/5

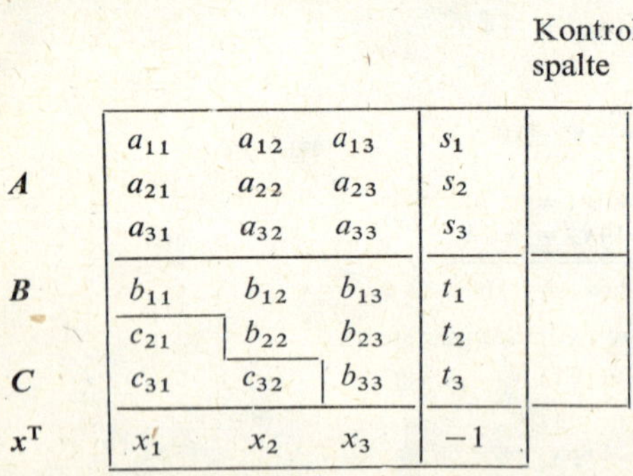

Bild 8/6

In Bild 8/6 wird ein Tableau für die Lösung eines Systems von drei linearen Gleichungen mit drei Variablen angegeben.

Schrittfolge für den verketteten Algorithmus

Es sei $a_{11} \neq 0$.

1. Berechnung der Elemente der Matrizen $\boldsymbol{C}$ und $\boldsymbol{B}$ sowie des Vektors $\boldsymbol{t}$:

1.1. Die erste Zeile der Matrix $\boldsymbol{A}$ wird in die **erste Zeile** der Matrix $\boldsymbol{B}$ übernommen: $a_{1k} = b_{1k}$ für $k = 1, \ldots, n$.

1.2. Berechnung der Elemente der **ersten Spalte** der Matrix $\boldsymbol{C}$ der Eliminationskoeffizienten:

$$c_{i1} = \frac{a_{i1}}{-b_{11}} \quad \text{für } i = 2, \ldots, n.$$

1.3. Berechnung der Elemente der Matrix $\boldsymbol{B}$:

2. Zeile der Matrix $\boldsymbol{B}$ in Bild 8/6:

$$b_{22} = c_{21}b_{12} + a_{22}; \qquad b_{23} = c_{21}b_{13} + a_{23}$$

allgemein:

$$b_{ik} = a_{ik} + \sum_{j=1}^{i-1} c_{ij}b_{jk} \quad \text{für } i = 2, \ldots, n \text{ und } k = i, \ldots, n$$

(Skalarprodukt aus der i-ten Zeile von $\boldsymbol{C}$ und der k-ten Spalte von $\boldsymbol{B}$, plus Element a_{ik})

1.4. Berechnung der Eliminationskoeffizienten c_{ik}: Element c_{32} der Matrix $\boldsymbol{C}$ in Bild 8/6:

$$c_{32} = \frac{c_{31}b_{12} + a_{32}}{-b_{22}}$$

allgemein:

$$c_{ik} = \frac{a_{ik} + \sum_{j=1}^{k-1} c_{ij}b_{jk}}{-b_{kk}} \quad \text{für } i = 3, \ldots, n \quad \text{und} \quad k = 2, \ldots, i-1$$

(Skalarprodukt aus der i-ten Zeile von $\boldsymbol{C}$ und der k-ten Spalte von $\boldsymbol{B}$, plus Element a_{ik}, dividiert durch das negative Diagonalelement b_{kk} von $\boldsymbol{B}$)

1.5. Berechnung der Elemente des Vektors $\boldsymbol{t}$:

Analog zur Berechnung der Elemente der Matrix $\boldsymbol{B}$
allgemein:

$$t_i = s_i + \sum_{j=1}^{i-1} c_{ij}s_j \quad \text{für } i = 1, \ldots, n.$$

2. Berechnung der Elemente des Lösungsvektors $\boldsymbol{x}$:

Die Berechnung erfolgt rückläufig, beginnend mit x_n:

In Bild 8/6 erhält man

$$x_3 = \frac{(-1)\, t_3}{-b_{33}}$$

und daraus

$$x_2 = \frac{(-1)\, t_2 + x_3 b_{23}}{-b_{22}},$$

$$x_1 = \frac{(-1)\, t_1 + x_3 b_{13} + x_2 b_{12}}{-b_{11}}$$

allgemein:

$$x_n = \frac{(-1)\, t_n}{-b_{nn}}$$

und damit

$$x_{n-p} = \frac{(-1)\, t_{n-p} + \sum\limits_{q=0}^{n-2} x_{n-q} b_{n-p,n-q}}{-b_{n-p,n-p}}$$

$$\text{für} \quad p = 1, \ldots, n-1$$

3. Rechenkontrolle

Die Elemente der Kontrollspalte werden auf zwei verschiedenen Wegen berechnet und miteinander verglichen:

3.1. Man bildet das Skalarprodukt aus den Eliminationskoeffizienten einer Zeile und den Elementen der Kontrollspalte, plus entsprechendes Element des Vektors $\boldsymbol{z}$ (analog zu 1.5.).

3.2. Man bildet die Summe der Elemente einer Zeile der Matrix $\boldsymbol{B}$ (einschließlich der Absolutglieder).

3.3. Vergleich der in 3.1. und 3.2. berechneten Elemente der Kontrollspalte.

BEISPIEL 8/21

Das im Beispiel 8/20 behandelte Gleichungssystem ist mit Hilfe des verketteten Algorithmus (einschließlich Rechenkontrolle) zu lösen.

(I) $\quad x_1 + 2x_2 + 3x_3 = 4$

(II) $\quad 2x_1 + 3x_2 - 2x_3 = 1$

(III) $\quad 3x_1 - 4x_2 - 5x_3 = 8$

Lösung in folgendem Tableau (Bild 8/7)

	A			s	z	
	1	2	3	4	10	
	2	3	−2	1	4	
	3	−4	−5	8	2	
B	1	2	3	4	10	
C	−2	−1	−8	−7	−16	z'
	−3	−10	66	66	132	
x^T	3	−1	1	−1		

Bild 8/7

Der Lösungsvektor ist $\boldsymbol{x} = (3;\ -1;\ 1)^T$

Erläuterung der Rechnungen:

Es wird jede Zeilensumme der Systemmatrix $(\boldsymbol{A}, \boldsymbol{s})$ gebildet. Die erste Zeile der Matrix $\boldsymbol{A}$ $(a_{11} \neq 0)$ wird als erste Zeile der Matrix $\boldsymbol{B}$ übernommen.
Berechnung von c_{21}, c_{31}:

$$c_{21} = \frac{2}{-1} = -2, \qquad c_{31} = \frac{3}{-1} = -3$$

Berechnung der Elemente der 2. Zeile der Matrix $\boldsymbol{B}$, des Elements t_2 und des Elements z'_2 der Kontrollspalte:

$$b_{22} = (-2) \cdot 2 + 3 = -4 + 3 = -1$$
$$b_{23} = (-2) \cdot 3 - 2 = -6 - 2 = -8$$
$$t_2 = (-2) \cdot 4 + 1 = -8 + 1 = -7$$
$$z'_2 = (-2) \cdot 10 + 4 = -20 + 4 = -16$$

Kontrolle: Vergleich von z'_2 mit der Zeilensumme der 2. Zeile der Systemmatrix $(\boldsymbol{B}, \boldsymbol{t})$: $z'_2 = -1 - 8 - 7 = -16$ (Übereinstimmung).
Hinweis: Um zu vermeiden, daß mit Fehlern behaftete Elemente in der weiteren Rechnung verwendet werden, ist diese Überprüfung nach der Berechnung der Elemente jeder Zeile durchzuführen.
Berechnung des Elements c_{32}:

$$c_{32} = \frac{(-3) \cdot 2 - 4}{-(-1)} = \frac{-6 - 4}{1} = -10$$

Berechnung von b_{33}, t_3, z'_3:

$$b_{33} = (-3) \cdot 3 + (-10) \cdot (-8) - 5 = -9 + 80 - 5 = 66$$
$$t_3 = (-3) \cdot 4 + (-10) \cdot (-7) + 8 = -12 + 70 + 8 = 66$$
$$z'_3 = (-3) \cdot 10 + (-10) \cdot (-16) + 2 = -30 + 160 + 2 = 132$$

Kontrolle: Vergleich von z'_3 mit der Zeilensumme der 3. Zeile der Systemmatrix $(\boldsymbol{B}, \boldsymbol{t})$: $z'_3 = 66 + 66 = 132$ (Übereinstimmung).

8.6.3. Rang einer Matrix, Lösbarkeit linearer Gleichungssysteme

(1) Ein lineares Gleichungssystem der Form $\boldsymbol{Ax} = \boldsymbol{s}$ mit $\boldsymbol{s} \neq \boldsymbol{o}$ heißt *inhomogen*, mit $\boldsymbol{s} = \boldsymbol{o}$ *homogen*.
(2) Der **Rang einer Matrix** $\boldsymbol{A}$ mit $\boldsymbol{A} \neq \boldsymbol{O}$ ist die maximale Anzahl linear unabhängiger Spaltenvektoren (↗ 7.3.1.). Er wird mit $\mathrm{Rg}(\boldsymbol{A})$ bezeichnet. Der Rang einer Matrix ändert sich nicht, wenn

- zwei Zeilen bzw. Spalten miteinander vertauscht werden,
- eine Zeile bzw. eine Spalte mit einer reellen Zahl $\lambda \neq 0$ multipliziert wird,
- ein beliebiges Vielfaches einer Zeile zu einer anderen Zeile bzw. ein Vielfaches einer Spalte zu einer anderen Spalte addiert wird [↗ 4.7.2.(2)]

Der Rang einer Matrix kann mit Hilfe des verketteten Algorithmus bestimmt werden.

BEISPIEL 8/22

a) Die Matrix $\boldsymbol{A} = \begin{pmatrix} 1 & 2 & 3 \\ 2 & 3 & -2 \\ 3 & -4 & -5 \end{pmatrix}$ hat den Rang $\mathrm{Rg}(\boldsymbol{A}) = 3$, denn mit Hilfe des verketteten Algorithmus erhält man $b_{33} \neq 0$, d. h., es gibt drei linear unabhängige Spalten- bzw. drei linear unabhängige Zeilenvektoren (Bild 8/8).

A	1	2	3
	2	3	−2
	3	−4	−5
B	1	2	3
C	−2	−1	−8
	−3	−10	66

Bild 8/8

A	1	2	3
	2	3	−2
	3	5	1
B	1	2	3
C	−2	−1	−8
	−3	−1	0

Bild 8/9

b) Die Matrix $\boldsymbol{A} = \begin{pmatrix} 1 & 2 & 3 \\ 2 & 3 & -2 \\ 3 & 5 & 1 \end{pmatrix}$ hat den Rang $\mathrm{Rg}(\boldsymbol{A}) = 2$, denn das Element $b_{33} = 0$, d. h., es gibt nur zwei linear unabhängige Spaltenvektoren bzw. zwei linear unabhängige Zeilenvektoren. Der dritte Zeilenvektor ist eine Linearkombination des ersten und des zweiten Zeilenvektors (Bild 8/9).

(3) Ein **inhomogenes lineares Gleichungssystem** $\boldsymbol{Ax} = \boldsymbol{s}$ ist genau dann **lösbar,** wenn der Rang der Koeffizientenmatrix mit dem Rang der Systemmatrix übereinstimmt: $\mathrm{Rg}(\boldsymbol{A}) = \mathrm{Rg}(\boldsymbol{A}, \boldsymbol{s}) = r$. Dieses Gleichungssystem ist **eindeutig lösbar** genau dann, wenn $\mathrm{Rg}(\boldsymbol{A}) = \mathrm{Rg}(\boldsymbol{A}, \boldsymbol{s})$

$= r = n$ ist, n ist die Anzahl der Variablen. Ist die Anzahl m der Gleichungen größer als der Rang r, gilt also $m > r$, so gibt es $(m - r)$ **überzählige Gleichungen.** Ist die Anzahl n der Variablen größer als der Rang r, gilt also $n > r$, so ist die Lösungsmannigfaltigkeit $(n - r)$fach, d. h., es gibt $(n - r)$ **freie Parameter.**

BEISPIEL 8/23

a) In dem Gleichungssystem

$$\begin{aligned} x_1 + 2x_2 + 3x_3 &= 4 \\ 2x_1 + 3x_2 - 2x_3 &= 1 \\ 3x_1 - 4x_2 - 5x_3 &= 8 \end{aligned}$$

(↗ Beispiel 8/21) haben die Koeffizientenmatrix A und die Systemmatrix (A, s) den gleichen Rang, der mit der Anzahl n der Variablen übereinstimmt:

$\mathrm{Rg}(A) = \mathrm{Rg}(\boldsymbol{A}, \boldsymbol{s}) = \boldsymbol{r} = 3 = \boldsymbol{n}.$

Das Gleichungssystem ist eindeutig lösbar.

b) In dem Gleichungssystem

$$\begin{aligned} x_1 + 2x_2 + 3x_3 &= 4 \\ 2x_1 + 3x_2 - 2x_3 &= 1 \\ 3x_1 - 4x_2 - 5x_3 &= 8 \\ 4x_1 - 2x_2 - 2x_3 &= 12 \end{aligned}$$

ist die Anzahl m der Gleichungen größer als der Rang $r = 3$, also $m > r$. Es gibt eine überzählige Gleichung: Die vierte Gleichung ist eine Linearkombination der ersten und der dritten Gleichung.

c) In dem Gleichungssystem

$$\begin{aligned} x_1 + 2x_2 + 3x_3 &= 4 \\ 2x_1 + 3x_2 - 2x_3 &= 1 \\ 3x_1 + 5x_2 + x_3 &= 5 \end{aligned}$$

haben die Koeffizientenmatrix A und die Systemmatrix (A, s) den gleichen Rang, $\mathrm{Rg}(A) = \mathrm{Rg}(A, s) = r = 2$, denn $b_{33} = 0$ und $t_3 = 0$ (Bild 8/10). Die dritte Gleichung ist eine Linearkombination der ersten und der zweiten Gleichung.

1	2	3	4
2	3	−2	1
3	5	1	5
1	2	3	4
−2	−1	−8	−7
−3	−1	0	0

Bild 8/10

Die Anzahl n der Variablen ist größer als der Rang $r = 2$. Somit gibt es einen freien Parameter, d. h., eine Variable, z. B. x_3, kann beliebig vorgegeben werden. Wählt man $x_3 = 1$, so sind $x_2 = -1$ und $x_1 = 3$. Da man für x_3 jede beliebige reelle Zahl einsetzen kann, ist die Lösungsmenge unendlich.

(4) **Homogene lineare Gleichungssysteme** $\boldsymbol{A}\boldsymbol{x} = \boldsymbol{o}$ haben im Falle der Übereinstimmung von Rang r der Koeffizientenmatrix $\boldsymbol{A}$ und Anzahl n der Variablen nur die triviale Lösung $\boldsymbol{x} = \boldsymbol{o}$.
Ist die Anzahl n der Variablen größer als der Rang r der Koeffizientenmatrix $\boldsymbol{A}$, dann besteht lineare Abhängigkeit zwischen den Zeilenvektoren der Koeffizientenmatrix. Die Lösungsmannigfaltigkeit ist $(n - r)$-fach.

BEISPIEL 8/24

a) Das homogene lineare Gleichungssystem

$$\begin{aligned} x_1 + 2x_2 + 3x_3 &= 0 \\ 2x_1 + 3x_2 - 2x_3 &= 0 \\ 3x_1 - 4x_2 - 5x_3 &= 0 \end{aligned}$$

(vergleiche Beispiel 8/22a) hat wegen $r = n = 3$ nur die triviale Lösung $x_1 = 0, x_2 = 0, x_3 = 0$, d. h., $\boldsymbol{x} = \boldsymbol{o}$.

b) Der Rang der Koeffizientenmatrix $\boldsymbol{A}$ des homogenen linearen Gleichungssystems

$$\begin{aligned} x_1 + 2x_2 + 3x_3 &= 0 \\ 2x_1 + 3x_2 - 2x_3 &= 0 \\ 3x_1 + 5x_2 + x_3 &= 0 \end{aligned}$$

ist $r = 2$ (vergleiche Beispiel 8/22b); also gilt $n > r$. Es gibt einen freien Parameter. Wählt man $x_3 = 1$, so sind $x_2 = -8$ und $x_1 = 13$.
Da man für x_3 jede beliebige reelle Zahl einsetzen kann, gibt es unendlich viele nichttriviale Lösungen. Für $x_3 = 0$ erhält man die triviale Lösung $\boldsymbol{x} = \boldsymbol{o}$.

8.6.4. Die Determinante einer quadratischen Matrix, reguläre Matrizen

(1) Jeder quadratischen Matrix $\boldsymbol{A}$ kann eine reelle Zahl $\det \boldsymbol{A}$, die **Determinante** der Matrix $\boldsymbol{A}$ genannt, zugeordnet werden. Weiteres über Determinanten in Abschnitt 8.8.
Mit Hilfe des verketteten Algorithmus kann die Determinante einer Matrix $\boldsymbol{A}$ berechnet werden.
Die Determinante der Matrix $\boldsymbol{A}$ mit

$$\boldsymbol{A} = \begin{pmatrix} a_{11} & a_{12} & \dots & a_{1n} \\ a_{21} & a_{22} & \dots & a_{2n} \\ \dots & & & \\ a_{n1} & a_{n2} & \dots & a_{nn} \end{pmatrix}$$

wird mit

$$\det A = \begin{vmatrix} a_{11} & a_{12} & \dots & a_{1n} \\ a_{21} & a_{22} & \dots & a_{2n} \\ \dots & & & \\ a_{n1} & a_{n2} & \dots & a_{nn} \end{vmatrix}$$

bezeichnet.

Da bei der Umwandlung der Koeffizientendeterminante det A in die Determinante det B der Normalform Linearkombinationen der Zeilen gebildet werden, ändert sich auf Grund der Determinantengesetze (↗ 8.8.2.) der Wert der Determinante nicht, und es gilt:

$$\det A = \det B = b_{11} \cdot b_{22} \cdot \dots \cdot b_{nn} = \prod_{i=1}^{n} b_{ii}.$$

BEISPIEL 8/25

Gegeben sei die Matrix A mit $A = \begin{pmatrix} 1 & 2 & 3 \\ 2 & 3 & -2 \\ 3 & -4 & -5 \end{pmatrix}$.
Gesucht wird det A.

Anwendung des verketteten Algorithmus in Bild 8/11 (vergleiche Bild 8/8)

	1	2	3
A	2	3	−2
	3	−4	−5
B	1	2	3
C	−2	−1	−8
	−3	−10	66

Bild 8/11

Es gilt $\det A = \det B = b_{11} \cdot b_{22} \cdot b_{33} = -66$.

(2) Eine quadratische Matrix A heißt **regulär**, wenn $\det A \neq 0$ ist; sie heißt **singulär**, wenn $\det A = 0$ ist.
Eine quadratische Matrix ist dann regulär, wenn das System ihrer Zeilenvektoren und das System ihrer Spaltenvektoren linear unabhängig ist.

8.6.5. Die Inverse einer quadratischen Matrix

Es seien n lineare Gleichungssysteme gegeben:

$$Ax_1 = e_1, \qquad Ax_2 = e_2, \dots Ax_n = e_n,$$

wobei $e_1, e_2, \dots, e_n$ Einheitsvektoren des Vektorraums V^n sind. A sei regulär. Diese Gleichungssysteme können zu einer Matrizengleichung der Form $AX = E$ zusammengefaßt werden.

Es gibt genau eine Matrix X, die die Gleichung $A,X = E$ erfüllt. Diese Matrix X heißt die zu A **inverse Matrix** (oder die **Inverse** der Matrix A) und wird mit A^{-1} bezeichnet.
Es gilt $AA^{-1} = A^{-1}A = E$.
Berechnung der inversen Matrix einer Matrix A mit Hilfe des verketteten Algorithmus in Bild 8/12

A	E	z
B / C	O / T	z'
$(A^{-1})^T$	$-E$	

Bild 8/12

BEISPIEL 8/26

Gegeben sei die Matrix A mit $A = \begin{pmatrix} 1 & -2 & 1 \\ 0 & 1 & 2 \\ 1 & -1 & 2 \end{pmatrix}$.

Gesucht wird die zu A inverse Matrix A^{-1}.
Lösung mit Hilfe des verketteten Algorithmus in Bild 8/13

					E			
	1	−2	1	1	0	0	1	
A	0	1	2	0	1	0	4	z
	1	−1	2	0	0	1	3	
B	1	−2	1	1	0	0	1	
	0	1	2	0	1	0	4	z'
C	−1	−1	−1	−1	−1	1	−2	
	−4	−2	1	−1	0	0		
$(A^{-1})^T$	−3	−1	1	0	−1	0	$-E$	
	5	2	−1	0	0	−1		

Bild 8/13

Dabei ist zu beachten, daß die inverse Matrix in ihrer transponierten Form entsteht. Es ist

$$A^{-1} = \begin{pmatrix} -4 & -3 & 5 \\ -2 & -1 & 2 \\ 1 & 1 & -1 \end{pmatrix}.$$

In der Menge der regulären Matrizen n-ter Ordnung ist die **Multiplikation umkehrbar.** Es gelten folgende Gesetze:

$$(A^{-1})^{-1} = A \quad \text{und} \quad (AB)^{-1} = B^{-1}A^{-1}.$$

8.6.6. Die Gruppe der regulären Matrizen

Die Menge $M_{(n,n)}$ aller n-reihigen regulären Matrizen, deren Elemente reelle Zahlen sind, hat folgende **Eigenschaften:**

1. Das Produkt zweier Matrizen aus $M_{(n,n)}$ ist wieder eine Matrix aus $M_{(n,n)}$.
2. Es gilt das Assoziationsgesetz der Multiplikation.
3. Die Menge $M_{(n,n)}$ enthält die Einheitsmatrix $\boldsymbol{E}$ mit der Eigenschaft $\boldsymbol{EA} = \boldsymbol{AE} = \boldsymbol{A}$ für jede Matrix $\boldsymbol{A} \in M_{(n,n)}$.
   $\boldsymbol{E}$ ist das neutrale Element der Matrizenmultiplikation.
4. Zu jeder Matrix $\boldsymbol{A} \in M_{(n,n)}$ existiert in $M_{(n,n)}$ genau eine Matrix $\boldsymbol{A}^{-1}$, die inverse Matrix genannt wird, mit der Eigenschaft $\boldsymbol{A}^{-1}\boldsymbol{A} = \boldsymbol{AA}^{-1} = \boldsymbol{E}$.

Das sind die Eigenschaften einer nichtleeren Menge, die die algebraische Struktur Gruppe (↗ 2.7.1.) kennzeichnen. Die Menge $M_{(n,n)}$ der n-reihigen regulären Matrizen bildet hinsichtlich der Matrizenmultiplikation eine **Gruppe**.

8.6.7. Lösung von Matrizengleichungen mit Hilfe des verketteten Algorithmus

Es seien n Gleichungssysteme gegeben:

$$\boldsymbol{A}\boldsymbol{x}_1 = \boldsymbol{s}_1, \quad \boldsymbol{A}\boldsymbol{x}_2 = \boldsymbol{s}_2, \quad \ldots, \quad \boldsymbol{A}\boldsymbol{x}_n = \boldsymbol{s}_n,$$

die zu der Matrizengleichung $\boldsymbol{AX} = \boldsymbol{S}$ zusammengefaßt werden. Beim Lösen dieser Matrizengleichung ist die Matrix $\boldsymbol{X}$ zu ermitteln, die die Gleichung $\boldsymbol{AX} = \boldsymbol{S}$ erfüllt. Nach 8.7.5. ist die Multiplikation in der Menge der regulären n-reihigen Matrizen umkehrbar. Zur Lösung der Matrizengleichung $\boldsymbol{AX} = \boldsymbol{S}$ dient der verkettete Algorithmus (Bild 8/14).

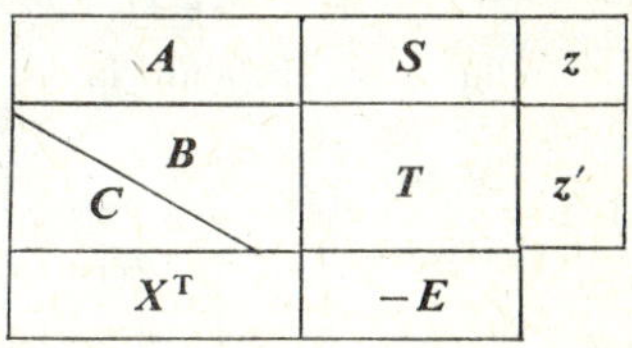

Bild 8/14

BEISPIEL 8/27

Gegeben sei die Matrizengleichung $\boldsymbol{AX} = \boldsymbol{S}$ mit

$$\boldsymbol{A} = \begin{pmatrix} 1 & 2 & 0 \\ 2 & 5 & 3 \\ 1 & 0 & -5 \end{pmatrix}, \quad \boldsymbol{S} = \begin{pmatrix} 2 & 0 & 1 \\ 0 & 1 & 2 \\ 4 & 2 & 0 \end{pmatrix}$$

Gesucht wird die Matrix $\boldsymbol{X}$.

Die Berechnung wird mit Hilfe des verketteten Algorithmus in Bild 8/15 durchgeführt.

				S			z	
A	1	2	0	2	0	1	6	
	2	5	3	0	1	2	13	
	1	0	−5	4	2	0	2	
B	1	2	0	2	0	1	6	
C	−2	1	3	−4	1	0	1	z'
	−1	2	1	−6	4	−1	−2	
X^T	−26	14	−6	−1	0	0		
	22	−11	4	0	−1	0	$-E$	
	−5	3	−1	0	0	−1		

Bild 8/15

8.7. Das Austauschverfahren

8.7.1. Bestimmung der inversen Matrix mit Hilfe des Austauschverfahrens, Austauschregeln

Es sei ein **System linearer Funktionen** gegeben: mit $x_1, x_2, \ldots, x_n$ seien die unabhängigen Variablen, mit $y_1, y_2, \ldots, y_n$ die abhängigen Variablen bezeichnet.

$$y_1 = a_{11}\, x_1 + a_{12}\, x_2 + \ldots + a_{1n}\, x_n$$

$$y_2 = a_{21}\, x_1 + a_{22}\, x_2 + \ldots + a_{2n}\, x_n$$

$$\ldots$$

$$y_n = a_{n1}\, x_1 + a_{n2}\, x_2 + \ldots + a_{nn}\, x_n$$

Darstellung in Tabellenform

	x_1	x_2	$\ldots$	x_n
y_1	a_{11}	a_{12}	$\ldots$	a_{1n}
y_2	a_{21}	a_{22}	$\ldots$	a_{2n}
$\vdots$				
y_n	a_{n1}	a_{n2}	$\ldots$	a_{nn}

Darstellung in Matrizenform: $\boldsymbol{y} = \boldsymbol{A}\boldsymbol{x}$
mit

$\boldsymbol{x}$ dem Vektor der unabhängigen Variablen,
$\boldsymbol{y}$ dem Vektor der abhängigen Variablen,
$\boldsymbol{A}$ der Koeffizientenmatrix.

Wird in einem System linearer Funktionen bei gegebenem Vektor $\boldsymbol{y}$ und gegebener Koeffizientenmatrix $\boldsymbol{A}$ der Vektor $\boldsymbol{x}$ ermittelt, so erhält man das **inverse System linearer Funktionen**

$$\begin{aligned} x_1 &= b_{11}y_1 + b_{12}y_2 + \ldots + b_{1n}y_n \\ x_2 &= b_{21}y_1 + b_{22}y_2 + \ldots + b_{2n}y_n \\ &\ldots \\ x_n &= b_{n1}y_1 + b_{n2}y_2 + \ldots + b_{nn}y_n \end{aligned}$$

Darstellung in Tabellenform

	y_1	y_2	$\ldots$	y_n
x_1	b_{11}	b_{12}	$\ldots$	b_{1n}
x_2	b_{21}	b_{22}	$\ldots$	b_{2n}
$\vdots$				
x_n	b_{n1}	b_{n2}	$\ldots$	b_{nn}

Darstellung in Matrizenform: $\boldsymbol{x} = \boldsymbol{B}\boldsymbol{y} = \boldsymbol{A}^{-1}\boldsymbol{y}$, wobei $\boldsymbol{A}^{-1}$ die zu $\boldsymbol{A}$ inverse Matrix ist.

Die Bildung der inversen Matrix erfolgt durch **schrittweisen Austausch der Variablen.**

Wird in der Tabelle T 0 in einem Schritt y_u gegen x_v ausgetauscht, so ist das Element a_{uv} **Hauptelement** (auch Pivotelement genannt). Es steht im Schnittpunkt der u-ten Zeile mit der v-ten Spalte der Koeffizientenmatrix $\boldsymbol{A}$. Die Elemente der u-ten Zeile bilden die **Hauptzeile**, die Elemente der v-ten Spalte die **Hauptspalte** (Bild 8/16).

T 0	x_1	x_2	$\ldots$	x_v	$\ldots$	x_n
y_1	a_{11}	a_{12}	$\ldots$	a_{1v}	$\ldots$	a_{1n}
y_2	a_{21}	a_{22}	$\ldots$	a_{2v}	$\ldots$	a_{2n}
$\vdots$						
y_u	a_{u1}	a_{u2}	$\ldots$	$\boxed{a_{uv}}$	$\ldots$	a_{un}
$\vdots$						
y_n	a_{n1}	a_{n2}	$\ldots$	a_{nv}	$\ldots$	a_{nn}

Bild 8/16

Für einen Austauschschritt gelten folgende **Austauschregeln:**

In der Tabelle T 1 entsteht ein Zwischensystem, dessen Elemente folgendermaßen gebildet werden:

1. Das Hauptelement: $b_{uv} = \dfrac{1}{a_{uv}}$ mit $a_{uv} \neq 0$
2. Die Elemente der Hauptzeile: $b_{uk} = \dfrac{a_{uk}}{-a_{uv}}$ für $k = 1, \ldots, n$ und $k \neq v$

3. Die Elemente der Hauptspalte: $b_{iv} = \dfrac{a_{iv}}{a_{uv}}$ für $i = 1, \ldots, n$ und $i \neq u$
4. Alle übrigen Elemente: $b_{ik} = a_{ik} + b_{uk}a_{iv}$ für $i = 1, \ldots, n;\ i \neq u$ und $k = 1, \ldots, n;\ k \neq v$.

T 1	x_1	x_2	…	y_u	…	x_n
y_1	b_{11}	b_{12}	…	b_{1v}	…	b_{1n}
y_2	b_{21}	b_{22}	…	b_{2v}	…	b_{2n}
⋮						
x_v	b_{u1}	b_{u2}	…	b_{uv}	…	b_{un}
⋮						
y_n	b_{n1}	b_{n2}	…	b_{nv}	…	b_{nn}

Für die Berechnung der Produkte $b_{uk}a_{iv}$ ist es zweckmäßig, die neue Hauptzeile b_{uk} unter das vorangehende System, die Tabelle T 0, als »**Kellerzeile**« zu schreiben.
Bei einem weiteren Austauschschritt werden die Elemente der Tabelle T 1 wieder mit a_{ik} bezeichnet, um die allgemein formulierten Austauschregeln benutzen zu können.
Eine **Rechenkontrolle** erfolgt mit Hilfe der »**Einsprobe**«. In einer Zusatzspalte der Tabelle T 0 wird das Element p_i der i-ten Zeile so gewählt, daß die Zeilensumme der Elemente einschließlich des Probenelements p_i gleich 1 ist. Auf die Elemente der Zusatzspalte werden auch die Austauschregeln angewendet. Die Überprüfung besteht darin, daß die Zeilensumme in der Tabelle wieder 1 ergeben muß.
Die Probe ist nach der Berechnung der Elemente jeder Zeile, die mit Hilfe der Austauschregeln vorgenommen wurde, sofort auszuführen, um einen möglichen Rechenfehler sofort lokalisieren zu können.

BEISPIEL 8/28

Es soll die zur Matrix $A = \begin{pmatrix} 1 & 2 & -1 \\ -1 & 4 & 2 \\ 2 & -2 & -2 \end{pmatrix}$ inverse Matrix A^{-1} mit Hilfe des Austauschverfahrens ermittelt werden.
Aufstellung der Tabelle T 0, dabei Berechnung der Probenelemente p_i:

T 0	x_1	x_2	x_3	p_i
y_1	[1]	2	−1	−1
y_2	(−1)	◇4◇	2	−4
y_3	2	−2	−2	3
Kellerzeile		(−2)	1	1

1. Austauschschritt: y_1 wird gegen x_1 ausgetauscht; in der Tabelle T 0 ist das Hauptelement $a_{11} = 1$ durch ein Quadrat umrahmt. (Rechnerischen Vorteil beachten, wenn das Hauptelement $a_{uv} = 1$ ist!)
Es entsteht bei Anwendung der Austauschregeln die Tabelle T 1:

T 1	y_1	x_2	x_3	p_i
x_1	1	−2	1	1
y_2	−1	6	$\boxed{1}$	−5
y_3	2	−6	0	5
Keller-zeile	1	−6		5

Berechnung der einzelnen Elemente:
Hauptelement

$$b_{11} = \frac{1}{a_{11}} = \frac{1}{1} = 1;$$

Hauptzeile

$$b_{12} = \frac{a_{12}}{-a_{11}} = \frac{2}{-1} = -2; \quad b_{13} = \frac{-1}{-1} = 1; \quad p_1' = \frac{-1}{-1} = 1$$

Überprüfung der Zeilensumme der 1. Zeile: $1 - 2 + 1 + 1 = 1$ (Übereinstimmung).
Die Elemente b_{12}, b_{13}, p_1' werden in die Kellerzeile von T 0 übernommen.
Hauptspalte

$$b_{21} = \frac{a_{21}}{a_{11}} = \frac{-1}{1} = -1; \quad b_{31} = \frac{2}{1} = 2$$

Restliche Elemente
Symbolische Merkregel bei Benutzung der Kellerzeile:

$$b_{ik} = \Diamond a_{ik} + \bigcirc b_{uk} \bigcirc a_{iv}$$

$$b_{22} = a_{22} + b_{12}a_{21} = 4 + (-2)\cdot(-1) = 4 + 2 = 6$$

$$b_{23} = a_{23} + b_{13}a_{21} = 2 + 1\cdot(-1) = 2 - 1 = 1$$

$$p_2' = p_2 + p_1'a_{21} = -4 + 1\cdot(-1) = -4 - 1 = -5$$

Überprüfung der Zeilensumme der 2. Zeile: $-1 + 6 + 1 - 5 = 1$ (Übereinstimmung).

$$b_{32} = -6, \qquad b_{33} = 0, \qquad p_3' = 5.$$

2. Austauschschritt: In T 1 wird y_2 gegen x_3 ausgetauscht, weil dann das Hauptelement $a_{23} = 1$ ist.

T 2	y_1	x_2	y_2	p_i
x_1	2	-8	1	6
x_3	1	-6	1	5
y_3	2	$\boxed{-6}$	0	5
Keller-zeile	$\frac{1}{3}$		0	$\frac{5}{6}$

3. Austauschschritt: In T 2 muß y_3 gegen x_2 ausgetauscht werden; Hauptelement $a_{32} = -6$

T 3	y_1	y_3	y_2	p_i
x_1	$-\frac{2}{3}$	$\frac{4}{3}$	1	$-\frac{2}{3}$
x_3	-1	1	1	0
x_2	$\frac{1}{3}$	$-\frac{1}{6}$	0	$\frac{5}{6}$

Die Elemente der inversen Matrix werden noch nach ihren Indizes geordnet:

$$A^{-1} = \begin{pmatrix} -\frac{2}{3} & 1 & \frac{4}{3} \\ \frac{1}{3} & 0 & -\frac{1}{6} \\ -1 & 1 & 1 \end{pmatrix}.$$

8.7.2. Lösung linearer Gleichungssysteme mit Hilfe des Austauschverfahrens (mit Spaltentilgung)

Ein gegebenes System linearer Gleichungen $\boldsymbol{Ax} + \boldsymbol{s} = \boldsymbol{o}$ wird als System linearer Funktionen dargestellt: $\boldsymbol{y} = \boldsymbol{Ax} + \boldsymbol{s}$.

$$y_1 = a_{11}x_1 + a_{12}x_2 + \ldots + a_{1n}x_n + s_1$$

$$y_2 = a_{21}x_1 + a_{22}x_2 + \ldots + a_{2n}x_n + s_2$$

$$\ldots$$

$$y_n = a_{n1}x_1 + a_{n2}x_2 + \ldots + a_{nn}x_n + s_n$$

Tabellenform:

T 0	x_1	x_2	...	x_n	s
y_1	a_{11}	a_{12}	...	a_{1n}	s_1
y_2	a_{21}	a_{22}	...	a_{2n}	s_2
$\vdots$					
y_n	a_{n1}	a_{n2}	...	a_{nn}	s_n
Kellerzeile					

Die Auswahl der Hauptelemente in den ersten Austauschschritten ist zwar beliebig, doch sollten bei numerischer Berechnung von Hand gewisse **Rechenvorteile** beachtet werden, z. B. die Wahl des Hauptelements, die die Anwendung der Austauschregeln rechnerisch erleichtern.
Da die Elemente in der Hauptspalte eines Austauschschrittes für die weitere Rechnung nicht mehr benötigt werden, kann das Verfahren dadurch abgekürzt werden, daß die Elemente der Hauptspalte beim Lösen linearer Gleichungssysteme gar nicht berechnet werden. Man nennt dieses Verfahren **Spaltentilgung.** Das bedingt eine **Änderung der Rechenkontrolle:** In der Tabelle T 0 werden die Elemente p_i so bestimmt, daß die Zeilensumme $z_i = 0$ ist. Bei richtiger Rechnung ergeben in den folgenden Tabellen die »y-Zeilen« die Zeilensummen $z_i' = 0$, die »x-Zeilen« die Zeilensummen $z_i' = 1$.

BEISPIEL 8/29

Das Gleichungssystem

$$\begin{aligned} x_1 + 2x_2 + 3x_3 &= 4 \\ 2x_1 + 3x_2 - 2x_3 &= 1 \\ 3x_1 - 4x_2 - 5x_3 &= 8 \end{aligned}$$

(vergleiche Beispiele 8/20, 8/21) ist mit Hilfe des Austauschverfahrens mit Spaltentilgung und Rechenkontrolle zu lösen. Dem System linearer Funktionen

$$\begin{aligned} y_1 &= x_1 + 2x_2 + 3x_3 - 4 \\ y_2 &= 2x_1 + 3x_2 - 2x_3 - 1 \\ y_3 &= 3x_1 - 4x_2 - 5x_3 - 8 \end{aligned}$$

entspricht die Darstellung in Tabelle T 0

T 0	x_1	x_2	x_3	s	p	z
y_1	1	2	3	−4	−2	0
y_2	2	3	−2	−1	−2	0
y_3	3	−4	−5	−8	14	0
Kellerzeile		−2	−3	4	2	

1. Austauschschritt: Hauptelement a_{11}

T 1	y_1	x_2	x_3	s	p	z
x_1		-2	-3	4	2	1
y_2		-1	-8	7	2	0
y_3		-10	-14	4	20	0
Keller-zeile			-8	7	2	

2. Austauschschritt: Hauptelement a_{22}

T 2	y_1	y_2	x_3	s	p	z
x_1			13	-10	-2	1
x_2			-8	7	2	1
y_3			66	-66	0	0
Keller-zeile				1	0	

3. Austauschschritt: Hauptelement a_{33}

T 3	y_1	y_2	y_3	s	p	z
x_1				3	-2	1
x_2				-1	2	1
x_3				1	0	1

Der Lösungsvektor ist $\boldsymbol{x} = (3;\ -1;\ 1)^{\mathrm{T}}$.

8.8. Determinanten

8.8.1. Zum Determinantenbegriff

Unter einer **Determinante** versteht man eine Funktion, die jeder n-reihigen quadratischen Matrix $A = (a_{ik})$ mit reellen Elementen eindeutig eine reelle Zahl zuordnet und mit

$$D^{(n)} = \det A = \begin{vmatrix} a_{11} & a_{12} & \dots & a_{1n} \\ a_{21} & a_{22} & \dots & a_{2n} \\ \dots & & & \\ a_{n1} & a_{n2} & \dots & a_{nn} \end{vmatrix} = |a_{ik}|$$

bezeichnet wird. n heißt die **Ordnung** der Determinante.

Die Determinante $D^{(n)}$ wird nach LEIBNIZ durch

$$D^{(n)} = \sum_{P_n} \operatorname{sgn}(i_1, i_2, \ldots, i_n)\, a_{1i_1} \cdot a_{2i_2} \cdot \ldots \cdot a_{ni_n}$$

definiert.

Erläuterung dieser Formel:

Es ist eine Summe aller der Produkte zu bilden, die aus jeder Zeile und aus jeder Spalte genau ein Element als Faktor enthalten. Dabei ist **jeder Summand** der Determinante ein Produkt aus n Faktoren $a_{1i_1} \cdot a_{2i_2} \cdot \ldots \cdot a_{ni_n}$. Der erste Index gibt die Zeile an, der zweite die Spalte, wobei die Indizes $i_1, i_2, \ldots, i_n$ eine Permutation der Zahlen 1 bis n bilden.
Da es bei n Elementen $n!$ Permutationen gibt, besitzt die Summe $n!$ Summanden.
Das Vorzeichen jedes Summanden wird durch $\operatorname{sgn}(i_1, \ldots, i_n) = (-1)^I$ festgelegt, wobei I die Anzahl der Inversionen (entgegengesetzte Reihenfolge der Elemente, ↗ 3.1.7.1.) einer Permutation ist. Ist I gerade, so ist $\operatorname{sgn}(i_1, \ldots, i_n) = +1$, ist I ungerade, so ist $\operatorname{sgn}(i_1, \ldots, i_n) = -1$. Es gibt $\frac{n!}{2}$ positive und $\frac{n!}{2}$ negative Summanden.

BEISPIEL 8/30

a) Die Determinante 2. Ordnung $D^{(2)} = \begin{vmatrix} a_{11} & a_{12} \\ a_{21} & a_{22} \end{vmatrix}$ ist mit Hilfe der LEIBNIZschen Determinantenformel zu berechnen. Da $n = 2$ ist, ist $n! = 2! = 2$ die Anzahl der Permutationen; also gibt es 2 Summanden, wobei jeder Summand ein Produkt aus $n = 2$ Faktoren ist: a_{1i_1}, a_{2i_2}.
Die zwei Permutationen sind (1, 2) (2, 1).
Die beiden Summanden sind demnach $a_{11} \cdot a_{22}$ und $a_{12} \cdot a_{21}$.
Das Vorzeichen der Summanden ergibt sich aus der Anzahl der Inversionen der Permutationen:

Bei (1, 2) ist $I = 0$, also $(-1)^0 = +1$;

bei (2, 1) ist $I = 1$, also $(-1)^1 = -1$.

Demnach ist

$$D^{(2)} = \begin{vmatrix} a_{11} & a_{12} \\ a_{21} & a_{22} \end{vmatrix} = a_{11} \cdot a_{22} - a_{12} \cdot a_{21}.$$

Daraus ergibt sich die Regel zur Berechnung einer Determinante 2. Ordnung: Produkt der Elemente der Hauptdiagonalen minus Produkt der Elemente der Nebendiagonalen. Merkhilfe in Bild 8/17.

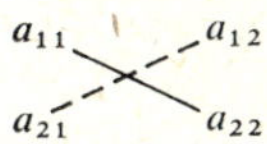

Bild 8/17

b) Die Determinante 3. Ordnung

$$D^{(3)} = \begin{vmatrix} a_{11} & a_{12} & a_{13} \\ a_{21} & a_{22} & a_{23} \\ a_{31} & a_{32} & a_{33} \end{vmatrix}$$

ist mit Hilfe der LEIBNIZschen Determinantenformel zu berechnen.

Da $n = 3$ ist, ist $n! = 3! = 6$ die Anzahl der Permutationen; also gibt es 6 Summanden, wobei jeder Summand ein Produkt aus $n = 3$ Faktoren ist: $a_{1i_1}, a_{2i_2}, a_{3i_3}$.
Die 6 Permutationen ergeben

Permutation i_1 i_2 i_3	Anzahl I der Inversionen	$(-1)^I$	Summanden
1 2 3	0	+1	$+a_{11}\,a_{22}\,a_{33}$
1 3 2	1	−1	$-a_{11}\,a_{23}\,a_{32}$
2 1 3	1	−1	$-a_{12}\,a_{21}\,a_{33}$
2 3 1	2	+1	$+a_{12}\,a_{23}\,a_{31}$
3 1 2	2	+1	$+a_{13}\,a_{21}\,a_{32}$
3 2 1	3	−1	$-a_{13}\,a_{22}\,a_{31}$

Damit erhält man

$$D^{(3)} = a_{11}\,a_{22}\,a_{33} + a_{12}\,a_{23}\,a_{31} + a_{13}\,a_{21}\,a_{32}$$
$$-a_{13}\,a_{22}\,a_{31} - a_{11}\,a_{23}\,a_{32} - a_{12}\,a_{21}\,a_{33}$$

Daraus ergibt sich die **Regel von Sarrus** zur Berechnung von **drei**reihigen Determinanten: Die ersten beiden Spalten der Matrix werden rechts neben der Matrix noch einmal aufgeschrieben. Dann bildet man die Summe der drei in der Richtung der Hauptdiagonalen stehenden Produkte und subtrahiert die Summe der drei Produkte, die in der Richtung der Nebendiagonalen stehen. Merkhilfe in Bild 8/18.

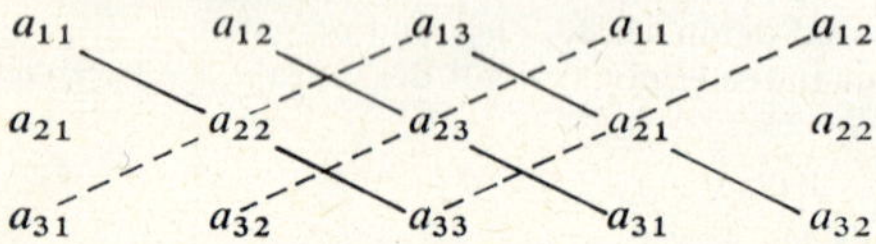

Bild 8/18

8.8.2. Eigenschaften der Determinanten

n-reihige Determinanten haben folgende Eigenschaften:

1. Eine Determinante bleibt ungeändert, wenn man die Zeilen mit den Spalten vertauscht.
2. Eine Determinante ändert ihr Vorzeichen, wenn zwei Zeilen oder zwei Spalten miteinander vertauscht werden.
3. Eine Determinante hat den Wert Null, wenn die Elemente einer Reihe den entsprechenden Elementen einer parallelen Reihe proportional sind (d. h., wenn zwischen den Zeilenvektoren bzw. Spaltenvektoren lineare Abhängigkeit besteht).
4. Eine Determinante wird mit einer reellen Zahl λ multipliziert, indem man die Elemente nur einer Reihe mit λ multipliziert.

Andererseits kann ein den Elementen einer Zeile (oder einer Spalte) gemeinsamer Faktor λ vor die Determinante gezogen werden.

5. Addiert man zu einer Zeile bzw. zu einer Spalte ein Vielfaches einer anderen Zeile bzw. Spalte, so ändert sich der Wert der Determinante nicht.
6. Zwei Determinanten, die sich nur in einer Reihe unterscheiden, können addiert werden.

BEISPIEL 8/31

Obwohl die Eigenschaften der Determinanten für n-reihige Determinanten gelten, sollen sie am Beispiel von zweireihigen Determinanten verdeutlicht werden.

Nach 1 gilt: $\begin{vmatrix} 3 & 5 \\ 1 & 2 \end{vmatrix} = \begin{vmatrix} 3 & 1 \\ 5 & 2 \end{vmatrix}$,

nach 2: $\begin{vmatrix} 3 & 5 \\ 1 & 3 \end{vmatrix} = 9 - 5 = 4; \quad \begin{vmatrix} 1 & 3 \\ 3 & 5 \end{vmatrix} = 5 - 9 = -4,$

nach 3: $\begin{vmatrix} 3 & 5 \\ 6 & 10 \end{vmatrix} = 30 - 30 = 0$

nach 4: $\begin{vmatrix} 3 & 5 \\ 4 & 6 \end{vmatrix} = 2 \cdot \begin{vmatrix} 3 & 5 \\ 2 & 3 \end{vmatrix}$

nach 5: $\begin{vmatrix} 2 & 3 \\ 1 & 4 \end{vmatrix} = 8 - 3 = 5$

Wird zur 2. Zeile das Fünffache der 1. Zeile addiert:

$$\begin{vmatrix} 2 & 3 \\ 1 + 10 & 4 + 15 \end{vmatrix} = \begin{vmatrix} 2 & 3 \\ 11 & 19 \end{vmatrix} = 38 - 33 = 5$$

nach 6: $\begin{vmatrix} 2 & 3 \\ 1 & 4 \end{vmatrix} + \begin{vmatrix} 2 & 3 \\ 5 & 2 \end{vmatrix} = \begin{vmatrix} 2 & 3 \\ 6 & 6 \end{vmatrix}$

8.8.3. Unterdeterminanten, Adjunkten

Durch Streichen der i-ten Zeile und der k-ten Spalte in einer n-reihigen Determinante $|a_{ik}|$ erhält man die **Unterdeterminante** D_{ik} von $(n - 1)$-ter Ordnung des Elements a_{ik}.
Wird die Unterdeterminante D_{ik} mit dem Vorzeichen $(-1)^{i+k}$ versehen, so erhält man die **Adjunkte** $A_{ik} = (-1)^{i+k} D_{ik}$ des Elements a_{ik}.
Die Summe der Produkte aller Elemente einer Zeile bzw. Spalte mit ihren Adjunkten ergibt die Determinante $D^{(n)}$:

$$D^{(n)} = \sum_{i=1}^{n} a_{ik} A_{ik}.$$

BEISPIEL 8/32

Die Determinante $D^{(3)}$ ist unter Verwendung der Adjunkten darstellbar:

$$D^{(3)} = \begin{vmatrix} a_{11} & a_{12} & a_{13} \\ a_{21} & a_{22} & a_{23} \\ a_{31} & a_{32} & a_{33} \end{vmatrix} = \begin{cases} a_{11}A_{11} + a_{12}A_{12} + a_{13}A_{13} \\ a_{21}A_{21} + a_{22}A_{22} + a_{23}A_{23} \\ a_{31}A_{31} + a_{32}A_{32} + a_{33}A_{33} \end{cases}$$

Die Darstellung einer Determinante mit Hilfe ihrer Adjunkten wird als **Entwicklung einer Determinanten nach den Elementen einer Zeile** (bzw. **Spalte**) bezeichnet.

BEISPIEL 8/33

Die Determinante $D^{(3)}$ soll nach den Elementen der ersten Zeile entwickelt werden.

$$D^{(3)} = \begin{vmatrix} a_{11} & a_{12} & a_{13} \\ a_{21} & a_{22} & a_{23} \\ a_{31} & a_{32} & a_{33} \end{vmatrix} = a_{11}A_{11} + a_{12}A_{12} + a_{13}A_{13}$$

$$= a_{11} \begin{vmatrix} a_{22} & a_{23} \\ a_{32} & a_{33} \end{vmatrix} - a_{12} \begin{vmatrix} a_{21} & a_{23} \\ a_{31} & a_{33} \end{vmatrix} + a_{13} \begin{vmatrix} a_{21} & a_{22} \\ a_{31} & a_{32} \end{vmatrix}.$$

8.8.4. Zur Berechnung von Determinanten

(1) Zwei- und dreireihige Determinanten sind nach den in Abschnitt 8.8.1., Beispiel 8/30a, b, entwickelten Formeln leicht zu berechnen.

(2) Da die Berechnung einer n-reihigen Determinante nach der LEIBNIZschen Formel sehr aufwendig ist, entwickelt man die Determinante $D^{(n)}$ nach den Elementen einer Zeile oder einer Spalte und führt somit die Berechnung einer n-reihigen Determinante auf die Berechnung von $(n-1)$-reihigen Determinanten zurück. Möglicherweise muß dieses Verfahren mehrmals angewendet werden.

BEISPIEL 8/34

Die Berechnung der Determinante $D^{(4)}$ mit

$$D^{(4)} = \begin{vmatrix} 3 & 0 & 5 & 4 \\ 1 & -2 & 3 & 0 \\ 2 & 3 & -1 & 2 \\ 6 & 2 & -1 & 1 \end{vmatrix}$$

wird durch Entwicklung der Determinante nach den Elementen der ersten Zeile auf eine Berechnung von dreireihigen Determinanten zurückgeführt.

$$D^{(4)} = \begin{vmatrix} 3 & 0 & 5 & 4 \\ 1 & -2 & 3 & 0 \\ 2 & 3 & -1 & 2 \\ 6 & 2 & -1 & 1 \end{vmatrix} = 3 \begin{vmatrix} -2 & 3 & 0 \\ 3 & -1 & 2 \\ 2 & -1 & 1 \end{vmatrix} - 0 + 5 \begin{vmatrix} 1 & -2 & 0 \\ 2 & 3 & 2 \\ 6 & 2 & 1 \end{vmatrix}$$

$$- 4 \begin{vmatrix} 1 & -2 & 3 \\ 2 & 3 & -1 \\ 6 & 2 & -1 \end{vmatrix} = 3 \cdot 1 - 0 + 5 \cdot (-21) - 4 \cdot (-35) = 38$$

(3) n-reihige Determinanten können weiterhin mit Hilfe des **verketteten Algorithmus** berechnet werden (↗ 8.7.4.).

8.8.5. Lösung linearer Gleichungssysteme mit Hilfe von Determinanten

Zur Lösung eines Systems von n linearen Gleichungen mit n Variablen dient die **Cramersche Regel:**

Ein System von n linearen Gleichungen mit n Variablen hat eine Lösung genau dann, wenn die Koeffizientendeterminante verschieden von Null ist. Die Elemente x_i des Lösungs-n-tupels erhält man als Quotient von Zählerdeterminante D_i und Koeffizientendeterminante $D^{(n)}$, $x_i = \frac{D_i}{D^{(n)}}$.

Die Zählerdeterminante D_i wird gebildet, indem die i-te Spalte in der Koeffizientendeterminante durch die Absolutglieder des Gleichungssystems ersetzt wird.

BEISPIEL 8/35

Das Gleichungssystem

$$\begin{aligned} x_1 + 2x_2 + 3x_3 &= 4 \\ 2x_1 + 3x_2 - 2x_3 &= 1 \\ 3x_1 - 4x_2 - 5x_3 &= 8 \end{aligned}$$

(vergleiche Beispiele 8/20, 8/21, 8/29) wird mit Hilfe der CRAMERschen Regel gelöst.

Nach der Regel von SARRUS gilt

$$D = \begin{vmatrix} 1 & 2 & 3 \\ 2 & 3 & -2 \\ 3 & -4 & -5 \end{vmatrix} = -15 - 12 - 24 - 27 - 8 + 20 = -66$$

$$D_1 = \begin{vmatrix} 4 & 2 & 3 \\ 1 & 3 & -2 \\ 8 & -4 & -5 \end{vmatrix} = -60 - 32 - 12 - 72 - 32 + 10 = -198$$

$$D_2 = \begin{vmatrix} 1 & 4 & 3 \\ 2 & 1 & -2 \\ 3 & 8 & -5 \end{vmatrix} = -5 - 24 + 48 - 9 + 16 + 40 = 66$$

$$D_3 = \begin{vmatrix} 1 & 2 & 4 \\ 2 & 3 & 1 \\ 3 & -4 & 8 \end{vmatrix} = 24 + 6 - 32 - 36 + 4 - 32 = -66$$

Dann gilt nach der Regel von CRAMER

$$x_1 = \frac{D_1}{D} = \frac{-198}{-66} = 3; \qquad x_2 = \frac{D_2}{D} = \frac{66}{-66} = -1;$$

$$x_3 = \frac{D_3}{D} = \frac{-66}{-66} = 1$$

Der Lösungsvektor ist $\boldsymbol{x} = (3;\ -1;\ 1)^{\mathrm{T}}$.

9. Aus der Wahrscheinlichkeitsrechnung; beschreibende Statistik

9.1. Zufällige Ereignisse

9.1.1. Zum Begriff »zufälliges Ereignis«

Bei der Durchführung eines Versuchs (z. B. Werfen einer Münze, Werfen eines Spielwürfels, Durchführen einer Stichprobe auf Einhaltung einer Toleranz) können zufällige Einflüsse einwirken, die den Ausgang eines »zufälligen Versuchs« ungewiß sein lassen. Deshalb nennt man das Ergebnis eines zufälligen Versuchs, der bei Einhaltung der Bedingungen beliebig oft wiederholt werden kann, ein **»zufälliges Ereignis«.** Es folgt nicht mit innerer Notwendigkeit aus einer Menge von Bedingungen. Ein solches zufälliges Ereignis kann, muß aber nicht eintreten. Ein zufälliger Versuch könnte auch ein anderes zufälliges Ereignis haben. Zufällige Ereignisse werden als **Mengen** aufgefaßt und mit großen lateinischen Buchstaben bezeichnet. Der Ausgang (bzw. die Möglichkeiten des Ausgangs) eines Versuchs werden als Elemente in geschweifte Klammern geschrieben. Zufällige Ereignisse können als Punktmengen auf der Zahlengeraden oder in der Ebene veranschaulicht werden.

BEISPIEL 9/1

Zufälliger Versuch	Zufälliges Ereignis	Darstellung
Werfen einer Münze	Zahl liegt oben Wappen liegt oben	$A = \{z\}$ $B = \{w\}$
Werfen eines Würfels	»1« liegt oben »4« liegt oben	$C = \{1\}$ $D = \{4\}$
Stichprobe auf Einhaltung einer Toleranz aus einer Gesamtheit von Erzeugnissen	Gegenstand ist maßhaltig Gegenstand ist nicht maßhaltig	$E = \{m\}$ (m: maßhaltig) $F = \{n\}$ (n: nicht maßhaltig)

Einem zu einem zufälligen Versuch gehörenden System von Ereignissen kann ein System von Teilmengen einer Grundmenge zugeordnet werden. Beim Würfeln mit einem Spielwürfel werden die möglichen Ausgänge dieses zufälligen Versuchs durch die oben erscheinende Augenzahl, d. h. durch die Zahlen 1, 2, 3, 4, 5, 6, beschrieben. Das zu dem zufälligen Versuch »Würfeln mit einem Spielwürfel« gehörende System von Ereignissen ist die Grundmenge {1, 2, 3, 4, 5, 6}, denn genau ein Element dieser Grundmenge tritt notwendig als Ergebnis dieses Versuchs ein.

Grenzfälle zufälliger Ereignisse

Sicheres Ereignis (mit Ω bezeichnet)	**Unmögliches Ereignis** (mit $\emptyset$ bezeichnet)

Unter den gegebenen Bedingungen

muß bei dem zufälligen Versuch das Ereignis eintreten.	**kann** bei dem zufälligen Versuch das Ereignis **nicht** eintreten.

BEISPIEL 9/2

Beim einmaligen Werfen von drei Spielwürfeln ist die Summe der Augenzahlen

mindestens 3 und höchstens 18, ist ein sicheres Ereignis.	kleiner als 3, ist ein unmögliches Ereignis.

Veranschaulichung in Bild 9/1

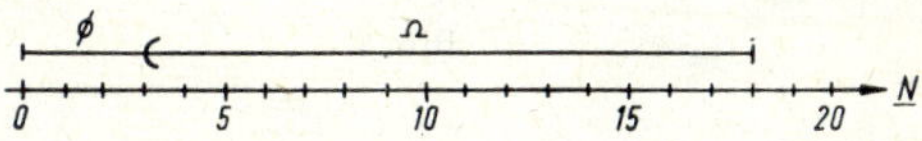

Bild 9/1

9.1.2. Relationen zwischen zufälligen Ereignissen

(1) Mit dem Eintreten des zufälligen Ereignisses A kann das Eintreten des zufälligen Ereignisses B verbunden sein. Man sagt dann: »Das zufällige Ereignis A **zieht** das zufällige Ereignis B **nach sich**« oder kurz: »A zieht B nach sich«. In Zeichen: $A \subseteq B$. Dieser Relation entspricht die Teilmengenrelation der Mengenlehre.

BEISPIEL 9/3

Das Ereignis A sei: »Die Augenzahl beim Würfeln mit einem Spielwürfel ist gleich 1«.
Das Ereignis B sei: »Die Augenzahl beim Würfeln mit einem Spielwürfel ist ungerade«.
Es gilt: A zieht B nach sich, in Zeichen $A \subseteq B$.
Veranschaulichung in Bild 9/2

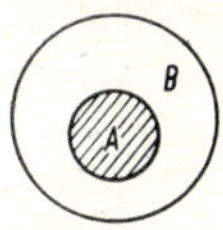

Bild 9/2

Ferner gilt:

Wenn A stets B nach sich zieht und B stets C nach sich zieht, so zieht A stets das Ereignis C nach sich.
In Zeichen: Wenn $A \subseteq B$ und $B \subseteq C$, so $A \subseteq C$.

(2) **Gleichheit zweier zufälliger Ereignisse**

Zwei zufällige Ereignisse heißen **gleich**, wenn das Ereignis A das Ereignis B und umgekehrt das Ereignis B das Ereignis A nach sich zieht. In Zeichen: $A = B$.

Zwei zufällige Ereignisse sind genau dann gleich, wenn bei jeder Wiederholung des zufälligen Versuchs entweder beide Ereignisse eintreten oder beide Ereignisse nicht eintreten. Sind zwei zufällige Ereignisse nicht gleich, so schreibt man $A \neq B$.

9.1.3. Operationen mit zufälligen Ereignissen

(1) **Summe von Ereignissen**

Wenn A, B zufällige Ereignisse sind, so heißt das Ereignis, das dann eintritt, wenn **mindestens** eines der Ereignisse A, B eintritt, die **Summe** von A, B. Sie wird mit $A \cup B$ bezeichnet und »Summe von A und B« gelesen.

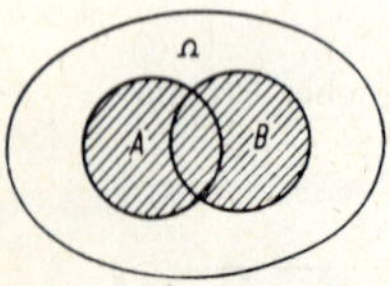

Der Summe der Ereignisse A, B entspricht die Vereinigung der die Ereignisse A, B darstellenden Mengen.
Veranschaulichung in Bild 9/3

Bild 9/3

BEISPIEL 9/4

A: Beim Würfeln erscheint eine gerade Zahl, die größer als oder gleich 4 ist.
B: Es erscheint eine ungerade Zahl.
$A \cup B$: Beim Würfeln erscheint eine von 2 verschiedene Zahl.
Mengendarstellung: $A = \{4, 6\}$, $B = \{1, 3, 5\}$. Dann ist $A \cup B = \{1, 3, 4, 5, 6\}$.

Gesetze für die Summe von zufälligen Ereignissen

Kommutativgesetz: $A \cup B = B \cup A$

Assoziativgesetz: $A \cup (B \cup C) = (A \cup B) \cup C$

Das Assoziativgesetz gilt für die Summe von n zufälligen Ereignissen:

$$A_1 \cup A_2 \cup \dots \cup A_n = \bigcup_{i=1}^{n} A_i .$$

Das Ereignis $\bigcup_{i=1}^{n} A_i$ tritt dann und nur dann ein, wenn wenigstens eines der Ereignisse $A_1, A_2, \dots, A_n$ eintritt.

(2) **Produkt von Ereignissen**

Wenn A, B zufällige Ereignisse sind, so heißt das Ereignis, das dann eintritt, wenn sowohl A als auch B eintritt, das **Produkt** von A, B. Es wird mit $A \cap B$ bezeichnet und »Produkt von A und B« gelesen.

Dem Produkt der Ereignisse A, B entspricht der Durchschnitt der die Ereignisse A, B darstellenden Mengen.
Veranschaulichung in Bild 9/4

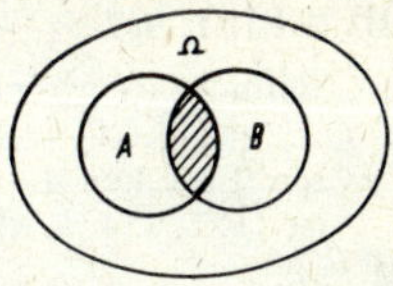

Bild 9/4

BEISPIEL 9/5

A: Beim Würfeln erscheint eine ungerade Zahl.
B: Es erscheint eine Zahl, die größer als 3 ist.
$A \cap B$: Beim Würfeln erscheint die Zahl 5.
Mengendarstellung: $A = \{1, 3, 5\}, B = \{4, 5, 6\}$. Dann ist $A \cap B = \{5\}$.

Gesetze für das Produkt von zufälligen Ereignissen
Kommutativgesetz: $A \cap B = B \cap A$
Assoziativgesetz: $A \cap (B \cap C) = (A \cap B) \cap C$
Das Assoziativgesetz gilt für das Produkt von n zufälligen Ereignissen:

$$A_1 \cap A_2 \cap \ldots \cap A_n = \bigcap_{i=1}^{n} A_i .$$

Das Ereignis $\bigcap_{i=1}^{n} A_i$ tritt dann und nur dann ein, wenn jedes der Ereignisse $A_1, A_2, \ldots, A_n$ eintritt.

(3) **Unvereinbare Ereignisse**

Zwei zufällige Ereignisse A, B heißen **unvereinbar**, wenn das Eintreten des einen Ereignisses das Eintreten des anderen Ereignisses ausschließt. In Zeichen: $A \cap B = \emptyset$, d. h., es ist nicht möglich, daß beide zufälligen Ereignisse gemeinsam eintreten.

Den unvereinbaren zufälligen Ereignissen A, B entsprechen die disjunkten Mengen, die die Ereignisse A, B darstellen. Veranschaulichung in Bild 9/5

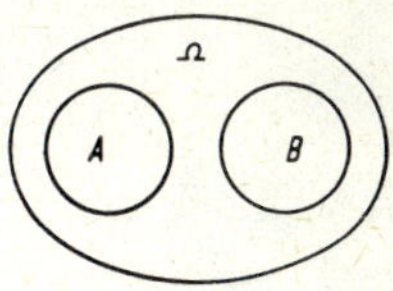

Bild 9/5

BEISPIEL 9/6

Beim Werfen einer Münze sind »Zahl« und »Wappen« unvereinbare Ereignisse. Wenn $A = \{z\}$, $B = \{w\}$ ist, so ist $A \cap B = \emptyset$.

(4) Werden die zufälligen Ereignisse $A_1, A_2, \ldots, A_n$ zu einer Menge zusammengefaßt und gelten

$$A_i \cap A_j = \emptyset \quad (\text{für } i \neq j)$$

und

$$A_1 \cup A_2 \cup \ldots \cup A_n = \Omega,$$

so heißt die Menge ein **vollständiges System von Ereignissen.**

BEISPIEL 9/7

Beim Werfen eines Spielwürfels können nur die zufälligen Ereignisse $A_1 = \{1\}$, $A_2 = \{2\}$, $A_3 = \{3\}$, $A_4 = \{4\}$, $A_5 = \{5\}$, $A_6 = \{6\}$ eintreten. Es gelten $A_i \cap A_j = \emptyset$ für $i \neq j$ und $A_1 \cup A_2 \cup \ldots \cup A_6 = \Omega$. Also ist $\{1, 2, 3, 4, 5, 6\}$ ein vollständiges System von Ereignissen.

(5) Ist A ein zufälliges Ereignis, so heißt das Ereignis, das dann eintritt, wenn A nicht eintritt, das zu A **entgegengesetzte (komplementäre) Ereignis** und wird mit $\bar{A}$ bezeichnet.

Dem entgegengesetzten Ereignis $\bar{A}$ entspricht die Komplementärmenge der das Ereignis A darstellenden Menge.
Es gelten

$$A \cup \bar{A} = \Omega \quad \text{und} \quad A \cap \bar{A} = \emptyset.$$

Ferner gelten folgende Beziehungen:

$$\overline{A \cap B} = \bar{A} \cup \bar{B}, \qquad \overline{A \cup B} = \bar{A} \cap \bar{B}$$

Wenn $A \subset B$ ist, so gilt $\bar{B} \subset \bar{A}$.

BEISPIEL 9/8

»Wappen« und »Zahl« sind beim Werfen einer Münze zueinander entgegengesetzte Ereignisse, $A = \{w\}$, $\bar{A} = \{z\}$. Eines der beiden Ereignisse muß eintreten ($A \cup \bar{A} = \Omega$), es ist aber nicht möglich, daß beide Ereignisse gleichzeitig eintreten ($A \cap \bar{A} = \emptyset$).

(6) **Differenz von Ereignissen**

Wenn A, B zufällige Ereignisse sind, so heißt das Ereignis, das dann eintritt, wenn das Ereignis A, aber nicht das Ereignis B eintritt, die **Differenz** von A, B und wird mit $A \setminus B$ bezeichnet (gelesen: Differenz von A und B).

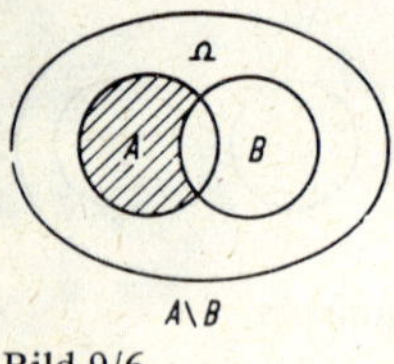

Bild 9/6

Der Differenz der Ereignisse A und B entspricht die Differenz der die Ereignisse A, B darstellenden Mengen.
Veranschaulichung in Bild 9/6

A: Beim Würfeln erscheint eine ungerade Zahl.
B: Es erscheint die Zahl »1«.
$A \setminus B$: Beim Würfeln erscheint entweder »3« oder »5«.

Mengendarstellung: $A = \{1, 3, 5\}$, $B = \{1\}$. Dann ist $A \setminus B = \{3, 5\}$.

9.1.4. Das Ereignisfeld

Eine Menge von zufälligen Ereignissen heißt ein **Ereignisfeld**, wenn sie die folgenden Eigenschaften besitzt:

1. Das sichere Ereignis ist Element des Ereignisfeldes.

2. Wenn das zufällige Ereignis A Element des Ereignisfeldes ist, so gehört auch das entgegengesetzte Ereignis $\bar{A}$ zu dem Ereignisfeld.
3. Wenn A, B Elemente des Ereignisfeldes sind, so ist auch die Summe von A und B Element dieses Ereignisfeldes.

Ein Ereignisfeld ist eine Menge 2. Stufe.
Aus diesen Eigenschaften folgt:

4. Das unmögliche Ereignis $\emptyset$ ist Element des Ereignisfeldes.
5. Das Produkt und die Differenz zweier zufälliger Ereignisse A, B sind Elemente des Ereignisfeldes, wenn A und B Elemente dieses Ereignisfeldes sind.

Ein Ereignis $A \neq \emptyset$ heißt **Elementarereignis** (oder **atomares Ereignis**), wenn A Element eines Ereignisfeldes ist und wenn es kein Ereignis B dieses Ereignisfeldes (mit $B \neq A$ und $B \neq \emptyset$) gibt, das A nach sich zieht.
Ist A kein Elementarereignis, so ist es ein **zusammengesetztes Ereignis.**

9.2. Wahrscheinlichkeitsbegriff

9.2.1. Relative Häufigkeit

Bei einem zufälligen Versuch sei A ein zufälliges Ereignis. Wird dieser Versuch n-mal wiederholt und ist dabei das Ereignis m-mal eingetreten, so nennt man m die **absolute Häufigkeit** und den Quotienten $\frac{m}{n}$ die **relative Häufigkeit** des Ereignisses A in n Versuchen. Die absolute Häufigkeit wird mit $H_n(A)$, die relative Häufigkeit mit $h_n(A)$ bezeichnet.

Absolute und relative Häufigkeit hängen vom Zufall ab, sie können bei einer Versuchsreihe nicht mit Sicherheit vorausgesagt werden. Man nennt sie (diskrete) **Zufallsgrößen.**

BEISPIEL 9/9

Das zufällige Ereignis A sei das einmalige Würfeln einer »3« mit einem Spielwürfel. Bei einer Versuchsreihe von $n = 360$ ist die »3« $m = 62$mal eingetreten. Die absolute Häufigkeit ist $H_{360}(A) = 62$, die relative Häufigkeit ist $h_{360}(A) = \frac{62}{360} = 0{,}1722$.

Bei sehr langen Versuchsreihen stabilisiert sich die relative Häufigkeit, d. h., die relativen Häufigkeiten schwanken nur wenig um einen (unbekannten) Wert. Je größer die Anzahl n der Versuche ist, desto mehr nähert sich die relative Häufigkeit von A der »Wahrscheinlichkeit des zufälligen Ereignisses A«. Man bezeichnet die **Wahrscheinlichkeit des zufälligen Ereignisses** A mit $P(A)$.

Diese Überlegung basiert auf dem **Gesetz der großen Zahlen.** Zufällige Ereignisse, deren Eintreten oder Nichteintreten sehr oft beobachtet worden ist, wiederholen sich auch weiterhin in gleichem Verhältnis. Deshalb wird die relative Häufigkeit von A als die Wahrscheinlichkeit von A angesehen, wenn zur Berechnung der relativen Häufigkeit hinreichend viele Versuche zugrunde liegen.

9.2.2. Klassische Definition der Wahrscheinlichkeit

Einem zufälligen Versuch sei ein Ereignisfeld zugeordnet.
Wenn dieses Ereignisfeld folgende Eigenschaften erfüllt:

1. Endlich viele Elementarereignisse $A_1, A_2, \ldots, A_n$ bilden ein vollständiges System von Ereignissen, d. h., es gelten

$$A_1 \cup A_2 \cup \ldots \cup A_n = \Omega \quad \text{und} \quad A_i \cap A_j = \emptyset \quad \text{für } i \neq j.$$

2. Die zufälligen Ereignisse $A_1, A_2, \ldots, A_n$ sind gleichmöglich.

dann heißt dieses Ereignisfeld **Laplacesches Ereignisfeld.**

Wenn ein zufälliger Versuch endlich viele gleichmögliche Ausgänge hat, so gilt für die **Wahrscheinlichkeit** $P(A)$ des Ereignisses A

$$P(A) = \frac{g(A)}{n},$$

wobei $g(A)$ die Anzahl der günstigen Ausgänge (bei denen das Ereignis A eintritt) und n die Gesamtanzahl aller möglichen Versuchsausgänge ist.

Man beachte, daß der Gleichmöglichkeit der Versuchsausgänge A_i die Gleichwahrscheinlichkeit der Elementarereignisse A_i entspricht.

Mit Hilfe dieser **klassischen Definition der Wahrscheinlichkeit** können Wahrscheinlichkeiten berechnet werden.
Für die Wahrscheinlichkeiten der gleichmöglichen Elementarereignisse $A_1, A_2, \ldots, A_n$ gilt

$$P(A_1) = P(A_2) = \ldots = P(A_n) = \frac{1}{n}.$$

BEISPIEL 9/10

a) Beim einmaligen Würfeln mit einem Spielwürfel ist die Wahrscheinlichkeit für die Ereignisse

A: »1 gewürfelt«: $P(A) = \frac{1}{6}$

B: »1 oder 6 gewürfelt«: $P(B) = \frac{2}{6} = \frac{1}{3}$

C: »Eine ungerade Zahl gewürfelt«: $P(C) = \frac{3}{6} = \frac{1}{2}$

D: »Weder 3 noch 4 gewürfelt«: $P(D) = \frac{4}{6} = \frac{2}{3}$

E: »Keine 6 gewürfelt«: $P(E) = \frac{5}{6}$

b) In einem Kästchen liegen 3 weiße, 5 rote und 6 blaue Kugeln. Wie groß ist die Wahrscheinlichkeit, beim einmaligen Ziehen

– eine rote Kugel (zufälliges Ereignis A),
– eine weiße oder eine blaue Kugel (zufälliges Ereignis B)

zu erfassen?

$$P(A) = \frac{5}{14} = 0{,}3571, \qquad P(B) = \frac{9}{14} = 0{,}6428$$

c) Wie groß ist die Wahrscheinlichkeit, im Lotto (5 aus 35) einen »Fünfer« (5 richtig getippte Zahlen) zu erzielen? Es bestehen $n = \binom{35}{5} = 324\,632$ Tipmöglichkeiten (↗ 3.1.7.3.). Die Anzahl der günstigen Ausgänge ist $g(A) = 1$. Also ist die Wahrscheinlichkeit $P(A) = \frac{g(A)}{n} = \frac{1}{324\,632} = 0{,}000003$

Eigenschaften der klassischen Wahrscheinlichkeit

1. Für alle zufälligen Ereignisse aus einem LAPLACEschen Ereignisfeld ist die Wahrscheinlichkeit eines Ereignisses eine reelle Zahl, die zwischen 0 und 1 liegt.

   $0 \leqq P(A) \leqq 1$

2. Die Wahrscheinlichkeit des sicheren Ereignisses Ω ist gleich 1.

   $P(\Omega) = 1$

3. Die Wahrscheinlichkeit des unmöglichen Ereignisses $\emptyset$ ist gleich 0.

   $P(\emptyset) = 0.$

Rechenregeln für die klassische Wahrscheinlichkeit

Die zufälligen Ereignisse A, B, A_i seien Elemente eines LAPLACEschen Ereignisfeldes.

1. Für die Wahrscheinlichkeit des zu einem Ereignis A entgegengesetzten Ereignisses $\bar{A}$ gilt: $P(\bar{A}) = 1 - P(A)$.
2. Die Wahrscheinlichkeit für das Eintreten mindestens eines von zwei **unvereinbaren** Ereignissen A, B (also entweder A oder B) ist gleich der Summe der Wahrscheinlichkeiten von A und B (Additionsgesetz).

   $$P(A \cup B) = P(A) + P(B) \quad \text{für} \quad A \cap B = \emptyset$$

   Erweiterung des Additionsgesetzes auf n paarweise unvereinbare zufällige Ereignisse $A_1, A_2, \ldots, A_n$:

   $$P(A_1 \cup A_2 \cup \ldots \cup A_n) = P(A_1) + P(A_2) + \ldots + P(A_n)$$

bzw.

$$P\left(\bigcup_{i=1}^{n} A_i\right) = \sum_{i=1}^{n} P(A_i).$$

3. Die Wahrscheinlichkeit für das Eintreten mindestens eines von zwei beliebigen **(einander nicht ausschließenden)** zufälligen Ereignissen A, B ist

$$P(A \cup B) = P(A) + P(B) - P(A \cap B).$$

4. Wenn das Ereignis A das Ereignis B nach sich zieht, so gilt

$$P(A) \leqq P(B).$$

BEISPIEL 9/11

Wie groß ist die Wahrscheinlichkeit für das Auftreten
a) genau einer Acht, b) mindestens einer Acht
unter zwei aus einem Skatspiel gezogenen Karten?
Die Anzahl n der möglichen Versuchsausgänge ist $n = \binom{32}{2} = 496$.

a) Eine Acht wird auf $C_4^{(1)}$ Arten ausgewählt. Die zweite Karte, die keine Acht sein darf, auf $C_{28}^{(1)}$ Arten.
Die Anzahl der günstigen Versuchsausgänge ist

$$g(A) = C_4^{(1)} \cdot C_{28}^{(1)} = 4 \cdot 28 = 112.$$

Damit ist $P(A) = \frac{g(A)}{n} = \frac{112}{496} = 0{,}2258$

b) Das Ereignis B »mindestens eine Acht« ist das entgegengesetzte Ereignis zu B, nämlich $\overline{B}$ »keine Acht«.

$$P(B) = 1 - P(\overline{B}) = 1 - \frac{C_4^{(0)} \cdot C_{28}^{(2)}}{C_{32}^{(2)}} = 1 - \frac{\binom{4}{0} \cdot \binom{28}{2}}{\binom{32}{2}}$$

$$= 1 - \frac{378}{496} = 1 - 0{,}7621 = 0{,}2379$$

9.2.3. Axiomatischer Aufbau der Wahrscheinlichkeitsrechnung

Da der klassische Wahrscheinlichkeitsbegriff nur auf Ereignisse aus LAPLACEschen Ereignisfeldern (charakterisiert durch endlich viele gleichmögliche Ereignisse) anwendbar ist, bedeutet das bei vielen praxisbezogenen Versuchen (z. B. Lebensdauer von Glühlampen, Wartezeiten bei Vermittlung von Telefongesprächen, Ausfall von Maschinen, Auftreten bestimmter Krankheiten), die unendlich viele verschiedene Versuchsausgänge haben können, eine große Einschränkung. In dem Bestreben, der Wahrscheinlichkeitsrechnung eine exakte mathematische Begründung zu geben, hat der sowjetische Mathematiker A. N. KOLMOGOROW 1933 die Wahrscheinlichkeitsrechnung axiomatisch aufgebaut (↗ 1.6.2. Zur axiomatischen Methode).

Ω sei die Menge der Elementarereignisse $A_1, A_2, \ldots$ (die einander ausschließenden möglichen Ausgänge eines zufälligen Versuchs), die Elemente eines Ereignisfeldes F sind. Dann gehören auch zum Ereignisfeld das sichere Ereignis Ω, das unmögliche Ereignis $\emptyset$, das zu A entgegengesetzte Ereignis $\bar{A}$, die Summe, das Produkt und die Differenz zweier Ereignisse.

Auf dem Ereignisfeld F wird eine Wahrscheinlichkeit P definiert, wobei P eine Funktion ist, die die in den folgenden Axiomen angegebenen Eigenschaften hat. Diese Axiome bilden das **Axiomensystem:**

1. Jedem zufälligen Ereignis $A \in F$ ist eine Zahl $P(A)$ mit $0 \leqq P(A) \leqq 1$ eindeutig zugeordnet. Diese Zahl heißt die **Wahrscheinlichkeit von A.**
2. Die Wahrscheinlichkeit des sicheren Ereignisses Ω ist 1.
3. Additionsaxiom: Wenn $A_1, A_2 \in F$ zwei unvereinbare zufällige Ereignisse sind (d. h., $A_1 \cap A_2 = \emptyset$), so ist die Wahrscheinlichkeit für das Eintreten eines dieser Ereignisse gleich der Summe ihrer Wahrscheinlichkeiten.

   $$P(A_1 \cup A_2) = P(A_1) + P(A_2).$$

   Erweiterung des Additionsaxioms auf abzählbar-unendlich viele paarweise unvereinbare Ereignisse $A_1, A_2, \ldots$ durch

   $$P(A_1 \cup A_2 \cup \ldots \cup A_n \cup \ldots) \\ = P(A_1) + P(A_2) + \ldots + P(A_n) + \ldots$$

Ist F ein Ereignisfeld und P eine Wahrscheinlichkeit auf F, so heißt das Paar $(F; P)$ ein **Wahrscheinlichkeitsfeld.**

Aus dem Axiomensystem können folgende **Aussagen für das Rechnen mit Wahrscheinlichkeiten** abgeleitet werden:

Sätze

1. Wenn A ein unmögliches Ereignis ist, so ist $P(A) = 0$, d. h.,

   $$P(\emptyset) = 0.$$

   Die Umkehrung dieses Satzes gilt nicht.
2. Für jedes zufällige Ereignis $A \in F$ gilt $P(\bar{A}) = 1 - P(A)$.
3. Für beliebige (einander nicht ausschließende) Ereignisse $A, B \in F$ gilt $P(A \cup B) = P(A) + P(B) - P(A \cap B)$.
4. Wenn das Ereignis A das Ereignis B nach sich zieht ($A \subseteqq B$), dann gilt $P(A) \leqq P(B)$.
5. Ist die Menge $\{A_1, A_2, \ldots, A_n, \ldots\}$ ein vollständiges System von zufälligen Ereignissen, so gilt $\sum_{i=1}^{\infty} P(A_i) = 1$.

Es wird folgende Redeweise festgelegt:

Wenn $P(A) = 1$ bzw. $P(A) = 0$ gilt, so wird das zufällige Ereignis $A \in F$ ein **fast sicheres Ereignis** bzw. ein **fast unmögliches Ereignis** genannt.
Der klassische Wahrscheinlichkeitsbegriff ist als **Spezialfall** im allgemeinen Wahrscheinlichkeitsbegriff enthalten, und es gelten für endlich viele gleichmögliche Elementarereignisse die bekannten Gesetze
$P(A_i) = \frac{1}{n}$ $(i = 1, \ldots, n)$ und $P(A) = \frac{g(A)}{n}$ (↗9.2.2.).

BEISPIEL 9/12

Bei der Überprüfung der Brenndauer von Glühlampen wurde festgestellt, daß unter je 1000 Stück beliebig ausgewählter Glühlampen 3 Stück 40-Watt-Lampen, 2 Stück 60-Watt-Lampen, 2 Stück 100-Watt-Lampen die vorgeschriebene Brenndauer nicht erreichten. Wie groß ist die Wahrscheinlichkeit, daß sich unter 3 Glühlampen (je eine 40-Watt-Lampe, 60-Watt-Lampe, 100-Watt-Lampe) eine Glühlampe befindet, die die vorgeschriebene Brenndauer nicht besitzt?
Ereignis A sei: »40-Watt-Lampe hat die vorgeschriebene Brenndauer nicht erreicht«. Entsprechend werden die Ereignisse B und C formuliert. A, B, C sind unvereinbare Ereignisse. Deshalb gilt
$P(A \cup B \cup C) = P(A) + P(B) + P(C) = 0{,}003 + 0{,}002 + 0{,}002$
$= 0{,}007$.

9.3. Bedingte Wahrscheinlichkeit und Unabhängigkeit zufälliger Ereignisse

9.3.1. Zum Begriff »bedingte Wahrscheinlichkeit«

Unter der **bedingten Wahrscheinlichkeit** versteht man die Wahrscheinlichkeit eines Ereignisses A unter der Bedingung, daß ein anderes Ereignis B mit $P(B) \neq 0$ bereits eingetreten ist. Sie wird mit $P(A|B)$ bezeichnet und »Wahrscheinlichkeit von A unter der Bedingung B« gelesen.
Ist F ein LAPLACEsches Ereignisfeld, so wird die bedingte Wahrscheinlichkeit durch

$$P(A|B) = \frac{P(A \cap B)}{P(B)} \quad \text{bzw.} \quad P(B|A) = \frac{P(A \cap B)}{P(A)}$$

berechnet, wobei zwischen $P(A|B)$ und $P(B|A)$ zu unterscheiden ist.

Beim axiomatischen Aufbau der Wahrscheinlichkeitsrechnung wird die Beziehung

$$P(A|B) = \frac{P(A \cap B)}{P(B)}$$

zur Definition der bedingten Wahrscheinlichkeit benutzt:

Wenn F ein Ereignisfeld, P eine auf F definierte Funktion, die dem Axiomensystem der Wahrscheinlichkeitsrechnung genügt, sowie $A, B \in F$ [mit $P(B) > 0$] sind, so heißt

$$P(A \mid B) = \frac{P(A \cap B)}{P(B)}$$

die bedingte Wahrscheinlichkeit des Ereignisses A bezüglich des Ereignisses B.

BEISPIEL 9/13

Beim Würfeln mit zwei Spielwürfeln seien
das Ereignis A: »Augensumme mindestens 9«,
das Ereignis B: »Augensumme ungerade«.
Unter der Bedingung B (Augensumme ungerade) kann das Ereignis A (Augensumme mindestens 9) bei folgenden Zusammenstellungen eintreten: $3 + 6$, $4 + 5$, $5 + 4$, $5 + 6$, $6 + 3$, $6 + 5$.
Ferner ist $g(A) = 10$, $g(B) = 18$, $g(A \cap B) = 6$.

Daraus erhält man

$$P(A) = \frac{10}{36} = \frac{5}{18}, \quad P(B) = \frac{18}{36} = \frac{1}{2},$$

$$P(A \cap B) = \frac{6}{36} = \frac{1}{6},$$

und die bedingte Wahrscheinlichkeit des Ereignisses A unter der Bedingung B ist

$$P(A|B) = \frac{P(A \cap B)}{P(B)} = \frac{1}{6} : \frac{1}{2} = \frac{1}{3};$$

die bedingte Wahrscheinlichkeit des Ereignisses B unter der Bedingung A ist

$$P(B|A) = \frac{P(A \cap B)}{P(A)} = \frac{1}{6} : \frac{5}{18} = \frac{3}{5}.$$

Eigenschaften für bedingte Wahrscheinlichkeiten

1. Für alle $A \in F$ gilt $0 \leqq P(A|B) \leqq 1$
2. $P(\Omega \mid B) = 1$
3. Wenn A_1, A_2 unvereinbare Ereignisse (d. h., A_1, $A_2 \in F$ und $A_1 \cap A_2 = \emptyset$) sind, so ist
   $P(A_1 \cup A_1|B) = P(A_1|B) + P(A_2|B)$
4. $P(\emptyset|B) = 0$
5. $P(\bar{A}|B) = 1 - P(A|B)$
6. $P(A_1 \cup A_2|B) = P(A_1|B) + P(A_2|B) - P(A_1 \cap A_2|B)$

9.3.2. Multiplikationsregel für Wahrscheinlichkeiten

Aus der Definitionsgleichung der bedingten Wahrscheinlichkeit

$$P(A|B) = \frac{P(A \cap B)}{P(B)}$$

[mit $P(B) > 0$] bzw.

$$P(B|A) = \frac{P(A \cap B)}{P(A)} \quad [\text{mit } P(A) > 0]$$

erhält man durch Umformung

$$P(A \cap B) = P(A|B) \cdot P(B)$$

bzw.

$$P(A \cap B) = P(B|A) \cdot P(A)$$

Die Wahrscheinlichkeit des Produkts der Ereignisse A, B (d. h. die Wahrscheinlichkeit dafür, daß sowohl das Ereignis A als auch das Ereignis B eintritt) ist gleich dem Produkt aus bedingter Wahrscheinlichkeit $P(A|B)$ bzw. $P(B|A)$ und der Wahrscheinlichkeit $P(B)$ bzw. $P(A)$. **Multiplikationsregel für Wahrscheinlichkeiten**

BEISPIEL 9/14

In einem Kästchen befinden sich 7 rote und 10 blaue Kugeln. Nacheinander wird je eine Kugel »blindlings« entnommen. Die erste Kugel darf aber nicht zurückgelegt werden.
Wie groß ist die Wahrscheinlichkeit dafür, daß die beiden entnommenen Kugeln von roter Farbe sind?
Ereignis A: »Die zuerst gezogene Kugel ist rot«.
Ereignis B: »Die an zweiter Stelle gezogene Kugel ist rot«.
Es ist die Wahrscheinlichkeit des Produkts der Ereignisse A, B [also $P(A \cap B)$], d. h. die Wahrscheinlichkeit dafür, daß sowohl das Ereignis A als auch das Ereignis B eintritt, zu berechnen. Es ist $P(A) = \frac{7}{17}$, $P(B|A) = \frac{6}{16} = \frac{3}{8}$, und damit erhält man $P(A \cap B) = P(B|A) \cdot P(A)$ $= \frac{3}{8} \cdot \frac{7}{17} = \frac{21}{136} \approx 0{,}15$.

Für das **Produkt von drei zufälligen Ereignissen** A, B, C gilt

$$P(A \cap B \cap C) = P(C \mid B \cap A) \cdot P(B \cap A),$$

und unter Nutzung der Multiplikationsregel

$$P(B \cap A) = P(B \mid A) \cdot P(A)$$

erhält man

$$P(A \cap B \cap C) = P(C \mid B \cap A) \cdot P(B \mid A) \cdot P(A),$$

wobei die Wahrscheinlichkeiten der als Bedingung genannten Ereignisse positiv sein müssen.

BEISPIEL 9/15

In einer Schachtel befinden sich 20 Stück 6-A-Sicherungen, unter denen sich 4 defekte befinden. Es sollen 3 Sicherungen nacheinander entnommen werden, ohne daß eine Sicherung wieder in die Schachtel zurückgelegt wird.
Wie groß ist die Wahrscheinlichkeit dafür, daß alle drei Sicherungen defekt sind?
Ereignis A: »Die zuerst entnommene Sicherung ist defekt«.
Ereignis B: »Die an zweiter Stelle entnommene Sicherung ist defekt«.
Ereignis C: »Die zuletzt entnommene Sicherung ist defekt«.
Die Wahrscheinlichkeit des Produkts der Ereignisse A, B, C ist

$$P(A \cap B \cap C) = P(C \mid B \cap A) \cdot P(B \mid A) \cdot P(A).$$

Man erhält

$$P(A) = \frac{4}{20} = \frac{1}{5}, \quad P(B \mid A) = \frac{3}{19},$$

$$P(C|B \cap A) = \frac{2}{18} = \frac{1}{9},$$

und daraus

$$P(A \cap B \cap C) = \frac{1}{5} \cdot \frac{3}{19} \cdot \frac{1}{9} = \frac{1}{285} = 0{,}0035 \approx 0{,}004.$$

Berechnung der Wahrscheinlichkeit eines Produkts von n zufälligen Ereignissen $A_1, A_2, \ldots, A_n$

$P(A_1 \cap A_2 \cap \ldots \cap A_n) = P(A_n | A_1 \cap \ldots \cap A_{n-1}) \cdot \ldots \cdot P(A_2 | A_1) \cdot P(A_1)$, wobei die Wahrscheinlichkeiten der als Bedingung genannten Ereignisse positiv sein müssen.

9.3.3. Unabhängigkeit zufälliger Ereignisse

Sind zwei Ereignisse A, B mit den Wahrscheinlichkeiten $P(A)$ bzw. $P(B)$ gegeben und beeinflußt das Eintreten des Ereignisses A nicht die Wahrscheinlichkeit des Ereignisses B, so heißt das Ereignis B **unabhängig** von A. Es gilt $P(B|A) = P(B)$.

Beim axiomatischen Aufbau der Wahrscheinlichkeitsrechnung wird die Beziehung $P(B|A) = P(B)$ zur Definition der Unabhängigkeit des zufälligen Ereignisses B vom zufälligen Ereignis A genutzt: Das zufällige Ereignis B heißt unabhängig vom zufälligen Ereignis A, wenn $P(B|A) = P(B)$ gilt.
Die Unabhängigkeit von Ereignissen ist wechselseitig: Wenn das Ereignis B unabhängig vom Ereignis A ist, so ist auch das Ereignis A unabhängig vom Ereignis B.

Multiplikationsregel für unabhängige Ereignisse

Die Wahrscheinlichkeit des Produkts der **unabhängigen** Ereignisse A, B (d. h. die Wahrscheinlichkeit dafür, daß sowohl das unabhängige Ereignis A als auch das unabhängige Ereignis B eintritt) ist gleich dem Produkt der Wahrscheinlichkeiten der beiden Ereignisse: $P(A \cap B) = P(A) \cdot P(B)$.

BEISPIEL 9/16

Zwei in einer Schicht unabhängig voneinander automatisch arbeitende Maschinen M_1, M_2 können durch technische Störungen an jeder der Maschinen unabhängig voneinander ausfallen. (Das Abschalten der Spannung für beide Maschinen sei ausgeschlossen.)
Das Ereignis A sei: »M_1 ist ausgefallen«, das Ereignis B sei: »M_2 ist ausgefallen«.
Die Wahrscheinlichkeit für das Ausfallen der Maschine M_1 (in einer Schicht) sei $P(A) = 12\,\%$, für die Maschine M_2 sei $P(B) = 7\,\%$. Wie groß ist die Wahrscheinlichkeit dafür, daß in einer Schicht beide Maschinen ausfallen?
Da die Ereignisse A, B unabhängig voneinander sind, gilt

$$P(A \cap B) = P(A) \cdot P(B) = 0{,}12 \cdot 0{,}07 = 0{,}0084 \approx 0{,}01.$$

Die Wahrscheinlichkeit dafür, daß in einer Schicht beide Maschinen ausfallen, beträgt 1 %.

Hinweis auf den Unterschied zwischen den Begriffen »unvereinbare Ereignisse« und »unabhängige Ereignisse«:

Für die **Unvereinbarkeit** zweier Ereignisse A, B gilt:	Für die **Unabhängigkeit** zweier Ereignisse A, B gilt:
$A \cap B = \emptyset$; daraus folgt $P(A \cap B) = 0$.	$P(A \cap B) = P(A) \cdot P(B)$.

Zwei unvereinbare Ereignisse A, B mit $P(A) > 0, P(B) > 0$ sind nicht voneinander unabhängig.
Sind die Ereignisse A, B voneinander unabhängig, so sind auch die Ereignisse $\bar{A}, B$; $A, \bar{B}$; $\bar{A}, \bar{B}$ voneinander unabhängig.

Erweiterung der Multiplikationsregel für n voneinander unabhängige Ereignisse:

$$P(A_1 \cap A_2 \cap \ldots \cap A_n) = P(A_1) \cdot P(A_2) \cdot \ldots \cdot P(A_n).$$

9.3.4. Spezieller Additionssatz

Wird der Additionssatz (↗ 9.2.3., Satz 3) auf 3 einander nicht ausschließende (also verträgliche) Ereignisse erweitert, so erhält man für die Wahrscheinlichkeit, daß mindestens eines der Ereignisse A, B, C eintritt:

$$\begin{aligned} P(A \cup B \cup C) = P(A) + P(B) + P(C) - P(A \cap B) \\ - P(A \cap C) - P(B \cap C) \\ + P(A \cap B \cap C). \end{aligned}$$

Da für drei und mehr Ereignisse der Additionssatz sehr kompliziert ist, wird der **spezielle Additionssatz** angewendet, der im folgenden hergeleitet wird.

Sind die Ereignisse $A_1, A_2, \ldots, A_n$ unabhängig voneinander (d. h., sie schließen einander nicht aus), dann ist die Wahrscheinlichkeit dafür, daß mindestens eines der Ereignisse A_i mit $i = 1, \ldots, n$ eintritt,

$$P(A) = 1 - [(1 - P(A_1)) \cdot \ldots \cdot (1 - P(A_n))].$$

Denn

$$\begin{aligned} P(A) &= P(A_1 \cup A_2 \cup \ldots \cup A_n) \\ &= 1 - P(\overline{A_1 \cup A_2 \cup \ldots \cup A_n}) \\ &= 1 - P(\bar{A}_1 \cap \bar{A}_2 \cap \ldots \cap \bar{A}_n) \\ &= 1 - P(\bar{A}_1) \cdot P(\bar{A}_2) \cdot \ldots \cdot P(\bar{A}_n) \\ P(A) &= 1 - [(1 - P(A_1))(1 - P(A_2)) \ldots (1 - P(A_n))] \end{aligned}$$

BEISPIEL 9/17

Drei automatisch arbeitende Sortiergeräte besitzen unterschiedliche Qualität: Sortiergerät S_1 sortiert mit einer Wahrscheinlichkeit von 94%, Sortiergerät S_2 mit 97%, Sortiergerät S_3 mit 88% alle fehlerhaften Teile aus.

Wie groß ist die Wahrscheinlichkeit, alle fehlerhaften Teile auszuscheiden, wenn alle Teile die hintereinander geschalteten Sortiergeräte durchlaufen?

Ereignis A_i mit $i = 1, 2, 3$: »Sortiergerät S_i hat aussortiert«. Nach dem speziellen Additionssatz erhält man

$$\begin{aligned} P(A) &= P(A_1 \cup A_2 \cup A_3) = 1 - [(1 - 0{,}94) \cdot (1 - 0{,}97) \cdot (1 - 0{,}88)] \\ &= 1 - [0{,}06 \cdot 0{,}03 \cdot 0{,}12] = 1 - 0{,}000216 = 0{,}999784 \approx 1 . \end{aligned}$$

Wenn bei einem zufälligen Versuch ein zufälliges Ereignis A mit einer **konstanten Wahrscheinlichkeit** $P(A) > 0$ eintritt und wenn der Versuch **n-mal unabhängig voneinander wiederholt** wird, dann ist die Wahrscheinlichkeit dafür, daß das Ereignis A in diesen n Versuchen mindestens einmal eintritt

$$P_n(A) = 1 - (1 - p)^n \quad \text{mit} \quad p = P(A).$$

BEISPIEL 9/18

6 Widerstände, die unabhängig voneinander ausfallen können, haben in einem vorgegebenen Zeitraum die gleiche Ausfallswahrscheinlichkeit

$P(A_i) = p = 0{,}09$ (mit $i = 1, \ldots, 6$).

Wie groß ist die Wahrscheinlichkeit dafür, daß ein System aus diesen 6 Widerständen bei

a) Reihenschaltung, b) Parallelschaltung ausfällt? (Bild 9/7)

Ereignis A sei: »Das System ist ausgefallen«.

Ereignis A_i mit $i = 1, \ldots, n$ sei: »Der Widerstand R_i ist ausgefallen«.

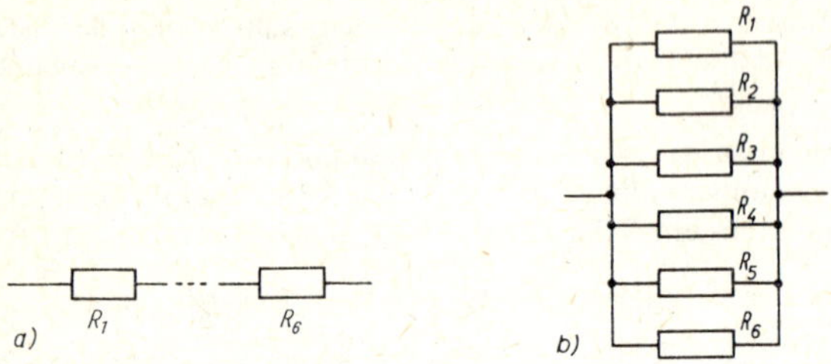

Bild 9/7

a) Bei Reihenschaltung fällt das System aus, wenn mindestens ein Widerstand ausfällt. Es ist also die Wahrscheinlichkeit der Summe von 6 zufälligen Ereignissen zu berechnen:

$$P(A) = P(A_1 \cup A_2 \cup \ldots \cup A_6) = 1 - (1-p)^6 = 1 - (1 - 0{,}09)^6$$
$$= 1 - 0{,}91^6 = 1 - 0{,}5679 = 0{,}4321.$$

Mit einer Wahrscheinlichkeit von 43 % fällt das System bei Reihenschaltung aus.

b) Bei Parallelschaltung fällt das System aus, wenn sowohl R_1 als auch $R_2, \ldots,$ als auch R_6 ausfällt. Es ist also die Wahrscheinlichkeit des Produkts von 6 zufälligen Ereignissen zu berechnen:

$$P(A) = P(A_1 \cap A_2 \cap \ldots \cap A_6) = P(A_1) \cdot P(A_2) \cdot \ldots \cdot P(A_6).$$

Da $P(A_i) = p$ mit $i = 1, \ldots, 6$ ist, gilt

$$P(A) = p^6 = 0{,}09^6 = 0{,}0000005.$$

Mit einer Wahrscheinlichkeit von 0,00005 % fällt das System bei Parallelschaltung aus, d. h., es fällt praktisch nicht aus.

9.3.5. Totale Wahrscheinlichkeit

Sind die Wahrscheinlichkeiten $P(A_i)$ der zufälligen Ereignisse A_i (eines vollständigen Systems von Ereignissen) und die bedingten Wahrscheinlichkeiten $P(B|A_i)$ eines Ereignisses B bezüglich der Ereignisse A_i $(i = 1, \ldots, n)$ gegeben, so gilt der **Satz über die totale Wahrscheinlichkeit** zur Berechnung der Wahrscheinlichkeit des Ereignisses B:

$$P(B) = P(B|A_1) \cdot P(A_1) + P(B|A_2) \cdot P(A_2) + \ldots + P(B|A_n) \cdot P(A_n)$$

bzw.

$$P(B) = \sum_{i=1}^{n} P(B|A_i) \cdot P(A_i).$$

BEISPIEL 9/19

In einem Materiallager befinden sich 6000 Stück Gehwegplatten. Vom Betrieb B_1 wurden 2500 Stück mit einer Ausschußwahrscheinlichkeit von 3 %, vom Betrieb B_2 wurden 3500 Stück mit einer Ausschußwahrschein-

lichkeit von 4,5 % geliefert. Wie groß ist die Wahrscheinlichkeit, daß beim Abholen von Gehwegplatten ein Ausschußteil erfaßt wird?
Gegeben sind

$$P(B|A_1) = 0{,}03 \qquad P(A_1) = \frac{2\,500}{6000} = 0{,}4167$$

$$P(B|A_2) = 0{,}045 \qquad P(A_2) = \frac{3\,500}{6000} = 0{,}5833$$

Gesucht: $P(B)$
Es gilt der Satz über die totale Wahrscheinlichkeit:

$$\begin{aligned} P(B) &= P(B|A_1) \cdot P(A_1) + P(B|A_2) \cdot P(A_2) \\ &= 0{,}03 \cdot 0{,}4167 + 0{,}045 \cdot 0{,}5833 = 0{,}0125 + 0{,}0262 \\ &= 0{,}0387 \approx 0{,}04. \end{aligned}$$

Mit einer Wahrscheinlichkeit von annähernd 4 % wird beim Abholen von Gehwegplatten ein Ausschußteil erfaßt.

9.3.6. Der Satz von Bayes

Sind zwei zufällige Ereignisse A, B mit den positiven Wahrscheinlichkeiten $P(A)$, $P(B)$ gegeben und ist die bedingte Wahrscheinlichkeit $P(B|A)$ von B bezüglich A bekannt, so kann die bedingte Wahrscheinlichkeit $P(A|B)$ von A bezüglich B berechnet werden.

Nach der Multiplikationsregel für Wahrscheinlichkeiten (↗ 9.3.2.) gilt

$$P(A|B) \cdot P(B) = P(B|A) \cdot P(A)$$

bzw.

$$P(A|B) = \frac{P(B|A) \cdot P(A)}{P(B)}$$

Verallgemeinerung dieser Beziehung auf die bedingte Wahrscheinlichkeit von k Ereignissen A_k bezüglich des Ereignisses B: Sind $A_1, \ldots, A_n$ paarweise unvereinbare Ereignisse mit den positiven Wahrscheinlichkeiten $P(A_1), \ldots, P(A_n)$, deren Summe das sichere Ereignis ist, und ist B ein zufälliges Ereignis mit $P(B) > 0$, so gilt für die bedingte Wahrscheinlichkeit $P(A_k \mid B)$ des Ereignisses A_k bezüglich des Ereignisses B:

$$P(A_k \mid B) = \frac{P(B \mid A_k) \cdot P(A_k)}{P(B)} \quad (k = 1, \ldots, n)$$

Ersetzt man $P(B)$ nach dem Satz über die totale Wahrscheinlichkeit (↗ 9.3.5.) durch $P(B) = \sum_{i=1}^{n} P(B|A_i) \cdot P(A_i)$, so erhält man die **Bayessche Formel:**

$$P(A_k \mid B) = \frac{P(B|A_k) \cdot P(A_k)}{\sum_{i=1}^{n} P(B|A_i) \cdot P(A_i)} \quad (k = 1, \ldots, n)$$

BEISPIEL 9/20

Drei Betriebe haben Glühlampen an ein Lager geliefert mit folgenden Ausschußquoten

Betrieb	gelieferte Stückzahl	Ausschußquote
1	3500	2,0%
2	2000	2,5%
3	1500	1,5%

Mit welcher Wahrscheinlichkeit stammt eine entnommene Glühlampe aus Betrieb 3?
Berechnung der Wahrscheinlichkeiten:

$$P(B_1) = \frac{3500}{7000} = 0{,}5 \qquad P(A|B_1) = 0{,}02$$

$$P(B_2) = 0{,}29 \qquad P(A|B_2) = 0{,}025$$

$$P(B_3) = 0{,}21 \qquad P(A|B_3) = 0{,}015$$

Dann ist

$$P(B_3 \mid A) = \frac{P(A|B_3) \cdot P(B_3)}{P(A|B_1) \cdot P(B_1) + P(A|B_2) \cdot P(B_2) + P(A|B_3) \cdot P(B_3)}$$

$$= \frac{0{,}015 \cdot 0{,}21}{0{,}02 \cdot 0{,}5 + 0{,}025 \cdot 0{,}29 + 0{,}015 \cdot 0{,}21}$$

$$= \frac{0{,}00315}{0{,}01 + 0{,}00725 + 0{,}00315} = \frac{0{,}00315}{0{,}0204} = 0{,}154.$$

Mit einer Wahrscheinlichkeit von 15% stammt eine entnommene Glühlampe aus dem Betrieb 3.

9.4. Beschreibende Statistik

In der Statistik werden Massenerscheinungen in Gesellschaft, Naturwissenschaften, Technik und Medizin mit Mitteln der Wahrscheinlichkeitsrechnung untersucht.
In der **beschreibenden Statistik** werden Methoden zur Erfassung, übersichtlichen und anschaulichen Darstellung und Wiedergabe empirischen Zahlenmaterials, in der **mathematischen Statistik** Methoden zur weiteren wissenschaftlichen Auswertung dieses Zahlenmaterials entwickelt. Hier sollen nur Methoden der beschreibenden Statistik dargestellt werden.

9.4.1. Erfassung und Darstellung statistischen Zahlenmaterials

(1) Stichprobe, Grundgesamtheit

Da in der Produktion von massenhaft anfallenden Erzeugnissen nicht jedes einzelne Stück auf seine Funktionstüchtigkeit, auf Maßgerechtheit und andere Eigenschaften – kurz auf seine Qualität – überprüft werden kann, zumal manches Erzeugnis bei der Prüfung zerstört würde, beschränkt man sich auf eine Stichprobe, die zur Untersuchung herangezogen wird.

Mit Hilfe dieser **Stichprobe** will man aus den Kenntnissen über bestimmte Eigenschaften einer Teilmenge von Objekten, die einer Menge, der **Grundgesamtheit**, entnommen sind, etwas über die entsprechenden Eigenschaften der Grundgesamtheit aussagen, d. h., man will von der Stichprobe (und ihren Eigenschaften) auf die Verteilung der Grundgesamtheit **schließen.**

Eine Eigenschaft eines Objekts äußert sich in einem bestimmten zu untersuchenden **Merkmal**, das dem Zufall unterworfen ist und das quantitativ oder qualitativ erfaßt werden kann. Solchen Merkmalen werden Zufallsgrößen zugeordnet, die mit X, Y, ... bezeichnet werden.

Man versteht unter einer **Stichprobenentnahme vom Umfang** n eine zufällige, unabhängig voneinander vollzogene Auswahl von n Objekten aus der Grundgesamtheit mit anschließender Untersuchung des interessierenden Materials. Als Ergebnis der Stichprobenentnahme erhält man eine Folge von **Merkmalswerten** unter den möglichen **Merkmalsausprägungen**, die zu einem n-Tupel $(x_1, \ldots, x_n)$ zusammengefaßt werden können.

Sind die Merkmalswerte durch Messung entstanden (d. h. quantitativ erfaßbar), dann heißen sie **Meßwerte**; werden bestimmte Meßwerte in einem Intervall zusammengefaßt, nennt man diese dann **Rangwerte**; sind die Merkmalswerte qualitativer Art, so heißen sie **Kategorien.**

Die beobachteten Merkmalswerte $x_1, \ldots, x_n$ werden Realisierungen der Zufallsgröße X genannt.

BEISPIEL 9/21

Die **Untersuchungsobjekte** seien Menschen.
Die Grundgesamtheit: Einwohner eines bestimmten Ortes

Das untersuchte Merkmal X	Körpergröße	Körpergröße	Familienstand
Merkmals-ausprägungen	mögliche Meß-ergebnisse	Klassen: »klein« »mittelgroß« »groß« »sehr groß«	»ledig« »verheiratet« »verwitwet« »geschieden«
Merkmals-werte x_i	Meßwerte	Rangwerte (↗ Bild 9/8)	Kategorien

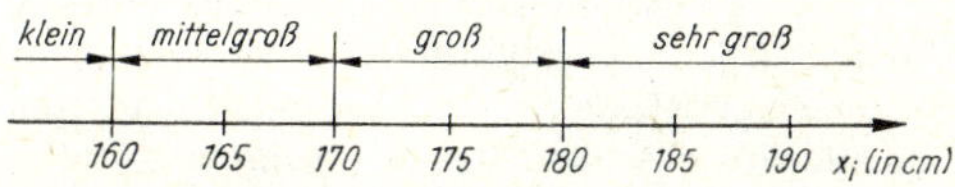

Bild 9/8

(2) Häufigkeitstabellen und graphische Darstellungen von Häufigkeitsverteilungen

Bei einer Stichprobe werden die Merkmalswerte in der Reihenfolge ihrer Erfassung in einer **Urliste** gesammelt. Anschließend werden sie unter Angabe der Häufigkeit ihres Auftretens in einer **Strichliste** bzw. **Häufigkeitstabelle, primäre Verteilungstafel** genannt, geordnet (meist nach der Größe). Eine Häufigkeitstabelle gibt eine **Häufigkeitsverteilung** an, die durch ein **Streckendiagramm** oder ein **Liniendiagramm** veranschaulicht werden kann.

BEISPIEL 9/22

Untersuchung der Körpergröße (im cm) von 30 Schülern einer Altersstufe einer Schule (Stichprobe)

k	x_k	Strichliste	Häufigkeit f_k
1	158	ǀ	1
2	159	ǀ	1
3	160	ǀǀǀǀ	4
4	163	ǀǀǀǀ	4
5	164	卌	5
6	165	卌 ǀ	6
7	167	ǀǀǀǀ	4
8	169	ǀǀ	2
9	171	ǀǀ	2
10	172	ǀ	1

Veranschaulichung in einem Streckendiagramm (Bild 9/9) bzw. in einem Liniendiagramm (Bild 9/10)

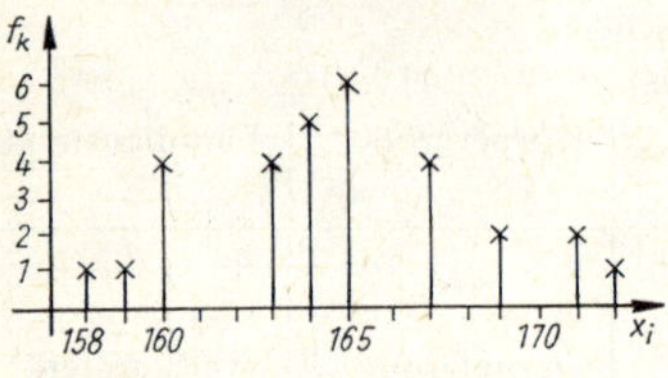

Bild 9/9

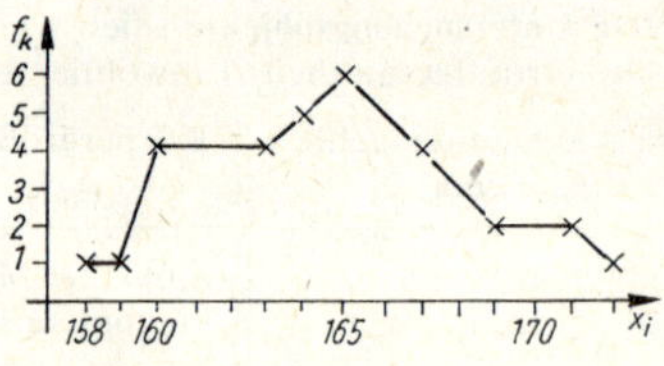

Bild 9/10

Soll das Wesentliche einer Verteilung noch deutlicher herausgearbeitet werden, wird das Abszissenintervall, in dem die Merkmalswerte x_i der Stichprobe liegen, in endlich viele aneinander grenzende Intervalle K_j ($j = 1, \ldots, m$), **Klassen** genannt, eingeteilt, und man zählt ab, wie viele Meßwerte der Stichprobe in K_j liegen. F_j sei dann die **Klassenhäufigkeit.**
Unter einer **Klasse** (↗ 2.5.3.) versteht man eine Menge von Objekten, die alle eine charakteristische Eigenschaft (das gleiche Merkmal) haben.

Es muß gelten

$$K_1 \cup K_2 \cup \ldots \cup K_m = K$$

K ist die Grundgesamtheit und

$$K_i \cap K_j = \emptyset$$

für $i \neq j$.

Die Begriffe »Klassenanzahl«, »Klassenbreite«, »Klassengrenze«, »Klassenmitte« sind aus der Bedeutung ihres Wortes verständlich. Der Gewinn an Übersichtlichkeit bei einer Klassifikation bringt jedoch einen Verlust an Information.

Durch die Klasseneinteilung entsteht eine **sekundäre Verteilungstafel** für die Häufigkeitsverteilung, die durch ein **Streifendiagramm** oder ein Liniendiagramm (**Häufigkeitspolygon** genannt) veranschaulicht werden kann. Bei einem Häufigkeitspolygonzug zeichnet man über den Klassenmitten Punkte mit den Ordinaten F_j bei absoluter Häufigkeit (bzw. mit den Ordinaten $\frac{F_j}{n}$ bei relativer Häufigkeit) (↗ 9.2.1.) und verbindet sie durch einen Streckenzug.

BEISPIEL 9/23

Werden die Meßwerte im Beispiel 9/22 in Klassen mit den Merkmalsausprägungen zusammengefaßt

j	K_j	F_j	$\frac{F_j}{n}$
1	bis 159,9	2	0,067
2	160 bis 164,9	13	0,433
3	165 bis 169,9	12	0,400
4	170 bis 174,9	3	0,100
5	175 und darüber	0	0,000

so gilt $F_1 = \sum_{k=1}^{2} f_k = 2, \quad F_2 = \sum_{k=3}^{5} f_k = 13$ usw.

Veranschaulichung der absoluten Häufigkeit in einem Streifendiagramm (Bild 9/11), der relativen Häufigkeit in einem Häufigkeitspolygonzug (Bild 9/12).

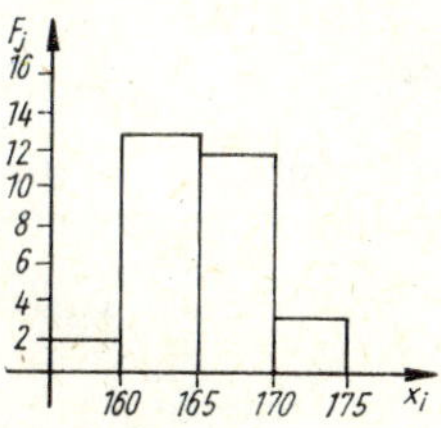

Bild 9/11

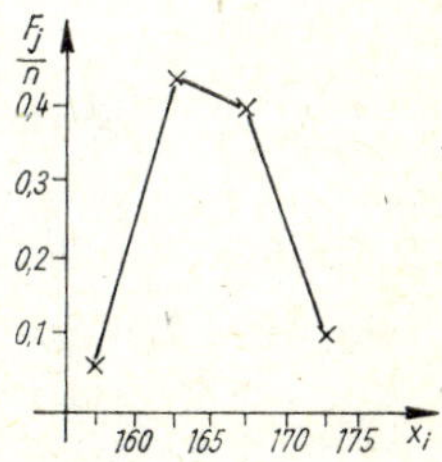

Bild 9/12

Zum Vergleich der Beobachtungsergebnisse aus zwei Untersuchungen zieht man die relativen Häufigkeiten heran und berechnet die **Summenhäufigkeiten** durch

$$s_j = \sum_{j=1}^{m} \frac{F_j}{n}.$$

Die Summenhäufigkeit kann in einem Streifendiagramm oder einem Häufigkeitspolygonzug veranschaulicht werden.

BEISPIEL 9/24

Außer der 1. Untersuchung (30 Meßwerte) mit der Klassenhäufigkeit F_j in Beispiel 9/22 stehe eine 2. Untersuchung (40 Meßwerte) mit der Klassenhäufigkeit G_j zum Vergleich der Beobachtungsergebnisse zur Verfügung. Dazu werden die relativen Summenhäufigkeiten in folgender Tabelle berechnet und in Bild 9/13 veranschaulicht.

		1. Untersuchung				2. Untersuchung			
j	K_j	F_j	$\frac{F_j}{n}$	s_j	$\frac{s_j}{n}$	G_j	$\frac{G_j}{n}$	s_j	$\frac{s_j}{n}$
1	bis 159,9	2	0,067	2	0,067	5	0,125	5	0,125
2	160 bis 164,9	13	0,433	15	0,500	15	0,375	20	0,500
3	165 bis 169,9	12	0,400	27	0,900	12	0,300	32	0,800
4	170 bis 174,9	3	0,100	30	1,000	7	0,175	39	0,975
5	über 175	0	0,000	30	1,000	1	0,025	40	1,000

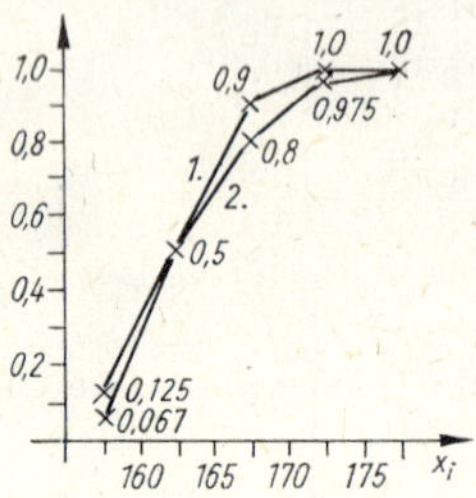

Bild 9/13

9.4.2. Mittelwerte

Zur Beurteilung einer Meßreihe werden folgende **statistische Maßzahlen** (das sind Größen, die aus den Meßwerten ermittelt wurden) genutzt:

- Mittelwerte (Maßzahlen zur Beschreibung der Lage des Zentrums einer Stichprobe),
- Streuungsmaße (Maßzahlen zur Beschreibung der Ausbreitung der Meßwerte in einer Meßreihe der Stichprobenwerte).

(1) **Arithmetischer Mittelwert**

Es seien n Meßwerte x_i als eine Stichprobe aus der Grundgesamtheit X gegeben, dann heißt $\bar{x} = \frac{1}{n} \sum_{i=1}^{n} x_i$ der **arithmetische Mittelwert** (das arithmetische Mittel) der Stichprobe.

BEISPIEL 9/25

Bei einer Stichprobe seien folgende fünf Meßwerte ermittelt worden: $x_1 = 2{,}1$, $x_2 = 2{,}7$, $x_3 = 1{,}7$, $x_4 = 2{,}0$, $x_5 = 2{,}2$. Der arithmetische Mittelwert ist

$$\bar{x} = \frac{1}{5} \sum_{i=1}^{5} x_i = \frac{1}{5}(2{,}1 + 2{,}7 + 1{,}7 + 2{,}0 + 2{,}2) = 2{,}14.$$

Für das arithmetische Mittel $\bar{x}$ der n Meßwerte $x_1, x_2, \ldots, x_n$ gilt

$$\sum_{i=1}^{n} (x_i - \bar{x}) = 0.$$

Berechnung des arithmetischen Mittelwertes **bei Klasseneinteilung** des vorliegenden Zahlenmaterials:
Es seien m die Anzahl der Klassen, ξ_k die Klassenmitte der k-ten Klasse und F_k die Klassenhäufigkeit der k-ten Klasse, dann wird das arithmetische Mittel $\bar{x}$ berechnet durch

$$\bar{x} = \frac{1}{n} \sum_{k=1}^{m} \xi_k F_k \quad \text{mit} \quad \sum_{k=1}^{m} F_k = n.$$

BEISPIEL 9/26

Bei der Bestimmung des arithmetischen Mittelwerts für den Durchmesser automatisch hergestellter Bolzen hat man innerhalb folgender Klassengrenzen die Klassenhäufigkeit F_k ermittelt:

k	Klassengrenzen	F_k	Klassenmitte ξ_k
1	25,3 … 25,4	1	25,35
2	25,4 … 25,5	6	25,45
3	25,5 … 25,6	12	25,55
4	25,6 … 25,7	14	25,65
5	25,7 … 25,8	7	25,75

Der arithmetische Mittelwert ist dann

$$\bar{x} = \frac{1}{40}(25{,}35 \cdot 1 + 25{,}45 \cdot 6 + 25{,}55 \cdot 12 + 25{,}65 \cdot 14 + 25{,}75 \cdot 7)$$

$$= \frac{1024}{40} = 25{,}6.$$

(2) Gewogenes arithmetisches Mittel

Gehen in das arithmetische Mittel $\bar{x}$ einer Stichprobe die arithmetischen Mittel x_i der Einzelstichproben »mit Wichtung« (d. h. entsprechend der Anzahl ihrer Elemente) ein, so heißt

$$\bar{x} = \frac{1}{n} \sum_{i=1}^{k} n_i \bar{x}_i \quad \text{mit} \quad \sum_{i=1}^{k} n_i = n$$

das **gewogene arithmetische Mittel** von $x_1, x_2, \ldots, x_k$.

BEISPIEL 9/27

Aus einer Grundgesamtheit von 5000 Stück Bolzen (Durchmesser x in mm) sind drei Stichproben entnommen worden:

1. Stichprobe: $n_1 = 20, \quad \bar{x}_1 = 31{,}5$
2. Stichprobe: $n_2 = 30, \quad \bar{x}_2 = 31{,}8$
3. Stichprobe: $n_3 = 50, \quad \bar{x}_3 = 31{,}4.$

Das gewogene arithmetische Mittel ist

$$\bar{x} = \frac{1}{100}(20 \cdot 31{,}5 + 30 \cdot 31{,}8 + 50 \cdot 31{,}4) = \frac{1}{100} \cdot 3154 = 31{,}54.$$

(3) Der Median (Zentralwert)

Wenn unter den Beobachtungswerten (Meß- bzw. Rangwerten) einige extreme Werte auftreten, die das arithmetische Mittel stark beeinflussen, zieht man dem arithmetischen Mittel den Median vor.

In einer der Größe nach geordneten Folge von n Meß- oder Rangwerten $x_1, \ldots, x_n$ $\left\{\begin{matrix}\text{ungerader}\\ \text{gerader}\end{matrix}\right\}$ Anzahl ist der **Median** $\tilde{x}$ (gelesen »x Schlange«) $\left\{\begin{matrix}\text{der in der Mitte stehende Wert}\\ \text{das arithmetische Mittel der beiden}\\ \text{in der Mitte stehenden Werte.}\end{matrix}\right\}$

Rechts und links vom Median liegt jeweils die Hälfte der Meßwerte.

BEISPIEL 9/28

In den folgenden Meßreihen soll der Median ermittelt werden.

a) 3,1; 3,7; 3,8; 3,8; 3,9.
Der in der Mitte stehende Wert einer ungeraden Anzahl von Meßwerten ist $\tilde{x} = 3{,}8$.

b) 3,1; 3,8; 3,8; 3,9; 3,9; 4,0.
Das arithmetische Mittel der beiden in der Mitte stehenden Werte einer geraden Anzahl von Meßwerten ist $\tilde{x} = 3{,}85$.

(4) Der Modalwert (der Mode)

Der **Modalwert** $\hat{x}$ (gelesen »x Dach«) ist der in einer Meßreihe mit größter Häufigkeit auftretende Meßwert. Er kommt mindestens ebenso oft in einer Meßreihe vor wie jeder andere Wert.

BEISPIEL 9/29

Unter den Meßwerten 3,1; 3,7; 3,8; 3,8; 3,8; 3,9 tritt der Meßwert 3,8 am häufigsten auf. Der Modalwert ist $\hat{x} = 3{,}8$.

(5) **Der geometrische Mittelwert**

Der **geometrische Mittelwert** $\mathring{x}$ ist nur für Meßreihen mit positiven Gliedern definiert:

$$\mathring{x} = \sqrt[n]{x_1 \cdot \ldots \cdot x_n} = \sqrt[n]{\prod_{i=1}^{n} x_i}.$$

In der Wirtschaftsstatistik wird er zur Charakterisierung von zeitabhängigen Entwicklungen verwendet.

BEISPIEL 9/30

Der geometrische Mittelwert der Meßreihe 3,1; 3,7; 3,8; 3,8; 3,9 ist

$$\mathring{x} = \sqrt[5]{3{,}1 \cdot 3{,}7 \cdot 3{,}8 \cdot 3{,}8 \cdot 3{,}9} = \sqrt[5]{645{,}94}$$

Die logarithmische Berechnung ergibt

$$\lg \mathring{x} = \frac{1}{5} \lg 645{,}94 = \frac{2{,}8102}{5} = 0{,}5620$$

$$\mathring{x} = 3{,}65.$$

(6) **Das harmonische Mittel**

Das **harmonische Mittel** $\bar{\bar{x}}$ ist der reziproke Wert des arithmetischen Mittels aus den reziproken Werten $\frac{1}{x_i}$ für $i = 1, \ldots, n$.

$$\bar{\bar{x}} = \frac{n}{\frac{1}{x_1} + \ldots + \frac{1}{x_n}}$$

BEISPIEL 9/31

Das harmonische Mittel der Meßreihe 3,1; 3,7; 3,8; 3,8; 3,9 ist

$$\bar{\bar{x}} = \frac{5}{\frac{1}{3{,}1} + \frac{1}{3{,}7} + \frac{1}{3{,}8} + \frac{1}{3{,}8} + \frac{1}{3{,}9}} = \frac{5}{1{,}3757} = 3{,}635.$$

Für positive Meßwerte x_i gilt stets $\bar{\bar{x}} \leqq \mathring{x} \leqq \bar{x}$.

BEISPIEL 9/32

Für die Meßreihe 3,1; 3,7; 3,8; 3,8; 3,9 gilt

$$\bar{x} = \frac{18{,}3}{5} = 3{,}66; \qquad \mathring{x} = 3{,}65 \text{ (Beispiel 9/30)};$$

$$\bar{\bar{x}} = 3{,}63 \text{ (Beispiel 9/31)}.$$

Also $\bar{\bar{x}} \leqq \mathring{x} \leqq \bar{x}$.

9.4.3. Streuungsmaße

Empirische Verteilungen können nicht allein durch Angabe der Mittelwerte charakterisiert werden. Ihre Beschreibung erfordert noch eine Angabe über die Ausbreitung der Meßwerte dieser Meßreihe um den Mittelwert, die **Streuung** genannt wird.
Als Streuungsmaße dienen

- die Variationsbreite,
- die durchschnittliche Abweichung,
- die Varianz und Standardabweichung.

(1) **Die Variationsbreite**

Die **Variationsbreite** δ ist ein sehr grobes Streuungsmaß. Sie ist festgelegt durch $\delta = x_{\max} - x_{\min}$, als Differenz zwischen dem größten und dem kleinsten Meßwert, also zwischen den extremen Meßwerten.
Da nur zwei Meßwerte herangezogen werden, wendet man die Variationsbreite nur bei Meßreihen mit einer geringen Anzahl von Meßwerten an.

BEISPIEL 9/33

In der Meßreihe 3,1; 3,7; 3,8; 3,8; 3,9 ist die Variationsbreite

$$\delta = 3{,}9 - 3{,}1 = 0{,}8.$$

(2) **Die durchschnittliche Abweichung**

Die **durchschnittliche Abweichung** d von n Meßwerten x_i $(i = 1, \ldots, n)$ ist das arithmetische Mittel aus den Beträgen $|x_i - \bar{x}|$:

$$d = \frac{1}{n} \sum_{n=1}^{i} |x_i - \bar{x}|.$$

BEISPIEL 9/34

In der Meßreihe 3,1; 3,7; 3,8; 3,8; 3,9 ist der arithmetische Mittelwert $\bar{x} = 3{,}66$ (↗ Beispiel 9/32).
Ermittlung der durchschnittlichen Abweichung:

i	x_i	$\lvert x_i - \bar{x}\rvert$
1	3,1	0,56
2	3,7	0,04
3	3,8	0,14
4	3,8	0,14
5	3,9	0,24

$$\sum_{i=1}^{5} |x_i - \bar{x}| = 1{,}12$$

$$d = \frac{1{,}12}{5} = 0{,}224.$$

Wenn bei einer **Klasseneinteilung des Zahlenmaterials** die n Meßwerte x_i $(i = 1, \ldots, n)$ auf m Merkmalsausprägungen ξ_k $(k = 1, \ldots, m)$ mit der Klassenhäufigkeit F_k verteilt sind, dann gilt

$$d = \frac{1}{n} \sum_{k=1}^{m} |\xi_k - \bar{x}|\, F_k \quad \text{mit} \quad \sum_{k=1}^{m} F_k = n.$$

BEISPIEL 9/35

Bei einer Stichprobe seien die in der dritten Spalte der folgenden Tabelle aufgeführten Klassenhäufigkeiten festgestellt worden:

k	ξ_k	F_k	$\lvert\xi_k - \bar{x}\rvert$
1	17	2	1,85
2	18	5	0,85
3	19	8	0,15
4	20	4	1,15
5	21	1	2,15

Man ermittelt zunächst

$$n = \sum_{k=1}^{5} F_k = 20,$$

$$\bar{x} = \frac{1}{n} \sum_{k=1}^{5} \xi_k F_k = \frac{1}{20} (17 \cdot 2 + 18 \cdot 5 + 19 \cdot 8 + 20 \cdot 4 + 21 \cdot 1)$$

$$= \frac{377}{20} = 18{,}85$$

und bildet die Beträge der Abweichungen des arithmetischen Mittels von den einzelnen Merkmalsausprägungen (vierte Spalte). Berechnung der durchschnittlichen Abweichung

$$d = \frac{1}{n} \sum_{k=1}^{5} |\xi_k - \bar{x}| \cdot F_k$$

$$= \frac{1}{20} (1{,}85 \cdot 2 + 0{,}85 \cdot 5 + 0{,}15 \cdot 8 + 1{,}15 \cdot 4 + 2{,}15 \cdot 1)$$

$$= \frac{15{,}90}{20} = 0{,}795.$$

(3) Varianz und Standardabweichung

Sind n Meßwerte x_i $(i = 1, \ldots, n)$ gegeben und ist $\bar{x}$ der arithmetische Mittelwert, so ist die **Varianz** durch

$$s^2 = \frac{1}{n-1} \sum_{i=1}^{n} (x_i - \bar{x})^2$$

und die **Standardabweichung** durch

$$s = \sqrt{\frac{1}{n-1} \sum_{i=1}^{n} (x_i - \bar{x})^2}$$

festgelegt.
Die Standardabweichung (auch mittlere quadratische Abweichung genannt) ist das in der Statistik am häufigsten benutzte Streuungsmaß, weil große Abweichungen stark ins Gewicht fallen, kleine dagegen schwach.

BEISPIEL 9/36

Die Meßwerte x_i seien gegeben durch 3,1; 3,7; 3,8; 3,8; 3,9. Dann ist der arithmetische Mittelwert $\bar{x} = 3{,}66$.
Ferner ist

i	x_i	$(x_i - \bar{x})^2$
1	3,1	$0{,}56^2 = 0{,}3136$
2	3,7	$0{,}04^2 = 0{,}0016$
3	3,8	$0{,}14^2 = 0{,}0196$
4	3,8	$0{,}14^2 = 0{,}0196$
5	3,9	$0{,}24^2 = 0{,}0576$

$$\sum (x_i - \bar{x})^2 = 0{,}4120.$$

Die Varianz ist dann $s^2 = \frac{1}{4} \cdot 0{,}4120 = 0{,}103$. Daraus erhält man die Standardabweichung $s = 0{,}32$.

Für praktische Berechnungen der Varianz ist die folgende Beziehung vorteilhafter:

$$s^2 = \frac{1}{n-1} \left[\sum_{i=1}^{n} x_i^2 - \frac{1}{n} \left(\sum_{i=1}^{n} x_i \right)^2 \right].$$

i	x_i	x_i^2
1	3,1	9,61
2	3,7	13,69
3	3,8	14,44
4	3,8	14,44
5	3,9	15,21
	$\sum x_i = 18{,}3$	$\sum x_i^2 = 67{,}39$

Ferner ist

$$\left(\sum_{i=1}^{5} x_i \right)^2 = 18{,}3^2 = 334{,}89.$$

Damit erhält man

$$s^2 = \frac{1}{4} \left(67{,}39 - \frac{334{,}89}{5} \right) = \frac{1}{4} (67{,}39 - 66{,}98) = \frac{0{,}41}{4} = 0{,}103.$$

10. Analytische Geometrie in der Ebene und im Raum

In der analytischen Geometrie werden geometrische Probleme mit rechnerischen Mitteln und Methoden untersucht. Mit Hilfe eines Koordinatensystems wird eine eineindeutige Abbildung einer Menge geometrischer Objekte auf eine Menge von Objekten, die aus Zahlen gebildet werden, hergestellt. In der analytischen Geometrie der Ebene werden Punkte auf Zahlenpaare $(x, y) \in \mathbf{R} \times \mathbf{R}$, in der analytischen Geometrie des Raums auf Zahlentripel $(x, y, z) \in \mathbf{R} \times \mathbf{R} \times \mathbf{R}$ abgebildet.
Da geometrische Objekte durch Punktmengen im kartesischen Koordinatensystem der Ebene oder des dreidimensionalen Raums darstellbar sind, kann jedem Punkt eines geometrischen Objekts in der Ebene bzw. im Raum eineindeutig ein **Ortsvektor** des zwei- bzw. dreidimensionalen Vektorraums V_0^2 bzw. V_0^3 zugeordnet werden. Deshalb eignen sich die Methoden der Vektorrechnung (↗ Abschnitt 7.) zur Untersuchung geometrischer Objekte. Dem wird durch Paralleldarstellung des ebenen und des räumlichen Problems – soweit möglich – in den Abschnitten 10.1. bis 10.4. Rechnung getragen. In 10.5. (analytische Geometrie der Kegelschnitte), in dem nur geometrische Probleme der Ebene untersucht werden, wird auf eine vektorielle Darstellung verzichtet (obwohl dies auch möglich wäre).

10.1. Punkte im kartesischen Koordinatensystem

10.1.1. Punkt und Strecke

(1) Nach 7.3.3.(4) wird im kartesischen Koordinatensystem $\{0; \boldsymbol{i}, \boldsymbol{j}\}$ bzw. $\{0; \boldsymbol{i}, \boldsymbol{j}, \boldsymbol{k}\}$ der **Punkt** P_1

in der Ebene	im Raum
mit $P_1(x_1; y_1)$	mit $P_1(x_1; y_1; z_1)$

durch den Ortsvektor

$\boldsymbol{p}_1 = x_1\boldsymbol{i} + y_1\boldsymbol{j}$	$\boldsymbol{p}_1 = x_1\boldsymbol{i} + y_1\boldsymbol{j} + z_1\boldsymbol{k}$

eindeutig festgelegt (Bild 10/1).

Bild 10/1

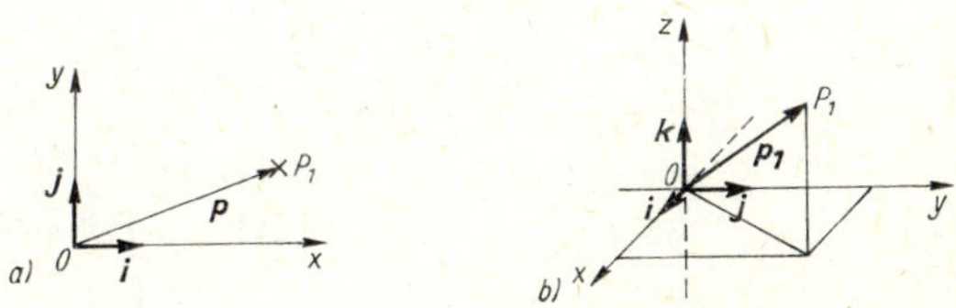

(2) Der **Abstand zweier Punkte** P_1, P_2, die durch die Ortsvektoren

$\boldsymbol{p}_1 = x_1\boldsymbol{i} + y_1\boldsymbol{j}$	$\boldsymbol{p}_1 = x_1\boldsymbol{i} + y_1\boldsymbol{j} + z_1\boldsymbol{k}$
$\boldsymbol{p}_2 = x_2\boldsymbol{i} + y_2\boldsymbol{j}$	$\boldsymbol{p}_2 = x_2\boldsymbol{i} + y_2\boldsymbol{j} + z_2\boldsymbol{k}$

festgelegt sind, ist gleich der **Länge der Strecke** P_1P_2 und damit gleich der Norm des Vektors $\overrightarrow{P_1P_2} = \boldsymbol{a}$ (Veranschaulichung in Bild 10/2).

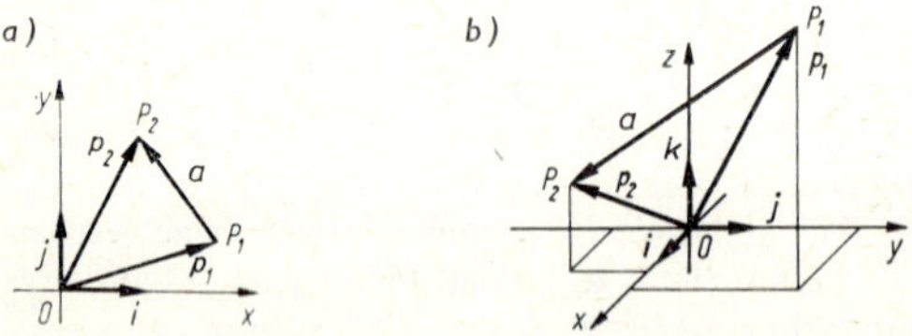

Bild 10/2

Es gilt $\boldsymbol{p}_1 + \boldsymbol{a} = \boldsymbol{p}_2$ bzw. $\boldsymbol{a} = \boldsymbol{p}_2 - \boldsymbol{p}_1$.
Die Länge der Strecke P_1P_2 (d. h. der Abstand der Punkte P_1, P_2 oder die Norm des Vektors $\boldsymbol{a}$) ist

$$\overline{P_1P_2} = \|\boldsymbol{a}\| = \sqrt{\boldsymbol{a}\cdot\boldsymbol{a}} = \sqrt{(\boldsymbol{p}_2 - \boldsymbol{p}_1)^2}$$
$$= \sqrt{(x_2 - x_1)^2 + (y_2 - y_1)^2}$$
$$= \sqrt{(x_2 - x_1)^2 + (y_2 - y_1)^2 + (z_2 - z_1)^2}$$

BEISPIEL 10/1

Gegeben seien die Punkte

$P_1(2;\ 3)$	$P_1(2;\ 3;\ 1)$
$P_2(-1;\ 1)$.	$P_2(1;\ -1;\ 5)$.

Dann sind die Ortsvektoren

$\boldsymbol{p}_1 = 2\boldsymbol{i} + 3\boldsymbol{j}$	$\boldsymbol{p}_1 = 2\boldsymbol{i} + 3\boldsymbol{j} + \boldsymbol{k}$
$\boldsymbol{p}_2 = -\boldsymbol{i} + \boldsymbol{j}$.	$\boldsymbol{p}_2 = \boldsymbol{i} - \boldsymbol{j} + 5\boldsymbol{k}$.

Für den Vektor $\boldsymbol{a}$ gilt: $\boldsymbol{a} = \boldsymbol{p}_2 - \boldsymbol{p}_1$,

$\boldsymbol{a} = -3\boldsymbol{i} - 2\boldsymbol{j}$.	$\boldsymbol{a} = -\boldsymbol{i} - 4\boldsymbol{j} + 4\boldsymbol{k}$.

Der Abstand der Punkte P_1, P_2, d. h. die Länge der Strecke P_1P_2, ist gleich der Norm des Vektors $\boldsymbol{a}$:

$\|\boldsymbol{a}\| = \sqrt{9 + 4} = \sqrt{13}$	$\|\boldsymbol{a}\| = \sqrt{1 + 16 + 16} = \sqrt{33}$.

(3) **Teilpunkt** T **einer Strecke** P_1P_2

Es sei T ein Punkt auf der Geraden g durch die Punkte P_1, P_2. Dann sind die Vektoren $\overrightarrow{P_1T}$, $\overrightarrow{TP_2}$ und $\overrightarrow{P_1P_2}$ kollinear.
Die Zahl λ, für die $\overline{P_1T} = \lambda\overline{TP_2}$ gilt, heißt das **Teilverhältnis**, in dem der Punkt T die Strecke P_1P_2 teilt.

Liegt T zwischen P_1 und P_2 (Bild 10/3), so sind $\overrightarrow{P_1T}$ und $\overrightarrow{TP_2}$ gleichgerichtet, und λ ist positiv. T ist **innerer Teilpunkt.**
Liegt T nicht zwischen P_1 und P_2 (Bild 10/4), so sind $\overrightarrow{P_1T}$ und $\overrightarrow{TP_2}$ entgegengesetzt gerichtet, und λ ist negativ. T ist **äußerer Teilpunkt.**

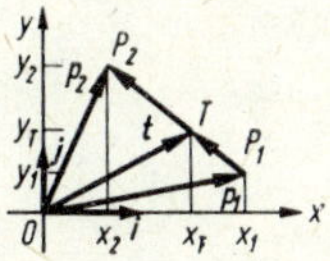

Bild 10/3

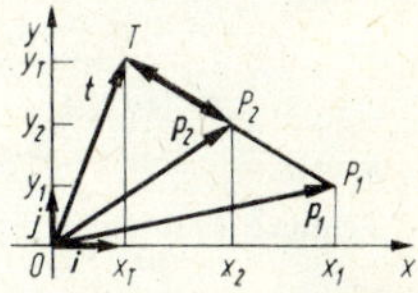

Bild 10/4

Wenn $\lambda = 0$ ist, so gilt $T = P_1$.
Wenn $\lambda = 1$ ist, so gilt $\overrightarrow{P_1T} = \overrightarrow{TP_2}$, d. h., T ist Mittelpunkt der Strecke P_1P_2.
In Bild 10/3 ist $\boldsymbol{p}_1 + \overline{P_1T} = \boldsymbol{t}$ bzw. $\overline{P_1T} = \boldsymbol{t} - \boldsymbol{p}_1$
und $\boldsymbol{t} + \overrightarrow{TP_2} = \boldsymbol{p}_2$ bzw. $\overrightarrow{TP_2} = \boldsymbol{p}_2 - \boldsymbol{t}$.
Da $\overrightarrow{P_1T} = \lambda\overrightarrow{TP_2}$ gilt, ist $\boldsymbol{t} - \boldsymbol{p}_1 = \lambda(\boldsymbol{p}_2 - \boldsymbol{t})$
bzw. $\boldsymbol{t}(1 + \lambda) = \boldsymbol{p}_1 + \lambda\boldsymbol{p}_2$

$$\boldsymbol{t} = \frac{\boldsymbol{p}_1 + \lambda\boldsymbol{p}_2}{1 + \lambda} \quad (\lambda \neq -1).$$

In Koordinatendarstellung

für die **Ebene:**

Wenn

$$\boldsymbol{t} = x_t\boldsymbol{i} + y_t\boldsymbol{j}$$
$$\boldsymbol{p}_1 = x_1\boldsymbol{i} + y_1\boldsymbol{j}$$
$$\boldsymbol{p}_2 = x_2\boldsymbol{i} + y_2\boldsymbol{j},$$

so

$$x_t\boldsymbol{i} + y_t\boldsymbol{j} = \frac{x_1 + \lambda x_2}{1 + \lambda}\boldsymbol{i} + \frac{y_1 + \lambda y_2}{1 + \lambda}\boldsymbol{j}$$

für den **Raum:**

Wenn

$$\boldsymbol{t} = x_t\boldsymbol{i} + y_t\boldsymbol{j} + z_t\boldsymbol{k}$$
$$\boldsymbol{p}_1 = x_1\boldsymbol{i} + y_1\boldsymbol{j} + z_1\boldsymbol{k}$$
$$\boldsymbol{p}_2 = x_2\boldsymbol{i} + y_2\boldsymbol{j} + z_2\boldsymbol{k},$$

so

$$x_t\boldsymbol{i} + y_t\boldsymbol{j} + z_t\boldsymbol{k} = \frac{x_1 + \lambda x_2}{1 + \lambda}\boldsymbol{i} + \frac{y_1 + \lambda y_2}{1 + \lambda}\boldsymbol{j} + \frac{z_1 + \lambda z_2}{1 + \lambda}\boldsymbol{k}$$

Daraus erhält man durch *Koordinatenvergleich*

$$x_t = \frac{x_1 + \lambda x_2}{1 + \lambda} = x_T$$
$$y_t = \frac{y_1 + \lambda y_2}{1 + \lambda} = y_T$$

$$x_t = \frac{x_1 + \lambda x_2}{1 + \lambda} = x_T$$
$$y_t = \frac{y_1 + \lambda y_2}{1 + \lambda} = y_T$$
$$z_t = \frac{z_1 + \lambda z_2}{1 + \lambda} = z_T$$

BEISPIEL 10/2

Die Strecke P_1P_2 mit $P_1(2;\ 3;\ -1)$, $P_2(3;\ 5;\ 4)$ soll innen im Verhältnis $\lambda_1 = \frac{3}{2}$ und außen im Verhältnis $\lambda_2 = -\frac{3}{2}$ geteilt werden.

Es gilt $\boldsymbol{t} = \dfrac{\boldsymbol{p}_1 + \lambda \boldsymbol{p}_2}{1 + \lambda}$ mit $\boldsymbol{p}_1 = 2\boldsymbol{i} + 3\boldsymbol{j} - \boldsymbol{k}$,

$\boldsymbol{p}_2 = 3\boldsymbol{i} + 5\boldsymbol{j} + 4\boldsymbol{k}$.

Innere Teilung der Strecke P_1P_2 mit $\lambda_1 = \frac{3}{2} = 1{,}5$

$$\boldsymbol{t} = x_t\boldsymbol{i} + y_t\boldsymbol{j} + z_t\boldsymbol{k} = \frac{2\boldsymbol{i} + 3\boldsymbol{j} - \boldsymbol{k} + 1{,}5(3\boldsymbol{i} + 5\boldsymbol{j} + 4\boldsymbol{k})}{1 + 1{,}5}$$

$$= \frac{6{,}5\boldsymbol{i} + 10{,}5\boldsymbol{j} + 5\boldsymbol{k}}{2{,}5}$$

$$\boldsymbol{t} = 2{,}6\boldsymbol{i} + 4{,}2\boldsymbol{j} + 2\boldsymbol{k}$$

Äußere Teilung der Strecke P_1P_2 mit $\lambda_2 = -\frac{3}{2} = -1{,}5$

$$\boldsymbol{t} = \frac{2\boldsymbol{i} + 3\boldsymbol{j} - \boldsymbol{k} - 1{,}5(3\boldsymbol{i} + 5\boldsymbol{j} + 4\boldsymbol{k})}{1 - 1{,}5} = 5\boldsymbol{i} + 9\boldsymbol{j} + 14\boldsymbol{k}$$

Dann ist der innere Teilpunkt $T_i(2{,}6;\ 4{,}2;\ 2)$, der äußere Teilpunkt $T_a\ (5;\ 9;\ 14)$.

10.1.2. Flächeninhalt eines Dreiecks

Die Eckpunkte eines Dreiecks $P_1P_2P_3$ seien festgelegt

in der Ebene durch	im Raum durch
$P_1(x_1;\ y_1)$, $P_2(x_2;\ y_2)$, $P_3(x_3;\ y_3)$	$P_1(x_1;\ y_1;\ z_1)$, $P_2(x_2;\ y_2;\ z_2)$, $P_3(x_3;\ y_3;\ z_3)$

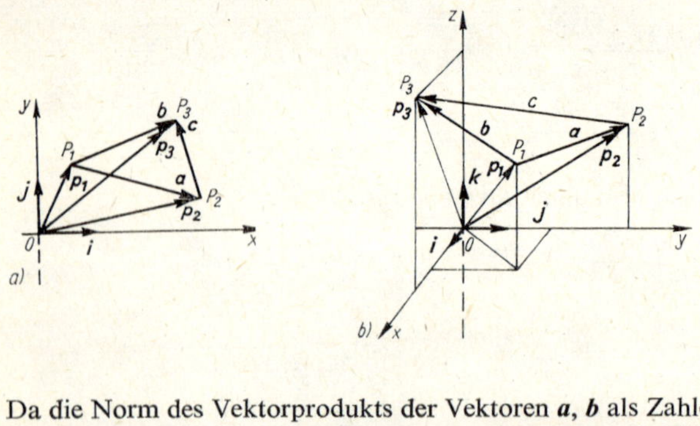

Bild 10/5

Da die Norm des Vektorprodukts der Vektoren $\boldsymbol{a}, \boldsymbol{b}$ als Zahlenwert des Flächeninhalts des von den Vektoren $\boldsymbol{a}, \boldsymbol{b}$ aufgespannten Parallelogramms gedeutet werden kann (↗ 7.5.2.), ist der Zahlenwert des Flächeninhalts eines Dreiecks durch

$$A_\triangle = \frac{1}{2} \| \boldsymbol{a} \times \boldsymbol{b} \|$$

gegeben.

Zur Berechnung des Flächeninhalts eines Dreiecks werden somit zwei Vektoren benötigt, z. B. $\overrightarrow{P_1P_2} = \boldsymbol{a}$ und $\overrightarrow{P_1P_3} = \boldsymbol{b}$.

Es sei $\boldsymbol{p}_1 + \boldsymbol{a} = \boldsymbol{p}_2$ bzw. $\boldsymbol{a} = \boldsymbol{p}_2 - \boldsymbol{p}_1$

und $\boldsymbol{p}_1 + \boldsymbol{b} = \boldsymbol{p}_3$ bzw. $\boldsymbol{b} = \boldsymbol{p}_3 - \boldsymbol{p}_1$.

Dann ist $A_\triangle = \frac{1}{2} \|\boldsymbol{a} \times \boldsymbol{b}\| = \frac{1}{2} \|(\boldsymbol{p}_2 - \boldsymbol{p}_1) \times (\boldsymbol{p}_3 - \boldsymbol{p}_1)\|$.

Durch zweimalige Anwendung eines Distributivgesetzes für das Vektorprodukt (↗ 7.5.3.) ist folgende Umformung möglich:

$$A_\triangle = \frac{1}{2} \|\boldsymbol{p}_2 \times \boldsymbol{p}_3 - \boldsymbol{p}_2 \times \boldsymbol{p}_1 - \boldsymbol{p}_1 \times \boldsymbol{p}_3 + \boldsymbol{p}_1 \times \boldsymbol{p}_1\|$$

Nun ist

$$\boldsymbol{p}_1 \times \boldsymbol{p}_1 = \boldsymbol{o}, \qquad -\boldsymbol{p}_2 \times \boldsymbol{p}_1 = \boldsymbol{p}_1 \times \boldsymbol{p}_2,$$
$$-\boldsymbol{p}_1 \times \boldsymbol{p}_3 = \boldsymbol{p}_3 \times \boldsymbol{p}_1,$$

so daß

$$A_\triangle = \frac{1}{2} \|\boldsymbol{p}_1 \times \boldsymbol{p}_2 + \boldsymbol{p}_2 \times \boldsymbol{p}_3 + \boldsymbol{p}_3 \times \boldsymbol{p}_1\|$$

gilt.

(Die Vektoren sind bei der Bildung der Vektorprodukte zyklisch vertauscht.)

BEISPIEL 10/3

Die Eckpunkte des Dreiecks $P_1P_2P_3$ seien festgelegt

in der **Ebene** durch

P_1: $\boldsymbol{p}_1 = \boldsymbol{i} + \boldsymbol{j}$

P_2: $\boldsymbol{p}_2 = 3\boldsymbol{i} + 2\boldsymbol{j}$

P_3: $\boldsymbol{p}_3 = 2\boldsymbol{i} + 4\boldsymbol{j}$

im **Raum** durch

P_1: $\boldsymbol{p}_1 = \boldsymbol{i} + 2\boldsymbol{j} + \boldsymbol{k}$

P_2: $\boldsymbol{p}_2 = 2\boldsymbol{i} + 3\boldsymbol{j} + 4\boldsymbol{k}$

P_3: $\boldsymbol{p}_3 = -\boldsymbol{i} - 2\boldsymbol{j} + 2\boldsymbol{k}$

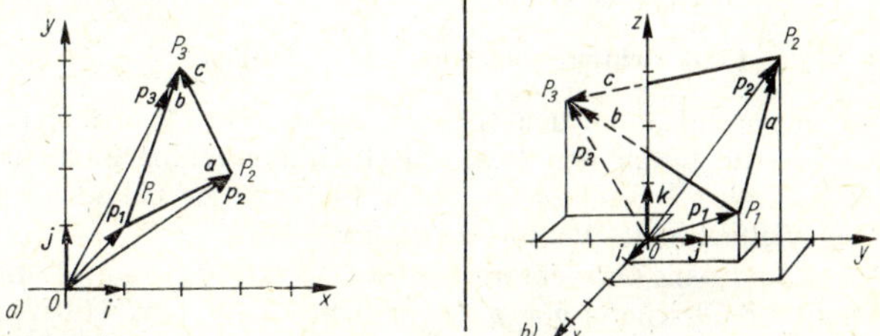

Bild 10/6

Man erhält	Man erhält
$\boldsymbol{a} = 2\boldsymbol{i} + \boldsymbol{j}$	$\boldsymbol{a} = \boldsymbol{i} + \boldsymbol{j} + 3\boldsymbol{k}$
$\boldsymbol{b} = \boldsymbol{i} + 3\boldsymbol{j}$	$\boldsymbol{b} = -2\boldsymbol{i} - 4\boldsymbol{j} + \boldsymbol{k}$

und daraus das Vektorprodukt $\boldsymbol{a} \times \boldsymbol{b}$

$\boldsymbol{a} \times \boldsymbol{b} = 6\boldsymbol{k} - \boldsymbol{k} = 5\boldsymbol{k}.$	$\boldsymbol{a} \times \boldsymbol{b} = 13\boldsymbol{i} - 7\boldsymbol{j} - 2\boldsymbol{k}.$

Der Zahlenwert des Flächeninhalts des Dreiecks ist

$A_\Delta = \frac{1}{2} \lVert\boldsymbol{a} \times \boldsymbol{b}\rVert = \frac{5}{2}$	$A_\Delta = \frac{1}{2} \lVert\boldsymbol{a} \times \boldsymbol{b}\rVert = \frac{1}{2}\sqrt{13^2 + 7^2 + 2^2} = \frac{1}{2}\sqrt{222} \approx 7{,}4$

10.1.3. Koordinatentransformation in der Ebene

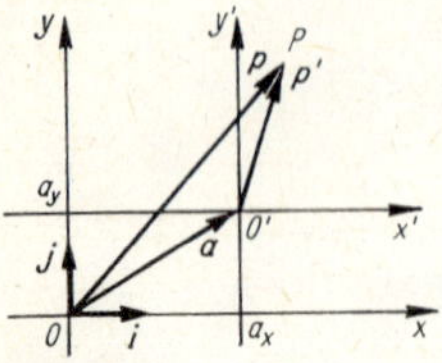

Bild 10/7

Wird das kartesische Koordinatensystem $\{0; \boldsymbol{i}, \boldsymbol{j}\}$ durch eine **Translation** (Verschiebung) um den Vektor $\boldsymbol{a}$ in das kartesische Koordinatensystem $\{0'; \boldsymbol{i}', \boldsymbol{j}'\}$ übergeführt, so gilt für alle Punkte der Ebene:

$$\boldsymbol{p} = \boldsymbol{a} + \boldsymbol{p}' \quad \text{bzw.} \quad \boldsymbol{p}' = \boldsymbol{p} - \boldsymbol{a} \qquad \text{(Bild 10/7)}$$

Es sei $\quad \boldsymbol{p} = x\boldsymbol{i} + y\boldsymbol{j}, \quad \boldsymbol{a} = a_x\boldsymbol{i} + a_x\boldsymbol{j}, \quad \boldsymbol{p}' = x'\boldsymbol{i} + y'\boldsymbol{j}.$

Dann gilt für die Koordinatentransformation

$$x'\boldsymbol{i} + y'\boldsymbol{j} = (x - a_x)\,\boldsymbol{i} + (y - a_y)\,\boldsymbol{j}.$$

Durch *Koordinatenvergleich* erhält man

$$x' = x - a_x \quad \text{und} \quad y' = y - a_y.$$

10.2. Analytische Geometrie der Geraden

10.2.1. Punktrichtungsgleichung einer Geraden

Eine Gerade g soll durch den vorgegebenen Punkt P_1 verlaufen, ihre Richtung werde durch den Vektor $\boldsymbol{a}$ (Richtungsvektor genannt) mit $\boldsymbol{a} \in V^2$ bzw. $\boldsymbol{a} \in V^3$ beschrieben. Jeder Punkt P der Geraden g kann durch ein Vielfaches des Vektors $\boldsymbol{a}$ erfaßt werden:
Es seien $\boldsymbol{p}_1$ und $\boldsymbol{p}$ die Ortsvektoren, die die Punkte P_1 bzw. P festlegen, dann heißt die Gleichung $\boldsymbol{p} = \boldsymbol{p}_1 + \lambda\boldsymbol{a}$, wobei $\lambda \in \mathbf{R}$ eine Hilfsvariable (**Parameter** genannt) ist, **Punktrichtungsgleichung einer Geraden in Vek-**

torform oder **Parameterdarstellung der Punktrichtungsgleichung einer Geraden.** Die Gerade ist durch den Vektor $\boldsymbol{a}$ orientiert (Bild 10/8).

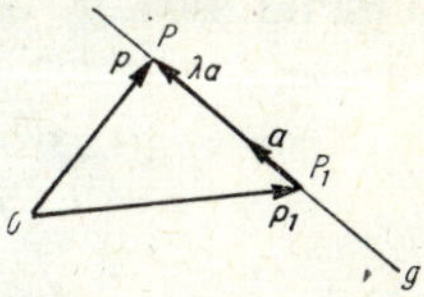

Bild 10/8

Eine **parameterfreie Darstellung der Punktrichtungsgleichung einer Geraden** erhält man

= in der **Ebene**	im **Raum**
durch Einsetzen von	
$\boldsymbol{p} = x\boldsymbol{i} + y\boldsymbol{j}$ $\boldsymbol{p}_1 = x_1\boldsymbol{i} + y_1\boldsymbol{j}$ $\boldsymbol{a} = a_x\boldsymbol{i} + a_y\boldsymbol{j}$	$\boldsymbol{p} = x\boldsymbol{i} + y\boldsymbol{j} + z\boldsymbol{k}$ $\boldsymbol{p}_1 = x_1\boldsymbol{i} + y_1\boldsymbol{j} + z_1\boldsymbol{k}$ $\boldsymbol{a} = a_x\boldsymbol{i} + a_y\boldsymbol{j} + a_z\boldsymbol{k}$

in die Parameterdarstellung einer Geraden $\boldsymbol{p} = \boldsymbol{p}_1 + \lambda\boldsymbol{a}$, Koordinatenvergleich und anschließende Elimination von λ:

Ebene	Raum
$\boldsymbol{p} = x\boldsymbol{i} + y\boldsymbol{j}$ $= (x_1 + \lambda a_x)\,\boldsymbol{i} + (y_1 + \lambda a_y)\,\boldsymbol{j}$	$\boldsymbol{p} = x\boldsymbol{i} + y\boldsymbol{j} + z\boldsymbol{k}$ $= (x_1 + \lambda a_x)\,\boldsymbol{i}$ $+ (y_1 + \lambda a_y)\,\boldsymbol{i}$ $+ (z_1 + \lambda a_z)\,\boldsymbol{k}$

Koordinatenvergleich:

$$x = x_1 + \lambda a_x \quad \text{bzw.} \quad \lambda a_x = x - x_1$$

$$y = y_1 + \lambda a_y \quad \text{bzw.} \quad \lambda a_y = y - y_1$$

im Raum zusätzlich: $z = z_1 + \lambda a_z$ bzw. $\lambda a_z = z - z_1$

Elimination von λ durch Quotientenbildung:

$$\frac{a_y}{a_x} = \frac{y - y_1}{x - x_1} \quad (x \neq x_1)$$

Punktrichtungsgleichung (der Projektion) der Geraden in der $x; y$-Ebene mit dem Anstieg $m_{xy} = a_y : a_x$ $(a_x \neq 0)$

im Raum zusätzlich:

$\dfrac{a_z}{a_y} = \dfrac{z - z_1}{y - y_1}$ $(y \neq y_1)$ Punktrichtungsgleichung der Projektion der Geraden in der $y; z$-Ebene mit dem Anstieg $m_{yz} = a_z : a_y$ $(a_y \neq 0)$

$\dfrac{a_x}{a_z} = \dfrac{x - x_1}{z - z_1}$ $(z \neq z_1)$ Punktrichtungsgleichung der Projektion der Geraden in der $x; z$-Ebene mit dem Anstieg $m_{xz} = a_z : a_x$ $(a_x \neq 0)$

BEISPIEL 10/4

Ebene	**Raum**
Gegeben: $P_1(1;\ 3)$	$P_1(1;\ 3;\ 4)$
$\boldsymbol{a} = 2\boldsymbol{i} + \boldsymbol{j}$	$\boldsymbol{a} = 3\boldsymbol{i} - 2\boldsymbol{j} - \boldsymbol{k}$

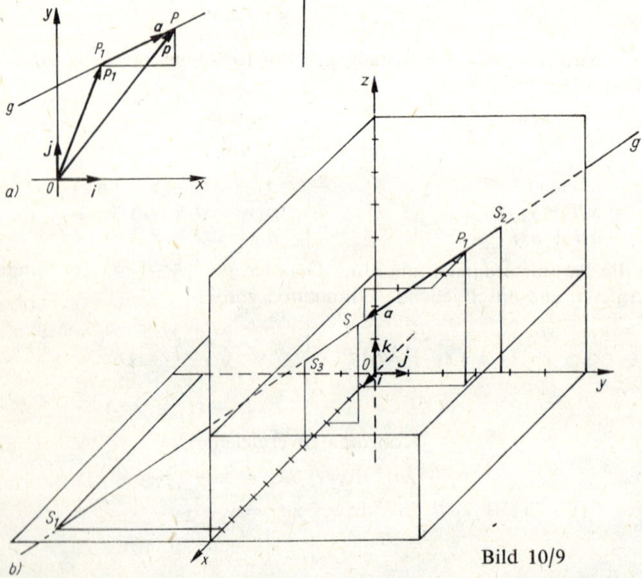

Bild 10/9

Gesucht: a) Punktrichtungsgleichung der Geraden in Vektorform
b) Parameterfreie Darstellung der Gleichung der Geraden

Ebene:

a) $\boldsymbol{p} = \boldsymbol{p}_1 + \lambda \boldsymbol{a}$ bzw.

$$x\boldsymbol{i} + y\boldsymbol{j} = (1 + 2\lambda)\,\boldsymbol{i} + (3 + \lambda)\,\boldsymbol{j}$$

Raum:

a) $\boldsymbol{p} = \boldsymbol{p}_1 + \lambda \boldsymbol{a}$ bzw.

$$x\boldsymbol{i} + y\boldsymbol{j} + z\boldsymbol{k} = (1 + 3\lambda)\,\boldsymbol{i} + (3 - 2\,\lambda)\,\boldsymbol{j} + (4 - \lambda)\,\boldsymbol{k}$$

b) Durch Koordinatenvergleich erhält man:

Ebene:

$x = 1 + 2\lambda;\quad 2\lambda = x - 1$

$y = 3 + \lambda;\quad \lambda = y - 3$

Raum:

$x = 1 + 3\lambda;\quad 3\lambda = x - 1$

$y = 3 - 2\lambda;\quad 2\lambda = -y + 3$

$z = 4 - \lambda;\quad \lambda = -z + 4$

Durch Quotientenbildung wird λ eliminiert; der Anstieg ist

Ebene:

$$m = \frac{1}{2} = \frac{y-3}{x-1}$$

Raum:

$$m_{xy} = \frac{2}{3} = \frac{-y+3}{x-1}$$

$$m_{yz} = \frac{1}{2} = \frac{-z+4}{-y+3}$$

$$m_{zx} = \frac{1}{3} = \frac{x-1}{-z+4}$$

Der Punktrichtungsgleichung in Vektordarstellung entsprechen drei parameterfreie Gleichungen:

$$y = -\frac{2}{3}x + \frac{11}{3}$$

$$z = \frac{1}{2}y + \frac{5}{2}$$

$$x = -3z + 13$$

[*Hinweis:* Zur Zeichnung verwende man die Achsenabschnittsgleichung ↗ 10.2.3.(2)],

die Gleichungen der Projektionen der Geraden in die x; y-Ebene, y; z-Ebene; z; x-Ebene darstellen.

Untersuchung, ob ein Punkt P_2 auf der Geraden g liegt, deren Parameterdarstellung gegeben ist: Liegt P_2 auf der Geraden g, so muß der Vektor $\boldsymbol{p}_2$ die Parametergleichung der Geraden für ein bestimmtes λ erfüllen, sonst liegt er nicht auf der Geraden.

BEISPIEL 10/5

Gegeben sei die Parametergleichung der Geraden g mit

$$\boldsymbol{p} = 3\boldsymbol{i} + 2\boldsymbol{j} + 4\boldsymbol{k} + \lambda(-\boldsymbol{i} - 3\boldsymbol{j} - 2\boldsymbol{k}).$$

Es soll untersucht werden, ob die Punkte $P_2(2;\ -1;\ 2)$, $P_3(2;\ 1;\ 5)$ auf der Geraden g liegen.
Wenn P_2 auf der Geraden g liegt, so muß der Vektor $\boldsymbol{p}_2 = 2\boldsymbol{i} - \boldsymbol{j} + 2\boldsymbol{k}$ die Parametergleichung der Geraden für einen noch zu bestimmenden Wert von λ erfüllen. Wird für $\boldsymbol{p}$ der Vektor $\boldsymbol{p}_2$ in die Geradengleichung eingesetzt, so erhält man

$$2\boldsymbol{i} - \boldsymbol{j} + 2\boldsymbol{k} = (3 - \lambda)\,\boldsymbol{i} + (2 - 3\lambda)\,\boldsymbol{j} + (4 - 2\lambda)\,\boldsymbol{k}$$

und durch Koordinatenvergleich des Vektors $\boldsymbol{i}$

$$2 = 3 - \lambda \quad \text{bzw.} \quad \lambda = 1.$$

Mit $\lambda = 1$ sind die Koordinaten von $\boldsymbol{j}$ und $\boldsymbol{k}$ zu überprüfen:

Für $\boldsymbol{j}$ erhält man: $\quad -1 = 2 - 3 \cdot 1 = -1$ (W).

Für $\boldsymbol{k}$ erhält man: $\quad 2 = 4 - 2 \cdot 1 = 2$ (W).

Das heißt, für $\lambda = 1$ wird die Parametergleichung erfüllt, also liegt der Punkt P_2 auf der Geraden g.
Um zu überprüfen, ob auch P_3 auf der Geraden g liegt, wird $\boldsymbol{p}_3$ in die Parametergleichung der Geraden eingesetzt:

$$2\boldsymbol{i} + \boldsymbol{j} + 5\boldsymbol{k} = (3 - \lambda)\,\boldsymbol{i} + (2 - 3\lambda)\,\boldsymbol{j} + (4 - 2\lambda)\,\boldsymbol{k}.$$

Durch Vergleich der Koordinaten des Vektors $\boldsymbol{i}$ erhält man $\lambda = 1$. Die Überprüfung der Koordinaten der Vektoren $\boldsymbol{j}$ und $\boldsymbol{k}$ für $\lambda = 1$ ergibt keine Übereinstimmung; d.h., der Punkt P_3 liegt nicht auf der Geraden g.

10.2.2. Zweipunktegleichung einer Geraden

Eine Gerade g ist durch zwei Punkte festgelegt. Ihre Ortsvektoren seien $\boldsymbol{p}_1, \boldsymbol{p}_2$ mit $\boldsymbol{p}_1, \boldsymbol{p}_2 \in V_0^2$ bzw. V_0^3. Für einen beliebigen Punkt P der Geraden g gilt dann $\boldsymbol{p} = \boldsymbol{p}_1 + \lambda(\boldsymbol{p}_2 - \boldsymbol{p}_1)$, **Zweipunktegleichung einer Geraden in Vektorform** oder **Parameterdarstellung der Zweipunktegleichung einer Geraden** genannt (Veranschaulichung in der Ebene in Bild 10/10).

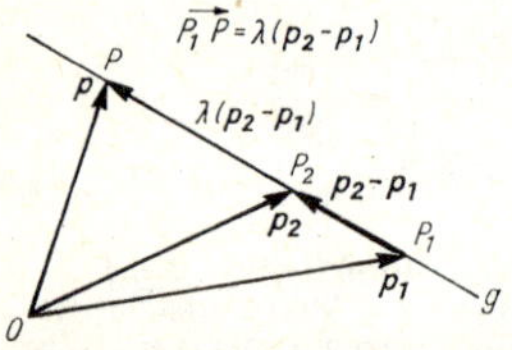

Bild 10/10

Die parameterfreie Darstellung der Zweipunktegleichung einer Geraden erhält man in Analogie zur parameterfreien Darstellung der Punktrichtungsgleichung durch Koordinatenvergleich und anschließende Elimination von λ: (Hier für den Raum)

Da

$$x\boldsymbol{i} + y\boldsymbol{j} + z\boldsymbol{k} = [x_1 + \lambda(x_2 - x_1)]\,\boldsymbol{i} + [y_1 + \lambda(y_2 + y_1)]\,\boldsymbol{j} + [z_1 + \lambda(z_2 - z_1)]\,\boldsymbol{k}$$

ist, gilt

$$\lambda(x_2 - x_1) = x - x_1;\ \lambda(y_2 - y_1) = y - y_1;\ \lambda(z_2 - z_1) = z - z_1$$

und nach Quotientenbildung

$$\frac{y - y_1}{x - x_1} = \frac{y_2 - y_1}{x_2 - x_1} \quad \text{mit} \quad x \neq x_1;\ x_2 \neq x_1,$$

$$\frac{z - z_1}{y - y_1} = \frac{z_2 - z_1}{y_2 - y_1} \quad \text{mit} \quad y \neq y_1;\ y_2 \neq y_1,$$

$$\frac{x - x_1}{z - z_1} = \frac{x_2 - x_1}{z_2 - z_1} \quad \text{mit} \quad z \neq z_1;\ z_2 \neq z_1.$$

Der Zweipunktegleichung einer Geraden in Vektorform entsprechen im Raum drei parameterfreie Gleichungen, die Gleichungen der Projektionen der Geraden in die $x;y$-Ebene, in die $y;z$-Ebene und in die $z;x$-Ebene darstellen.

Die parameterfreie Darstellung der Zweipunktegleichung einer Geraden für die Ebene ($x;y$-Ebene) ist

$$\frac{y - y_1}{x - x_1} = \frac{y_2 - y_1}{x_2 - x_1} \quad \text{mit} \quad x \neq x_1;\ x_2 \neq x_1.$$

BEISPIEL 10/6

Gegeben seien die Punkte $P_1(3;\ -2;\ 1)$, $P_2(4;\ 1;\ 5)$. Es soll die Parametergleichung der Geraden g durch die Punkte P_1, P_2 angegeben werden.

Die Ortsvektoren sind $\boldsymbol{p}_1 = 3\boldsymbol{i} - 2\boldsymbol{j} + \boldsymbol{k}$ und $\boldsymbol{p}_2 = 4\boldsymbol{i} + \boldsymbol{j} + 5\boldsymbol{k}$. Die Parametergleichung der Geraden g ist (mit $\lambda \in \mathbf{R}$)

$$\boldsymbol{p} = \boldsymbol{p}_1 + \lambda(\boldsymbol{p}_2 - \boldsymbol{p}_1) = 3\boldsymbol{i} - 2\boldsymbol{j} + \boldsymbol{k} + \lambda(\boldsymbol{i} + 3\boldsymbol{j} + 4\boldsymbol{k})$$

bzw.

$$\boldsymbol{p} = (3 + \lambda)\,\boldsymbol{i} + (-2 + 3\lambda)\,\boldsymbol{j} + (1 + 4\lambda)\,\boldsymbol{k}.$$

10.2.3. Allgemeine Form der Gleichung einer Geraden in der Ebene

(1) In der Punktrichtungsgleichung $\boldsymbol{p} = \boldsymbol{p}_1 + \lambda\boldsymbol{a}$ ist die Orientierung der Geraden g durch den Richtungsvektor $\boldsymbol{a}$ festgelegt. Eine andere Möglichkeit, eine Gleichung einer Geraden g **in einer Ebene** anzugeben, besteht darin, einen Vektor $\boldsymbol{n} \neq \boldsymbol{o}$, der auf der Geraden senkrecht steht, zu nutzen. Dieser Vektor heißt **Normalenvektor** (oder **Stellungsvektor**) der Geraden g.

Gegeben sei der Punkt P_1 auf der Geraden g, zu dem der Ortsvektor $\boldsymbol{p}_1$ zeigt, sowie ein Normalenvektor $\boldsymbol{n}$ der Geraden g. P sei ein beliebiger Punkt der Geraden mit dem Ortsvektor $\boldsymbol{p}$ (Veranschaulichung in Bild 10/11).

Da die Vektoren $(\boldsymbol{p} - \boldsymbol{p}_1)$ und $\boldsymbol{n}$ orthogonal sind, ist ihr Skalarprodukt Null:

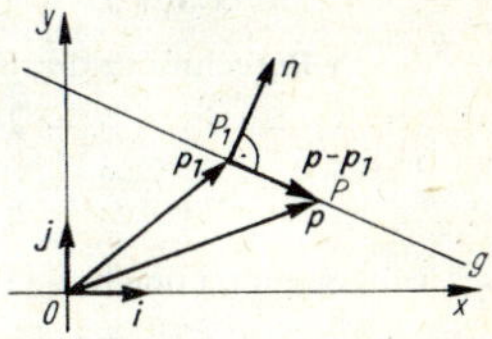

Bild 10/11

$$\boldsymbol{n} \cdot (\boldsymbol{p} - \boldsymbol{p}_1) = 0.$$

Diese Gleichung heißt **allgemeine Form der Gleichung einer Geraden in Vektordarstellung.**

In der Ebene seien gegeben

$$\boldsymbol{n} = A\boldsymbol{i} + B\boldsymbol{j}, \qquad \boldsymbol{p} = x\boldsymbol{i} + y\boldsymbol{j}, \qquad \boldsymbol{p}_1 = x_1\boldsymbol{i} + y_1\boldsymbol{j}.$$

Dann gilt $\boldsymbol{n} \cdot (\boldsymbol{p} - \boldsymbol{p}_1) = 0$ bzw. $\boldsymbol{n} \cdot \boldsymbol{p} = \boldsymbol{n} \cdot \boldsymbol{p}_1$ und nach Einsetzen von $\boldsymbol{n}, \boldsymbol{p}$ und $\boldsymbol{p}_1$

$$(A\boldsymbol{i} + B\boldsymbol{j}) \cdot (x\boldsymbol{i} + y\boldsymbol{j}) = (A\boldsymbol{i} + B\boldsymbol{j}) \cdot (x_1\boldsymbol{i} + y_1\boldsymbol{j}).$$

Die Berechnung der Skalarprodukte ergibt

$$Ax + By = Ax_1 + By_1 \text{ und}$$

wenn $Ax_1 + By_1 = -C$ gesetzt wird,

$$Ax + By + C = 0,$$

genannt **allgemeine Form der Gleichung einer Geraden in Koordinatendarstellung in der $x;y$-Ebene**, wobei A und B nicht zugleich Null sind.

Aus

$$Ax + By + C = 0$$

erhält man

$$y = -\frac{A}{B}x - \frac{C}{B}$$

und mit

$$-\frac{A}{B} = m \quad \text{und} \quad -\frac{C}{B} = b$$

$$y = mx + b,$$

die **Normalform der Gleichung einer Geraden**, wobei m der Anstieg der Geraden und b der Abschnitt auf der y-Achse ist.

BEISPIEL 10/7

Gegeben seien $P_1(1;\ 3)$ und $\boldsymbol{n} = 2\boldsymbol{i} + \boldsymbol{j}$.
Die Gleichung der Geraden g, die P_1 enthält und senkrecht zu $\boldsymbol{n}$ verläuft, ist $\boldsymbol{n} \cdot (\boldsymbol{p} - \boldsymbol{p}_1) = 0$ (allgemeine Form der Gleichung der Geraden g in Vektordarstellung) bzw.

$$(2\boldsymbol{i} + \boldsymbol{j}) \cdot (x\boldsymbol{i} + y\boldsymbol{j}) = (2\boldsymbol{i} + \boldsymbol{j}) \cdot (\boldsymbol{i} + 3\boldsymbol{j}).$$

Nach Berechnung der Skalarprodukte erhält man

$$2x + y = 2 + 3 = 5$$

bzw.

$$2x + y - 5 = 0$$

(allgemeine Gleichung der Geraden g in Koordinatendarstellung) bzw.

$$y = -2x + 5$$

(Normalform der Gleichung der Geraden).

(2) Wird die in Koordinatendarstellung gegebene allgemeine Form der Geradengleichung durch $-C$ dividiert, so erhält man die **Achsenabschnittsform der Gleichung einer Geraden:**

$$\frac{x}{\frac{-C}{A}} + \frac{y}{\frac{-C}{B}} = 1 \quad \text{bzw. mit} \quad \frac{-C}{A} = a, \quad \frac{-C}{B} = b$$

$$\frac{x}{a} + \frac{y}{b} = 1,$$

wobei a, b die Abschnitte auf der x- bzw. y-Achse sind.

BEISPIEL 10/8

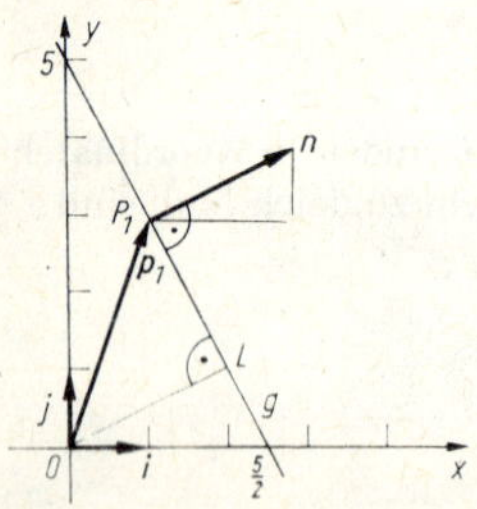

Bild 10/12

Umformung der Gleichung $2x + y - 5 = 0$ aus Beispiel 10/7 in die Achsenabschnittsform: $2x + y = 5$ und Division durch 5 ergibt

$$\frac{x}{\frac{5}{2}} + \frac{y}{5} = 1.$$

Mit Hilfe der Achsenabschnitte $a = \frac{5}{2}$, $b = 5$ ist die Gerade leicht zu zeichnen (Bild 10/12).
$y = -2x + 5$ ist die Normalform dieser Geradengleichung.

10.2.4. Hessesche Normalform der Gleichung einer Geraden

Da jede Gerade **in der Ebene** unendlich viele Gleichungen der allgemeinen Form in vektorieller Darstellung hat, soll eine *Normierung* durch Einführen des *Normaleneinheitsvektors* $\boldsymbol{e}_n = \frac{\boldsymbol{n}}{\|\boldsymbol{n}\|}$ erfolgen (Bild 10/13):

$$\boldsymbol{e}_n \cdot (\boldsymbol{p} - \boldsymbol{p}_1) = 0.$$

Diese Gleichung heißt **Hessesche Normalform einer Geraden** g **in Vektordarstellung.**
Aus $\boldsymbol{e}_n \cdot (\boldsymbol{p} - \boldsymbol{p}_1) = 0$ bzw. $\frac{\boldsymbol{n}}{\|\boldsymbol{n}\|} \cdot (\boldsymbol{p} - \boldsymbol{p}_1) = 0$ mit $\boldsymbol{n} = A\boldsymbol{i} + B\boldsymbol{j}$ und der Norm $\|\boldsymbol{n}\| = \sqrt{A^2 + B^2}$ erhält man

$$\frac{\boldsymbol{n}}{\|\boldsymbol{n}\|} \cdot \boldsymbol{p} = \frac{\boldsymbol{n}}{\|\boldsymbol{n}\|} \cdot \boldsymbol{p}_1$$

und mit $\boldsymbol{n} \cdot \boldsymbol{p}_1 = -C$

$$\frac{Ax + By + C}{\sqrt{A^2 + B^2}} = 0.$$

Diese Gleichung heißt **Hessesche Normalform einer Geraden** g **in Koordinatendarstellung.**

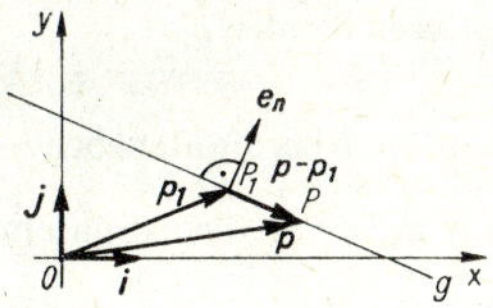

Bild 10/13

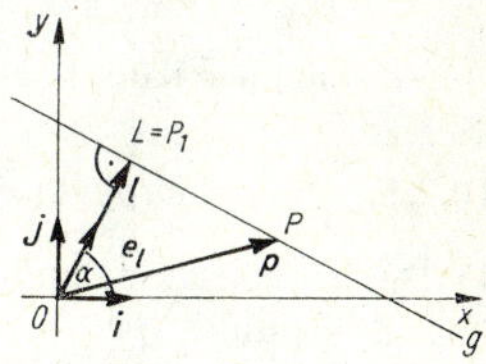

Bild 10/14

Wird als Punkt P_1 der Fußpunkt L des von O auf die Gerade g gefällten Lotes gewählt, dann kann mit Hilfe der HESSEschen Normalform der Abstand des Koordinatenursprungs von der Geraden g ermittelt werden:
$\overrightarrow{OL} = \boldsymbol{l}$ sei der »Lotvektor«, $\boldsymbol{e}_l$ sein Einheitsvektor (Bild 10/14). Aus $\boldsymbol{e}_l \cdot (\boldsymbol{p} - \boldsymbol{l}) = 0$ bzw. $\boldsymbol{e}_l \cdot \boldsymbol{p} - \boldsymbol{e}_l \cdot \boldsymbol{l} = 0$ folgt mit $\boldsymbol{e}_l \cdot \boldsymbol{l} = \|\boldsymbol{e}_l\| \, \|\boldsymbol{l}\| \cos 0° = l$ $\quad \boldsymbol{e}_l \cdot \boldsymbol{p} - l = 0$.
Mit $\boldsymbol{e}_l = \cos\alpha \boldsymbol{i} + \sin\alpha \boldsymbol{j}$ (Bild 10/14) erhält man

$$x \cos\alpha + y \sin\alpha - l = 0,$$

wobei l der Abstand des Koordinatenursprungs von der Geraden g ist.

BEISPIEL 10/9

Gegeben seien $P_1(1;\ 3)$ und $n = 2i + j$ (vgl. Beispiel 10/7). Dann ist

$$\|n\| = \sqrt{4 + 1} = \sqrt{5}.$$

Die HESSEsche Normalform der Geraden g in Vektordarstellung

$$e_n \cdot (p - p_1) = 0 \quad \text{mit} \quad e_n = \frac{n}{\|n\|} \quad \text{bzw.}$$

$$\frac{n}{\|n\|} \cdot p = \frac{n}{\|n\|} \cdot p_1$$

wird mit $n \cdot p_1 = -C$

in die Gleichung der Geraden g in Koordinatendarstellung umgeformt:

$$\frac{(2i + j) \cdot (xi + yj)}{\sqrt{5}} = \frac{(2i + j) \cdot (i + 3j)}{\sqrt{5}}$$

$$\frac{2x + y}{\sqrt{5}} = \frac{5}{\sqrt{5}}.$$

Daraus erhält man

$$\cos\alpha = \frac{2}{\sqrt{5}} = \frac{2}{5}\sqrt{5} \approx 0{,}8944$$

$$\sin\alpha = \frac{1}{\sqrt{5}} = \frac{1}{5}\sqrt{5} \approx 0{,}4472; \quad \text{daraus } \alpha \approx 26{,}6^\circ,$$

$$l = \frac{5}{\sqrt{5}} = \sqrt{5} \approx 2{,}2$$

(Abstand des Koordinatenursprungs von der Geraden g).

10.2.5. Spurpunkt einer Geraden in einer Koordinatenebene

(1) Der gemeinsame Punkt einer Geraden g und einer Koordinatenebene heißt Spurpunkt.
Die Koordinaten des Spurpunkts müssen somit die Geradengleichung in Parameterdarstellung erfüllen, und es gilt überdies

für den Spurpunkt S_1 in der $x;y$-Ebene die Bedingung $z = 0$,
für den Spurpunkt S_2 in der $y;z$-Ebene die Bedingung $x = 0$,
für den Spurpunkt S_3 in der $z;x$-Ebene die Bedingung $y = 0$.

Aus der jeweiligen Bedingung kann der Parameter in der Geradengleichung ermittelt werden, mit dessen Hilfe dann die weiteren Koordinaten des entsprechenden Spurpunkts berechnet werden können.

BEISPIEL 10/10

Die Parameterdarstellung der Gleichung der Geraden g sei

$$p = i + 3j + 4k + \lambda(3i - 2j - k)$$

(vgl. Beispiel 10/4) bzw.

$$\boldsymbol{p} = (1 + 3\lambda)\,\boldsymbol{i} + (3 - 2\lambda)\,\boldsymbol{j} + (4 - \lambda)\,\boldsymbol{k}.$$

Für den Spurpunkt S_1 in der x; y-Ebene gilt $z = 0$, also ist $4 - \lambda = 0$ bzw. $\lambda = 4$.
Damit ergeben sich die Koordinaten $x_1 = 13$ und $y_1 = -5$, also $S_1(13;\ -5;\ 0)$.
In analoger Weise erhält man für den Spurpunkt S_3 in der y; z-Ebene $\lambda = -\frac{1}{3}$ und $S_2\left(0;\ \frac{11}{3};\ \frac{13}{3}\right)$ und für den Spurpunkt S_3 in der z; x-Ebene $\lambda = \frac{3}{2}$ und $S_3\left(\frac{11}{2};\ 0; \frac{5}{2}\right)$. Veranschaulichung in Bild 10/9 b.

(2) Eine **zur $x;y$-Ebene parallele Ebene** wird in einem Punkt S durchstoßen, dessen Applikate (z-Koordinate) gleich dem Abstand der parallelen Ebene von der $x;y$-Ebene ist.

BEISPIEL 10/11

Es soll der Spurpunkt S der Geraden g mit

$$\boldsymbol{p} = \boldsymbol{i} + 3\boldsymbol{j} + 4\boldsymbol{k} + \lambda(3\boldsymbol{i} - 2\boldsymbol{j} - \boldsymbol{k})$$

(vgl. Beispiel 10/10) in einer zur x; y-Ebene parallelen Ebene mit dem Abstand $z = 3$ ermittelt werden.
Es gilt $4 - \lambda = 3$ bzw. $\lambda = 1$. Damit erhält man $x_S = 4$, $y_S = 1$; also $S(4;\ 1;\ 3)$ (Bild 10/9 b).

10.2.6. Lagebeziehungen zweier Geraden

(1) Zwei Geraden in vektorieller Darstellung

Zwei Geraden g_1 mit $\boldsymbol{p}_\mathrm{I} = \boldsymbol{p}_1 + \lambda\boldsymbol{a}$ und g_2 mit $\boldsymbol{p}_\mathrm{II} = \boldsymbol{p}_2 + \mu\boldsymbol{b}$
$(\boldsymbol{p}_\mathrm{I}, \boldsymbol{p}_\mathrm{II}) \in V_0^2$ bzw. V_0^3

in der Ebene bzw. im Raum			nur im Raum,
sind parallel,	sind parallel,	schneiden einander,	sind windschief,
	wenn		
$\boldsymbol{a} \parallel \boldsymbol{b}$ und $(\boldsymbol{p}_2 - \boldsymbol{p}_1) \parallel \boldsymbol{a}$	$\boldsymbol{a} \parallel \boldsymbol{b}$ und $(\boldsymbol{p}_2 - \boldsymbol{p}_1) \nparallel \boldsymbol{a}$	$\boldsymbol{a} \nparallel \boldsymbol{b}$ und $\boldsymbol{a}, \boldsymbol{b}, (\boldsymbol{p}_2 - \boldsymbol{p}_1)$ sind linear abhängig	$\boldsymbol{a} \nparallel \boldsymbol{b}$ und $\boldsymbol{a}, \boldsymbol{b}, (\boldsymbol{p}_2 - \boldsymbol{p}_1)$ sind linear unabhängig

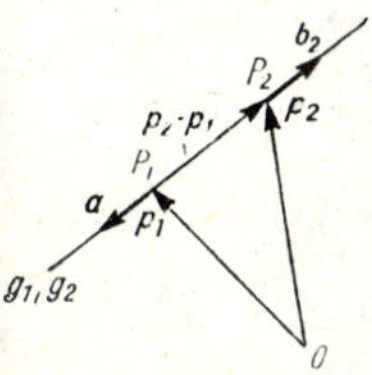

Bild 10/15

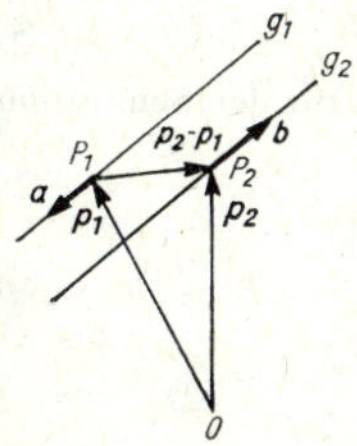

Bild 10/16

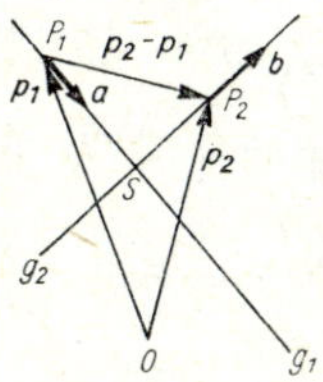

Bild 10/17

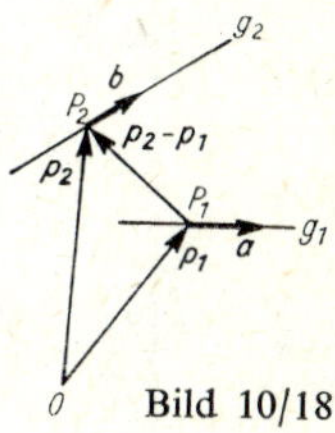

Bild 10/18

(2) **Zwei Geraden in der $x;y$-Ebene** (in Koordinatendarstellung)

Zwei Geraden g_1 mit $y = m_1x + b_1$ und g_2 mit $y = m_2x + b_2$

sind parallel,
wenn $m_1 = m_2$
und $b_1 = b_2$
sind.

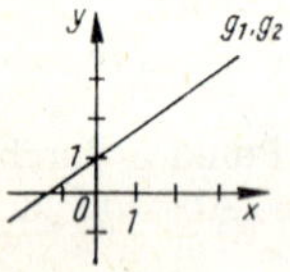

Bild 10/19

sind parallel,
wenn $m_1 = m_2$
und $b_1 \neq b_2$
sind.

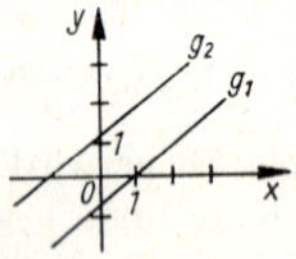

Bild 10/20

schneiden einander,
wenn $m_1 \neq m_2$
und $b_1 \neq b_2$
sind.

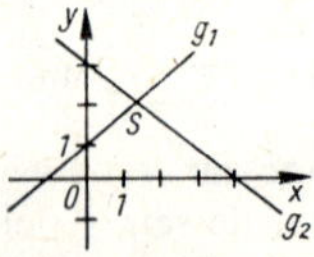

Bild 10/21

10.2.7. Schnittpunkt zweier Geraden

(1) **Schnittpunkt zweier Geraden in der $x;y$-Ebene**

Für den Schnittpunkt $S(x_S; y_S)$ gilt:

$$y_S = m_1x_S + b_1 \quad \text{und} \quad y_S = m_2x_S + b_2$$

bzw.

$$m_1x_S + b_1 = m_2x_S + b_2$$

und daraus

$$x_S = \frac{b_2 - b_1}{m_1 - m_2} \quad \text{mit} \quad m_1 \neq m_2 .$$

BEISPIEL 10/12

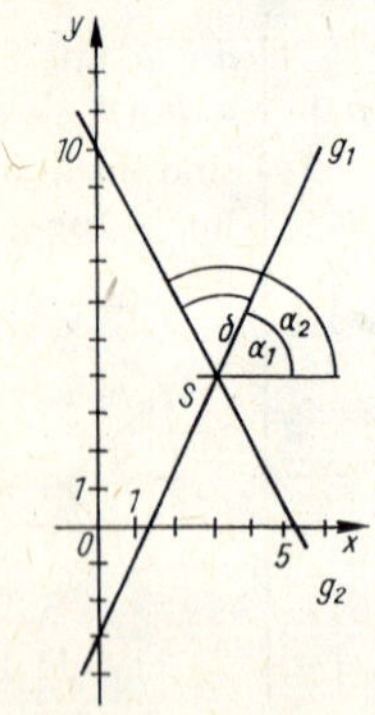

Bild 10/22

Die Geraden g_1, g_2 seien in der Normalform einer Geradengleichung gegeben,

$$g_1 \text{ durch } y = \frac{7}{3}x - 3,$$

$$g_2 \text{ durch } y = -2x + 10 \text{ (Bild 10/22).}$$

Dann gilt für den Schnittpunkt S

$$\frac{7}{3}x_S - 3 = -2x_S + 10 \quad \text{bzw.}$$

$$\frac{13}{3}x_S = 13$$

$$x_S = 3, \qquad y_S = 4$$

(2) **Schnittpunkt zweier Geraden im Raum**

Es seien zwei orientierte Geraden g_1 mit $\boldsymbol{p}_{\text{I}} = \boldsymbol{p}_1 + \lambda \boldsymbol{a}$ und g_2 mit $\boldsymbol{p}_{\text{II}} = \boldsymbol{p}_2 + \mu \boldsymbol{b}$ gegeben.
Für den Schnittpunkt gilt $\boldsymbol{p}_{\text{I}} = \boldsymbol{p}_{\text{II}}$.
Rechnerisch erhält man durch Koordinatenvergleich ein Gleichungssystem mit den Variablen λ und μ. Nach Einsetzen von λ bzw. μ in die entsprechende Geradengleichung können die Koordinaten des Schnittpunkts berechnet werden.

BEISPIEL 10/13

Gegeben seien die Geraden

g_1 mit $\boldsymbol{p}_{\text{I}} = \boldsymbol{p}_1 + \lambda \boldsymbol{a} = 3\boldsymbol{i} - \boldsymbol{j} + \boldsymbol{k} + \lambda(\boldsymbol{i} - 4\boldsymbol{j} - 2\boldsymbol{k})$
und
g_2 mit $\boldsymbol{p}_{\text{II}} = \boldsymbol{p}_2 + \mu \boldsymbol{b} = 4\boldsymbol{i} + 5\boldsymbol{j} + 2\boldsymbol{k} + \mu(2\boldsymbol{i} + 2\boldsymbol{j} - \boldsymbol{k})$.

Zur Berechnung der Koordinaten des Schnittpunkts der beiden Geraden im Raum gilt $\boldsymbol{p}_{\text{I}} = \boldsymbol{p}_{\text{II}}$; d. h.,

$$3\boldsymbol{i} - \boldsymbol{j} + \boldsymbol{k} + \lambda(\boldsymbol{i} - 4\boldsymbol{j} - 2\boldsymbol{k}) = 4\boldsymbol{i} + 5\boldsymbol{j} + 2\boldsymbol{k} + \mu(2\boldsymbol{i} + 2\boldsymbol{j} - \boldsymbol{k})$$

bzw.

$$-\boldsymbol{i} - 6\boldsymbol{j} - \boldsymbol{k} + \lambda(\boldsymbol{i} - 4\boldsymbol{j} - 2\boldsymbol{k}) - \mu(2\boldsymbol{i} + 2\boldsymbol{j} - \boldsymbol{k}) = \boldsymbol{o}$$
$$(-1 + \lambda - 2\mu)\,\boldsymbol{i} + (-6 - 4\lambda - 2\mu)\,\boldsymbol{j} + (-1 - 2\lambda + \mu)\,\boldsymbol{k} = \boldsymbol{o}.$$

Durch Koordinatenvergleich erhält man folgende Gleichungen mit den Variablen λ und μ:

$$\left.\begin{array}{l} -1 + \lambda - 2\mu = 0 \\ -6 - 4\lambda - 2\mu = 0 \end{array}\right\} \text{ daraus } \quad 5 + 5\lambda = 0 \quad \begin{array}{l} \text{bzw. } \lambda = -1 \\ \text{und } \mu = -1 \end{array}$$
$$-1 - 2\lambda + \mu \;\; = 0$$

Werden λ, μ in die dritte Gleichung eingesetzt und erfüllen sie diese Gleichung, so erfüllen λ, μ das Gleichungssystem; d. h., $\lambda = -1$ und $\mu = -1$ erfüllen in der Tat das Gleichungssystem.
Die Koordinaten des Schnittpunkts werden durch Einsetzen von $\lambda = -1$ oder $\mu = -1$ in eine der beiden Geradengleichungen berechnet. Man erhält $\boldsymbol{p}_S = 2\boldsymbol{i} + 3\boldsymbol{j} + 3\boldsymbol{k}$. Der Schnittpunkt S hat die Koordinaten $S(2;\ 3;\ 3)$. (In Bild 10/23 wurden die Spurpunkte der Geraden in den Koordinatenebenen nicht eingezeichnet.)

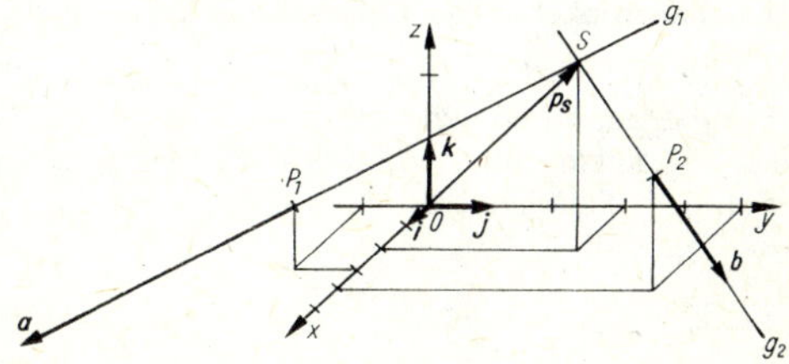

Bild 10/23

10.2.8. Schnittwinkel zweier Geraden

(1) Schnittwinkel zweier Geraden in der $x;y$-Ebene

Die Geraden g_1, g_2 seien in der Normalform gegeben:

$$g_1\colon\ y = m_1 x + b_1 \quad \text{mit} \quad m_1 = \tan\alpha_1$$

$$g_2\colon\ y = m_2 x + b_2 \quad \text{mit} \quad m_2 = \tan\alpha_2$$

Der Schnittwinkel δ sei $\delta = \alpha_2 - \alpha_1$ (Bild 10/22).
Nach einem Additionstheorem der Tangensfunktion

$$\tan\delta = \tan(\alpha_2 - \alpha_1) = \frac{\tan\alpha_2 - \tan\alpha_1}{1 + \tan\alpha_1 \tan\alpha_2}$$

gilt

$$\tan\delta = \frac{m_2 - m_1}{1 + m_1 m_2} \quad \text{mit} \quad m_1 m_2 \neq -1$$

zur Berechnung des Schnittwinkels δ.

Wenn $m_1 m_2 = -1$ bzw. $m_2 = -\dfrac{1}{m_1}$ ist, dann sind die Geraden senkrecht zueinander; *Orthogonalitätsbedingung.*

Wenn $m_1 = m_2$ ist, dann sind die Geraden parallel zueinander; *Parallelitätsbedingung.*

BEISPIEL 10/14

Der Schnittwinkel der im Beispiel 10/12 angegebenen Geraden g_1, g_2 wird mittels

$$\tan\delta = \frac{m_2 - m_1}{1 + m_1 m_2}$$

berechnet.

Mit $m_1 = \frac{7}{3}$, $m_2 = -2$ erhält man

$$\tan\delta = \frac{-2 - \frac{7}{3}}{1 - 2\cdot\frac{7}{3}} = \frac{-\frac{13}{3}}{1 - \frac{14}{3}} = \frac{-\frac{13}{3}}{-\frac{11}{3}} = \frac{13}{11} \approx 1{,}182$$

und daraus $\delta \approx 49{,}8°$.

(2) Schnittwinkel zweier Geraden im Raum

Nach 10.2.1. wird die Richtung einer Geraden in Parameterdarstellung, $\boldsymbol{p} = \boldsymbol{p}_1 + \lambda\boldsymbol{a}$, durch den Vektor $\boldsymbol{a}$ festgelegt.
Nach 7.4.5. kann die Größe des Winkels zwischen zwei Vektoren $\boldsymbol{a}$, $\boldsymbol{b}$ durch das Skalarprodukt dieser Vektoren ermittelt werden. Es gilt

$$\cos\sphericalangle(\boldsymbol{a}, \boldsymbol{b}) = \frac{\boldsymbol{a}\cdot\boldsymbol{b}}{\|\boldsymbol{a}\|\,\|\boldsymbol{b}\|}.$$

Demnach kann die Größe des Winkels P_1SP_2, den die Geraden g_1 und g_2 miteinander im Schnittpunkt S (↗ Bild 10/23) bilden, **Schnittwinkel** genannt, durch das Skalarprodukt der Vektoren $\boldsymbol{a}$, $\boldsymbol{b}$ berechnet werden.

BEISPIEL 10/15

In den im Beispiel 10/13 angegebenen Parametergleichungen der Geraden g_1, g_2 sind die die Richtung festlegenden Vektoren $\boldsymbol{a} = \boldsymbol{i} - 4\boldsymbol{j} - 2\boldsymbol{k}$ und $\boldsymbol{b} = 2\boldsymbol{i} + 2\boldsymbol{j} - \boldsymbol{k}$ (Bild 10/23). Dann ist

$$\cos \overline{\sphericalangle(\boldsymbol{a}, \boldsymbol{b})} = \frac{\boldsymbol{a} \cdot \boldsymbol{b}}{\|\boldsymbol{a}\| \, \|\boldsymbol{b}\|} = \frac{2 - 8 + 2}{\sqrt{1 + 16 + 4}\sqrt{4 + 4 + 1}}$$
$$= \frac{-4}{\sqrt{21} \cdot 3} \approx -0{,}2910\,.$$

Daraus erhält man die Größe des Winkels $\overline{\sphericalangle(\boldsymbol{a}, \boldsymbol{b})} = 180° - 73{,}1° = 106{,}9°$.

10.2.9. Abstand eines Punkts von einer Geraden

(1) Die Gleichung der Geraden ist in Parameterform gegeben

Damit ist die Bearbeitung des **räumlichen** Problems möglich. Der Abstand eines Punktes P_0 von der Geraden g mit der Gleichung $\boldsymbol{p} = \boldsymbol{p}_1 + \lambda \boldsymbol{a}$ ist gleich der Länge des Lotes $\boldsymbol{l}$ von P_0 auf g. P_0 sei durch den Ortsvektor $\boldsymbol{p}_0$, der Fußpunkt P des Lotes durch den Ortsvektor $\boldsymbol{p}$ festgelegt (Bild 10/24).

Da das Lot senkrecht auf der Geraden steht, gilt $\boldsymbol{a} \cdot \boldsymbol{l} = 0$. Ferner gelten folgende Vektorgleichungen

$$\boldsymbol{p}_0 + \boldsymbol{l} = \boldsymbol{p}$$

und $$\boldsymbol{p}_1 + \lambda_P \boldsymbol{a} = \boldsymbol{p}, \quad \text{wobei} \quad \overrightarrow{P_1P} = \lambda_P \boldsymbol{a} \quad \text{ist.}$$

Bild 10/24

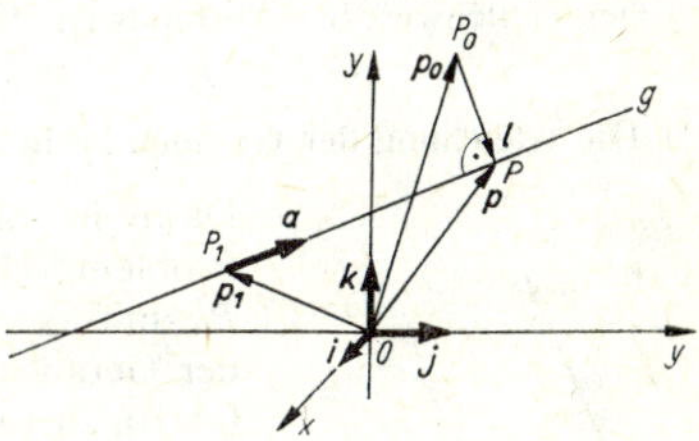

Wird $\boldsymbol{p}$ durch Gleichsetzen der linken Seiten beider Gleichungen eliminiert, so erhält man $\boldsymbol{p}_0 + \boldsymbol{l} = \boldsymbol{p}_1 + \lambda_P \boldsymbol{a}$(*).

Die Orthogonalität von $\boldsymbol{l}$ und $\boldsymbol{a}$ wird dadurch berücksichtigt, daß diese Gleichung skalar mit $\boldsymbol{a}$ multipliziert wird:

$$\boldsymbol{a} \cdot \boldsymbol{p}_0 + \boldsymbol{a} \cdot \boldsymbol{l} = \boldsymbol{a} \cdot \boldsymbol{p}_1 + \lambda_P \boldsymbol{a}^2, \quad \text{wobei} \quad \boldsymbol{a} \cdot \boldsymbol{l} = 0 \quad \text{ist.}$$

Löst man diese Gleichung nach λ_P auf:

$$\lambda_P = \frac{\boldsymbol{a} \cdot (\boldsymbol{p}_0 - \boldsymbol{p}_1)}{\boldsymbol{a}^2}$$

und setzt λ_P in die Gleichung (∗) ein, so erhält man

$$\boldsymbol{l} = \boldsymbol{p}_1 - \boldsymbol{p}_0 + \frac{\boldsymbol{a} \cdot (\boldsymbol{p}_0 - \boldsymbol{p}_1)}{\boldsymbol{a}^2} \cdot \boldsymbol{a}.$$

Die Norm des Vektors $\boldsymbol{l}$ ist dann der Zahlenwert des gesuchten Abstands.

BEISPIEL 10/16

Es ist der Abstand des Punkts $P_0(1;\ 2;\ 1)$ von der Geraden g mit $\boldsymbol{p} = 4\boldsymbol{i} + 5\boldsymbol{j} + 2\boldsymbol{k} + \lambda(2\boldsymbol{i} + 2\boldsymbol{j} - \boldsymbol{k})$ zu ermitteln. Es gilt

$$\begin{aligned} \boldsymbol{p}_0 &= \boldsymbol{i} + 2\boldsymbol{j} + \boldsymbol{k}, \\ \boldsymbol{p}_1 &= 4\boldsymbol{i} + 5\boldsymbol{j} + 2\boldsymbol{k}, \\ \boldsymbol{a} &= 2\boldsymbol{i} + 2\boldsymbol{j} - \boldsymbol{k}. \end{aligned}$$

Für den Vektor $\boldsymbol{l}$ erhält man

$$\begin{aligned} \boldsymbol{l} &= 4\boldsymbol{i} + 5\boldsymbol{j} + 2\boldsymbol{k} - \boldsymbol{i} - 2\boldsymbol{j} - \boldsymbol{k} \\ &\quad + \frac{(2\boldsymbol{i}+2\boldsymbol{j}-\boldsymbol{k})\cdot(\boldsymbol{i}+2\boldsymbol{j}+\boldsymbol{k}-4\boldsymbol{i}-5\boldsymbol{j}-2\boldsymbol{k})}{4+4+1} \cdot (2\boldsymbol{i} + 2\boldsymbol{j} - \boldsymbol{k}) \\ &= 3\boldsymbol{i} + 3\boldsymbol{j} + \boldsymbol{k} - \frac{11}{9}(2\boldsymbol{i} + 2\boldsymbol{j} - \boldsymbol{k}) \\ &= \frac{5}{9}\boldsymbol{i} + \frac{5}{9}\boldsymbol{j} + \frac{20}{9}\boldsymbol{k}. \end{aligned}$$

Der Zahlenwert des Abstands ist $\|\boldsymbol{l}\| = \sqrt{\dfrac{25 + 25 + 400}{81}} \approx 2{,}36$

(2) Die Gleichung der Geraden ist in allgemeiner Form gegeben

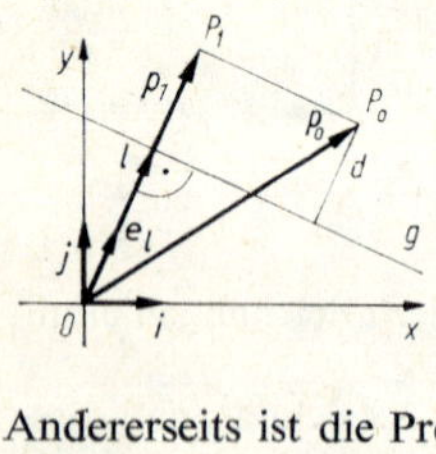

Dann ist nur die Bearbeitung eines **ebenen** Problems möglich. Der Abstand d eines Punkts P_0 mit dem Ortsvektor $\boldsymbol{p}_0 = x_0\boldsymbol{i} + y_0\boldsymbol{j}$ von der Geraden g in der HESSEschen Normalform (↗ 10.2.4.) ist zu ermitteln. Es gilt $\boldsymbol{e}_l \cdot \boldsymbol{p} - \boldsymbol{e}_l \cdot \boldsymbol{p}_1 = 0$, wobei $\boldsymbol{e}_l \cdot \boldsymbol{p} = l + d$ ist.

Bild 10/25

Andererseits ist die Projektion des Vektors $\boldsymbol{p}_0$ auf $\boldsymbol{e}_l$ gleich $\boldsymbol{e}_l \cdot \boldsymbol{p}_0$. Also gilt

$$\boldsymbol{e}_l \cdot \boldsymbol{p}_0 = l + d \quad \text{bzw.} \quad d = \boldsymbol{e}_l \cdot \boldsymbol{p}_0 - l.$$

Wird der Vektor $\boldsymbol{p}_0$ in die HESSEsche Normalform eingesetzt, so erhält man den Abstand d des Punkts P_0 von der Geraden g. In Koordinatendarstellung gilt:
Da $\boldsymbol{e}_l = \cos\alpha\boldsymbol{i} + \sin\alpha\boldsymbol{j}$ ist [↗ 10.2.4.], wird der Abstand d des Punkts P_0 von der Geraden g durch

$$d = x_0 \cos\alpha + y_0 \sin\alpha - l$$

berechnet.

BEISPIEL 10/17

Um den Abstand des Punkts $P_0(5;\ 4)$ von der Geraden g mit der Gleichung $6x + 8y - 24 = 0$ zu berechnen, werden in die HESSEsche Normalform der Geraden g in Koordinatendarstellung [↗ 10.2.4.]

$$\frac{6x + 8y - 24}{\sqrt{36 + 64}} = 0$$

die Koordinaten des Punkts $P_0(5;\ 4)$ eingesetzt:

$$d = \frac{30 + 32 - 24}{10} = \frac{38}{10} = 3{,}8 \text{ (Bild 10/26).}$$

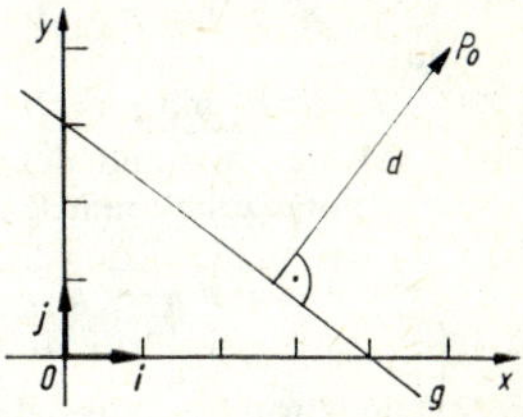

Bild 10/26

10.2.10. Abstand zweier windschiefer Geraden

Nach 10.2.6. heißen zwei verschiedene Geraden des Raumes **windschief**, wenn sie weder einander schneiden noch parallel zueinander verlaufen. Sie liegen in zwei verschiedenen zueinander parallelen Ebenen. Der Abstand der beiden Ebenen ist dann der Abstand der beiden Geraden.

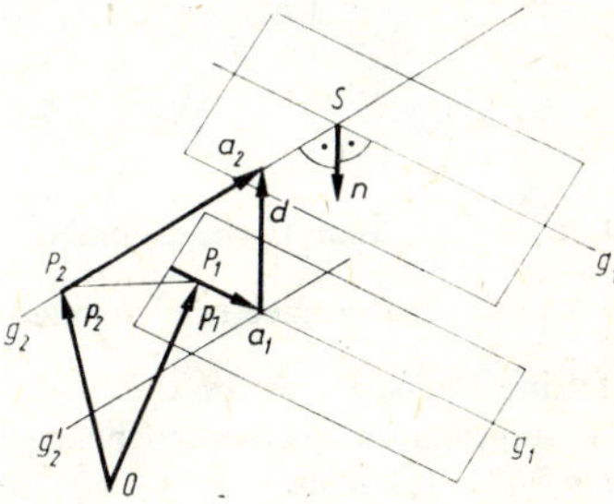

Bild 10/27

In Bild 10/27 seien g_1 und g_2 mit $\boldsymbol{p} = \boldsymbol{p}_1 + \lambda_1 \boldsymbol{a}_1$ bzw. $\boldsymbol{p} = \boldsymbol{p}_2 + \lambda_2 \boldsymbol{a}_2$ zwei windschiefe Geraden.

Schrittfolge zur Berechnung des Abstands der windschiefen Geraden:

1. Der Normalenvektor $\boldsymbol{n}$ der beiden Ebenen wird durch das Vektorprodukt $\boldsymbol{n} = \boldsymbol{a}_1 \times \boldsymbol{a}_2$ festgelegt.
2. Die Projektion des Vektors $(\boldsymbol{p}_2 - \boldsymbol{p}_1)$ auf den Normalenvektor $\boldsymbol{n}$ ist $(\boldsymbol{p}_2 - \boldsymbol{p}_1)_n = \boldsymbol{d}$.
3. Das Skalarprodukt von $\boldsymbol{n}$ und $\boldsymbol{d}$ ist
$$\boldsymbol{n} \cdot \boldsymbol{d} = \boldsymbol{n} \cdot (\boldsymbol{p}_2 - \boldsymbol{p}_1)_n = \boldsymbol{n} \cdot (\boldsymbol{p}_2 - \boldsymbol{p}_1) = \|\boldsymbol{n}\|\,\|\boldsymbol{d}\|,$$
weil $\boldsymbol{n} \parallel \boldsymbol{d}$ ist.
4. Daraus erhält man unter Verwendung von $\boldsymbol{n} = \boldsymbol{a}_1 \times \boldsymbol{a}_2$:
$$d = \left| \frac{\boldsymbol{n} \cdot (\boldsymbol{p}_2 - \boldsymbol{p}_1)}{\|\boldsymbol{n}\|} \right| = \left| \frac{(\boldsymbol{a}_1 \times \boldsymbol{a}_2) \cdot (\boldsymbol{p}_2 - \boldsymbol{p}_1)}{\|\boldsymbol{a}_1 \times \boldsymbol{a}_2\|} \right|.$$

BEISPIEL 10/18

Gegeben seien die Geraden
$$g_1 \text{ mit } \boldsymbol{p} = 3\boldsymbol{i} + 2\boldsymbol{j} - \boldsymbol{k} + \lambda_1(\boldsymbol{i} - 3\boldsymbol{j} + 2\boldsymbol{k})$$
und
$$g_2 \text{ mit } \boldsymbol{p} = 2\boldsymbol{i} - \boldsymbol{j} + 3\boldsymbol{k} + \lambda_2(-2\boldsymbol{i} + \boldsymbol{j} - 4\boldsymbol{k}).$$
Es soll der Abstand der beiden Geraden ermittelt werden. Nach der Schrittfolge erhält man

1. Es ist
$$\begin{aligned}\boldsymbol{n} = \boldsymbol{a}_1 \times \boldsymbol{a}_2 &= (\boldsymbol{i} - 3\boldsymbol{j} + 2\boldsymbol{k}) \times (-2\boldsymbol{i} + \boldsymbol{j} - 4\boldsymbol{k}) \\ &= 12\boldsymbol{i} - 4\boldsymbol{j} + \boldsymbol{k} - 2\boldsymbol{i} + 4\boldsymbol{j} - 6\boldsymbol{k} = 10\boldsymbol{i} - 5\boldsymbol{k}.\end{aligned}$$
2. Die Norm des Normalenvektors ist
$$\|\boldsymbol{a}_1 \times \boldsymbol{a}_2\| = \sqrt{100 + 25} = \sqrt{125} \approx 11{,}18.$$
3. Der Differenzvektor $\boldsymbol{p}_2 - \boldsymbol{p}_1$ ist
$$\boldsymbol{p}_2 - \boldsymbol{p}_1 = 2\boldsymbol{i} - \boldsymbol{j} + 3\boldsymbol{k} - 3\boldsymbol{i} - 2\boldsymbol{j} + \boldsymbol{k} = -\boldsymbol{i} - 3\boldsymbol{j} + 4\boldsymbol{k}.$$
4. Damit ergibt sich für den Abstand d der beiden Geraden
$$\begin{aligned} d &= \left| \frac{(10\boldsymbol{i} - 5\boldsymbol{k}) \cdot (-\boldsymbol{i} - 3\boldsymbol{j} + 4\boldsymbol{k})}{\sqrt{125}} \right| \\ &= \left| \frac{-10 - 20}{\sqrt{125}} \right| = \frac{30}{\sqrt{125}} \approx 2{,}68.\end{aligned}$$

10.3. Analytische Geometrie der Ebene im Raum

10.3.1. Parametergleichungen einer Ebene

(1) Eine Ebene E^2 werde durch die beiden nicht kollinearen Vektoren $\boldsymbol{a}$, $\boldsymbol{b}$ aufgespannt. In dieser Ebene sei der Punkt P_1 durch den Ortsvektor $\boldsymbol{p}_1 \in V_0^3$ festgelegt.

Für jeden in dieser Ebene liegenden Punkt P (festgelegt durch den Ortsvektor $\boldsymbol{p} \in V_0^3$) gilt (Veranschaulichung in Bild 10/28)

$$\boldsymbol{p}_1 + \overrightarrow{P_1P} = \boldsymbol{p} \quad \text{mit} \quad \overrightarrow{P_1P} = \lambda_1 \boldsymbol{a} + \lambda_2 \boldsymbol{b}$$

bzw.

$$\boldsymbol{p} = \boldsymbol{p}_1 + \lambda_1 \boldsymbol{a} + \lambda_2 \boldsymbol{b},$$

Punktrichtungsgleichung einer Ebene genannt.

(2) Eine Ebene kann auch durch drei paarweise verschiedene Punkte P_1, P_2, P_3 gebildet werden. Es sei $\boldsymbol{a} = \overrightarrow{P_1P_2}$, $\boldsymbol{b} = \overrightarrow{P_1P_3}$, dann ist

$$\boldsymbol{p}_1 + \boldsymbol{a} = \boldsymbol{p}_2 \quad \text{bzw.} \quad \boldsymbol{a} = \boldsymbol{p}_2 - \boldsymbol{p}_1$$

und

$$\boldsymbol{p}_1 + \boldsymbol{b} = \boldsymbol{p}_3 \quad \text{bzw.} \quad \boldsymbol{b} = \boldsymbol{p}_3 - \boldsymbol{p}_1$$

(Veranschaulichung in Bild 10/29).

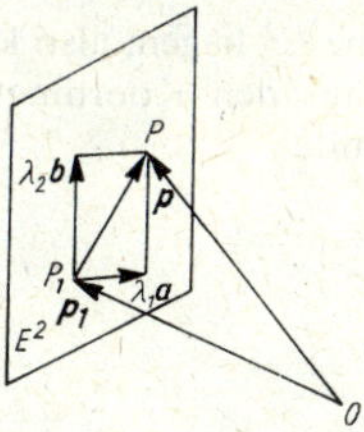

Bild 10/28

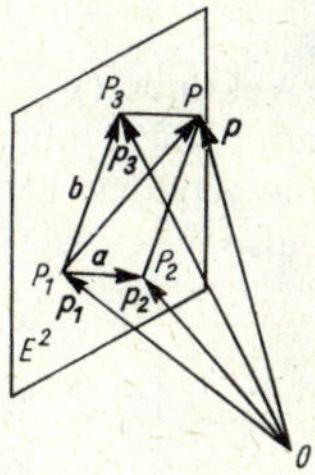

Bild 10/29

Werden $\boldsymbol{a}$ und $\boldsymbol{b}$ in die Punktrichtungsgleichung einer Ebene eingesetzt, so erhält man

$$\boldsymbol{p} = \boldsymbol{p}_1 + \lambda_1(\boldsymbol{p}_2 - \boldsymbol{p}_1) + \lambda_2(\boldsymbol{p}_3 - \boldsymbol{p}_1),$$

Dreipunktegleichung einer Ebene genannt.

BEISPIEL 10/19

a) Gegeben sei der Punkt $P_1(1;\ 2;\ 3)$ sowie die Vektoren

$$\boldsymbol{a} = 3\boldsymbol{i} + 2\boldsymbol{j} - \boldsymbol{k} \quad \text{und} \quad \boldsymbol{b} = 2\boldsymbol{i} + \boldsymbol{j} + 3\boldsymbol{k}.$$

Die Parametergleichung der Ebene ist dann

$$\boldsymbol{p} = \boldsymbol{i} + 2\boldsymbol{j} + 3\boldsymbol{k} + \lambda_1(3\boldsymbol{i} + 2\boldsymbol{j} - \boldsymbol{k}) + \lambda_2(2\boldsymbol{i} + \boldsymbol{j} + 3\boldsymbol{k})$$

bzw.

$$\boldsymbol{p} = (1 + 3\lambda_1 + 2\lambda_2)\,\boldsymbol{i} + (2 + 2\lambda_1 + \lambda_2)\,\boldsymbol{j} + (3 - \lambda_1 + 3\lambda_2)\,\boldsymbol{k}.$$

b) Die Parametergleichung der Ebene ist für die Punkte $P_1(3;\ 1;\ 2)$, $P_2(4;\ 2;\ 5)$, $P_3(3;\ 4;\ 1)$ anzugeben. Es gilt

$$\boldsymbol{p} = 3\boldsymbol{i} + \boldsymbol{j} + 2\boldsymbol{k} + \lambda_1(\boldsymbol{i} + \boldsymbol{j} + 3\boldsymbol{k}) + \lambda_2(3\boldsymbol{j} - \boldsymbol{k}).$$

10.3.2. Allgemeine Form der Gleichung einer Ebene

(1) Allgemeine Form der Gleichung einer Ebene in parameterfreier Darstellung

Aus der Punktrichtungsgleichung einer Ebene

$$\boldsymbol{p} = \boldsymbol{p}_1 + \lambda_1 \boldsymbol{a} + \lambda_2 \boldsymbol{b}$$

bzw.

$$\boldsymbol{p} - \boldsymbol{p}_1 = \lambda_1 \boldsymbol{a} + \lambda_2 \boldsymbol{b}$$

mit

$$\boldsymbol{p} = x\boldsymbol{i} + y\boldsymbol{j} + z\boldsymbol{k}, \qquad \boldsymbol{p}_1 = x_1\boldsymbol{i} + y_1\boldsymbol{j} + z_1\boldsymbol{k},$$

$$\boldsymbol{a} = a_x\boldsymbol{i} + a_y\boldsymbol{j} + a_z\boldsymbol{k}, \quad \boldsymbol{b} = b_x\boldsymbol{i} + b_y\boldsymbol{j} + b_z\boldsymbol{k}$$

erhält man die Koordinatendarstellung

$$(x - x_1)\,\boldsymbol{i} + (y - y_1)\,\boldsymbol{j} + (z - z_1)\boldsymbol{k}$$
$$= \lambda_1(a_x\boldsymbol{i} + a_y\boldsymbol{j} + a_z\boldsymbol{k}) + \lambda_2(b_x\boldsymbol{i} + b_y\boldsymbol{j} + b_z\boldsymbol{k}).$$

Da die Vektoren $(\boldsymbol{p} - \boldsymbol{p}_1)$, $\boldsymbol{a}$, $\boldsymbol{b}$ in der Ebene E^2 liegen, also komplanar und damit linear abhängig sind, ist die aus den Koordinaten dieser Vektoren gebildete Determinante gleich Null.
Es gilt also

$$\begin{vmatrix} (x - x_1) & a_x & b_x \\ (y - y_1) & a_y & b_y \\ (z - z_1) & a_z & b_z \end{vmatrix} = 0.$$

Die Berechnung der Determinante ergibt eine lineare Gleichung mit den Variablen x, y, z der Form

$$Ax + By + Cz + D = 0.$$

Sie heißt **allgemeine Form der Gleichung einer Ebene** (parameterfreie Darstellung).
Im einzelnen ist

$$A = \begin{vmatrix} a_y & b_y \\ a_z & b_z \end{vmatrix}, \quad B = -\begin{vmatrix} a_x & b_x \\ a_z & b_z \end{vmatrix}, \quad C = \begin{vmatrix} a_x & b_x \\ a_y & b_y \end{vmatrix},$$

$$D = \begin{vmatrix} x_1 & y_1 & z_1 \\ a_x & a_y & a_z \\ b_x & b_y & b_z \end{vmatrix}.$$

Entsprechend erhält man *aus der Dreipunktegleichung* der Ebene eine allgemeine Gleichung einer Ebene (in parameterfreier Darstellung):
Aus

$$\boldsymbol{p} - \boldsymbol{p}_1 = \lambda_1(\boldsymbol{p}_2 - \boldsymbol{p}_1) + \lambda_2(\boldsymbol{p}_3 - \boldsymbol{p}_1)$$

erhält man

$$(x - x_1)\,\boldsymbol{i} + (y - y_1)\,\boldsymbol{j} + (z - z_1)\,\boldsymbol{k}$$
$$= \lambda_1(x_2 - x_1)\,\boldsymbol{i} + \lambda_1(y_2 - y_1)\,\boldsymbol{j} + \lambda_1(z_2 - z_1)\,\boldsymbol{k}$$
$$+ \lambda_2(x_3 - x_1)\,\boldsymbol{i} + \lambda_2(y_3 - y_1)\,\boldsymbol{j} + \lambda_2(z_3 - z_1)\,\boldsymbol{k}.$$

Da die Vektoren $(\boldsymbol{p} - \boldsymbol{p}_1)$, $(\boldsymbol{p}_2 - \boldsymbol{p}_1)$, $(\boldsymbol{p}_3 - \boldsymbol{p}_1)$ in einer Ebene liegen, sind sie linear abhängig, d. h., die aus den Koordinaten gebildete Determinante ist gleich Null.

$$\begin{vmatrix} (x - x_1) & (x_2 - x_1) & (x_3 - x_1) \\ (y - y_1) & (y_2 - y_1) & (y_3 - y_1) \\ (z - z_1) & (z_2 - z_1) & (z_3 - z_1) \end{vmatrix} = 0.$$

Diese Determinante kann umgeformt werden und ist in folgender Form sehr praktikabel:

$$\begin{vmatrix} 1 & x & y & z \\ 1 & x_1 & y_1 & z_1 \\ 1 & x_2 & y_2 & z_2 \\ 1 & x_3 & y_3 & z_3 \end{vmatrix} = 0.$$

Die Berechnung dieser Determinante (durch Entwicklung nach den Elementen der ersten Zeile) führt zu einer linearen Gleichung der Form

$$Ax + By + Cz + D = 0.$$

BEISPIEL 10/20

Die im Beispiel 10/19 angegebenen Ebenengleichungen sollen in die allgemeine Form übergeführt werden.

a) Es sind $\boldsymbol{p}_1 = \boldsymbol{i} + 2\boldsymbol{j} + 3\boldsymbol{k}$, $\boldsymbol{a} = 3\boldsymbol{i} + 2\boldsymbol{j} - \boldsymbol{k}$, $\boldsymbol{b} = 2\boldsymbol{i} + \boldsymbol{j} + 3\boldsymbol{k}$.
Die Gleichung der Ebene in Determinantenform ist

$$\begin{vmatrix} (x - 1) & 3 & 2 \\ (y - 2) & 2 & 1 \\ (z - 3) & -1 & 3 \end{vmatrix} = 0.$$

Die allgemeine Gleichung der Ebene ist $7x - 11y - z + 18 = 0$.

b) Gegeben sind die Punkte $P_1(3;\ 1;\ 2)$, $P_2(4;\ 2;\ 5)$. $P_3(3;\ 4;\ 1)$.
Die Gleichung der Ebene in Determinantenform ist

$$\begin{vmatrix} 1 & x & y & z \\ 1 & 3 & 1 & 2 \\ 1 & 4 & 2 & 5 \\ 1 & 3 & 4 & 1 \end{vmatrix} = 0.$$

Die Berechnung der Determinante durch Entwickeln nach den Elementen der ersten Zeile und Anwenden der SARRUSschen Regel ergibt

$$1 \cdot \begin{vmatrix} 3 & 1 & 2 \\ 4 & 2 & 5 \\ 3 & 4 & 1 \end{vmatrix} - x \cdot \begin{vmatrix} 1 & 1 & 2 \\ 1 & 2 & 5 \\ 1 & 4 & 1 \end{vmatrix} + y \cdot \begin{vmatrix} 1 & 3 & 2 \\ 1 & 4 & 5 \\ 1 & 3 & 1 \end{vmatrix}$$

$$- z \cdot \begin{vmatrix} 1 & 3 & 1 \\ 1 & 4 & 2 \\ 1 & 3 & 4 \end{vmatrix} = -23 + 10x - y + 3z = 0.$$

Die allgemeine Gleichung der Ebene ist $10x - y + 3z - 23 = 0$.

(2) Allgemeine Form der Gleichung einer Ebene in vektorieller Darstellung

Gegeben sei ein Punkt P_1 in der Ebene E^2 und ein Vektor $\boldsymbol{n}$, der auf der Ebene E^2 senkrecht steht. Der Vektor $\boldsymbol{n}$ heißt **Normalenvektor** der Ebene E^2. Da der Vektor $\boldsymbol{p} - \boldsymbol{p}_1$ in der Ebene E^2 liegt, steht er auf $\boldsymbol{n}$ senkrecht, d. h., das Skalarprodukt beider Vektoren ist Null. Es gilt

$$\boldsymbol{n} \cdot (\boldsymbol{p} - \boldsymbol{p}_1) = 0,$$

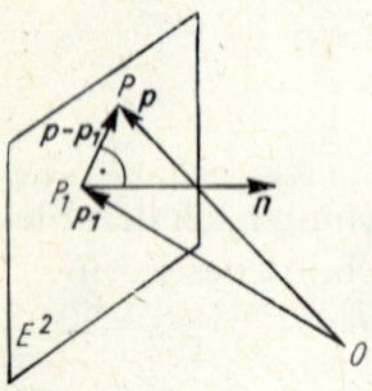

Bild 10/30

allgemeine Form der Gleichung einer Ebene in vektorieller Darstellung genannt (Bild 10/30). Durch Einsetzen der Vektoren in die allgemeine Form der Gleichung einer Ebene in vektorieller Darstellung erhält man die **allgemeine Form der Gleichung einer Ebene in vektorfreier Darstellung.**
Es sei

$$\boldsymbol{p} = x\boldsymbol{i} + y\boldsymbol{j} + z\boldsymbol{k},$$

$$\boldsymbol{p}_1 = x_1\boldsymbol{i} + y_1\boldsymbol{j} + z_1\boldsymbol{k}, \quad \boldsymbol{n} = A\boldsymbol{i} + B\boldsymbol{j} + C\boldsymbol{k}.$$

Dann gilt

$$\boldsymbol{n} \cdot (\boldsymbol{p} - \boldsymbol{p}_1) = 0$$

bzw.

$$\begin{aligned} (A\boldsymbol{i} + B\boldsymbol{j} + C\boldsymbol{k}) \cdot [(x - x_1)\,\boldsymbol{i} + (y - y_1)\,\boldsymbol{j} + (z - z_1)\,\boldsymbol{k}] &= 0 \\ A(x - x_1) + B(y - y_1) + C(z - z_1) &= 0 \\ Ax + By + Cz + D &= 0, \end{aligned}$$

wobei $D = -Ax_1 - By_1 - Cz_1$ ist.

BEISPIEL 10/21

Gegeben seien der Punkt $P_1(2;\ 3;\ -1)$ und der Normalenvektor $\boldsymbol{n} = \boldsymbol{i} + 2\boldsymbol{j} + 2\boldsymbol{k}$ der Ebene E^2. Es soll die allgemeine Form der Gleichung der Ebene in Koordinatendarstellung angegeben werden. Durch Einsetzen der entsprechenden Vektoren in die allgemeine Form der Gleichung der Ebene in vektorieller Darstellung erhält man

$$\boldsymbol{n} \cdot (\boldsymbol{p} - \boldsymbol{p}_1) = 0$$

$$(\boldsymbol{i} + 2\boldsymbol{j} + 2\boldsymbol{k}) \cdot (x\boldsymbol{i} + y\boldsymbol{j} + z\boldsymbol{k} - 2\boldsymbol{i} - 3\boldsymbol{j} + \boldsymbol{k}) = 0$$

$$x - 2 + 2y - 6 + 2z + 2 = 0$$

$$x + 2y + 2z - 6 = 0,$$

die allgemeine Form der Gleichung dieser Ebene in vektorfreier Darstellung.

10.3.3. Achsenabschnittsform der Gleichung einer Ebene

Aus der allgemeinen Form der Gleichung einer Ebene in vektorfreier Darstellung erhält man in Analogie zur allgemeinen Form der Gleichung einer Geraden (↗ 10.2.3.) die Achsenabschnittsform der Gleichung einer Ebene:
Dividiert man die Gleichung

$$Ax + By + Cz + D = 0, \quad D \neq 0$$

bzw.

$$Ax + By + Cz = -D$$

durch $-D$, so ergibt sich

$$\frac{x}{-\frac{D}{A}} + \frac{y}{-\frac{D}{B}} + \frac{z}{-\frac{D}{C}} = 1\,.$$

Setzt man

$$-\frac{D}{A} = a, \qquad -\frac{D}{B} = b, \qquad -\frac{D}{C} = c,$$

so erhält man die **Achsenabschnittsform der Gleichung einer Ebene**

$$\frac{x}{a} + \frac{y}{b} + \frac{z}{c} = 1\,.$$

Durch Angabe der Abschnitte a, b, c auf der x-, y- bzw. z-Achse ist die Ebene im räumlichen kartesischen Koordinatensystem leicht zu skizzieren.

BEISPIEL 10/22

Die allgemeine Gleichung der Ebene $x + 2y + 2z - 6 = 0$ ist in die Achsenabschnittsform zu überführen:
Die Division jedes Summanden durch 6 ergibt

$$\frac{x}{6} + \frac{y}{3} + \frac{z}{3} = 1\,.$$

(Veranschaulichung in Bild 10/31)

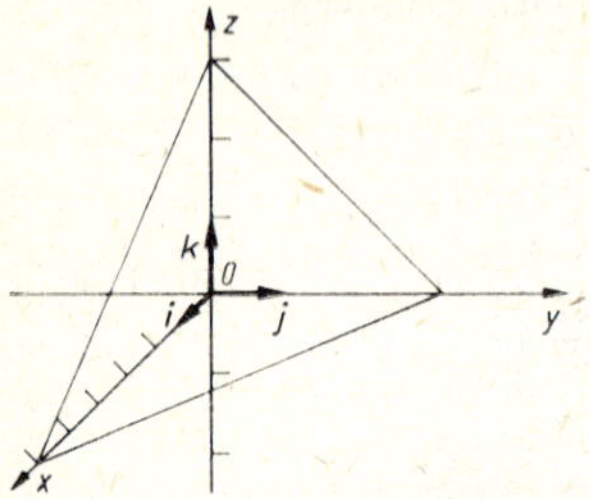

Bild 10/31

10.3.4. Hessesche Normalform der Gleichung einer Ebene

Da jede Ebene durch unendlich viele Gleichungen der allgemeinen Form in vektorieller Darstellung beschrieben werden kann, soll eine Normierung durch Einführen eines Normaleneinheitsvektors

$$\boldsymbol{e}_n = \frac{\boldsymbol{n}}{\|\boldsymbol{n}\|}$$

erfolgen.

Die Gleichung $\boldsymbol{e}_n \cdot (\boldsymbol{p} - \boldsymbol{p}_1) = 0$ heißt **Hessesche Normalform einer Ebene in vektorieller Darstellung,** wenn die Vektoren Elemente des dreidimensionalen Vektorraums V^3 sind. Sie kann in die **Hessesche Normalform einer Ebene in Koordinatendarstellung** übergeführt werden:

Es sei $\boldsymbol{n} = A\boldsymbol{i} + B\boldsymbol{j} + C\boldsymbol{k}$, dann ist $\|\boldsymbol{n}\| = \sqrt{A^2 + B^2 + C^2}$, und für die Hessesche Normalform gilt dann

$$\boldsymbol{e}_n \cdot (\boldsymbol{p} - \boldsymbol{p}_1) = 0 \quad \text{bzw.} \quad \boldsymbol{e}_n \cdot \boldsymbol{p} = \boldsymbol{e}_n \cdot \boldsymbol{p}_1$$

$$\frac{\boldsymbol{n}}{\|\boldsymbol{n}\|} \cdot \boldsymbol{p} = \frac{\boldsymbol{n}}{\|\boldsymbol{n}\|} \cdot \boldsymbol{p}_1 .$$

Nun ist $\boldsymbol{n} \cdot \boldsymbol{p} = Ax + By + Cz$; es sei $\boldsymbol{n} \cdot \boldsymbol{p}_1 = -D$; damit ergibt sich

$$\frac{Ax + By + Cz + D}{\sqrt{A^2 + B^2 + C^2}} = 0 .$$

Wird vom Koordinatenursprung aus das Lot auf die Ebene E^2, die nicht durch den Koordinatenursprung geht, gefällt, so sei $\overrightarrow{OL} = \boldsymbol{l}$ und sein Einheitsvektor $\boldsymbol{e}_l$ (Bild 10/32). Der Vektor $\boldsymbol{l}$ habe die gleiche Richtung wie der Normalenvektor $\boldsymbol{n}$.

Nach der Hesseschen Normalform einer Ebene in vektorieller Darstellung gilt dann

$$\boldsymbol{e}_l \cdot (\boldsymbol{p} - \boldsymbol{l}) = 0 \quad \text{bzw.} \quad \boldsymbol{e}_l \cdot \boldsymbol{p} = \boldsymbol{e}_l \cdot \boldsymbol{l},$$

wobei $\boldsymbol{e}_l \cdot \boldsymbol{l} = l$ ist.

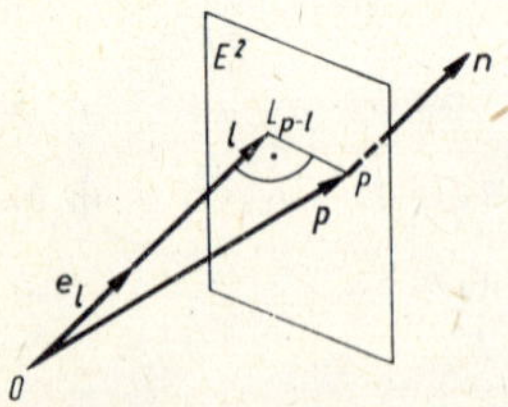

Bild 10/32

Also ist

$$e_l \cdot p = l \quad \text{bzw.} \quad e_l \cdot p - l = 0.$$

Sind $\cos \alpha_1, \cos \alpha_2, \cos \alpha_3$ die Richtungscosinus des Vektors e_l, gilt also $e_l = \cos \alpha_1 i + \cos \alpha_2 j + \cos \alpha_3 k$, dann ergibt sich für $e_l \cdot p - l = 0$

$$x \cos \alpha_1 + y \cos \alpha_2 + z \cos \alpha_3 - l = 0.$$

BEISPIEL 10/23

Durch $n = 2i + j + 2k$ und $P_1(2; 3; 1)$ sei die Ebene E^2 festgelegt. Es soll die HESSEsche Normalform der Ebenengleichung angegeben werden.

Es gilt $\frac{n}{\|n\|} \cdot (p - p_1) = 0$

bzw.

$$\frac{(2 \cdot i + j + 2 \cdot k) \cdot [(x-2)i + (y-3)j + (z-1)k]}{\sqrt{4+1+4}} = 0$$

$$\frac{2(x-2) + 1(y-3) + 2(z-1)}{3} = 0$$

$$\frac{2x + y + 2z - 9}{3} = 0$$

In der HESSEschen Normalform dieser Ebene in Koordinatendarstellung sind $\cos \alpha_1 = \frac{2}{3}$, $\cos \alpha_2 = \frac{1}{3}$, $\cos \alpha_3 = \frac{2}{3}$ die Richtungscosinus des Normaleneinheitsvektors und $l = 3$ der Abstand des Koordinatenursprungs von der Ebene (Bild 10/33).

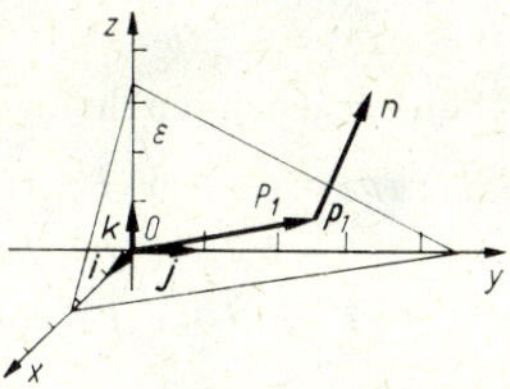

Bild 10/33

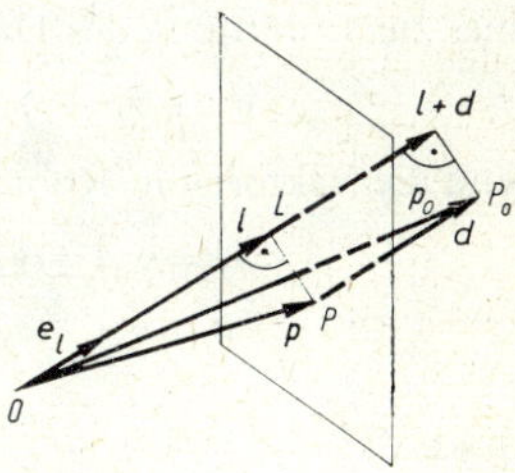

Bild 10/34

10.3.5. Abstand eines Punkts von einer Ebene

Mit Hilfe der HESSEschen Normalform kann der Abstand d eines Punkts P_0 von der Ebene E^2 ermittelt werden (Bild 10/34). Die Projektion des Vektors p_0 auf den Normaleneinheitsvektor e_l ist

$$e_l \cdot p_0 = l + d$$

bzw.

$$\frac{n}{\|n\|} \cdot p_0 = l + d.$$

Danach ist

$$d = \boldsymbol{e}_l \cdot \boldsymbol{p}_0 - l$$

bzw.

$$d = \frac{Ax_0 + By_0 + Cz_0 + D}{\sqrt{A^2 + B^2 + C^2}}.$$

Setzt man die Koordinaten des Punkts P_0 in die HESSEsche Normalform einer Ebene in Koordinatendarstellung ein, so erhält man den Abstand d des Punkts P_0 von der Ebene.

BEISPIEL 10/24

Der Abstand des Punkts $P_0(6;\ 6;\ 6)$ von der Ebene mit der Gleichung $\frac{2x + y + 2z - 9}{3} = 0$ (↗ Beispiel 10/23) ist zu ermitteln.

Für d gilt

$$d = \frac{2x_0 + y_0 + 2z_0 - 9}{3} = \frac{2 \cdot 6 + 6 + 2 \cdot 6 - 9}{3} = 7.$$

10.3.6. Schnittpunkt einer Geraden mit einer Ebene

Es seien die Gerade g mit $\boldsymbol{p}_{\mathrm{I}} = \boldsymbol{p}_1 + \lambda \boldsymbol{a}$ und die Ebene E^2 mit

$$\boldsymbol{p}_{\mathrm{II}} = \boldsymbol{p}_2 + \lambda_1 \boldsymbol{b} + \lambda_2 \boldsymbol{c}$$

gegeben.

Da der Schnittpunkt sowohl der Geraden als auch der Ebene angehört, muß zur Ermittlung des Durchstoßpunkts $\boldsymbol{p}_{\mathrm{I}} = \boldsymbol{p}_{\mathrm{II}}$ gelten, d. h.,

$$\boldsymbol{p}_1 + \lambda \boldsymbol{a} = \boldsymbol{p}_2 + \lambda_1 \boldsymbol{b} + \lambda_2 \boldsymbol{c}.$$

Sind die Vektoren in Koordinatendarstellung gegeben durch

$$\boldsymbol{p}_1 = x_1 \boldsymbol{i} + y_1 \boldsymbol{j} + z_1 \boldsymbol{k}, \qquad \boldsymbol{p}_2 = x_2 \boldsymbol{i} + y_2 \boldsymbol{j} + z_2 \boldsymbol{k},$$

$$\boldsymbol{a} = a_x \boldsymbol{i} + a_y \boldsymbol{j} + a_z \boldsymbol{k}, \qquad \boldsymbol{b} = b_x \boldsymbol{i} + b_y \boldsymbol{j} + b_z \boldsymbol{k},$$

$$\boldsymbol{c} = c_x \boldsymbol{i} + c_y \boldsymbol{j} + c_z \boldsymbol{k},$$

so ist

$$\begin{aligned}
&(x_1 - x_2)\,\boldsymbol{i} + (y_1 - y_2)\,\boldsymbol{j} + (z_1 - z_2)\,\boldsymbol{k} \\
&= (-\lambda a_x + \lambda_1 b_x + \lambda_2 c_x)\,\boldsymbol{i} \\
&\quad + (-\lambda a_y + \lambda_1 b_y + \lambda_2 c_y)\,\boldsymbol{j} \\
&\quad + (-\lambda a_z + \lambda_1 b_z + \lambda_2 c_z)\,\boldsymbol{k}.
\end{aligned}$$

Durch Koordinatenvergleich erhält man

$$\begin{aligned}
x_1 - x_2 &= -\lambda a_x + \lambda_1 b_x + \lambda_2 c_x \\
y_1 - y_2 &= -\lambda a_y + \lambda_1 b_y + \lambda_2 c_y \\
z_1 - z_2 &= -\lambda a_z + \lambda_1 b_z + \lambda_2 c_z.
\end{aligned}$$

Die Lösung des Gleichungssystems ergibt die Parameter λ, λ_1, λ_2. Zur Ermittlung der Koordinaten des Schnittpunkts reicht es, nur λ zu berechnen, weil damit die Koordinaten des Schnittpunkts aus der Geradengleichung bestimmt werden können. λ_1 und λ_2 können zur Überprüfung dienen.

BEISPIEL 10/25

Es soll der Schnittpunkt S der Geraden g mit

$$\boldsymbol{p} = 2\boldsymbol{i} + 2\boldsymbol{j} + \boldsymbol{k} + \lambda(4\boldsymbol{i} - 2\boldsymbol{j} + 4\boldsymbol{k})$$

mit der Ebene E^2 mit

$$\boldsymbol{p} = \boldsymbol{i} - \boldsymbol{j} + 2\boldsymbol{k} + \lambda_1(-2\boldsymbol{i} + \boldsymbol{j} + \boldsymbol{k}) + \lambda_2(-\boldsymbol{i} + \boldsymbol{j} + 3\boldsymbol{k})$$

ermittelt werden. Man erhält für $\boldsymbol{p}_{\text{Gerade}} = \boldsymbol{p}_{\text{Ebene}}$ folgendes Gleichungssystem

$$\begin{aligned} 2 - 1 &= -4\lambda - 2\lambda_1 - \lambda_2 \\ 2 + 1 &= 2\lambda + \lambda_1 + \lambda_2 \\ 1 - 2 &= -4\lambda + \lambda_1 + 3\lambda_2 . \end{aligned}$$

Die Berechnung von λ ergibt $\lambda = 3$. Der Ortsvektor des Schnittpunkts S ist $\boldsymbol{p} = 14\boldsymbol{i} - 4\boldsymbol{j} + 13\boldsymbol{k}$.
Zur Überprüfung der Richtigkeit der Rechnung werden die Parameter λ_1 und λ_2 berechnet: $\lambda_1 = -10$, $\lambda_2 = 7$. Durch Einsetzen von λ_1 und λ_2 in die Ebenengleichung erhält man den gleichen Ortsvektor für den Schnittpunkt.

10.3.7. Neigungswinkel einer Geraden gegen eine Ebene

Gegeben seien die Gerade g mit der Gleichung $\boldsymbol{p} = \boldsymbol{p}_1 + \lambda\boldsymbol{a}$ und die Ebene E^2 mit der allgemeinen Gleichung in vektorieller Darstellung $\boldsymbol{n} \cdot (\boldsymbol{p} - \boldsymbol{p}_1) = 0$ (Bild 10/35).

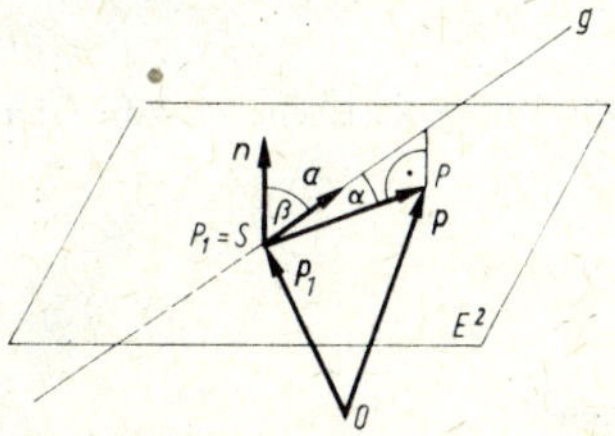

Bild 10/35

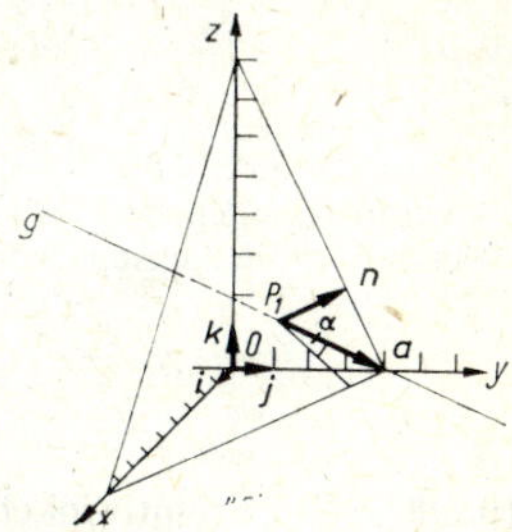

Bild 10/36

Im Schnittpunkt $S = P_1$ der Geraden g mit der Ebene E^2 bilden der Richtungsvektor $\boldsymbol{a}$ der Geraden und der Normalenvektor $\boldsymbol{n}$ der Ebene den Winkel β, der den Neigungswinkel α der Geraden g gegen die Ebene E^2 zu 90° ergänzt (α und β sind Komplementwinkel).

Nach Definition ist das Skalarprodukt der Vektoren $\boldsymbol{a}$, $\boldsymbol{n}$

$$\boldsymbol{n} \cdot \boldsymbol{a} = \|\boldsymbol{n}\| \, \|\boldsymbol{a}\| \cos \beta .$$

Mit $\beta = 90° - \alpha$ ($0° \leqq \alpha \leqq 90°$) gilt

$$\boldsymbol{n} \cdot \boldsymbol{a} = \|\boldsymbol{n}\| \, \|\boldsymbol{a}\| \cos (90° - \alpha)$$

bzw.

$$\boldsymbol{n} \cdot \boldsymbol{a} = \|\boldsymbol{n}\| \, \|\boldsymbol{a}\| \sin \alpha .$$

Daraus erhält man

$$\sin \alpha = \left| \frac{\boldsymbol{n} \cdot \boldsymbol{a}}{\|\boldsymbol{n}\| \, \|\boldsymbol{a}\|} \right| ,$$

woraus die Größe des Neigungswinkels α zu ermitteln ist. In *Koordinatendarstellung* der Vektoren erhält man, wenn $\boldsymbol{n} = A\boldsymbol{i} + B\boldsymbol{j} + C\boldsymbol{k}$ und $\boldsymbol{a} = a_x\boldsymbol{i} + a_y\boldsymbol{j} + a_z\boldsymbol{k}$ sind,

$$\sin \alpha = \left| \frac{Aa_x + Ba_y + Ca_z}{\sqrt{A^2 + B^2 + C^2} \sqrt{a_x^2 + a_y^2 + a_z^2}} \right| .$$

BEISPIEL 10/26

Die Gleichung der Ebene E^2 sei gegeben durch $\boldsymbol{n} \cdot (\boldsymbol{p} - \boldsymbol{p}_1) = 0$ mit $\boldsymbol{n} = \boldsymbol{i} + 2\boldsymbol{j} + \boldsymbol{k}$, $\boldsymbol{p}_1 = 2\boldsymbol{i} + 2\boldsymbol{j} + 2\boldsymbol{k}$, die Gleichung der Geraden g durch $\boldsymbol{p} = 2\boldsymbol{i} + 2\boldsymbol{j} + 2\boldsymbol{k} + \lambda(-\boldsymbol{i} + 2\boldsymbol{j} - 2\boldsymbol{k})$. Es soll die Größe des Neigungswinkels α ermittelt werden, den die Gerade mit der Ebene bildet.
Die Größe des Neigungswinkels α wird berechnet durch

$$\sin \alpha = \left| \frac{\boldsymbol{n} \cdot \boldsymbol{a}}{\|\boldsymbol{n}\| \, \|\boldsymbol{a}\|} \right| = \frac{-1 + 4 - 2}{\sqrt{1 + 4 + 1} \sqrt{1 + 4 + 4}}$$

$$= \frac{1}{\sqrt{6} \sqrt{9}} = \frac{\sqrt{6}}{18} ; \sin\alpha \approx 0{,}1361 .$$

Dann ist $\alpha \approx 7{,}8°$.
Veranschaulichung in Bild 10/36; zur Zeichnung der Ebene wird die Gleichung in die Achsenabschnittsform gebracht:

$$\frac{x}{8} + \frac{y}{4} + \frac{z}{8} = 1$$

10.3.8. Schnittwinkel zweier Ebenen

Die Ebenen E_1^2, E_2^2 seien durch die allgemeinen Gleichungen in vektorieller Darstellung gegeben:

$$E_1^2\colon \; \boldsymbol{n}_1 \cdot (\boldsymbol{p} - \boldsymbol{p}_1) = 0$$

$$E_2^2\colon \; \boldsymbol{n}_2 \cdot (\boldsymbol{p} - \boldsymbol{p}_2) = 0 .$$

Die Größe des Schnittwinkels beider Ebenen kann mit Hilfe des Skalarprodukts der Normalenvektoren $\boldsymbol{n}_1, \boldsymbol{n}_2$ ermittelt werden: Es gilt

$$\cos \alpha = \frac{\boldsymbol{n}_1 \cdot \boldsymbol{n}_2}{\|\boldsymbol{n}_1\| \, \|\boldsymbol{n}_2\|}.$$

In *Koordinatendarstellung:* Es seien $\boldsymbol{n}_1 = A_1\boldsymbol{i} + B_1\boldsymbol{j} + C_1\boldsymbol{k}, \boldsymbol{n}_2 = A_2\boldsymbol{i} + B_2\boldsymbol{j} + C_2\boldsymbol{k}$ die Normalenvektoren der Ebenen E_1^2, E_2^2, dann kann aus

$$\cos \alpha = \frac{A_1A_2 + B_1B_2 + C_1C_2}{\sqrt{A_1^2 + B_1^2 + C_1^2}\sqrt{A_2^2 + B_2^2 + C_2^2}}$$

die Größe des Winkels α ermittelt werden (Bild 10/37).

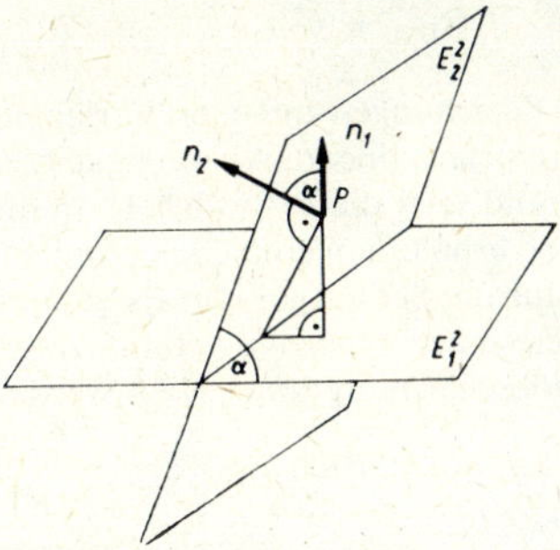

Bild 10/37

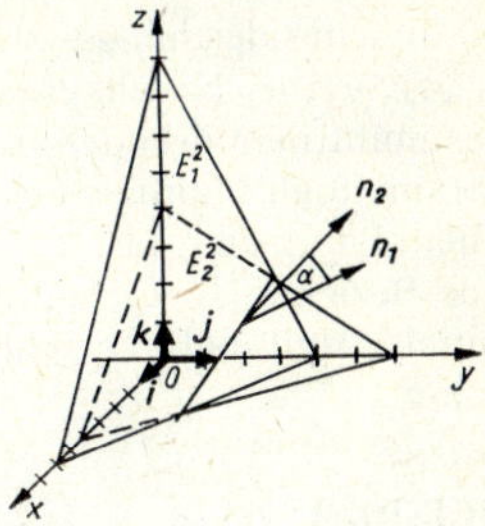

Bild 10/38

BEISPIEL 10/27

Die Ebenen E_1^2, E_2^2 seien durch ihre allgemeinen Gleichungen in Koordinatendarstellung gegeben:

$$E_1^2: \quad 2x + 4y + 2z - 16 = 0$$
$$E_2^2: \quad 4x + 4y + 6z - 24 = 0.$$

Die Normalenvektoren sind dann

$$\boldsymbol{n}_1 = 2\boldsymbol{i} + 4\boldsymbol{j} + 2\boldsymbol{k},$$
$$\boldsymbol{n}_2 = 4\boldsymbol{i} + 4\boldsymbol{j} + 6\boldsymbol{k}.$$

Damit erhält man

$$\cos \alpha = \frac{\boldsymbol{n}_1 \cdot \boldsymbol{n}_2}{\|\boldsymbol{n}_1\| \, \|\boldsymbol{n}_2\|} = \frac{8 + 16 + 12}{\sqrt{24}\sqrt{68}} \approx 0{,}8911.$$

Die Größe des Schnittwinkels der Ebenen E_1^2, E_2^2 ist $\alpha \approx 27°$.
Veranschaulichung in Bild 10/38

10.3.9. Gleichung der Schnittgeraden zweier Ebenen

Gegeben seien die Ebenengleichungen in Parameterform

$$E_1^2: \boldsymbol{p}_{\mathrm{I}} = \boldsymbol{p}_1 + \lambda_1\boldsymbol{a} + \lambda_2\boldsymbol{b}$$
$$E_2^2: \boldsymbol{p}_{\mathrm{II}} = \boldsymbol{p}_2 + \mu_1\boldsymbol{c} + \mu_2\boldsymbol{d}.$$

Da die Punkte der Schnittgeraden beiden Ebenengleichungen angehören, gilt zur Ermittlung der Gleichung der Schnittgeraden $\boldsymbol{p}_{\mathrm{I}} = \boldsymbol{p}_{\mathrm{II}}$, d. h.,

$$\boldsymbol{p}_1 + \lambda_1 \boldsymbol{a} + \lambda_2 \boldsymbol{b} = \boldsymbol{p}_2 + \mu_1 \boldsymbol{c} + \mu_2 \boldsymbol{d}$$

bzw.

$$\boldsymbol{p}_1 - \boldsymbol{p}_2 = -\lambda_1 \boldsymbol{a} - \lambda_2 \boldsymbol{b} + \mu_1 \boldsymbol{c} + \mu_2 \boldsymbol{d}.$$

In *Koordinatendarstellung* erhält man

$$x_1 - x_2 = -\lambda_1 a_x - \lambda_2 b_x + \mu_1 c_x + \mu_2 d_x$$

$$y_1 - y_2 = -\lambda_1 a_y - \lambda_2 b_y + \mu_1 c_y + \mu_2 d_y$$

$$z_1 - z_2 = -\lambda_1 a_z - \lambda_2 b_z + \mu_1 c_z + \mu_2 d_z.$$

In diesem Gleichungssystem von drei Gleichungen mit vier Variablen $\lambda_1, \lambda_2, \mu_1, \mu_2$ besteht zwischen den Parametern lineare Abhängigkeit. Bestimmt man drei der vier Parameter und setzt diese Ausdrücke in die Parametergleichungen der Ebenen ein, so erhält man eine Gleichung mit einem Parameter, also eine Gleichung für die Schnittgerade. Es genügt, eine Beziehung zwischen den Parametern einer Ebenengleichung zu ermitteln, weil dadurch schon eine Geradengleichung angegeben werden kann.

BEISPIEL 10/28

Es soll eine Gleichung für die Schnittgerade zwischen den Ebenen E_1^2, E_2^2 ermittelt werden.

$$E_1^2\colon \boldsymbol{p}_{\mathrm{I}} = 2\boldsymbol{i} + 4\boldsymbol{j} + 6\boldsymbol{k} + \lambda_1(-4\boldsymbol{i} - \boldsymbol{j} - 2\boldsymbol{k}) + \lambda_2(-2\boldsymbol{i} + \boldsymbol{j} - 2\boldsymbol{k})$$

$$E_2^2\colon \boldsymbol{p}_{\mathrm{II}} = 6\boldsymbol{i} + \boldsymbol{j} + 2\boldsymbol{k} + \mu_1(-\boldsymbol{i} + \boldsymbol{j} + 2\boldsymbol{k}) + \mu_2(2\boldsymbol{i} - \boldsymbol{j} - \boldsymbol{k}).$$

Aus der Bedingung $\boldsymbol{p}_{\mathrm{I}} = \boldsymbol{p}_{\mathrm{II}}$ folgt in Koordinatendarstellung

$$4\lambda_1 + 2\lambda_2 - \mu_1 + 2\mu_2 = -4$$

$$\lambda_1 - \lambda_2 + \mu_1 - \mu_2 = 3$$

$$2\lambda_1 + 2\lambda_2 + \mu_1 - \mu_2 = 4.$$

Durch geeignete Umformungen erhält man eine lineare Abhängigkeit zwischen λ_1 und λ_2: $\lambda_2 = \frac{5}{3}\lambda_1 - \frac{1}{3}$.

Durch Einsetzen von λ_2 in die Gleichung der Ebene E_1^2 entsteht eine Gleichung der Schnittgeraden:

$$\boldsymbol{p} = \frac{8}{3}\boldsymbol{i} + \frac{11}{3}\boldsymbol{j} + \frac{16}{3}\boldsymbol{k} + \lambda_1\left(-\frac{22}{3}\boldsymbol{i} + \frac{2}{3}\boldsymbol{i} - \frac{4}{3}\boldsymbol{k}\right).$$

10.4. Analytische Geometrie des Kreises und der Kugel

Zur Definition des Begriffs »Kreis« ↗ 5.1.13.1., zur Definition des Begriffs »Kugel« ↗ 5.3.6.

10.4.1. Allgemeine Form der Gleichung eines Kreises bzw. einer Kugel

(1) Ebene	Raum
Liegt der Mittelpunkt M eines Kreises	Liegt der Mittelpunkt M einer Kugel

im Koordinatenursprung und ist $\boldsymbol{r}$ der Ortsvektor eines Punkts

der Kreislinie ($\boldsymbol{p} \in V_0^2$),	der Kugeloberfläche ($\boldsymbol{p} \in V_0^3$),

dann heißt die Gleichung $\boldsymbol{p}^2 - r^2 = 0$ **Mittelpunktsgleichung**

eines Kreises	**einer Kugel**

in Vektordarstellung.

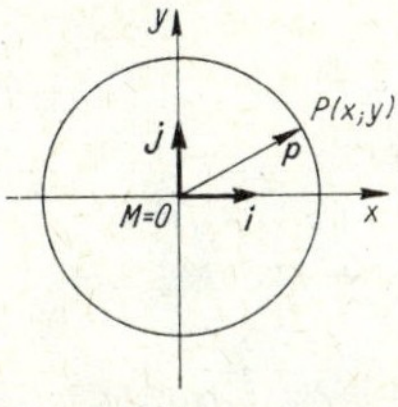

Bild 10/39

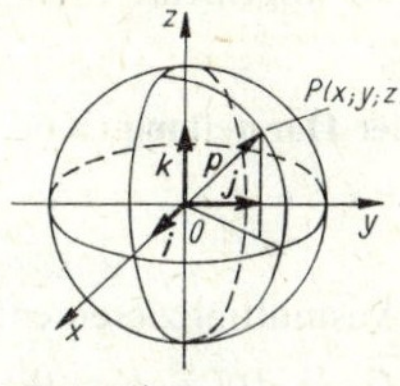

Bild 10/40

Nach Ersetzen des Vektors

$\boldsymbol{p} = x\boldsymbol{i} + y\boldsymbol{j}$	$\boldsymbol{p} = x\boldsymbol{i} + y\boldsymbol{j} + z\boldsymbol{k}$

erhält man die **Mittelpunktsgleichung**

eines Kreises	**einer Kugel**

in vektorfreier Darstellung (Koordinatendarstellung):

$(x\boldsymbol{i} + y\boldsymbol{j}) \cdot (x\boldsymbol{i} + y\boldsymbol{j}) = r^2$ bzw. $x^2 + y^2 = r^2$	$(x\boldsymbol{i} + y\boldsymbol{j} + z\boldsymbol{k}) \cdot (x\boldsymbol{i} + y\boldsymbol{j} + z\boldsymbol{k}) = r^2$ bzw. $x^2 + y^2 + z^2 = r^2$

(2) Ist der Mittelpunkt M eines Kreises bzw. einer Kugel durch den Ortsvektor $\boldsymbol{p}_M$ festgelegt, dann heißt

$$(\boldsymbol{p} - \boldsymbol{p}_M)^2 - r^2 = 0$$

allgemeine Form der Gleichung

eines Kreises | **einer Kugel**

in Vektordarstellung.

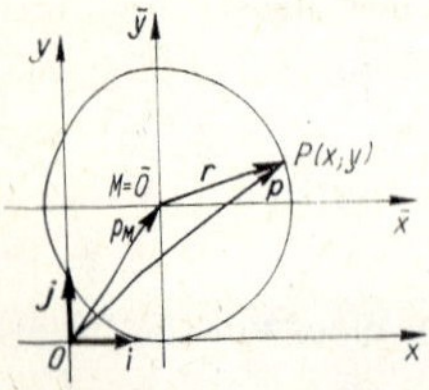

Bild 10/41

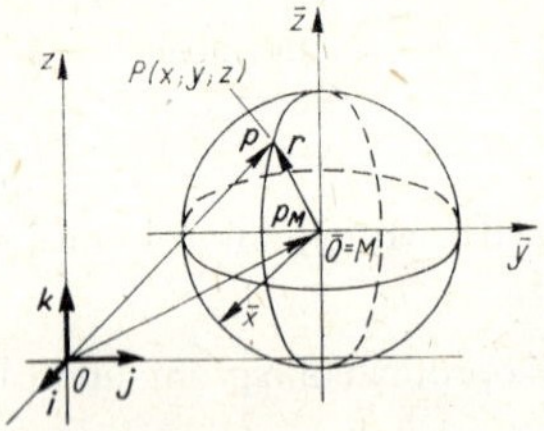

Bild 10/42

Nach Einsetzen der Vektoren

$\boldsymbol{r} = x\boldsymbol{i} + y\boldsymbol{j}$ | $\boldsymbol{r} = x\boldsymbol{i} + y\boldsymbol{j} + z\boldsymbol{k}$

$\boldsymbol{p_M} = x_M\boldsymbol{i} + y_M\boldsymbol{j}$ | $\boldsymbol{p_M} = x_M\boldsymbol{i} + y_M\boldsymbol{j} + z_M\boldsymbol{k}$

erhält man die **allgemeine Form der Gleichung**

eines Kreises | **einer Kugel**

in vektorfreier Darstellung (Koordinatendarstellung):

$(x - x_M)^2 + (y - y_M)^2 = r^2.$ | $(x - x_M)^2 + (y - y_M)^2 + (z - z_M)^2 = r^2.$

Nach dem Ausmultiplizieren entsteht

$x^2 + y^2 + Cx + Dy + E = 0,$ | $x^2 + y^2 + z^2 + Cx + Dy + Ez + F = 0,$

eine Gleichung 2. Grades mit 2 bzw. 3 Variablen.

BEISPIEL 10/29

a) Gegeben seien $M(2; 1)$ und $r = 4$. | Gegeben seien $M(2; 1; 3)$ und $r = 4$.

Dann ist $(\boldsymbol{p} - 2\boldsymbol{i} - \boldsymbol{j})^2 - 16 = 0$ | $(\boldsymbol{p} - 2\boldsymbol{i} - \boldsymbol{j} - 3\boldsymbol{k})^2 - 16 = 0$

die allgemeine Form der Gleichung

eines Kreises | einer Kugel

in Vektordarstellung.

In vektorfreier Darstellung erhält man

$(x - 2)^2 + (y - 1)^2 = 16$ | $(x - 2)^2 + (y - 1)^2 + (z - 3)^2 = 16$

bzw. nach Ausmultiplizieren

$x^2 + y^2 - 4x - 2y - 11 = 0.$ | $x^2 + y^2 + z^2 - 4x - 2y - 6z - 2 = 0.$

b) Ist die Gleichung eines Kreises bzw. einer Kugel als Gleichung 2. Grades mit 2 bzw. 3 Variablen gegeben, dann können mit Hilfe der *quadratischen Ergänzung* die Koordinaten des Mittelpunkts und die Länge des Radius ermittelt werden:

$x^2 + y^2 - 6x + 8y = 11$	$x^2 + y^2 + z^2 - 8x - 2y + 2z = 7$
$(x-3)^2 + (y+4)^2$	$(x-4)^2 + (y-1)^2 + (z+1)^2$
$= 11 + 9 + 16 = 36$	$= 7 + 16 + 1 + 1 = 25$
$M(3;\ -4),\quad r = 6$	$M(4;\ 1;\ -1),\quad r = 5$

(3) Ein Punkt $P_1(x_1;\ y_1)$ | Ein Punkt $P_1(x_1;\ y_1;\ z_1)$

liegt $\begin{Bmatrix}\text{innerhalb}\\ \text{außerhalb}\end{Bmatrix}$

eines Kreises, wenn	einer Kugel, wenn
$x_1^2 + y_1^2 \lesseqgtr r^2$ gilt.	$x_1^2 + y_1^2 + z_1^2 \lesseqgtr r^2$ gilt.
Für alle Punkte der **Kreisfläche** gilt	Für alle Punkte des **Kugelkörpers** gilt
$x^2 + y^2 \leqq r^2$	$x^2 + y^2 + z^2 \leqq r^2$

(4) Liegen drei Punkte einer **Ebene** auf einem **Kreis**, dann kann die allgemeine Form der Gleichung dieses Kreises in vektorfreier Darstellung angegeben werden. Da die Koordinaten der gegebenen Punkte die Kreisgleichung erfüllen müssen, erhält man ein Gleichungssystem aus drei Gleichungen mit drei Variablen.

BEISPIEL 10/30

Es soll die allgemeine Form der Gleichung des Kreises angegeben werden, auf dem die Punkte $P_1(17;\ 12)$, $P_2(14;\ -9)$, $P_3(-7;\ -6)$ liegen.
Da die Punkte die allgemeine Kreisgleichung erfüllen müssen, gilt

$$(17 - x_M)^2 + (12 - y_M)^2 = r^2$$
$$(14 - x_M)^2 + (-9 - y_M)^2 = r^2$$
$$(-7 - x_M)^2 + (-6 - y_M)^2 = r^2.$$

Nach Umformung der einzelnen Gleichungen erhält man ein Gleichungssystem von 3 Gleichungen mit 3 Variablen:

$$x_M^2 + y_M^2 - 34x_M - 24y_M + 433 = r^2$$
$$x_M^2 + y_M^2 - 28x_M + 18y_M + 277 = r^2$$
$$x_M^2 + y_M^2 + 14x_M + 12y_M + 85 = r^2$$

Durch Anwendung des Additionsverfahrens erhält man ein Gleichungssystem von 2 Gleichungen mit 2 Variablen, z. B.

$$4x_M + 3y_M - 29 = 0$$
$$21x_M - 3y_M - 96 = 0$$

und daraus $25x_M = 125$ bzw. $x_M = 5$.
Dann ist $y_M = 3$, $r = 15$.
Die allgemeine Form der Gleichung des Kreises, auf dem P_1, P_2, P_3 liegen, ist $(x - 5)^2 + (y - 3)^2 = 225$.

10.4.2. Kreis und Gerade in der $x;y$-Ebene

(1) Lagebeziehungen zwischen Kreis k und Gerade g:

I. $k \cap g = \{P_1; P_2\}$	g schneidet den Kreis k in den Punkten P_1, P_2.
II. $k \cap g = \{P_1\}$	g berührt den Kreis k im Punkt P_1.
III. $k \cap g = \emptyset$	g meidet den Kreis k.

Zur Berechnung der Schnittpunktskoordinaten ist ein Gleichungssystem – bestehend aus einer quadratischen Gleichung mit 2 Variablen und einer linearen Gleichung mit 2 Variablen – zu lösen. In der dabei auftretenden Diskriminantendiskussion ergeben sich die Fälle

I. zwei reelle Lösungen; d. h. zwei Schnittpunkte	II. eine reelle Doppellösung; d. h. einen Berührungspunkt.	III. keine reelle Lösung; d. h. keinen gemeinsamen Punkt.

BEISPIEL 10/31

Der Kreis k mit der Gleichung $x^2 + y^2 = 36$ und die Gerade g mit

$y = 2x + 3$	$y = \frac{4}{\sqrt{20}}x + \frac{36}{\sqrt{20}}$	$y = -\frac{1}{2}x + 7$
haben zwei Schnittpunkte; denn	haben einen Berührungspunkt; denn	haben keinen gemeinsamen Punkt; denn
$x^2 + (2x + 3)^2 = 36$	$x^2 + \frac{(4x + 36)^2}{20} = 36$	$x^2 + \left(-\frac{1}{2}x + 7\right)^2 = 36$
ergibt	ergibt	ergibt
$x_1 \approx 1{,}4, \quad x_2 \approx -3{,}8$	$x_1 = x_2 = -4$	$x_{1;2} = \frac{14}{5} \pm \sqrt{-\frac{64}{25}}$
$y_1 \approx 5{,}8, \quad y_2 \approx -4{,}6$	$y_1 = \sqrt{20}$	keine reellen
$P_1(1{,}4;\ 5{,}8)$	$P_1(-4;\ \sqrt{20})$	Lösungen
$P_2(-3{,}8;\ -4{,}6)$		

(2) **Gleichung einer Tangente an einen Kreis k in einem Punkt P_1**

Liegt der Mittelpunkt M eines Kreises im Koordinatenursprung, dann gilt für die Gleichung einer Tangente an k im Punkt P_1 in vektorieller Darstellung

$$\mathbf{p} \cdot \mathbf{p}_1 - r^2 = 0 \quad \text{bzw.} \quad \mathbf{p} \cdot \mathbf{p}_1 = r^2.$$

Wegen der Orthogonalität von Tangente und Berührungsradius ist das Skalarprodukt aus $\boldsymbol{p}_1$ und $\overrightarrow{P_1P}$ gleich Null:

$$\boldsymbol{p}_1 \cdot \overrightarrow{P_1P} = 0.$$

Da $\overrightarrow{P_1P} = \boldsymbol{p} - \boldsymbol{p}_1$ ist, gilt $(\boldsymbol{p} - \boldsymbol{p}_1) \cdot \boldsymbol{p}_1 = 0$ bzw. $\boldsymbol{p} \cdot \boldsymbol{p}_1 - \boldsymbol{p}_1^2 = 0$. Da der Punkt P_1 die Mittelpunktsgleichung eines Kreises erfüllt, ist $\boldsymbol{p}_1^2 = r^2$, so daß die Tangentengleichung die Form $\boldsymbol{p} \cdot \boldsymbol{p}_1 - r^2 = 0$ erhält (Bild 10/43).
Tangentengleichung in *Koordinatendarstellung:* $xx_1 + yy_1 = r^2$.

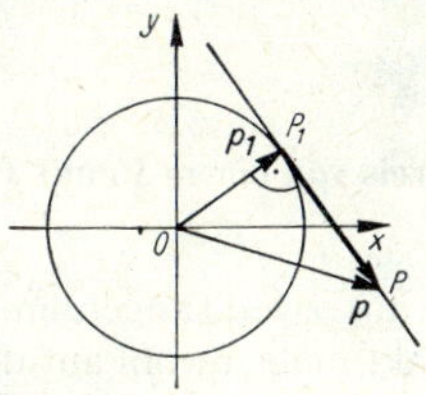

Bild 10/43

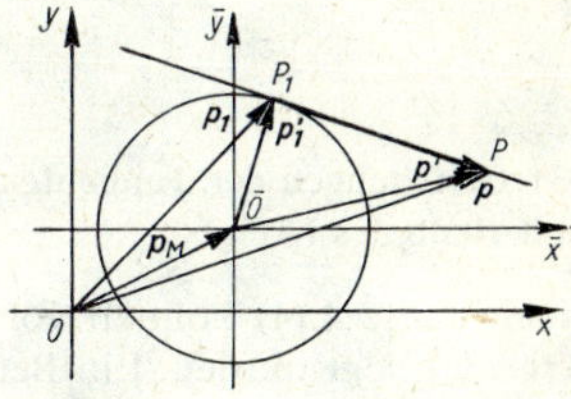

Bild 10/44

Liegt der Mittelpunkt M eines Kreises nicht im Koordinatenursprung, dann gilt für die Gleichung einer Tangente an k in P_1 in vektorieller Darstellung $\boldsymbol{p}' \cdot \boldsymbol{p}_1' = r^2$ (Bild 10/44) bzw. mit $\boldsymbol{p}' = \boldsymbol{p} - \boldsymbol{p}_M$ und $\boldsymbol{p}_1' = \boldsymbol{p}_1 - \boldsymbol{p}_M$

$$(\boldsymbol{p} - \boldsymbol{p}_M) \cdot (\boldsymbol{p}_1 - \boldsymbol{p}_M) = r^2,$$

in *Koordinatendarstellung*

$$(x - x_M)(x_1 - x_M) + (y - y_M)(y_1 - y_M) = r^2.$$

BEISPIEL 10/32

Im Punkt $P_1(6;\ y_1 > 0)$ soll an den Kreis k mit der Gleichung
$$x^2 + y^2 - 4x - 2y - 20 = 0$$
die Tangente gelegt und deren Gleichung angegeben werden.
Für $x_1 = 6$ und $y > 0$ ist $y_1 = 4$. Mit Hilfe der quadratischen Ergänzung erhält man die Mittelpunktsgleichung des Kreises

$$(x - 2)^2 + (y - 1)^2 = 25.$$

Dann ist die Gleichung der Tangente

$$(x - 2)(6 - 2) + (y - 1)(4 - 1) = 25$$
$$4x + 3y = 36 \quad \text{(Bild 10/45).}$$

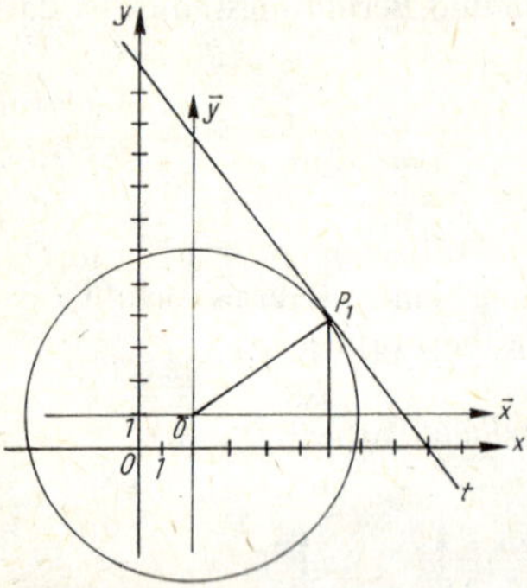

Bild 10/45

(3) Gleichungen der Tangenten an einen Kreis von einem Punkt P_0 außerhalb des Kreises

Nach 5.1.13.4.(4) können vom Punkt P_0 aus zwei Tangenten an den Kreis k gelegt werden. Ein Berührungspunkt muß sowohl auf der Tangente als auch auf dem Kreis liegen, d. h., die Koordinaten eines Berührungspunkts P_1 müssen sowohl die Tangentengleichung als auch die Kreisgleichung erfüllen. Zur Berechnung der Koordinaten der Berührungspunkte ist ein Gleichungssystem – bestehend aus einer Gleichung 2. Grades und einer linearen Gleichung – zu lösen.

BEISPIEL 10/33

Es sollen an den Kreis k mit der Gleichung $x^2 + y^2 + 2x - 4y = 20$ vom Punkt $P_0(6;\ 1)$ die Tangenten gezeichnet und deren Gleichungen angegeben werden (Bild 10/46).
Mit Hilfe der quadratischen Ergänzung erhält man die Mittelpunktsgleichung des Kreises

$$(x + 1)^2 + (y - 2)^2 = 20 + 1 + 4 \quad \text{bzw.} \quad \text{für } P_1$$

$$(x_1 + 1)^2 + (y_1 - 2)^2 = 25$$

Werden in die entsprechende Tangentengleichung

$$(x_0 + 1)(x_1 + 1) + (y_0 - 2)(y_1 - 2) = 25$$

die Koordinaten des Punktes $P_0(6;\ 1)$ eingesetzt, so erhält man ein Gleichungssystem mit den Variablen x_1, y_1:

$$(x_1 + 1)^2 + (y_1 - 2)^2 = 25$$

$$(6 + 1)(x_1 + 1) + (1 - 2)(y_1 - 2) = 25$$

mit den Lösungen $x_{11} = 3$, $x_{12} = 2$; $y_{11} = 5$, $y_{12} = -2$
Die Gleichungen der Tangenten sind $4x + 3y = 27$ und $3x - 4y = 14$.

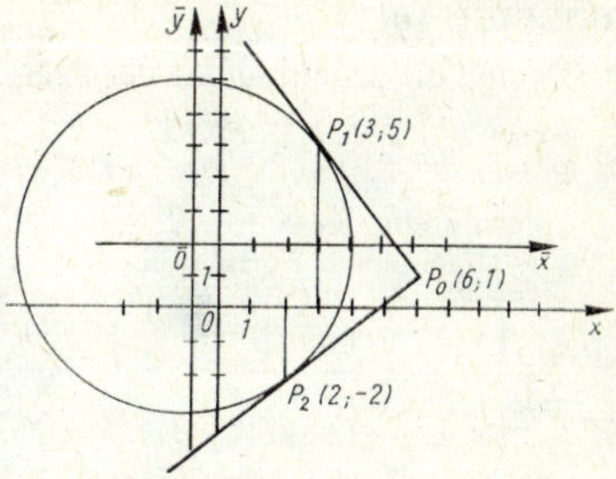

Bild 10/46

10.4.3. Zwei Kreise

(1) Lagebeziehung zweier Kreise k_1, k_2:

I. $k_1 \cap k_2 = \{P_1; P_2\}$	Die Kreise schneiden einander in den Punkten $P_1 . P_2$.
II. $k_1 \cap k_2 = \{P_1\}$	Die Kreise berühren einander im Punkt P_1.
III. $k_1 \cap k_2 = \emptyset$	Die Kreise haben keinen Punkt gemeinsam.

Zur Berechnung der Schnittpunktskoordinaten ist ein Gleichungssystem von zwei quadratischen Gleichungen mit zwei Variablen zu lösen, d. h., es sind die geordneten Paare reeller Zahlen zu ermitteln, die die beiden Gleichungen erfüllen:

$$x^2 + y^2 + A_1x + B_1y + C_1 = 0$$
$$x^2 + y^2 + A_2x + B_2y + C_2 = 0.$$

Bei Anwendung des Additionsverfahrens zur Lösung eines Gleichungssystems erhält man eine lineare Gleichung

$$(A_1 - A_2)\,x + (B_1 - B_2)\,y + (C_1 - C_2) = 0.$$

Sie ist die Gleichung einer Geraden (**Potenzgerade** genannt). Die Koordinaten der gesuchten Schnittpunkte müssen auch diese Gleichung erfüllen. Deshalb erhält man die gesuchten Punkte als Schnittpunkte dieser Geraden mit einem der beiden Kreise.

In der dabei auftretenden Diskriminantendiskussion ergeben sich die Fälle

I. zwei reelle Lösungen; d. h. zwei Schnittpunkte.	II. eine reelle Doppellösung; d. h. einen Berührungspunkt. Berührung von $\begin{matrix}\text{innen,}\\ \text{außen}\end{matrix}$ wenn $\overline{M_1M_2} = \begin{matrix} r_1 - r_2 \\ r_1 + r_2 \end{matrix}$ ist.	III. keine reelle Lösung; d. h. keinen gemeinsamen Punkt.

BEISPIEL 10/34

Es sind die Schnittpunkte der Kreise k_1, k_2 mit den Gleichungen

k_1: $x^2 + y^2 + x - y - 12 = 0$

k_2: $x^2 + y^2 + 3x - 2y - 17 = 0$

zu ermitteln.

Die allgemeinen Formen der Kreisgleichungen sind

$$k_1: \left(x + \frac{1}{2}\right)^2 + \left(y - \frac{1}{2}\right)^2 = 12{,}5 \quad \text{(I)}$$

$$k_2: \left(x + \frac{3}{2}\right)^2 + (y - 1)^2 = 20{,}25 \quad \text{(II)}$$

(Zum Zeichnen der Kreise zweckmäßig)

Nach Anwendung des Additionsverfahrens erhält man

(III) $2x - y - 5 = 0$ bzw. $y = 2x - 5$.

Wird (III) in (II) eingesetzt, ergibt sich eine quadratische Gleichung $5x^2 - 21x + 18 = 0$, deren Lösungen $x_1 = 3$, $x_2 = 1{,}2$ sind. Nach (III) werden die Ordinaten der Schnittpunkte berechnet: $y_1 = 1$, $y_2 = -2{,}6$. Die Schnittpunkte beider Kreise sind $S_1(3; 1)$, $S_2(1{,}2; -2{,}6)$ (Bild 10/47).

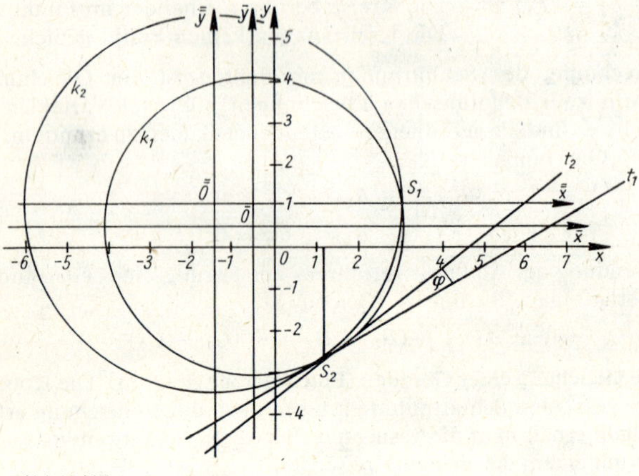

Bild 10/47

(2) Unter dem **Schnittwinkel** zweier Kreise versteht man den Winkel, den die Tangenten an die beiden Kreise im Schnittpunkt bilden.
Ist m_1 bzw. m_2 der Anstieg der Tangente t_1 bzw. t_2 in einem Schnittpunkt, dann wird der Schnittwinkel φ mit Hilfe der Beziehung

$$\tan \varphi = \frac{m_2 - m_1}{1 + m_1 m_2}$$

ermittelt.

BEISPIEL 10/35

Um den Schnittwinkel der in Beispiel 10/34 gegebenen Kreise im Schnittpunkt $S_2(1{,}2;\ -2{,}6)$ zu ermitteln, werden zunächst die Gleichungen der Tangenten in S_2 angegeben:

an k_1:

$$\left(x + \frac{1}{2}\right)\left(1{,}2 + \frac{1}{2}\right) + \left(y - \frac{1}{2}\right)\left(-2{,}6 - \frac{1}{2}\right) = 12{,}5$$

bzw.

$$1{,}7x - 3{,}1y = 10{,}1$$

an k_2:

$$\left(x + \frac{3}{2}\right)\left(1{,}2 + \frac{3}{2}\right) + (y - 1)(-2{,}6 - 1) = 20{,}25$$

bzw.

$$2{,}7x - 3{,}6y = 12{,}6.$$

Die Richtungsfaktoren der Tangenten sind $m_1 \approx 0{,}55$, $m_2 = 0{,}75$. Dann gilt:

$$\tan\varphi = \frac{0{,}75 - 0{,}55}{1 + 0{,}75 \cdot 0{,}55} \approx 0{,}1416, \quad \varphi \approx 8{,}1°.$$

10.5. Analytische Geometrie der Kegelschnitte

In 5.2.3.7. werden einige Probleme der Lehre von den Kegelschnitten darstellend geometrisch behandelt.

10.5.1. Ellipse und Hyperbel

(1) Eine **Ellipse** | Eine **Hyperbel**

ist die Menge aller Punkte einer Ebene, die von zwei festen Punkten dieser Ebene, den Brennpunkten F_1, F_2,

eine konstante Abstandssumme | einen konstanten Betrag der Abstandsdifferenzen

haben.

Es gilt

$\overline{PF_1} + \overline{PF_2} = 2a$ | $\left|\overline{PF_1} - \overline{PF_2}\right| = 2a$

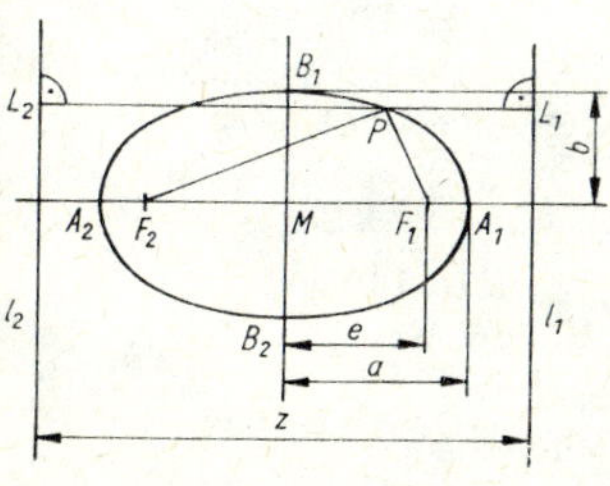

Bild 10/48

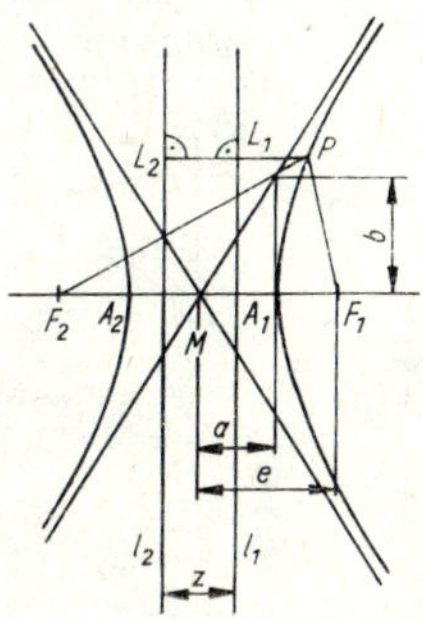

Bild 10/49

Ausgezeichnete Punkte, Strecken bzw. Geraden tragen bei Ellipse bzw. Hyperbel besondere Bezeichnungen:

Bezeichnung	Ellipse	Hyperbel
M	Mittelpunkt	Mittelpunkt
F_1, F_2	Brennpunkte	Brennpunkte
A_1, A_2	Hauptscheitel	Scheitel
B_1, B_2	Nebenscheitel	–
$\overline{A_1A_2} = 2a$	große Achse, Hauptachse	Achse
$\overline{B_1B_2} = 2b$	kleine Achse, Nebenachse	–
$\overline{MA_1} = \overline{MA_2} = a$	große Halbachse	Halbachse
$\overline{MB_1} = \overline{MB_2} = b$	kleine Halbachse	–
$\overline{MF_1} = \overline{MF_2} = e$	lineare Exzentrizität	lineare Exzentrizität
$\overline{PF_i}:\overline{PL_i} = \varepsilon$ $(i = 1; 2)$	numerische Exzentrizität $(\varepsilon < 1)$	numerische Exzentrizität $(\varepsilon > 1)$
l_1, l_2	Leitlinien	Leitlinien
$z = \dfrac{2a}{\varepsilon}$	Leitlinienabstand	Leitlinienabstand

Man beachte, daß hier unter Achsen stets Strecken zu verstehen sind. Ellipse und Hyperbel können *punktweise* mit Hilfe der Definition *konstruiert* werden.

BEISPIEL 10/36

a) Gegeben seien die Längen der Strecken $2a$, $2e$ mit $2a > 2e$. Es soll eine Ellipse konstruiert werden (Bild 10/50).
Konstruktionsvorschrift für einen beliebigen Punkt P der Ellipse: Zeichne je einen Kreis um F_2 mit Radius $\overline{KQ}$ bzw. um F_1 mit Radius $\overline{LQ}$! Die Schnittpunkte P_1, P_2 beider Kreise sind Punkte der Ellipse.

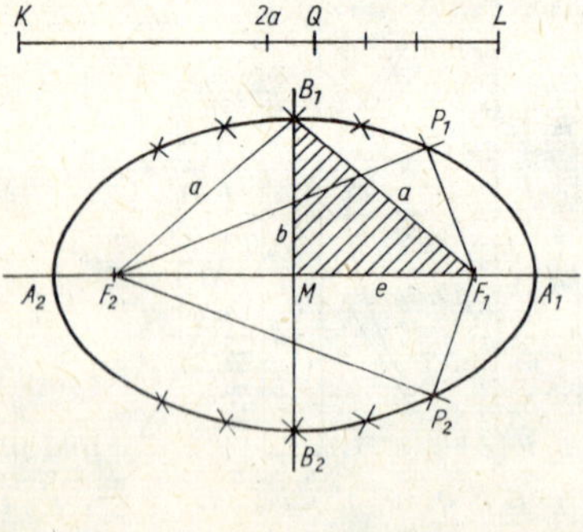

Bild 10/50

b) Gegeben seien die Längen der Strecken $2a$, $2e$ mit $2a < 2e$. Es soll eine Hyperbel konstruiert werden (Bild 10/51).
Konstruktionsvorschrift für einen beliebigen Punkt P der Hyperbel: Es sei Q ein Punkt auf dem Strahl aus K durch L. Zeichne je einen Kreis um F_2 mit Radius $\overline{KQ}$ bzw. um F_1 mit Radius $\overline{LQ}$! Die Schnittpunkte P_1, P_2 beider Kreise sind Punkte der Hyperbel.

Bild 10/51

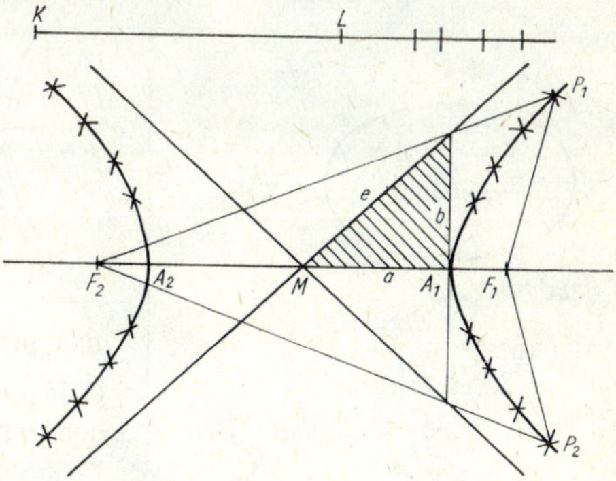

In Bild 10/51 sind zwei durch den Mittelpunkt der Hyperbel verlaufende Geraden eingezeichnet, die sich der Hyperbel unbegrenzt nähern. Eine Gerade heißt **Asymptote** einer Hyperbel, wenn der Abstand der Kurvenpunkte von dieser Geraden für unbegrenzt wachsende bzw. fallende Argumente gegen Null strebt.

(2) Gleichungen für Ellipse und Hyperbel in Mittelpunktslage

Aus den Gleichungen

$\overline{PF_1} + \overline{PF_2} = 2a$	$\lvert\overline{PF_1} - \overline{PF_2}\rvert = 2a$

erhält man nach Einführen eines kartesischen Koordinatensystems, dessen Koordinatenursprung im Mittelpunkt des Kegelschnitts liegt und dessen Koordinatenachsen mit den Achsen des Kegelschnitts übereinstimmen, unter Nutzung der Beziehung (↗ Bild 10/50 bzw. 10/51)

$b^2 = a^2 - e^2$	$b^2 = e^2 - a^2$

eine Gleichung

einer Ellipse	einer Hyperbel
$b^2x^2 + a^2y^2 = a^2b^2$	$b^2x^2 - a^2y^2 = a^2b^2$
bzw. $\boxed{\dfrac{x^2}{a^2} + \dfrac{y^2}{b^2} = 1}$	bzw. $\boxed{\dfrac{x^2}{a^2} - \dfrac{y^2}{b^2} = 1}$

Man beachte, daß diese Gleichungen nicht Zuordnungsvorschriften für Funktionen sind.
Beide Kegelschnitte sind achsensymmetrisch bezüglich beider Koordinatenachsen.

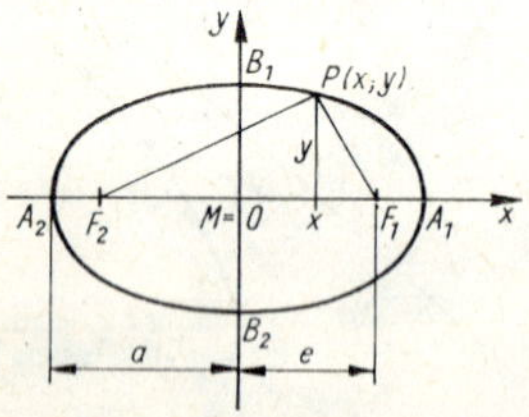

Bild 10/52

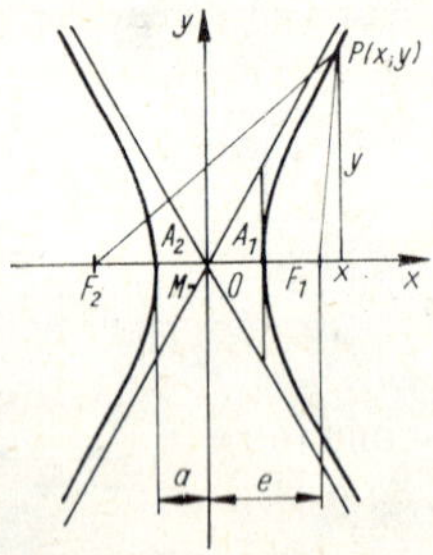

Bild 10/53

Gleichungen der Asymptoten der Hyperbel:

$$y = \frac{b}{a}x \quad \text{bzw.} \quad y = -\frac{b}{a}x$$

Durch die Gleichung

$$y = \frac{b}{a}\sqrt{a^2 - x^2} \qquad \Big| \qquad y = \frac{b}{a}\sqrt{x^2 - a^2}$$

wird eine Funktion beschrieben, deren Graph die in der oberen Halbebene liegende Teilfigur des Kegelschnitts ist; durch die Gleichung

$$y = -\frac{b}{a}\sqrt{a^2 - x^2} \qquad \Big| \qquad y = -\frac{b}{a}\sqrt{x^2 - a^2}$$

wird eine Funktion beschrieben, deren Graph die in der unteren Halbebene liegende Teilfigur des Kegelschnitts ist.

BEISPIEL 10/37

Es ist die Gleichung einer Ellipse in Mittelpunktslage anzugeben, wenn gegeben sind

a) $2a = 8$, $2b = 4$: $\frac{x^2}{16} + \frac{y^2}{4} = 1$

b) $a = 10$, $e = 3$: $\frac{x^2}{100} + \frac{y^2}{91} = 1$; da $b^2 = a^2 - e^2$ ist.

c) $b = 3$, $e = 4$: $\frac{x^2}{25} + \frac{y^2}{9} = 1$; da $a^2 = b^2 + e^2$ ist.

(Bild 10/54)

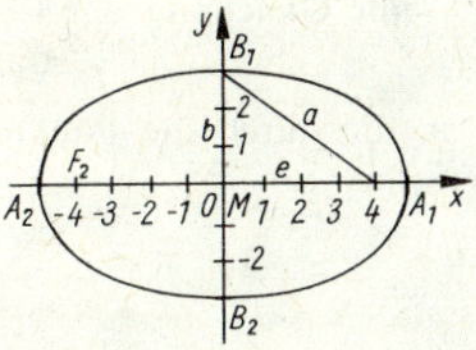

Bild 10/54

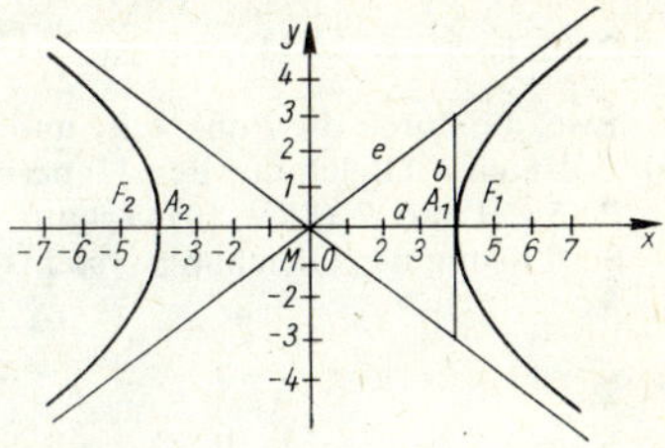

Bild 10/55

BEISPIEL 10/38

Es ist die Gleichung einer Hyperbel in Mittelpunktslage anzugeben, wenn gegeben sind

a) $2a = 8, \quad 2b = 6: \quad \frac{x^2}{16} - \frac{y^2}{9} = 1$ (Bild 10/55)

Es ist $e^2 = a^2 + b^2 = 16 + 9 = 25$.
Gleichungen der Asymptoten sind $y = \frac{3}{4}x$ bzw. $y = -\frac{3}{4}x$.

b) $a = 6, \quad e = 8: \quad \frac{x^2}{36} - \frac{y^2}{28} = 1$

Sind die Koordinaten zweier Punkte einer Ellipse bzw. Hyperbel gegeben und befindet sich die Ellipse bzw. die Hyperbel in Mittelpunktslage, dann kann eine Gleichung des Kegelschnitts angegeben werden. Dabei ist ein System zweier quadratischer Gleichungen mit den Variablen a, b zu lösen.

BEISPIEL 10/39

a) Es ist eine Gleichung der Ellipse anzugeben, die durch die Punkte $P_1(4;\ 2)$ und $P_2(1;\ 4)$ geht.
Werden die Koordinaten der Punkte in die Ellipsengleichung eingesetzt, erhält man das Gleichungssystem

$$\frac{16}{a^2} + \frac{4}{b^2} = 1$$

$$\frac{1}{a^2} + \frac{16}{b^2} = 1,$$

das durch geeignete Umformungen (Multiplikation der ersten Gleichung mit 4 und anschließende Subtraktion der zweiten Gleichung)

$$\frac{64}{a^2} + \frac{16}{b^2} = 4$$

$$\frac{1}{a^2} + \frac{16}{b^2} = 1$$

$$\overline{\frac{63}{a^2} \qquad = 3}$$

nach a^2 aufgelöst wird: $a^2 = 21$.

Dann ist $b^2 = \frac{84}{5}$. Damit ist $\frac{x^2}{21} + \frac{5y^2}{84} = 1$ eine Gleichung der Ellipse, die durch die Punkte P_1 und P_2 verläuft.

b) Es ist eine Gleichung der Hyperbel anzugeben, die durch die Punkte $P_1(5;\ 3)$ und $P_2(8;\ -10)$ verläuft.
Bei Lösung des Gleichungssystems

$$\frac{25}{a^2} - \frac{9}{b^2} = 1$$

$$\frac{64}{a^2} - \frac{100}{b^2} = 1$$

erhält man $a^2 = \frac{148}{7}$, $b^2 = \frac{148}{3}$. Damit ist $\frac{7x^2}{148} - \frac{3y^2}{148} = 1$ eine Gleichung der Hyperbel, die durch die Punkte P_1 und P_2 verläuft.

Werden in einer Kegelschnittgleichung die Variablen ausgetauscht:

$b^2y^2 + a^2x^2 = a^2b^2$	$b^2y^2 - a^2x^2 = a^2b^2$
bzw.	bzw.
$\frac{y^2}{a^2} + \frac{x^2}{b^2} = 1,$	$\frac{y^2}{a^2} - \frac{x^2}{b^2} = 1,$

so werden die Kurven[1)] an der Geraden mit der Gleichung $y = x$ gespiegelt. F_1, F_2, A_1, A_2 liegen auf der Ordinatenachse.

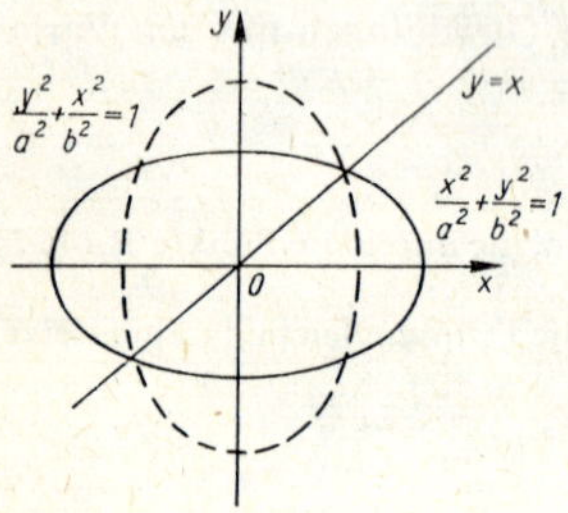

Bild 10/56

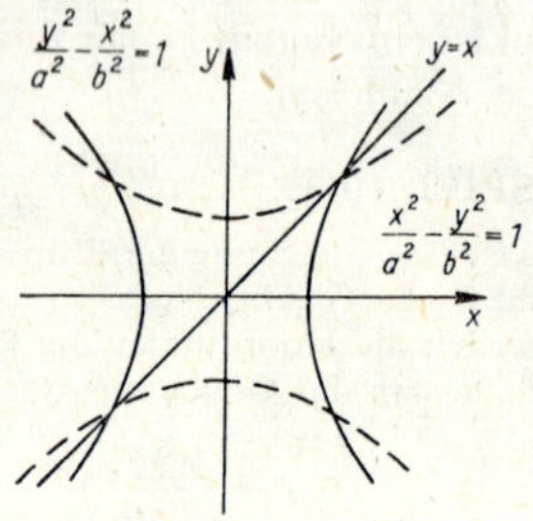

Bild 10/57

Für $b = a$ ergeben sich folgende **Sonderfälle:**

Aus einer Ellipse entsteht ein **Kreis** mit der Gleichung $x^2 + y^2 = a^2$ (Radius a)	Aus einer Hyperbel entsteht eine **gleichseitige Hyperbel** mit der Gleichung $x^2 - y^2 = a^2;\quad e = a\sqrt{2}.$

---

1) Unter einer **Kurve** wird hier eine zusammenhängende Punktmenge im zweidimensionalen EUKLIDischen Raum (↗ 7.4.2.) verstanden. Durch eine Vorschrift wird eindeutig festgelegt, ob ein Punkt zur Kurve gehört. Als Vorschrift dient oft eine Gleichung mit zwei Variablen.

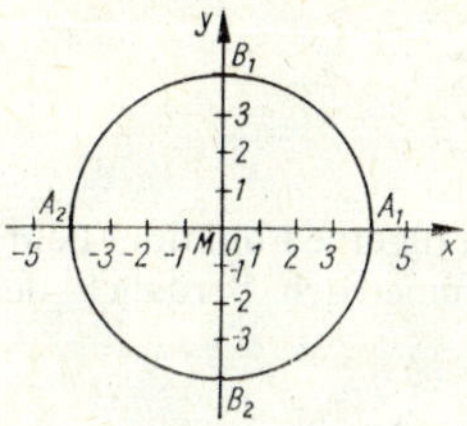

Bild 10/58

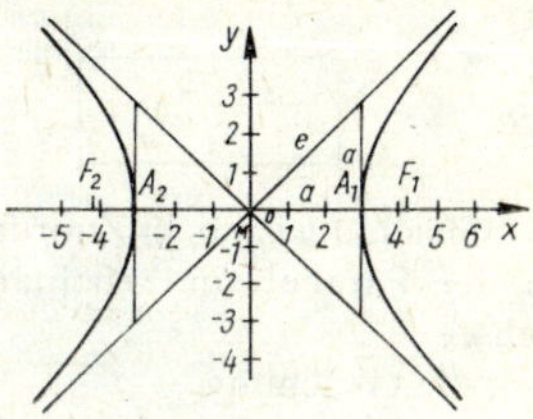

Bild 10/59

10.5.2. Parabel

(1) Eine Parabel ist die Menge aller Punkte einer Ebene, die von einem festen Punkt, dem Brennpunkt F, und einer festen Geraden dieser Ebene, der Leitlinie, jeweils gleichen Abstand haben.
Es gilt $\overline{PF} = \overline{PL}$.

Besondere Bezeichnungen bei einer Parabel:

F	Brennpunkt
A	Scheitel
l	Leitlinie
$\overline{L_0F} = p$	Halbparameter
$2p$	Parameter (Länge der Sehne, die im Brennpunkt auf der Parabelachse senkrecht steht)
$g(AF)$	Achse

$\overline{PF} : \overline{PL} = \varepsilon$ numerische Exzentrizität ($\varepsilon = 1$)
Punktweise Konstruktion einer Parabel auf Grund der Definition in Beispiel 10/40.

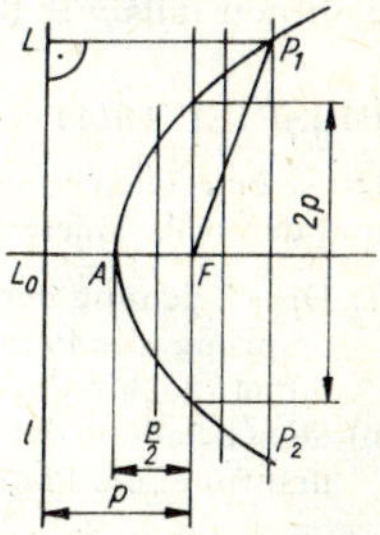

Bild 10/60

BEISPIEL 10/40

Gegeben seien eine Gerade l und ein Punkt F außerhalb von l. Es soll eine Parabel konstruiert werden (Bild 10/60).
Konstruktionsvorschrift für einen beliebigen Punkt P der Parabel: Zeichne zu l eine Parallele in beliebigem Abstand $r \geqq \frac{1}{2}\overline{L_0F}$ und einen Kreis um F mit Radius r! Beider Schnittpunkte P_1, P_2 sind Parabelpunkte.

(2) **Gleichung einer Parabel in Scheitellage**

Aus der Gleichung $\overline{PF} = \overline{PL}$ erhält man nach Einführen eines kartesischen Koordinatensystems, dessen Koordinatenursprung im Scheitel der Parabel liegt und dessen Abszissenachse mit der Parabelachse übereinstimmt, die Gleichung

$$\sqrt{\left(x - \frac{p}{2}\right)^2 + y^2} = x + \frac{p}{2}$$

bzw.

$$\boxed{y^2 = 2px.}$$

Diese Gleichung ist nicht Zuordnungsvorschrift für eine Funktion. Beide Äste der Parabel sind zueinander achsensymmetrisch bezüglich der x-Achse.
Durch die Gleichung

$y = \sqrt{2px}$ | $y = -\sqrt{2px}$

wird eine Funktion beschrieben, deren Graph der in der

oberen | unteren

(zur x-Achse gehörenden) Halbebene liegende Ast der Parabel ist.

Eine Parabel ist in Richtung des $\left\{\begin{matrix}\text{positiven}\\ \text{negativen}\end{matrix}\right\}$ Teils der Abszissenachse geöffnet, falls $p \gtrless 0$ ist.

BEISPIEL 10/41

Es ist eine Gleichung der Parabel anzugeben, deren Achse die x-Achse ist und deren Parameter a) $2p = 8$, b) $2p = -4$ ist.

a) Die Gleichung der Parabel: $y^2 = 8x$; der Scheitel liegt im Koordinatenursprung, die Parabel ist in Richtung des positiven Teils der x-Achse geöffnet (nach rechts geöffnet).
b) Die Gleichung der Parabel: $y^2 = -4x$; der Scheitel liegt im Koordinatenursprung, die Parabel ist nach links geöffnet.

Sind die Koordinaten eines Punktes der Parabel gegeben und befindet sich die Parabel in Scheitellage, dann kann p ermittelt und ihre Gleichung angegeben werden.

BEISPIEL 10/42

Es ist die Gleichung der Parabel anzugeben, die durch den Punkt $P_1(2; -4)$ verläuft.
Werden die Koordinaten des Punktes in die Parabelgleichung eingesetzt: $16 = 2p \cdot 2$, dann ist $2p = 8$, und die Gleichung $y^2 = 8x$ ist die gesuchte Parabelgleichung. Der Brennpunkt hat die Koordinaten $F(2; 0)$. $x = -2$ ist die Gleichung der Leitlinie.

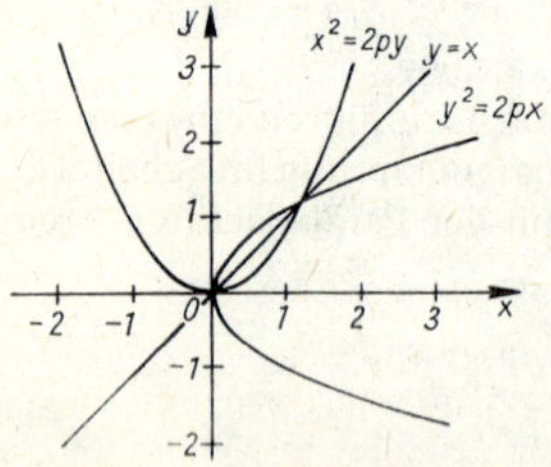

Werden in einer Parabelgleichung die Variablen ausgetauscht; $x^2 = 2py$, so werden die Parabeln an der Geraden mit der Gleichung $y = x$ gespiegelt. F liegt dann auf der Ordinatenachse.

Bild 10/61

10.5.3. Gleichungen bei achsenparalleler Lage der Kegelschnitte

Liegen der Mittelpunkt M einer Ellipse bzw. einer Hyperbel bzw. der Scheitel A einer Parabel nicht im Koordinatenursprung, verlaufen aber die Achsen der Kegelschnitte parallel zu den entsprechenden Koordinatenachsen, dann erhält man durch Koordinatentransformation [vgl. 10.1.3.]

die Mittelpunktsgleichung einer Ellipse bzw. Hyperbel mit $M(x_M; y_M)$

$$\frac{(x - x_M)^2}{a^2} \pm \frac{(y - y_M)^2}{b^2} = 1$$

Das obere Vorzeichen gilt für eine Ellipse, das untere für eine Hyperbel.

die Scheitelgleichung einer Parabel mit $A(x_A; y_A)$

$$(y - y_A)^2 = 2p(x - x_A)$$

BEISPIEL 10/43

a) $M(2; 3)$ sei der Mittelpunkt einer Ellipse in achsenparalleler Lage mit den Halbachsen $a = 5$, $b = 3$.
Dann ist deren Gleichung

$$\frac{(x-2)^2}{25} + \frac{(y-3)^2}{9} = 1.$$

$A_1(7; 3)$, $A_2(-3; 3)$ sind die Hauptscheitel,
$B_1(2; 6)$, $B_2(2; 0)$ sind die Nebenscheitel,
$F_1(6; 3)$, $F_2(-2; 3)$ sind die Brennpunkte der Ellipse (Bild 10/62).

b) $M(-1; 2)$ sei der Mittelpunkt einer Hyperbel in achsenparalleler Lage mit den Scheiteln $A_1(3; 2)$, $A_2(-5; 2)$ und den Brennpunkten $F_1(4; 2)$, $F_2(-6; 2)$ (Bild 10/63).
Dann ist deren Gleichung $\frac{(x+1)^2}{16} - \frac{(y-2)^2}{9} = 1$, da $b^2 = e^2 - a^2 = 25 - 16 = 9$ ist.

c) $A(-2; -1)$ sei der Scheitel einer Parabel in achsenparalleler Lage. Der Halbparameter sei $p = 3$ (Bild 10/64). Dann ist deren Gleichung $(y + 1)^2 = 6(x + 2)$.

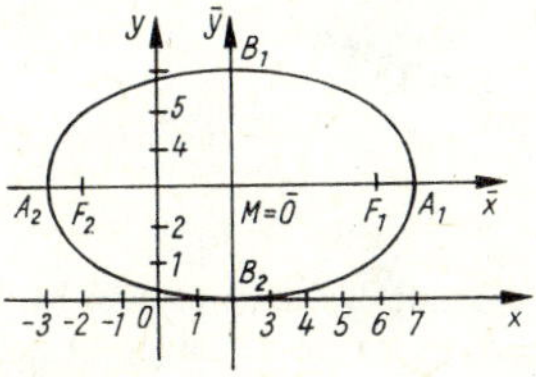

Bild 10/62

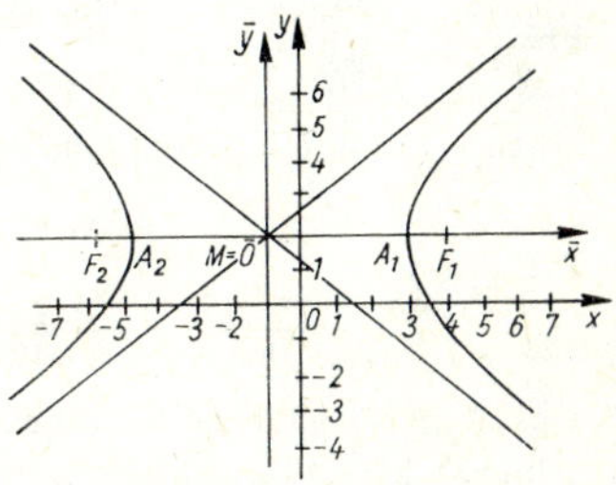

Bild 10/63

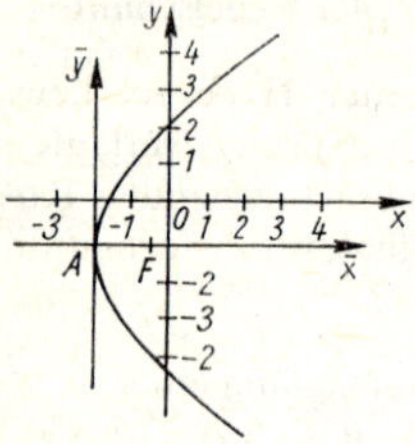

Bild 10/64

Werden die Gleichungen der in achsenparalleler Lage befindlichen Kegelschnitte durch Ausmultiplizieren und Zusammenfassen umgeformt, so erhält man *quadratische Gleichungen mit zwei Variablen.* Die Gleichung in Beispiel

43a) ergibt $9x^2 + 25y^2 - 36x - 150y + 36 = 0$,
43b) $9x^2 - 16y^2 + 18x + 64y - 199 = 0$,
43c) $y^2 - 6x + 2y - 11 = 0$.

Eine Gleichung der Form

$$Ax^2 + By^2 + Cx + Dy + E = 0$$

heißt **allgemeine Form** einer Kegelschnittgleichung.
Wenn $A \neq B$ und $A \cdot B \gtreqless 0$ gelten, dann ist der Kegelschnitt

eine $\begin{cases} \text{Ellipse} \\ \text{Parabel} \\ \text{Hyperbel} \end{cases}$

Mit Hilfe von quadratischen Ergänzungen kann die allgemeine Form einer Kegelschnittgleichung in die Gleichung eines Kegelschnitts in achsenparalleler Lage gebracht werden.

BEISPIEL 10/44

a) Aus der Gleichung

$$2x^2 + 3y^2 + 4x - 12y - 22 = 0$$

bzw.

$$2(x^2 + 2x) + 3(y^2 - 4y) = 22$$

erhält man mittels quadratischer Ergänzung

$$2(x + 1)^2 + 3(y - 2)^2 = 22 + 2 + 12 = 36$$

bzw.

$$\frac{(x + 1)^2}{18} + \frac{(y - 2)^2}{12} = 1.$$

Das ist die Gleichung einer Ellipse in achsenparalleler Lage mit dem Mittelpunkt $M(-1; 2)$ und den Halbachsen $a = 3\sqrt{2}$, $b = 2\sqrt{3}$ und der linearen Exzentrizität $e = \sqrt{6}$.

b) Aus der Gleichung

$$2x^2 - y^2 + 8x + 6y - 9 = 0$$

bzw.

$$2(x^2 + 4x) - (y^2 - 6y) = 9$$

erhält man mittels quadratischer Ergänzung

$$2(x + 2)^2 - (y - 3)^2 = 9 + 8 - 9 = 8$$

bzw.

$$\frac{(x + 2)^2}{4} - \frac{(y - 3)^2}{8} = 1.$$

Das ist die Gleichung einer Hyperbel in achsenparalleler Lage mit dem Mittelpunkt $M(-2;\ 3)$, der Achse $a = 2$ und der linearen Exzentrizität $e = 2\sqrt{3}$.

c) Aus der Gleichung

$$y^2 - 6x - 4y + 22 = 0$$

bzw.

$$y^2 - 4y \quad = 6x - 22$$

erhält man mittels quadratischer Ergänzung

$$(y - 2)^2 = 6x - 22 + 4 = 6x - 18$$
$$(y - 2)^2 = 6(x - 3).$$

Das ist die Gleichung einer Parabel in achsenparalleler Lage mit dem Scheitel $A(3;\ 2)$ und dem Parameter $2p = 6$.

10.5.4. Scheitelgleichungen der Kegelschnitte

(1) Unter einem **Parameter** wird die Länge der Sehne verstanden, die in einem Brennpunkt auf der (Haupt-) Achse eines Kegelschnitts senkrecht steht. Er wird mit $2p$ bezeichnet (vgl. Scheitellage einer Parabel in 10.5.2.).

Parameter $2p$ einer

Ellipse	**Hyperbel**
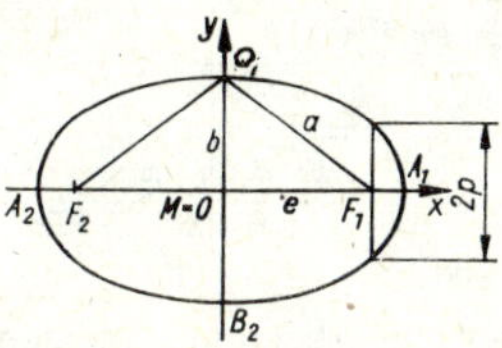	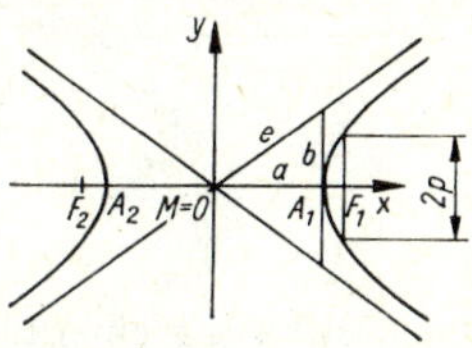
Bild 10/65	Bild 10/66

Aus der Gleichung

$b^2x^2 + a^2y^2 = a^2b^2$	$b^2x^2 - a^2y^2 = a^2b^2$
bzw.	bzw.
$y = \sqrt{b^2 - \frac{b^2}{a^2}x^2}$	$y = \sqrt{\frac{b^2}{a^2}x^2 - b^2}$

erhält man mit $x = e$ und

$$e^2 = a^2 - b^2 \qquad\qquad e^2 = a^2 + b^2$$

$$y_F = \frac{b^2}{a} = p \qquad\qquad y_F = \frac{b^2}{a} = p$$

und damit die Länge der Sehne

$$2p = \frac{2b^2}{a} \qquad\qquad 2p = \frac{2b^2}{a}$$

(2) Werden durch eine Verschiebung (Translation) in Richtung der Abszissenachse Ellipse bzw. Hyperbel aus der Mittelpunktslage in Scheitellage gebracht, dann können auch für Ellipse und Hyperbel **Scheitelgleichungen** angegeben werden.

Ist $M(a;\ 0)$ der Mittelpunkt einer Ellipse (Bild 10/67), dann gilt

$$\frac{(x-a)^2}{a^2} + \frac{y^2}{b^2} = 1 \quad \text{bzw.}$$

$$y^2 = \frac{2b^2}{a}x - \frac{b^2}{a^2}x^2$$

Ist $M(-a;\ 0)$ der Mittelpunkt einer Hyperbel (Bild 10/68), dann gilt

$$\frac{(x+a)^2}{a^2} - \frac{y^2}{b^2} = 1 \quad \text{bzw.}$$

$$y^2 = \frac{2b^2}{a}x + \frac{b^2}{a^2}x^2$$

und mit $p = \dfrac{b^2}{a}$ erhält man die Scheitelgleichung der

Ellipse

$$y^2 = 2px - \frac{p}{a}x^2.$$

Hyperbel

$$y^2 = 2px + \frac{p}{a}x^2.$$

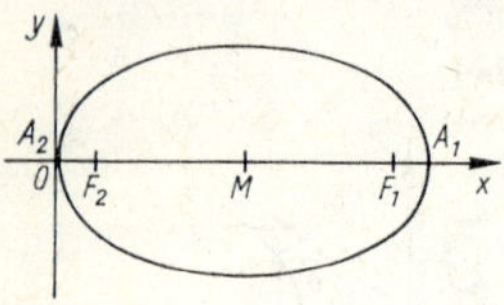

Bild 10/67

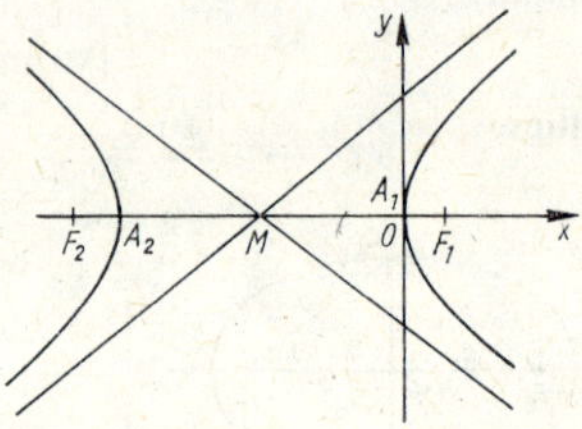

Bild 10/68

Die Scheitelgleichungen einer Ellipse bzw. einer Hyperbel unterscheiden sich um das Glied $\frac{p}{a}x^2$ von der einer Parabel $y^2 = 2px$. Hieraus sind die aus dem Griechischen stammenden Namen zu erklären:

»Parabel« kommt von »vergleichen« (nämlich y^2 und $2px$),

»Ellipse« von »fehlen« $\left(\text{nämlich } \frac{p}{a}x^2 \text{ an } 2px\right)$,

»Hyperbel« von »übertreffen« $\left(\text{nämlich } 2px \text{ um } \frac{p}{a}x^2\right)$.

(3) Wird in der Scheitelgleichung

der Ellipse	der Hyperbel
$y^2 = 2px - \frac{b^2}{a^2}x^2$	$y^2 = 2px + \frac{b^2}{a^2}x^2$

b^2 ersetzt durch

$b^2 = a^2 - e^2$,	$b^2 = e^2 - a^2$,

so erhält man

$y^2 = 2px - \frac{a^2 - e^2}{a^2}x^2$	$y^2 = 2px + \frac{e^2 - a^2}{a^2}x^2$
$y^2 = 2px - x^2 + \frac{e^2}{a^2}x^2$	$y^2 = 2px + \frac{e^2}{a^2}x^2 - x^2$

und mit $\frac{e}{a} = \varepsilon$ (numerische Exzentrizität)

$$y^2 = 2px - (1 - \varepsilon^2)\,x^2,$$

eine gemeinsame Gleichung für alle Kegelschnitte in Scheitellage, **gemeinsame Scheitelgleichung** der Kegelschnitte genannt, mit

$0 < \varepsilon < 1$	für eine Ellipse,
$\varepsilon = 1$	für eine Parabel,
$\varepsilon > 1$	für eine Hyperbel.

10.5.5. Kegelschnitt und Gerade

(1) Wenn die Gleichungen eines Kegelschnitts und einer Geraden bekannt sind und die gemeinsamen Punkte (Schnittpunkte) von Kegelschnitt und Gerade ermittelt werden sollen, dann ist ein Gleichungssystem von zwei Gleichungen, von denen eine eine quadratische Gleichung ist, mit zwei Variablen zu lösen. Hierbei eignet sich das Substitutionsverfahren (↗ 4.7.3.), das auf eine quadratische Gleichung mit einer Variablen führt, aus der die Abszissen der Schnittpunkte berechnet werden können. Die Ordinaten der gemeinsamen Punkte erhält man durch Einsetzen der Abszissenwerte in die Geradengleichung.
Um das Schnittverhalten von Kegelschnitt und Gerade zu diskutieren, genügt es, die Diskriminante D dieser quadratischen Gleichung mit einer Variablen (↗ 4.4.5.) zu untersuchen: Ist

$D > 0$,	$D = 0$,	$D < 0$,

dann gibt es

genau zwei reelle Lösungen, d. h., Kegelschnitt und Ge-	genau eine reelle Lösung, d. h., Kegelschnitt und Ge-	keine reelle Lösung d. h., Kegelschnitt und Gerade haben

rade haben zwei Schnittpunkte. Die Gerade ist **Sekante** des Kegelschnitts.	rade haben einen Berührungspunkt. Die Gerade ist **Tangente** des Kegelschnitts.	keine gemeinsamen Punkte.

BEISPIEL 10/45

a) Um die Schnittpunkte der Ellipse mit der Gleichung $\frac{x^2}{25} + \frac{y^2}{16} = 1$ mit der Geraden mit der Gleichung $y = \frac{2}{3}x + 2$ zu ermitteln, ist die Gleichung $\frac{x^2}{25} + \frac{\left(\frac{2}{3}x + 2\right)^2}{16} = 1$ zu lösen. Die Umformung dieser Gleichung führt auf die Normalform $x^2 + \frac{600}{244}x - \frac{2700}{244} = 0$, deren Lösungen $x_1 \approx 2{,}32$, $x_2 \approx -4{,}78$ sind. Aus der Geradengleichung erhält man dann $y_1 \approx 3{,}55$, $y_2 \approx 1{,}19$. $S_1(2{,}32;\ 3{,}55)$ und $S_2(-4{,}78;\ -1{,}19)$ sind die gesuchten Schnittpunkte (Bild 10/69).

b) Die Gerade mit der Gleichung $y = x + 1{,}5$ berührt die Parabel mit der Gleichung $y^2 = 6x$ im Punkt $T(1{,}5;\ 3)$, denn es gilt $(x + 1{,}5)^2 = 6x$, deren Lösung $x_1 = x_2 = 1{,}5$ ist. Aus der Geradengleichung erhält man dann $y_1 = 3$ (Bild 10/70).

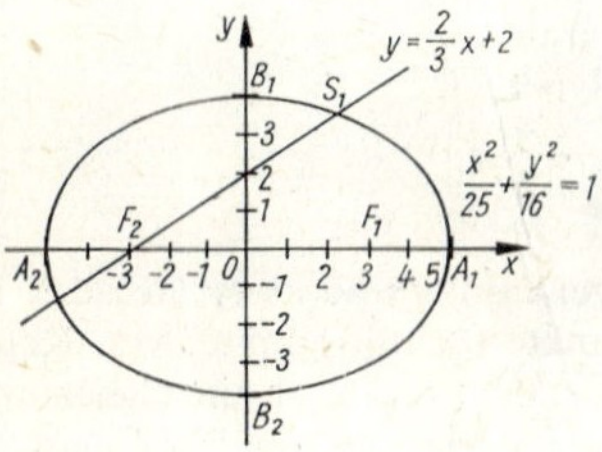

Bild 10/69

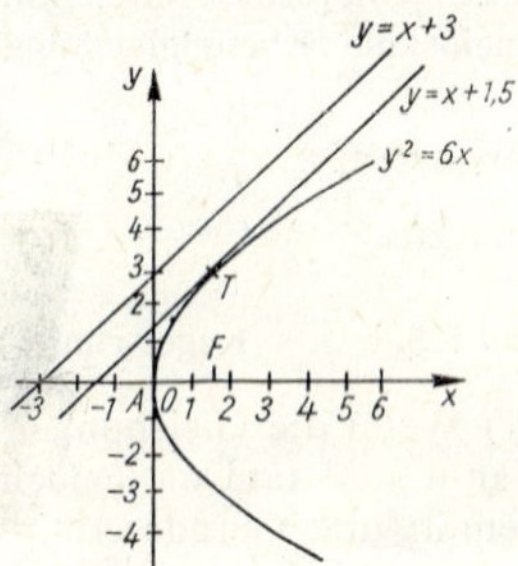

Bild 10/70

c) Die Gerade mit der Gleichung $y = x + 3$ schneidet die Parabel $y^2 = 6x$ nicht, denn die Gleichung $(x + 3)^2 = 6x$ bzw. $x^2 + 9 = 0$ hat im Reellen keine Lösung (Bild 10/70).

(2) Mit Hilfe der Differentialrechnung können **Gleichungen der Tangenten in einem Punkt $P_B(x_B;\ y_B)$ an einen Kegelschnitt** hergeleitet werden, die hier angegeben werden:

Tangentengleichungen bei

Mittelpunktslage der Ellipse	Hyperbel	Scheitellage der Parabel
$\frac{xx_B}{a^2} + \frac{yy_B}{b^2} = 1$	$\frac{xx_B}{a^2} - \frac{yy_B}{b^2} = 1$	$yy_B = p(x + x_B)$

Tangentengleichungen bei achsenparalleler Lage

$\frac{(x-x_M)(x_B-x_M)}{a^2} \pm \frac{(y-y_M)(y_B-y_M)}{b^2} = 1$ (oberes Vorzeichen gilt für eine Ellipse, unteres Vorzeichen für eine Hyperbel.)	$(y-y_A)(y_B-y_A)$ $= p(x+x_B-2x_A)$

BEISPIEL 10/46

a) Es soll eine Gleichung der Tangente an die Ellipse mit der Gleichung $\frac{x^2}{25}+\frac{y^2}{16}=1$ im Punkt $P_B(3;\ y_B>0)$ angegeben werden.
Es ist $y_B^2 = 16\left(1-\frac{9}{25}\right)$; $\quad y_B = \frac{16}{5} = 3{,}2.$
Dann gilt für die Gleichung der Tangente an die Ellipse im Punkt $P_B(3;\,3{,}2)$:

$$\frac{3x}{25}+\frac{3{,}2y}{16}=1 \quad \text{bzw.} \quad y=-\frac{3}{5}x+5.$$

b) Es soll eine Gleichung der Tangente an die Parabel mit der Gleichung $(y-1)^2 = 4(x-2)$ im Punkt $P_B(6;\ y>0)$ angegeben werden.
Aus $(y_B-1)^2 = 4(6-2)$ erhält man $y_B = 5$.
Dann gilt für die Gleichung der Tangente an die Parabel im Punkt $P_B(6;\,5)$:

$$(y-1)(5-1) = 2(x+6-4) \quad \text{bzw.} \quad y=\frac{1}{2}x+2.$$

Sätze über Tangenten an Kegelschnitte

Eine Tangente t in einem Punkt P_B an eine

Ellipse

steht stets senkrecht auf der Halbierenden des Winkels, den die Brennstrahlen[1]) bilden.

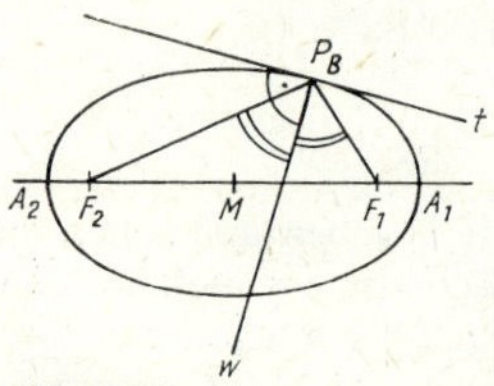

Bild 10/71

Hyperbel

halbiert stets den Winkel, den die Brennstrahlen[1]) bilden.

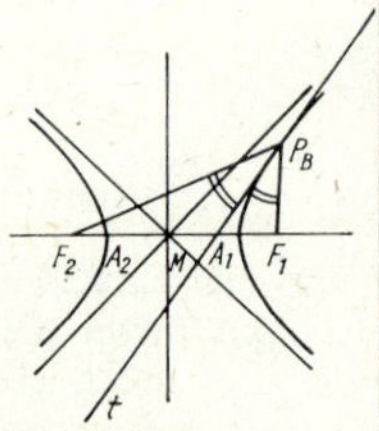

Bild 10/72

Parabel

steht stets senkrecht auf der Halbierenden des Winkels zwischen dem Brennstrahl[1]) und der Parallelen zur Parabelachse durch P_B.

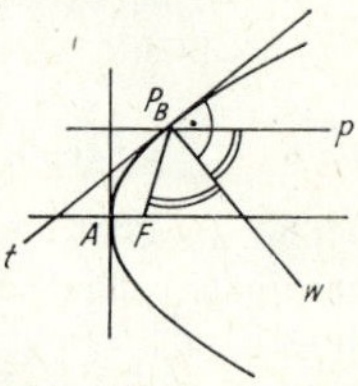

Bild 10/73

[1]) Unter einem »Brennstrahl« werde der Strahl aus P_B durch einen Brennpunkt F des Kegelschnitts verstanden.

(3) Um die Gleichungen der **Tangenten** angeben zu können, die **von einem Punkt P_0 aus an einen Kegelschnitt** gelegt werden, sind zunächst die Koordinaten der Berührungspunkte zu ermitteln. Da die Koordinaten der Berührungspunkte sowohl die entsprechende Kegelschnittgleichung als auch die zugehörige Tangentengleichung erfüllen müssen, ist ein System von zwei Gleichungen mit zwei Variablen zu lösen. Anschließend ist die gesuchte Tangentengleichung anzugeben.

BEISPIEL 10/47

Es sind die Gleichungen der Tangenten anzugeben, die vom Punkt $P_0(-3;\ -6)$ aus an die gleichseitige Hyperbel mit der Gleichung $x^2 - y^2 = 9$ gelegt werden können.
Aus dem Gleichungssystem

$$x_B^2 - y_B^2 = 9$$
$$-3x_B + 6y_B = 9$$

erhält man nach Substitution $y_B = \dfrac{x_B + 3}{2}$ die quadratische Gleichung $x_B^2 - 2x_B - 15 = 0$, deren Lösungen $x_{B1} = 5$ und $x_{B2} = -3$ sind. Die zugehörigen Ordinaten sind $y_{B1} = 4$ bzw. $y_{B2} = 0$.

Die in den Berührungspunkten $P_{B1}(5;\ 4)$ bzw. $P_{B2}(-3;\ 0)$ an die gleichseitige Hyperbel gelegten Tangenten haben die Gleichungen

$$y = \frac{5}{4}x - \frac{9}{4} \quad \text{bzw.} \quad x = -3.$$

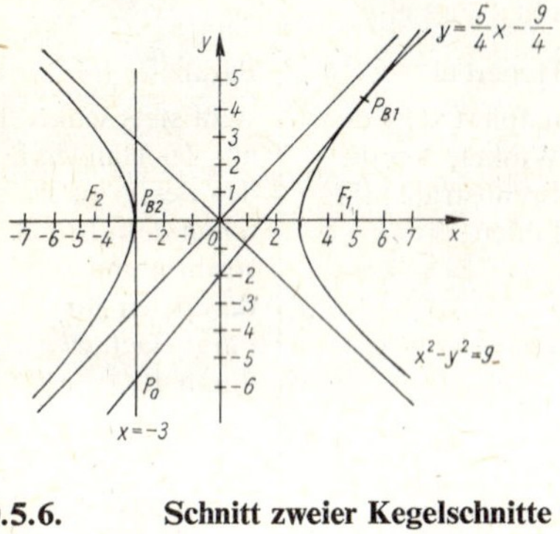

Bild 10/74

10.5.6. Schnitt zweier Kegelschnitte

(1) Sind die Gleichungen zweier Kegelschnitte gegeben und sollen die Koordinaten der Schnittpunkte dieser Kegelschnitte ermittelt werden, dann ist ein System von zwei quadratischen Gleichungen mit zwei Variablen zu lösen. Die geordneten Paare $(x_S;\ y_S)$, die das Gleichungssystem erfüllen, sind die **Schnittpunkte** beider Kegelschnitte.
(2) Unter dem **Schnittwinkel** zweier Kegelschnitte versteht man den Schnittwinkel der Tangenten im Schnittpunkt an diese Kegelschnitte

(↗ 10.2.8.). Sind die Gleichungen der Tangenten bekannt, dann kann mit Hilfe der Richtungsfaktoren m_1, m_2 durch

$$\tan\delta = \frac{m_2 - m_1}{1 + m_1 m_2}$$

der Schnittwinkel δ berechnet werden.

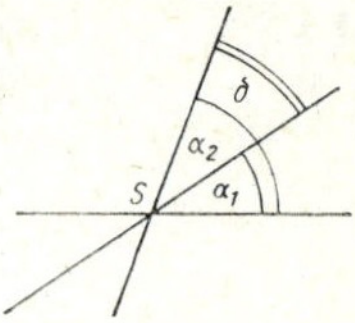

Bild 10/75

BEISPIEL 10/48

a) Um die Schnittpunkte der Ellipse mit der Gleichung $\frac{x^2}{25} + \frac{y^2}{9} = 1$ mit der Parabel mit der Gleichung $y^2 = \frac{144}{25}(x - 2)$ zu ermitteln, ist das Gleichungssystem

$$\frac{x^2}{25} + \frac{y^2}{9} = 1$$

$$y^2 = \frac{144}{25}(x - 2)$$

zu lösen.
Mit Hilfe des Substitutionsverfahrens erhält man eine quadratische Gleichung $x^2 + 16x - 57 = 0$, deren Lösungen $x_1 = 3$ und $x_2 = -19$ sind. -19 liegt außerhalb des Definitionsbereichs $-5 \leqq x \leqq 5$. Zu $x = 3$ gehören die Ordinaten $y_1 = 2{,}4$ und $y_2 = -2{,}4$. Ellipse und Parabel schneiden einander in den Punkten $S_1(3;\ 2{,}4)$ und $S_2(3;\ -2{,}4)$.

b) Um einen Schnittwinkel beider Kegelschnitte in $S_1(3;\ 2{,}4)$ zu berechnen, werden die Tangentengleichungen an Parabel und Ellipse angegeben: Für die Tangentengleichung an die

Parabel gilt:

$$yy_1 = p(x + x_1 - 2x_A)$$
$$2{,}4\,y = 2{,}88(x + 3 - 4)$$
$$y = 1{,}2x - 1{,}2$$

Ellipse gilt:

$$\frac{xx_1}{a^2} + \frac{yy_1}{b^2} = 1$$
$$\frac{3x}{25} + \frac{12y}{5 \cdot 9} = 1$$
$$y = -0{,}45x + 3{,}75$$

Nach der Schnittwinkelformel erhält man mit $m_1 = 1{,}2$ und $m_2 = -0{,}45$

$$\tan\delta = \frac{m_2 - m_1}{1 + m_1 m_2} = \frac{-0{,}45 - 1{,}2}{1 - 0{,}45 \cdot 1{,}2} = \frac{-1{,}65}{0{,}46} \approx -3{,}587$$

Daraus ergibt sich $\bar{\delta} \approx 74{,}4°$ und $\delta \approx 105{,}6°$.

Bild 10/76

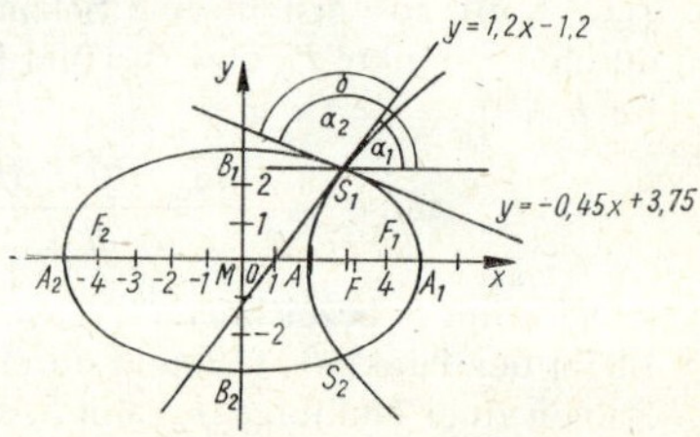

11. Infinitesimalrechnung (Differential- und Integralrechnung)

11.1. Ableitung einer Funktion

11.1.1. Ableitung einer Funktion an einer Stelle

(1) Nach 10.2.1. versteht man unter dem **Anstieg einer Geraden**, d. h. unter dem Anstieg des Graphen einer linearen Funktion, den Tangens des Winkels, den die Gerade mit der positiven Richtung der x-Achse bildet (Bild 11/1):

$$\tan \alpha = \frac{y_1 - y_0}{x_1 - x_0} \quad (x_1 \neq x_0),$$

wenn die Gerade durch $P_0(x_0; y_0)$ und $P_1(x_1; y_1)$ verläuft.

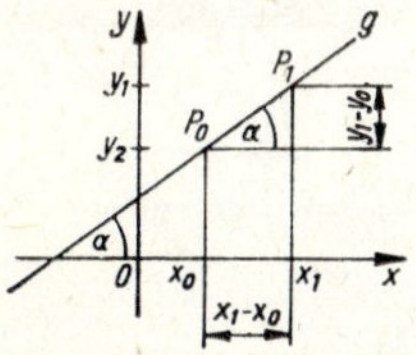

Bild 11/1

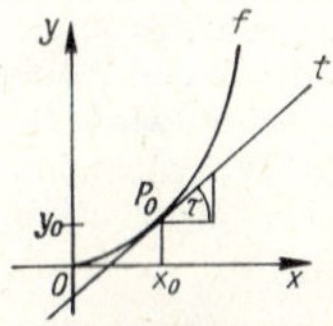

Bild 11/2

Unter dem **Anstieg des Graphen einer Funktion f in einem Punkt P_0** versteht man den **Anstieg einer Tangente** an den Graphen von f im Punkt P_0. Er charakterisiert den Verlauf des Graphen der Funktion an der Stelle x_0 (Bild 11/2).

(2) Um den Anstieg einer Tangente an den Graphen der Funktion f, die in einer Umgebung von x_0 definiert ist, im Punkt P_0 zu ermitteln, sind folgende **Schritte** durchzuführen:

1. Verbindet man den Punkt $P_0(x_0; f(x_0))$ mit dem Punkt $P_1(x_0 + h; f(x_0 + h))$, so entsteht eine **Sekante** dieses Graphen der Funktion durch die Punkte P_0 und P_1 (Bild 11/3). Der Anstieg der Sekante ist für $h \neq 0$

$$\tan \sigma = \frac{f(x_0 + h) - f(x_0)}{h}.$$

Er wird mit m bezeichnet.
Bleibt der Punkt P_0 fest und durchläuft der Argumentzuwachs h die Zahlen einer Nullfolge (h_n) mit $h_n \neq 0$ für alle n, dann »wandert« der

Punkt P_1 nach P_0, die Sekante »nähert sich immer mehr« einer Grenzlage, die durch die Gerade t charakterisiert ist (Bild 11/4).

Bild 11/3

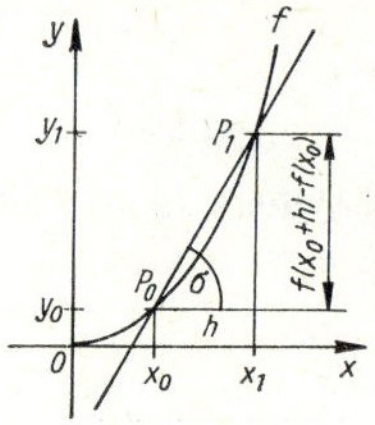

Bild 11/4

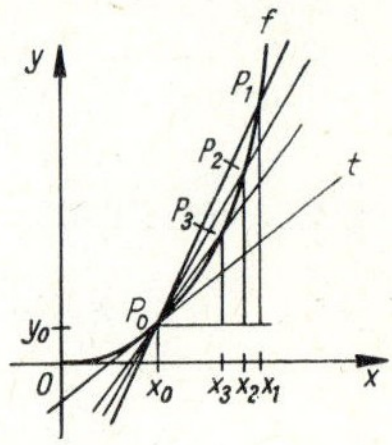

Zu jedem h gehört ein m. Die Menge der geordneten Paare $(h; m)$ mit $h \neq 0$ ist eine Funktion, die Differentialquotient der Funktion f an der Stelle x_0 genannt wird.

Wenn die Funktion f in der Umgebung von x_0 definiert ist, so heißt die Funktion d mit

$$d(h) = \frac{f(x_0 + h) - f(x_0)}{h} \quad (h \neq 0)$$

Differenzenquotient der Funktion f an der Stelle x_0.

2. Der Differenzenquotient ist umzuformen.
3. Hat die Funktion d einen Grenzwert, d. h., existiert der Grenzwert

$$\lim_{h \to 0} \frac{f(x_0 + h) - f(x_0)}{h} \quad (h \neq 0),$$

so ist die Funktion f an der Stelle x_0 differenzierbar.

Die **Funktion** f ist **an der Stelle** x_0 **differenzierbar**, wenn f in einer Umgebung von x_0 definiert ist und der Grenzwert

$$\lim_{h \to 0} \frac{f(x_0 + h) - f(x_0)}{h} \quad (h \neq 0)$$

existiert.

Wenn f eine an der Stelle x_0 differenzierbare Funktion ist, heißt der Grenzwert

$$\lim_{h \to 0} \frac{f(x_0 + h) - f(x_0)}{h} \quad (h \neq 0)$$

die **1. Ableitung** oder der **Differentialquotient der Funktion f an der Stelle** x_0 und wird mit $f'(x_0)$ bezeichnet (gelesen: f Strich von x_0).

BEISPIEL 11/1

Es soll gezeigt werden, daß die Funktion f mit $f(x) = x^2 + 3x$ an der Stelle $x_0 = 0{,}8$ differenzierbar ist.
Der Funktionswert an der Stelle $x_0 = 0{,}8$ ist $f(0{,}8) = 3{,}04$, der Funktionswert an der Stelle $(x_0 + h)$ ist

$$f(0{,}8 + h) = (0{,}8 + h)^2 + 3 \cdot (0{,}8 + h).$$

1. Schritt: Differenzenquotient der Funktion f an der Stelle 0,8 ist

$$d(h) = \frac{f(x_0 + h) - f(x_0)}{h} = \frac{(0{,}8 + h)^2 + 3 \cdot (0{,}8 + h) - 3{,}04}{h}$$

mit $h \neq 0$.

2. Schritt: Umformen des Differenzenquotienten:

$$d(h) = \frac{0{,}64 + 1{,}6h + h^2 + 2{,}4 + 3h - 3{,}04}{h} = \frac{h^2 + 4{,}6h}{h}$$

$$d(h) = h + 4{,}6$$

3. Schritt: Grenzwert des Differenzenquotienten für $h \to 0$:

$$\lim_{h \to 0} (h + 4{,}6) = 4{,}6.$$

Das bedeutet, die Funktion $f(x) = x^2 + 3x$ ist an der Stelle 0,8 differenzierbar. Es ist $f'(0{,}8) = 4{,}6$.

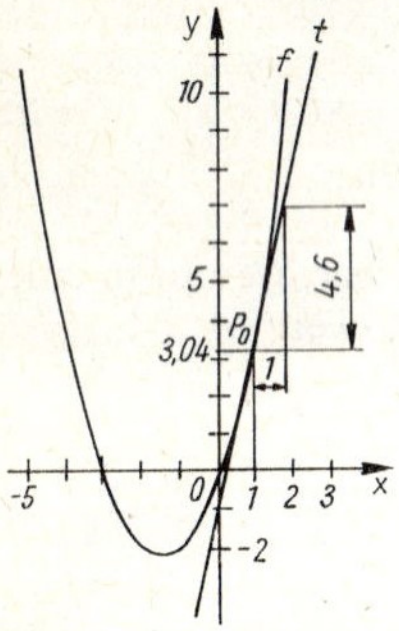

Bild 11/5

Die geometrische Veranschaulichung zeigt, daß die Tangente an den Graphen der Funktion f mit $f(x) = x^2 + 3x$ im Punkt $P_0(0{,}8; 3{,}04)$ den Anstieg 4,6 hat (Bild 11/5). Der Winkel α, den die Tangente mit der positiven Richtung der x-Achse einschließt, ist $\alpha \approx 77{,}7°$; denn $\tan 77{,}7° \approx 4{,}6$.
Eine Gleichung der Tangente wird mit Hilfe der Punktrichtungsgleichung angegeben:

$$f'(0{,}8) = \frac{y - y_0}{x - x_0}$$

bzw.

$$4{,}6 = \frac{y - 3{,}04}{x - 0{,}8}$$

$$y = 4{,}6x - 0{,}64$$

11.1.2. Ableitung einer Funktion in einem Intervall

Ist eine Funktion f in einem Intervall I definiert und ist f an jeder Stelle des Intervalls differenzierbar, so sagt man, f ist **im Intervall I differenzierbar.**

Dann ist auch die 1. Ableitung von f eine Funktion.
Man beachte:

Die Ableitung einer Funktion f

an einer Stelle x_0 ist eine **Zahl.**	im Intervall I ist eine **Funktion.**

Man nennt eine Funktion f eine **differenzierbare Funktion**, wenn sie für jedes Argument ihres Definitionsbereichs differenzierbar ist.

BEISPIEL 11/2

Die Funktion f mit $f(x) = x^3$ ist an jeder Stelle des Definitionsbereichs differenzierbar, f ist eine differenzierbare Funktion, damit erhält man $f'(x) = 3x^2$.
Ist $y = x^3$ gegeben, so schreibt man $y' = 3x^2$ für die 1. Ableitung der gegebenen Funktion.

11.1.3. Differentiale

Die Funktion f sei eine differenzierbare Funktion.
Der *Differenzenquotient* gibt für einen vorgegebenen Argumentzuwachs $h = \Delta x$ den *Anstieg der Sekante* des Graphen der Funktion f durch die Punkte P_0 und P_1 im Intervall $x_0 < x < x_0 + \Delta x$ an (Bild 11/6).

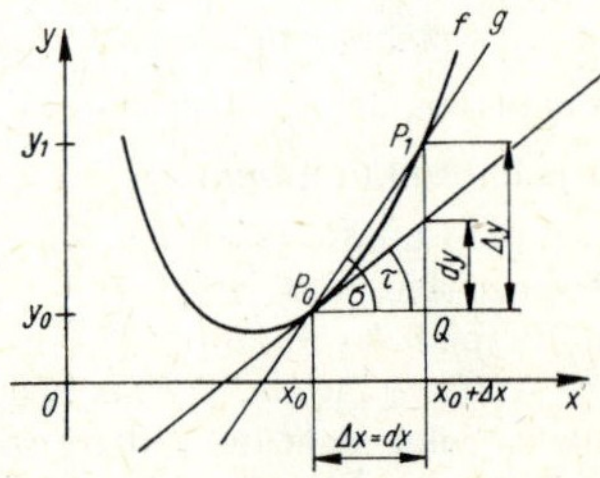

Bild 11/6

Dem Argumentzuwachs Δx ist ein Zuwachs Δy der Funktionswerte zugeordnet:

$$\Delta y = f(x_0 + \Delta x) - f(x_0).$$

Der *Differenzenquotient* ist dann

$$\tan \sigma = \frac{\Delta y}{\Delta x} = \frac{f(x_0 + \Delta x) - f(x_0)}{\Delta x} \quad (\Delta x \neq 0).$$

Da der *Differentialquotient* der Grenzwert des Differenzenquotienten ist $\left(f'(x) = \lim\limits_{\Delta x \to 0} \frac{\Delta y}{\Delta x}\right)$ und da der Differentialquotient den *Anstieg der Tangente* für jedes Argument des Definitionsbereichs ergibt, kann bei gleichem Argumentzuwachs ($\Delta x = dx$) der Anstieg der Tangente veranschaulicht werden (Bild 11/6). Man nennt den Zuwachs $\overline{P_0Q_1} = \Delta x = \mathrm{d}x$ des Arguments das **Differential von** x und $\mathrm{d}y$ das **Differential der Funktion** f in x_0 bzw. im Intervall I.

Deshalb kann der Differentialquotient $\frac{\mathrm{d}y}{\mathrm{d}x}$ (gelesen: dy nach dx) als Quotient der beiden Differentiale dx und dy aufgefaßt werden. Die 1. Ableitung an der Stelle x_0 wird auch mit $\left.\frac{\mathrm{d}y}{\mathrm{d}x}\right|_{x=x_0}$ bezeichnet (gelesen: dy nach dx an der Stelle x_0).

11.1.4. Zusammenhang zwischen Stetigkeit und Differenzierbarkeit einer Funktion f an einer Stelle x_0

Satz: Für jede Funktion f gilt:

Wenn die Funktion f an der Stelle x_0 differenzierbar ist, so ist f in x_0 stetig.

Das heißt, aus der Differenzierbarkeit der Funktion f in x_0 folgt die Stetigkeit von f in x_0, oder anders ausgedrückt: Die Stetigkeit der Funktion f in x_0 ist eine notwendige Bedingung (↗ 1.5.1.) für die Differenzierbarkeit von f in x_0.

Formulierung dieses Satzes als Kontraposition (↗ 1.3.6.):

Für jede Funktion f gilt:

Ist f in x_0 nicht stetig, so ist f in x_0 nicht differenzierbar.

Formulierung der Umkehrung des Satzes:

Für jede Funktion f gilt:

Wenn die Funktion f an der Stelle x_0 stetig ist, so ist f an der Stelle x_0 differenzierbar.

Am Beispiel der Funktion f mit $f(x) = |x|$ kann gezeigt werden, daß diese Aussage falsch ist. Das bedeutet, aus der Stetigkeit von f an der Stelle x_0 folgt **nicht** die Differenzierbarkeit von f in x_0. Die Stetigkeit von f in x_0 ist **nicht hinreichend** für die Differenzierbarkeit von f in x_0.

Zusammengefaßt mit dem oben angegebenen Satz:

> Die Stetigkeit von f an der Stelle x_0 ist notwendig, aber nicht hinreichend für die Differenzierbarkeit von f in x_0.

11.2. Differentiationsregeln

11.2.1. Regeln für die Differentiation einer Summe, eines Produkts und eines Quotienten von Funktionen

Es seien u, v, w differenzierbare Funktionen.

(1) Ableitung einer Summe von Funktionen

> Die Funktion f mit $f(x) = u(x) + v(x)$ ist differenzierbar, und es gilt:
>
> $$f'(x) = u'(x) + v'(x) \quad \textbf{(Summenregel).}$$

Beweis:

- Bildung des Differenzenquotienten ($h \neq 0$):

$$d(h) = \frac{f(x+h) - f(x)}{h}$$

$$= \frac{[u(x+h) + v(x+h)] - [u(x) + v(x)]}{h}$$

- Umformung des Differenzenquotienten:

$$d(h) = \frac{u(x+h) + v(x+h) - u(x) - v(x)}{h}$$

$$= \frac{u(x+h) - u(x)}{h} + \frac{v(x+h) - v(x)}{h}$$

- Bestimmung des Grenzwertes des Differenzenquotienten für $h \to 0$:

$$\lim_{h \to 0} \frac{f(x+h) - f(x)}{h} = \lim_{h \to 0} \frac{u(x+h) - u(x)}{h} + \lim_{h \to 0} \frac{v(x+h) - v(x)}{h}$$

$f'(x) = u'(x) + v'(x)$, w. z. b. w.

Die Summenregel gilt für beliebig viele Summanden:

Die Funktionen $u_1, u_2, \ldots, u_n$ seien differenzierbare Funktionen,

dann ist die Summe dieser Funktionen, $f(x) = \sum_{k=1}^{n} u_k(x)$,

differenzierbar, und es gilt: $f'(x) = \sum_{k=1}^{n} u'(x)$.

(2) Ableitung eines Produkts von Funktionen

Die Funktion f mit $f(x) = u(x) \cdot v(x)$ ist differenzierbar, und es gilt:

$$f'(x) = u'(x) \cdot v(x) + u(x) \cdot v'(x) \quad \textbf{(Produktregel)}.$$

Beweis:

- Bildung des Differenzenquotienten ($h \neq 0$):

$$d(h) = \frac{f(x+h) - f(x)}{h} = \frac{u(x+h) \cdot v(x+h) - u(x) \cdot v(x)}{h}$$

- Umformung des Differenzenquotienten:

Zur Bildung von Differenzenquotienten $\frac{u(x+h)-u(x)}{h}$ bzw. $\frac{v(x+h)-v(x)}{h}$ wird im Zähler des Differenzenquotienten das Glied $u(x)\cdot v(x+h)$ subtrahiert und anschließend addiert:

$$d(h) = \frac{u(x+h)\cdot v(x+h) - u(x)\cdot v(x+h) + u(x)\cdot v(x+h) - u(x)\cdot v(x)}{h}$$

$$= \frac{u(x+h)-u(x)}{h}\cdot v(x+h) + u(x)\cdot\frac{v(x+h)-v(x)}{h}$$

- Bestimmung des Grenzwertes des Differenzenquotienten für $h \to 0$:

$$\lim_{h\to 0}\frac{f(x+h)-f(x)}{h} = \lim_{h\to 0}\left[\frac{u(x+h)-u(x)}{h}\cdot v(x+h)\right] + \lim_{h\to 0}\left[u(x)\cdot\frac{v(x+h)-v(x)}{h}\right]$$

$$f'(x) = u'(x)\cdot v(x) + u(x)\cdot v'(x), \quad \text{w. z. b. w.}$$

Die Produktregel gilt auch für mehr als zwei Faktoren:
Die Funktionen u, v, w seien differenzierbare Funktionen, dann ist das Produkt dieser Funktion, $f(x) = u\cdot v\cdot w$, differenzierbar, und es gilt:

$$f'(x) = u'vw + uv'w + uvw'.$$

(3) **Ableitung eines Quotienten zweier Funktionen**

Die Funktion f mit $f(x) = \frac{u(x)}{v(x)}$ $[v(x) \neq 0]$ ist differenzierbar, und es gilt:

$$f'(x) = \frac{u'(x)\cdot v(x) - u(x)\cdot v'(x)}{[v(x)]^2}$$ **(Quotientenregel).**

Beweis:

- Bildung des Differenzenquotienten ($h \neq 0$):

$$d(h) = \frac{f(x+h)-f(x)}{h} = \frac{1}{h}\left[\frac{u(x+h)}{v(x+h)} - \frac{u(x)}{v(x)}\right]$$

- Umformung des Differenzenquotienten:

$$d(h) = \frac{1}{h}\cdot\frac{u(x+h)\cdot v(x) - u(x)\cdot v(x+h)}{v(x+h)\cdot v(x)}$$

Im Zähler des Differenzenquotienten wird das Glied $u(x) \cdot v(x)$ subtrahiert und anschließend addiert; damit gelingt es, Differenzenquotienten der Funktionen u bzw. v zu bilden:

$$d(h) = \frac{1}{v(x+h)\,v(x)} \cdot \frac{u(x+h)\,v(x) - u(x)\,v(x) + u(x)\,v(x) - u(x)\,v(x+h)}{h}$$

$$= \frac{1}{v(x+h)\,v(x)} \cdot \left[\frac{u(x+h) - u(x)}{h} \cdot v(x) - u(x) \cdot \frac{v(x+h) - v(x)}{h}\right]$$

- Bestimmung des Grenzwertes des Differenzenquotienten für $h \to 0$:

$$\lim_{h\to 0} \frac{f(x+h) - f(x)}{h} = \lim_{h\to 0} \frac{1}{v(x+h)\,u(x)}$$

$$\times \left[\lim_{h\to 0}\left(\frac{u(x+h) - u(x)}{h} \cdot v(x)\right) - \lim_{h\to 0}\left(u(x) \cdot \frac{v(x+h) - v(x)}{h}\right)\right]$$

$$f'(x) = \frac{u'(x) \cdot v(x) - u(x) \cdot v'(x)}{[v(x)]^2}, \quad \text{w. z. b. w.}$$

Speziell gilt:

Wenn $f(x) = \frac{1}{v(x)}$ mit $v(x) \neq 0$ ist, ist $f'(x) = -\frac{v'(x)}{[v(x)]^2}$.

11.2.2. Differentiation von rationalen Funktionen

(1) Differentiation von Potenzfunktionen mit natürlichen Exponenten

Jede Potenzfunktion $f(x) = x^n$ mit $n \in \mathbf{N}$ und $n \geqq 1$ ist differenzierbar, und es gilt

$$f'(x) = nx^{n-1}.$$

Beweis:

- Bildung des Differenzenquotienten: ($h \neq 0$)

$$d(h) = \frac{f(x+h) - f(x)}{h} = \frac{(x+h)^n - x^n}{h}$$

- Umformung des Differenzenquotienten:

$$d(h) = \frac{x^n + \binom{n}{1} x^{n-1}h + \binom{n}{2} x^{n-2}h^2 + \ldots + \binom{n}{n} h^n - x^n}{h}$$

$$= nx^{n-1} + \frac{n(n-1)}{2} x^{n-2} + \ldots + h^{n-1}$$

- Bestimmung des Grenzwertes des Differenzenquotienten für $h \to 0$:

$$\lim_{h \to 0} \frac{f(x+h) - f(x)}{h} = \lim_{h \to 0} \left(nx^{n-1} + \frac{n(n-1)}{2} x^{n-2} h + \ldots + h^{n-1} \right)$$

$f'(x) = nx^{n-1}$, w. z. b. w.

(2) **Differentiation einer konstanten Funktion** $f(x) = c$

Jede konstante Funktion $f(x) = c$ ist differenzierbar, und es gilt:

$$f'(x) = 0.$$

Beweis:

- Bildung des Differenzenquotienten:

$$d(h) = \frac{c - c}{h} = \frac{0}{h} = 0 \quad (h \neq 0)$$

- Grenzwert des Differenzenquotienten:

$$\lim_{h \to 0} 0 = 0,$$

also $f'(x) = 0$, w. z. b. w.

(3) **Differentiation der Funktion** $f(x) = a \cdot u(x)$

Ist die Funktion u differenzierbar, so ist auch die Funktion f mit $f(x) = a \cdot u(x)$ differenzierbar, und es gilt:

$$f'(x) = a \cdot u'(x).$$

Beweis:

- Bildung des Differenzenquotienten ($h \neq 0$):

$$d(h) = \frac{f(x+h) - f(x)}{h} = \frac{a \cdot u(x+h) - a \cdot u(x)}{h}$$

- Umformung des Differenzenquotienten:

$$d(h) = a \cdot \frac{u(x+h) - u(x)}{h}$$

- Bestimmung des Grenzwertes des Differenzenquotienten für $h \to 0$:

$$\lim_{h \to 0} \left[a \cdot \frac{u(x+h) - u(x)}{h} \right] = a \cdot \lim_{h \to 0} \frac{u(x+h) - u(x)}{h}$$

$$f'(x) = a \cdot u'(x), \quad \text{w. z. b. w.}$$

BEISPIEL 11/3

Die Funktionen f werden differenziert:

a) $f(x) = x^4$ $\quad f'(x) = 4x^3$
b) $f(x) = 3x^2$ $\quad f'(x) = 3 \cdot 2 \cdot x = 6x$
c) $f(x) = 6$ $\quad f'(x) = 0$
d) $f(x) = \frac{3}{2}x^2$ $\quad f'(x) = 3x$

(4) **Ableitung einer ganzrationalen Funktion**

Mit Hilfe der Summenregel und der Regel für die Differentiation von Potenzfunktionen mit natürlichen Exponenten $n \geqq 1$ können ganzrationale Funktionen (↗ 6.1.2.) differenziert werden.

BEISPIEL 11/4

Es werden die Ableitungen der folgenden Funktionen gebildet:

a) $f(x) = 2x^3 + 5x^2 - x + 3;$ $\quad f'(x) = 6x^2 + 10x - 1$
b) $f(x) = \frac{1}{2}x^4 - \frac{3}{5}x^2 + \frac{1}{4};$ $\quad f'(x) = 2x^3 - \frac{6}{5}x$

(5) **Differentiation von Potenzfunktionen mit negativen ganzzahligen Exponenten**

Die Regel für die Differentiation von Potenzfunktionen mit natürlichen Exponenten gilt auch für die Differentiation von Potenzfunktionen mit negativen ganzzahligen Exponenten.
Es sei

$$f(x) = x^{-n} \quad \text{mit} \quad x \in \mathbf{R},\ x \neq 0, \quad n \in \mathbf{N},\ n \geqq 1.$$

Da $f(x) = x^{-n} = \frac{1}{x^n}$ ist, wird die Quotientenregel angewendet mit $u(x) = 1$, $v(x) = x^n$. Damit erhält man

$$f'(x) = \frac{0 \cdot x^n - 1 \cdot nx^{n-1}}{(x^n)^2} = -nx^{-n-1}$$

BEISPIEL 11/5

Die Funktionen f werden differenziert:

a) $f(x) = \frac{1}{x^3} = x^{-3};$ $\quad f'(x) = -3x^{-4} = -\frac{3}{x^4}$
b) $f(x) = \frac{2}{3}x^{-5};$ $\quad f'(x) = -\frac{10}{3}x^{-6} = -\frac{10}{3x^6}$

(6) Unter Anwendung der Summen-, Produkt-, Quotientenregel sowie der Regel für die Differentiation von Potenzfunktionen mit ganzzahligen Exponenten können **rationale Funktionen differenziert** werden.

BEISPIEL 11/6

Die Funktionen f werden differenziert:

a) $f(x) = 2x(3x^2 - 1)$, Anwendung der Produktregel

$$f'(x) = 2(3x^2 - 1) + 2x \cdot 6x = 6x^2 - 2 + 12x^2 = 18x^2 - 2$$

b) $f(x) = \dfrac{2x^2 - 1}{3x}$ $(x \neq 0)$, Anwendung der Quotientenregel

$$f'(x) = \frac{4x \cdot 3x - 3(2x^2 - 1)}{9x^2} = \frac{12x^2 - 6x^2 + 3}{9x^2}$$

$$= \frac{6x^2 + 3}{9x^2} = \frac{2x^2 + 1}{3x^2}$$

(7) Aus vorgegebenen Bedingungen kann die Gleichung einer rationalen Funktion angegeben werden.

BEISPIEL 11/7

Der Grad von f sei 2. Von dieser Funktion seien bekannt:

$$f(1) = 1, f(2) = 6, f(-1) = 9.$$

Die Gleichung der Funktion sei $f(x) = a_2x^2 + a_1x + a_0$. Aus diesen Bedingungen wird das Gleichungssystem mit den Variablen a_2, a_1, a_0 gebildet:

Für $x = 1$ erhält man: $a_2 + a_1 + a_0 = 1$ (Gleichung I),

für $x = 2$: $4a_2 + 2a_1 + a_0 = 6$ (Gleichung II),

für $x = -1$: $a_2 - a_1 + a_0 = 9$ (Gleichung III).

Aus Gleichung I und II ergibt sich $3a_2 + a_1 = 5$, aus Gleichung I und III $-2a_1 = 8$.

Dann ist $a_1 = -4$, $a_2 = 3$, $a_0 = 2$, so daß eine Gleichung der Funktion $f(x) = 3x^2 - 4x + 2$ ist.

11.2.3. Beziehung zwischen den Ableitungen zueinander inverser Funktionen; Differentiation von Wurzelfunktionen

(1) **Beziehung zwischen den Ableitungen zueinander inverser Funktionen** (↗ 6.1.5.)

Wenn f eine eineindeutige differenzierbare Funktion ist, dann ist die zu f inverse Funktion f^{-1} differenzierbar, und es gilt

$$f'(x) \cdot f^{-1\prime}(y) = 1 \quad \text{bzw.} \quad \frac{dy}{dx} \cdot \frac{dx}{dy} = 1\,.$$

(2) **Differentiation von Wurzelfunktionen**

Die Wurzelfunktionen $f(x) = \sqrt[n]{x}$ sind Potenzfunktionen mit gebrochenen Exponenten $f(x) = x^{\frac{1}{n}}$ $(x \in \mathbf{R},\ x \geqq 0,\ n \in \mathbf{N},\ n > 1)$. Die Potenzfunktionen $f(x) = x^{\frac{1}{n}}$ und $g(y) = y^n$ sind zueinander inverse Funktionen (Bild 11/7).

Es sei f eine Wurzelfunktion mit $f(x) = x^{\frac{1}{n}} = \sqrt[n]{x}$ mit $x \geqq 0$, $n \in \mathbf{N}$, $n > 1$. Dann gilt

$$f'(x) = \frac{1}{n} \cdot x^{\frac{1}{n}-1}.$$

Beweis:

(1) Die zu f inverse Funktion ist $x = y^n = g(y)$ $(y > 0)$. Sie ist eine eineindeutige differenzierbare Funktion.

Für alle y gilt:

$$g'(y) = ny^{n-1} \quad [g'(y) \neq 0].$$

(2) Da zwischen den Ableitungen zueinander inverser Funktionen die Beziehung

$$f'(x) \cdot f^{-1\prime}(y) = f'(x) \cdot g'(y) = 1$$

gilt, ist

$$f'(x) = \frac{1}{f^{-1\prime}(y)} = \frac{1}{g'(y)} = \frac{1}{ny^{n-1}} = \frac{1}{n} \cdot y^{1-n},$$

und nach Ersetzen von y durch $x^{\frac{1}{n}}$ ist

$$f'(x) = \frac{1}{n}\left(x^{\frac{1}{n}}\right)^{1-n} = \frac{1}{n} x^{\frac{1}{n}-1}, \quad \text{w. z. b. w.}$$

Die für die Differentiation von Potenzfunktionen mit natürlichen Exponenten gültige Regel gilt auch für die Differentiation von Wurzelfunktionen.

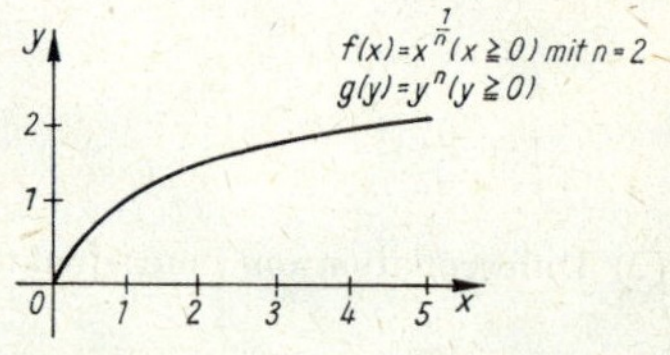

Bild 11/7

BEISPIEL 11/8

Die Funktionen f werden differenziert: $(x > 0)$

a) $f(x) = \sqrt{x} = x^{\frac{1}{2}}$; $\quad f'(x) = \frac{1}{2} x^{-\frac{1}{2}} = \frac{1}{2\sqrt{x}}$

b) $f(x) = 3\sqrt{x} - 2\sqrt[4]{x} = 3x^{\frac{1}{2}} - 2x^{\frac{1}{4}}$

$$f'(x) = 3 \cdot \frac{1}{2} x^{-\frac{1}{2}} - 2 \cdot \frac{1}{4} x^{-\frac{3}{4}} = \frac{3}{2\sqrt{x}} - \frac{1}{2\sqrt[4]{x^3}}$$

11.2.4. Ableitung der Verkettung von Funktionen (Kettenregel); Differentiation von Potenzfunktionen mit rationalen Exponenten

(1) Die Funktion u kann mit der Funktion v verkettet werden, wenn der Definitionsbereich $D(u)$ der äußeren Funktion gemeinsame Elemente mit dem Wertebereich $W(v)$ der inneren Funktion hat (↗ 6.3.2.). Man schreibt $u \circ v(x) = u(v(x))$, wenn die Funktion f mit $y = f(x) = u(z)$ ist mit $z = v(x)$.

Für die Ableitung verketteter Funktionen gilt:

Sind u, v differenzierbare Funktionen, dann ist die Funktion $f(x) = u(v(x))$ differenzierbar, und es gilt

$$f'(x) = u'(v(x)) \cdot v'(x) \quad \textbf{(Kettenregel)}$$

bzw.

$$\frac{dy}{dx} = \frac{dy}{dz} \cdot \frac{dz}{dx}.$$

Für mehrfach verkettete Funktionen gilt:

$$\frac{dy}{dx} = \frac{dy}{dz} \cdot \frac{dz}{du} \cdot \frac{du}{dv} \cdot \ldots \cdot \frac{dr}{dx}.$$

BEISPIEL 11/9

Die Funktionen f werden differenziert:

a) $f(x) = (2x + 3)^3, \quad u(z) = z^3$ mit $z = v(x) = 2x + 3$

$f'(x) = u'(z) \cdot v'(x) = 3z^2 \cdot 2 = 6(2x + 3)^2$

b) $f(x) = \sqrt{3x^2 - 2x} = (3x^2 - 2x)^{\frac{1}{2}}; \quad u(z) = z^{\frac{1}{2}}$ mit $z = 3x^2 - 2x$

$$f'(x) = \frac{1}{2}(3x^2 - 2x)^{-\frac{1}{2}} \cdot (6x - 2) = \frac{3x - 1}{\sqrt{3x^2 - 2x}}$$

(2) **Differentiation von Potenzfunktionen mit rationalen Exponenten**

Jede Funktion f mit $f(x) = x^{\frac{m}{n}}$ $(x \geqq 0, m, n \in \mathbf{N}, m > 1, n \geqq 2)$ ist für jedes positive x differenzierbar, und es gilt

$$f'(x) = \frac{m}{n} x^{\frac{m}{n} - 1}.$$

Beweis:

Die Funktion $f(x) = x^{\frac{m}{n}} = \left(x^{\frac{1}{n}}\right)^m$ ist eine verkettete Funktion mit $u(z) = z^m$ und $z = v(x) = x^{\frac{1}{n}}$.

Die Funktion v ist für jedes $x > 0$ differenzierbar; es gilt $v'(x) = \frac{1}{n} x^{\frac{1}{n}-1}$.

Dann ist auch die Funktion f für jedes $x > 0$ differenzierbar. Nach der Kettenregel ist

$$f'(x) = u'(z) \cdot v'(x) = mz^{m-1} \cdot \frac{1}{n} x^{\frac{1}{n}-1}$$

$$= \frac{m}{n} \left(x^{\frac{1}{n}}\right)^{m-1} \cdot x^{\frac{1}{n}-1}$$

$$= \frac{m}{n} x^{\frac{m}{n}-\frac{1}{n}} \cdot x^{\frac{1}{n}-1} = \frac{m}{n} x^{\frac{m}{n}-1}. \quad \text{w. z. b. w.}$$

Für Potenzfunktionen mit *negativen rationalen Exponenten* gilt: Jede Funktion $f(x) = x^{-\frac{m}{n}}$ ($x > 0$, $m, n \in \mathbf{N}$, $m \geqq 1$, $n \geqq 2$) ist differenzierbar, und es gilt

$$f'(x) = -\frac{m}{n} x^{-\frac{m}{n}-1} \qquad (x > 0).$$

Der Beweis ist analog dem Beweis für die Ableitung der Potenzfunktionen mit positiven rationalen Exponenten zu führen, wenn $u(z) = z^{-m}$ gesetzt wird.

Damit ist gezeigt worden, daß jede Potenzfunktion mit rationalen Exponenten für jedes positive x differenzierbar ist.

Zusammenfassung

Jede Potenzfunktion f mit $f(x) = x^r$ ($r \in \mathbf{Q}$) ist differenzierbar, und es gilt $f'(x) = rx^{r-1}$.

Dabei sind folgende Einschränkungen zu beachten:

- Wenn r eine negative ganze Zahl ist, hat diese Regel für alle x mit $x \neq 0$ Gültigkeit.
- Wenn r keine ganze Zahl ist, gilt diese Regel für alle x mit $x > 0$.

BEISPIEL 11/10

Die Funktionen f werden differenziert:

a) $f(x) = x^{\frac{4}{3}} = \sqrt[3]{x^4}$; $\qquad f'(x) = \frac{4}{3} x^{\frac{1}{3}} = \frac{4}{3}\sqrt[3]{x} \quad (x \geqq 0)$

b) $f(x) = x^{-\frac{2}{3}} = \frac{1}{\sqrt[3]{x^2}}$; $\qquad f'(x) = -\frac{2}{3} x^{-\frac{5}{3}} = \frac{-2}{3\sqrt[3]{x^5}} \quad (x > 0)$

c) $f(x) = (2x^3 - 1)^{\frac{3}{5}}$; $(2x^3 - 1 > 0)$

$$f'(x) = \frac{3}{5}(2x^3 - 1)^{-\frac{2}{5}} \cdot 6x^2 = \frac{18x^2}{5\sqrt[5]{(2x^3 - 1)^2}}$$

11.2.5. Differentiation von Logarithmusfunktionen

(1) Jede Logarithmusfunktion $f(x) = \log_a x$ mit $a > 0$, $a \neq 1$, $x > 0$ ist differenzierbar, und es gilt

$$f'(x) = \frac{1}{x}\log_a e = \frac{1}{x \cdot \ln a}.$$

Beweis:

- Bildung des Differenzenquotienten: $(h \neq 0)$

$$d(h) = \frac{f(x+h) - f(x)}{h} = \frac{\log_a (x+h) - \log_a x}{h}$$

- Umformung des Differenzenquotienten: Bei Anwendung des Logarithmengesetzes 2 in 3.4.6. erhält man

$$d(h) = \frac{1}{h}\log_a \frac{x+h}{x} = \frac{1}{h}\log_a \left(1 + \frac{h}{x}\right).$$

Nach Erweitern mit x und Anwenden des 3. Logarithmengesetzes ergibt sich

$$d(h) = \frac{1}{x} \cdot \frac{x}{h} \cdot \log_a \left(1 + \frac{h}{x}\right) = \frac{1}{x}\log_a \left(1 + \frac{h}{x}\right)^{\frac{x}{h}}.$$

- Bestimmung des Grenzwertes des Differenzenquotienten für $h \to 0$:

$$\lim_{h \to 0} \frac{f(x+h) - f(x)}{h} = \frac{1}{x} \cdot \lim_{h \to 0} \left[\log_a \left(1 + \frac{h}{x}\right)^{\frac{x}{h}}\right]$$

Wird bei der Berechnung des Grenzwertes $\frac{h}{x} = n$ gesetzt, so erhält der Logarithmand die Form $(1 + n)^{\frac{1}{n}}$.
In 6.9.2. wurde der Grenzwert

$$\lim_{n \to \infty} \left[\log_a (1 + n)^{\frac{1}{n}}\right] = \log_a e$$

bestimmt.
Somit ist $f'(x) = \frac{1}{x} \cdot \log_a e$ bzw. $f'(x) = \frac{1}{x} \cdot \frac{\ln e}{\ln a}$, und da $\ln e = 1$ ist, gilt $f'(x) = \frac{1}{x \cdot \ln a}$, w. z. b. w.

Die **Ableitung der Funktion der natürlichen Logarithmen**

$$f(x) = \ln x = \log_e x \quad (x > 0)$$

ist

$$f'(x) = \frac{1}{x}.$$

BEISPIEL 11/11

Die Funktionen f werden differenziert: ($x > 0$ für a bis d)

a) $f(x) = \log_2 x$; $\quad f'(x) = \frac{1}{x \ln 2}$

b) $f(x) = \lg x = \log_{10} x$; $\quad f'(x) = \frac{1}{x \ln 10}$

c) $f(x) = x \cdot \ln x$; $\quad f'(x) = \ln x + x \cdot \frac{1}{x} = 1 + \ln x$

d) $f(x) = \frac{\log_a x}{x}$; $\quad f'(x) = \frac{\frac{1 \cdot x}{x \ln a} - \log_a x}{x^2}$

$$= \frac{1 - \ln a \log_a x}{x^2 \ln a} = \frac{1}{x^2 \ln a} - \frac{\log_a x}{x^2}$$

e) $f(x) = \log_a (x + 3)$; $\quad f'(x) = \frac{1}{(x + 3) \ln a} \quad (x > -3)$

(2) Differenzieren einer Funktion nach vorangegangenem Logarithmieren

Da die Ableitung der Logarithmusfunktion $f(x) = \ln x$ besonders einfach zu bilden ist, ergeben sich beim Bilden der Ableitungen solcher Funktionen, in deren Funktionsgleichungen die Variable sowohl in der Basis als auch im Exponenten auftritt, Vorteile, wenn beide Seiten der Funktionsgleichung zur Basis e logarithmiert werden, bevor unter Anwenden der Kettenregel die Ableitung ermittelt wird.
Es sei

$$y = f(x) = u(x)^{z(x)}.$$

Durch Logarithmieren der Gleichung erhält man

$$\ln y = \ln u(x)^{z(x)} = z(x) \cdot \ln u(x).$$

Anwenden von Kettenregel und Produktregel ergibt

$$\frac{1}{y} \cdot y' = z'(x) \cdot \ln u(x) + z(x) \cdot \frac{u'(x)}{u(x)}$$

und nach Ersetzen von $y = u(x)^{z(x)}$

$$y' = f'(x) = u(x)^{z(x)} \cdot \left[z'(x) \cdot \ln u(x) + z(x) \cdot \frac{u'(x)}{u(x)} \right]$$

BEISPIEL 11/12

Die Funktionen f werden differenziert:

a) $y = f(x) = x^x (x > 0)$; Logarithmieren: $\ln y = x \ln x$

Differenzieren: $\frac{1}{y} y' = \ln x + x \cdot \frac{1}{x}$

$y' = f'(x) = x^x(1 + \ln x)$

b) $y = f(x) = \sqrt[x]{x} = x^{\frac{1}{x}} \quad (x > 0,\ x \neq 1)$

Logarithmieren: $\ln y = \ln x^{\frac{1}{x}} = \frac{1}{x} \ln x = \frac{\ln x}{x}$

Differenzieren: $\frac{1}{y} \cdot y' = \frac{\frac{1}{x} \cdot x - \ln x}{x^2} = \frac{1 - \ln x}{x^2}$

$y' = f'(x) = \sqrt[x]{x} \cdot \frac{1 - \ln x}{x^2}$

11.2.6. Differentiation von Exponentialfunktionen

Jede Exponentialfunktion $f(x) = a^x$ $(a > 0)$ ist für alle reellen x differenzierbar, und es gilt

$$f'(x) = a^x \ln a.$$

Beweis:

Die Exponentialfunktion $f(x) = a^x$ $(a > 0)$ und die Logarithmusfunktion $g(x) = \log_a x$ mit $a > 0$, $a \neq 1$, $x > 0$ sind zueinander inverse Funktionen (↗ 6.7.3.).

Für die Ableitungen zueinander inverser Funktionen gilt

$$f'(x) \cdot f^{-1\prime}(y) = 1 \quad \text{bzw.} \quad f'(x) \cdot g'(y) = 1$$

[↗ 11.2.3.(1)].

Ist $y = f(x) = a^x$ $(a > 0)$, so ist $x = \log_a y = g(y) = f^{-1}(y)$. Nach 11.2.5.(1) gilt

$$x' = f^{-1\prime}(y) = \frac{1}{y \ln a}.$$

Also ist

$$f'(x) = \frac{1}{f^{-1\prime}(y)} = \frac{1}{\frac{1}{y \ln a}} = y \ln a$$

und mit $y = a^x$ ist deren Ableitung $y' = f'(x) = a^x \cdot \ln a$.

Die **Ableitung der natürlichen Exponentialfunktion** $f(x) = e^x$ ist $f'(x) = e^x \ln e$ und da $\ln e = 1$ ist, gilt $f'(x) = e^x$; d. h., für jede reelle Zahl ist die Ableitung der e-Funktion gleich der Funktion selbst.

BEISPIEL 11/13

Die Funktionen f werden differenziert:

a) $f(x) = x^a + a^x$; $\quad f'(x) = ax^{a-1} + a^x \ln a$

b) $f(x) = 2x^3a^x$; $\quad f'(x) = 2 \cdot 3x^2a^x + 2x^3a^x \ln a$

$$= 2x^2a^x(3 + x \ln a)$$

c) $f(x) = \dfrac{x^5 - 2x}{a^x}$; $\quad f'(x) = \dfrac{(5x^4 - 2)\, a^x - a^x \ln a(x^5 - 2x)}{a^{2x}}$

$$= \frac{5x^4 - 2 - x^5 \ln a + 2x \ln a}{a^x}$$

d) $f(x) = a^{2x}$; $\quad f'(x) = a^{2x} \ln a \cdot 2 = 2 \ln a \cdot a^{2x}$

e) $f(x) = e^{3x-2}$; $\quad f'(x) = 3e^{3x-2}$

11.2.7. Differentiation von Winkelfunktionen

(1) Die Funktion $f(x) = \sin x$ ist für alle reellen x differenzierbar, und es gilt

$$f'(x) = \cos x.$$

Beweis:

- Bildung des Differenzenquotienten: $(h \neq 0)$

$$d(h) = \frac{f(x + h) - f(x)}{h} = \frac{\sin (x + h) - \sin x}{h}$$

- Umformung des Differenzenquotienten:

Nach Anwenden des Additionstheorems

$$\sin \alpha - \sin \beta = 2 \cos \frac{\alpha + \beta}{2} \sin \frac{\alpha - \beta}{2}$$

mit $\alpha = x + h$ und $\beta = x$ bzw. $\dfrac{\alpha + \beta}{2} = x + \dfrac{h}{2}$ und $\dfrac{\alpha - \beta}{2} = \dfrac{h}{2}$ erhält man

$$d(h) = \frac{2 \cos \left(x + \frac{h}{2}\right) \sin \frac{h}{2}}{h} = \cos \left(x + \frac{h}{2}\right) \cdot \frac{\sin \frac{h}{2}}{\frac{h}{2}}$$

- Bestimmung des Grenzwertes des Differenzenquotienten für $h \to 0$:

$$\lim_{h \to 0} \frac{f(x + h) - f(x)}{h} = \lim_{h \to 0} \cos \left(x + \frac{h}{2}\right) \cdot \lim_{h \to 0} \frac{\sin \frac{h}{2}}{\frac{h}{2}}$$

Nach 6.9.2.(2) ist der Grenzwert

$$\lim_{h \to 0} \frac{\sin \frac{h}{2}}{\frac{h}{2}} = 1.$$

Also ist $f'(x) = \lim\limits_{h \to 0} \cos\left(x + \frac{h}{2}\right) = \cos x$, w. z. b. w.

(2) Die Funktion $f(x) = \cos x$ ist für alle reellen x differenzierbar, und es gilt

$$f'(x) = -\sin x.$$

Beweis:

Da $\cos x = \sin\left(x + \frac{\pi}{2}\right)$ ist, gilt für die Ableitung der Funktion

$$f(x) = \cos x = \sin\left(x + \frac{\pi}{2}\right)$$

$$f'(x) = \cos\left(x + \frac{\pi}{2}\right) = -\sin x, \quad \text{w. z. b. w.}$$

(3) Die Funktion $f(x) = \tan x$ ist an jeder Stelle ihres Definitionsbereichs differenzierbar, und es gilt

$$f'(x) = \frac{1}{\cos^2 x} = 1 + \tan^2 x \quad \left[x \neq (2k+1)\frac{\pi}{2};\ k \in \mathbf{Z}\right]$$

Beweis:

Da $\tan x = \dfrac{\sin x}{\cos x}$ ist, gilt für $f(x) = \tan x$ nach Anwenden der Quotientenregel

$$f'(x) = \frac{\cos^2 x - \sin x \cdot (-\sin x)}{\cos^2 x} = \frac{\cos^2 x + \sin^2 x}{\cos^2 x}$$

$$= \frac{1}{\cos^2 x} = 1 + \tan^2 x, \quad \text{w. z. b. w.}$$

(4) Die Funktion $f(x) = \cot x$ ist an jeder Stelle ihres Definitionsbereichs differenzierbar, und es gilt

$$f'(x) = -\frac{1}{\sin^2 x} = -(1 + \cot^2 x) \quad (x \neq k\pi;\ k \in \mathbf{Z}).$$

Der Beweis erfolgt analog dem Beweis für die Ableitung der Tangensfunktion.

BEISPIEL 11/14

Die Funktionen f werden differenziert:

a) $f(x) = \sin x + \cos x$; $\quad f'(x) = \cos x - \sin x$

b) $f(x) = \sin 2x$; $\quad f'(x) = 2 \cos 2x$

c) $f(x) = x^3 \cdot \sin x$; $\quad f'(x) = 3x^2 \sin x + x^3 \cos x$

d) $f(x) = \dfrac{1}{\tan x}$; $\quad f'(x) = \dfrac{-(1 + \tan^2 x)}{\tan^2 x} = -\dfrac{1}{\tan^2 x} - 1$

e) $f(x) = \cos^2 (3x - 2)$; $\quad f'(x) = 2 \cos (3x - 2) \cdot [-\sin (3x - 2)]\, 3$

$$= -3 \sin [2(3x - 2)]$$

11.2.8. Differentiation von Arcusfunktionen

Die Funktion $f(x) = \arcsin x$ ist im Intervall $-1 < x < 1$ differenzierbar, und es gilt

$$f'(x) = \frac{1}{\sqrt{1 - x^2}}.$$

Beweis:

Die Funktionen $y = f(x) = \arcsin x$ $(-1 < x < 1)$ und $x = f^{-1}(y) = \sin y$ sind zueinander invers.

Die Ableitung von $x = f^{-1}(y) = \sin y$ ist $x' = f^{-1}(y) = \cos y$. Nach 11.2.3.(1) gilt für die Ableitungen zueinander inverser Funktionen $f'(x) \cdot f^{-1\prime}(y) = 1$.

Demnach ist

$$f'(x) = \frac{1}{f^{-1\prime}(y)} = \frac{1}{\cos y} = \frac{1}{\sqrt{1 - \sin^2 y}}$$

und mit $\sin y = x$ ist

$$f'(x) = \frac{1}{\sqrt{1 - x^2}} \text{ w. z. b. w.}$$

Entsprechend erhält man

$$(\text{arccos } x)' = -\frac{1}{\sqrt{1 - x^2}} \qquad (-1 < x < 1)$$

$$(\arctan x)' = \frac{1}{1 + x^2} \qquad (-\infty < x < +\infty)$$

$$(\text{arccot } x)' = -\frac{1}{1 + x^2} \qquad (-\infty < x < +\infty)$$

BEISPIEL 11/15

Die Funktionen f werden differenziert:

a) $f(x) = \arcsin \dfrac{x}{x+1}$;

$$f'(x) = \frac{1}{\sqrt{1-\left(\dfrac{x}{x+1}\right)^2}} \cdot \frac{x+1-x}{(x+1)^2} = \frac{1}{\sqrt{2x+1}\cdot(x+1)}$$

b) $f(x) = \arctan \sqrt{x^2-1} \quad (|x| > 1)$

$$f'(x) = \frac{1}{1+x^2-1} \cdot \frac{2x}{2\sqrt{x^2-1}} = \frac{1}{x \cdot \sqrt{x^2-1}}$$

11.2.9. Ableitungen höherer Ordnung

(1) Die Ableitung f' einer differenzierbaren Funktion f kann selbst differenzierbar sein.
Ist f eine differenzierbare Funktion, f' in einer Umgebung von x_0 definiert und existiert der Grenzwert $\lim\limits_{h\to 0} \dfrac{f'(x_0+h)-f'(x_0)}{h}$, so ist die Funktion f an der Stelle x_0 zweimal differenzierbar. Der Grenzwert $\lim\limits_{h\to 0} \dfrac{f'(x_0+h)-f'(x_0)}{h}$ heißt die **2. Ableitung** (oder der **2. Differentialquotient**) der Funktion f an der Stelle x_0 und wird mit $f''(x_0)$ (gelesen: f zwei Strich von x_0) $\left.\dfrac{d^2y}{dx^2}\right|_{x=x_0}$ (gelesen: d zwei y nach dx Quadrat an der Stelle x_0) bezeichnet.
Existiert der Grenzwert $\lim\limits_{h\to 0} \dfrac{f'(x+h)-f'(x)}{h}$ für jedes $x \in I$, so heißt die Menge der geordneten Paare $(x; f''(x))$ die 2. Ableitung der Funktion f im Intervall I.
In entsprechender Weise kann die 3., 4., ..., n-te Ableitung der Funktion f gebildet werden.
Bezeichnung

der 3. Ableitung: $y''' = f'''(x) = \dfrac{d^3y}{dx^3}$,

der 4. Ableitung: $y^{(4)} = f^{(4)}(x) = \dfrac{d^4y}{dx^4}$,

...

der n-ten Ableitung: $y^{(n)} = f^{(n)}(x) = \dfrac{d^ny}{dx^n}$

BEISPIEL 11/16

Von den Funktionen f werden Ableitungen höherer Ordnung gebildet:

a)
$$f(x) = 3x^4 + 2x^3 - \sqrt{5}\,x^2 + \frac{1}{2}x - 7$$
$$f'(x) = 12x^3 + 6x^2 - 2\sqrt{5}\,x + \frac{1}{2}$$
$$f''(x) = 36x^2 + 12x - 2\sqrt{5}$$
$$f'''(x) = 72x + 12$$
$$f^{(4)}(x) = 72$$
$$f^{(5)}(x) = 0$$

b)
$$f(x) = \frac{2x}{x^2 - 1}$$
$$f'(x) = \frac{2(x^2-1) - 2x \cdot 2x}{(x^2-1)^2} = \frac{-2x^2 - 2}{(x^2-1)^2}$$
$$f''(x) = \frac{-4x(x^2-1)^2 - (-2x^2-2) \cdot 2(x^2-1) \cdot 2x}{(x^2-1)^4}$$
$$= \frac{4x(x^2+3)}{(x^2-1)^3} = \frac{4x^3 + 12x}{(x^2-1)^3}$$
$$f'''(x) = \frac{(12x^2+12)(x^2-1)^3 - 3(x^2-1)^2 \cdot 2x(4x^3+12x)}{(x^2-1)^6}$$
$$= \frac{-12x^4 - 72x^2 - 12}{(x^2-1)^4} = -12 \cdot \frac{x^4 + 6x^2 + 1}{(x^2-1)^4}$$

...

c)
$$f(x) = 2\sin x + \cos 2x$$
$$f'(x) = 2\cos x - 2\sin 2x$$
$$f''(x) = -2\sin x - 4\cos 2x$$
$$f'''(x) = -2\cos x + 8\sin 2x$$
$$f^{(4)}(x) = 2\sin x + 16\cos 2x$$

...

(2) Sind die Funktionswerte der Ableitungen einer *ganzrationalen* Funktion eines festgelegten Grades gegeben, so kann eine Gleichung dieser Funktion angegeben werden.

BEISPIEL 11/17

Es ist eine Gleichung einer rationalen Funktion 3. Grades anzugeben, für die gilt:

$$f(1) = 6, \quad f'(0) = 3, \quad f''(-1) = 2, \quad f'''(x) = 6.$$

Es sei f eine solche Funktion 3. Grades mit

$$f(x) = a_3x^3 + a_2x^2 + a_1x + a_0.$$

Dann sind die Ableitungen 1. bis 3. Ordnung:

$f'(x) = 3a_3x^2 + 2a_2x + a_1$

$f''(x) = 6a_3x + 2a_2$

$f'''(x) = 6a_3.$

Aus den gegebenen Bedingungen erhält man

$6a_3 = 6; \quad a_3 = 1$

$6 \cdot 1 \cdot (-1) + 2a_2 = 2; \quad a_2 = 4$

$3 \cdot 1 \cdot 0 + 2 \cdot 4 \cdot 0 + a_1 = 3; \quad a_1 = 3$

$1 \cdot 1 + 4 \cdot 1 + 3 \cdot 1 + a_0 = 6; \quad a_0 = -2.$

Die Gleichung der ganzen rationalen Funktion ist

$$f(x) = x^3 + 4x^2 + 3x - 2.$$

11.3. Kurvendiskussionen

Zu einer Kurvendiskussion in einem vorgegebenen Definitionsbereich gehören

- die Ermittlung der Nullstellen der Funktion,
- die Ermittlung der Koordinaten des Schnittpunkts des Graphen der Funktion mit der y-Achse,
- die Untersuchung des Verhaltens der Funktion für $x \to \pm \infty$,
- die Ermittlung der Polstellen einer gebrochenrationalen Funktion und die Angabe von Gleichungen für Asymptoten,
- die Untersuchung des Monotonieverhaltens der Funktion, die Ermittlung der Koordinaten von Extrempunkten und die Untersuchung der Beschränktheit des Wertebereichs,
- die Untersuchung von Konvex- bzw. Konkavbögen und die Ermittlung der Koordinaten der Wendepunkte,
- die Untersuchung von Symmetrieeigenschaften und der Periodizität der Funktion,
- die Zeichnung des Graphen der Funktion.

11.3.1. Nullstellen von Funktionen

Nach 6.2.5. führt die Berechnung von Nullstellen einer Funktion f mit $y = f(x)$ auf die Ermittlung der reellen Lösungen der Gleichung $f(x_N) = 0$.

(1) Nullstellen ganzrationaler Funktionen

Die Nullstellen der Funktion

$$f(x) = a_nx^n + a_{n-1}x^{n-1} + \dots + a_1x + a_0$$

sind die Lösungen der Gleichung

$$a_n x^n + a_{n-1}x^{n-1} + \ldots + a_1 x + a_0 = 0 .$$

Lösungsverfahren ↗ 4.4.

BEISPIEL 11/18

Die Nullstellen der Funktion f mit $f(x) = x^3 + x^2 - 6x$ sind die Lösungen der Gleichung $x^3 + x^2 - 6x = 0$.
Nach Ausklammern von x auf der linken Seite der Gleichung erhält man

$$x(x^2 + x - 6) = 0 .$$

Da ein Produkt zweier reeller Zahlen a, b genau dann Null ist ($a \cdot b = 0$), wenn $a = 0$ oder $b = 0$ ist, ist $x_1 = 0$ oder $x^2 + x - 6 = 0$. Die Lösungen der quadratischen Gleichung sind $x_2 = 2$ und $x_3 = -3$.
Die Nullstellen der Funktion f sind dann $x_{N1} = 0$, $x_{N2} = 2$, $x_{N3} = -3$.

(2) **Nullstellen gebrochenrationaler Funktionen**

Eine gebrochenrationale Funktion $f(x) = \frac{u(x)}{v(x)}$ mit den ganzrationalen Funktionen u, v ist nur für diejenigen x definiert, für die $v(x) \neq 0$ ist.

Nullstellen der Funktion $f(x) = \frac{u(x)}{v(x)}$ sind diejenigen Stellen x, für die $u(x) = 0$ und $v(x) \neq 0$ gilt.

BEISPIEL 11/19

Zur Ermittlung der Nullstellen der Funktion f mit $f(x) = \frac{x^2 - 4}{2x}$ wird die Gleichung $x^2 - 4 = 0$ gelöst. Die Lösungen sind $x_1 = 2$ und $x_2 = -2$. Man erhält $v(2) = 4$ bzw. $v(-2) = -4$, also $v(x) \neq 0$.
Die Zahlen 2 und -2 sind Nullstellen der gegebenen gebrochenrationalen Funktion f.

(3) **Nullstellen von Wurzelfunktionen**

Die Berechnung der Nullstellen von Wurzelfunktionen führt zur Lösung von Wurzelgleichungen (↗ 4.4.7.). Wurzelgleichungen, die Quadratwurzeln enthalten, werden durch Quadrieren beider Seiten der Gleichung gelöst. Das ist nicht immer eine äquivalente Umformung, weil beim Quadrieren die Lösungsmenge der Gleichung vergrößert werden kann. Deshalb ist es stets erforderlich zu überprüfen, ob die Lösungen die Wurzelgleichung erfüllen.

BEISPIEL 11/20

Um die Nullstellen der Funktion f mit $f(x) = \sqrt{3x - 11} - \sqrt{x} - 3$ zu ermitteln, ist die Wurzelgleichung

$$\sqrt{3x - 11} - \sqrt{x} - 3 = 0 \quad \left(x \geqq \frac{11}{3}\right)$$

bzw.

$$\sqrt{3x - 11} = \sqrt{x} + 3$$

zu lösen.
Durch Quadrieren beider Seiten erhält man

$$3x - 11 = x + 6\sqrt{x} + 9$$

bzw.

$$x - 10 = 3\sqrt{x}.$$

Erneutes Quadrieren ergibt

$$x^2 - 20x + 100 = 9x$$

bzw.

$$x^2 - 29x + 100 = 0.$$

Nach der Lösungsformel für die Normalform der quadratischen Gleichung erhält man $x_1 = 25$, $x_2 = 4$.
Die Probe zeigt, daß nur die Zahl 25 Lösung der Wurzelgleichung ist. $x_N = 25$ ist Nullstelle der gegebenen Funktion f.

(4) Nullstellen von Winkelfunktionen

Die Berechnung von Nullstellen von Winkelfunktionen führt auf das Lösen von goniometrischen Gleichungen (↗ 4.5.3.)

BEISPIEL 11/21

Zur Ermittlung der Nullstellen der Funktion

$$f(x) = \tan\left(x - \frac{\pi}{6}\right) - \frac{1}{3}\sqrt{3}$$

werden die Lösungen der Gleichung

$$\tan\left(x - \frac{\pi}{6}\right) - \frac{1}{3}\sqrt{3} = 0$$

bzw.

$$\tan\left(x - \frac{\pi}{6}\right) = \frac{1}{3}\sqrt{3}$$

gesucht. Es gilt $\tan z = \frac{1}{3}\sqrt{3}$ mit $z = x - \frac{\pi}{6}$.

Man erhält $z = \frac{\pi}{6}$ und daraus $x - \frac{\pi}{6} = \frac{\pi}{6}$.

Die Lösungen der goniometrischen Gleichung sind unter Berücksichtigung der Periodizität der Tangensfunktion

$$x_k = \frac{\pi}{3} + k\pi \quad (k \in \mathbf{Z}).$$

Das sind auch die Nullstellen der gegebenen Funktion f.

11.3.2. Koordinaten des Schnittpunkts des Graphen einer Funktion mit der y-Achse

Der Schnittpunkt des Graphen einer Funktion mit der y-Achse hat die Koordinaten $P(0; f(0))$. Es wird der Funktionswert an der Stelle 0 gesucht.

BEISPIEL 11/22

Der Graph der Funktion $f(x) = x^2 + 3x - 4$ schneidet die y-Achse im Punkt $P(0; -4)$, denn für $x = 0$ ist der Funktionswert $f(0) = -4$.

11.3.3. Verhalten rationaler Funktionen für $x \to \pm\infty$

Zur Untersuchung des Verhaltens *rationaler Funktionen* im Unendlichen wählt man eine beliebige wachsende (bzw. fallende) Folge (x_n) und untersucht das Verhalten der zu den Folgengliedern gehörenden Funktionswerte. Dabei wird in den Polynomen die höchste Potenz von x ausgeklammert.

(1) **Ganzrationale Funktionen**

Das Verhalten der Funktion f mit

$$f(x) = a_n x^n + a_{n-1}x^{n-1} + \ldots + a_1 x + a_0$$

sei für $x \to \pm\infty$ zu untersuchen.
Durch Ausklammern der höchsten Potenz von x erhält man

$$f(x) = x^n \left(a_n + \frac{a_{n-1}}{x} + \ldots + \frac{a_1}{x^{n-1}} + \frac{a_0}{x^n}\right).$$

Wird der Grenzwert für $x \to \pm\infty$ gebildet, so ergibt sich für

geradzahliges n | ungeradzahliges n

$$\lim_{x\to\pm\infty} f(x) = \lim_{x\to\pm\infty} \left[x^n \left(a_n + \ldots + \frac{a_0}{x^n}\right)\right]$$

geradzahliges n: $\Rightarrow \lim\limits_{x\to\pm\infty} f(x) = +\infty$

ungeradzahliges n: $= \lim\limits_{x\to\pm\infty} f(x) = \pm\infty$.

BEISPIEL 11/23

Für $f(x) = x^4 - 2x^3 + 5x$ ist

$$\lim_{x\to\pm\infty} f(x) = \lim_{x\to\pm\infty} \left[x^4 \left(1 - \frac{2}{x} + \frac{5}{x^3}\right)\right] = +\infty$$

Für $f(x) = 2x^3 - 4x^2 - 3$ ist

$$\lim_{x\to\pm\infty} f(x) = \lim_{x\to\pm\infty} \left[x^3 \left(2 - \frac{4}{x} - \frac{3}{x^3}\right)\right] = \pm\infty$$

(2) Gebrochenrationale Funktionen

Das Verhalten der Funktion f mit

$$f(x) = \frac{a_n x^n + a_{n-1}x^{n-1} + \ldots + a_1 x + a_0}{b_m x^m + b_{m-1}x^{m-1} + \ldots + b_1 x + b_0}$$

sei für $x \to \pm\infty$ zu untersuchen.

Durch Ausklammern der höchsten Potenz von x im Zähler und im Nenner der Funktionsgleichung erhält man

$$f(x) = \frac{x^n \left(a_n + \frac{a_{n-1}}{x} + \ldots + \frac{a_1}{x^{n-1}} + \frac{a_0}{x^n}\right)}{x^m \left(b_m + \frac{b_{m-1}}{x} + \ldots + \frac{b_1}{x^{m-1}} + \frac{b_0}{x^m}\right)}.$$

1. Ist f eine *echt* gebrochenrationale Funktion ($n < m$), dann ergibt sich bei der Grenzwertbildung stets $\lim\limits_{x \to \pm\infty} f(x) = 0$ (Beispiel 11/24a). Die x-Achse ist Asymptote des Graphen der Funktion.
2. Ist f eine *unecht* gebrochenrationale Funktion mit $n = m$, dann ist bei der Grenzwertbildung $\lim\limits_{x \to \pm\infty} f(x) = \frac{a_n}{b_n}$ (Beispiel 11/24b). Die Gerade $y = \frac{a_n}{b_n}$ ist Asymptote des Graphen der Funktion.
   Ist f eine *unecht* gebrochenrationale Funktion mit $n > m$, dann erhält man bei der Grenzwertbildung, wenn

$n - m$ gerade und		$n - m$ ungerade und	
$\frac{a_n}{b_m} > 0$ ist,	$\frac{a_n}{b_m} < 0$ ist,	$\frac{a_n}{b_m} > 0$ ist,	$\frac{a_n}{b_m} < 0$ ist,
$\lim\limits_{x \to \pm\infty} f(x) = +\infty$	$\lim\limits_{x \to \pm\infty} f(x) = -\infty$	$\lim\limits_{x \to +\infty} f(x) = +\infty$ $\lim\limits_{x \to -\infty} f(x) = -\infty$	$\lim\limits_{x \to +\infty} f(x) = -\infty$ $\lim\limits_{x \to -\infty} f(x) = +\infty$
Beispiel 24c			Beispiel 24d

BEISPIEL 11/24

Das Verhalten der Funktionen f im Unendlichen ist zu untersuchen:

a) $f(x) = \frac{2x - 5}{x^2 + 1}$; $\quad \lim\limits_{x \to \pm\infty} f(x) = \lim\limits_{x \to \pm\infty} \left[\frac{1}{x} \cdot \frac{2 - \frac{5}{x}}{1 + \frac{1}{x^2}}\right] = 0$

b) $f(x) = \frac{2x^2 - 3x}{5x^2 + 7}$; $\quad \lim\limits_{x \to \pm\infty} f(x) = \lim\limits_{x \to \pm\infty} \frac{2 - \frac{3}{x}}{5 + \frac{7}{x^2}} = \frac{2}{5}$

c) $f(x) = \dfrac{2x^3 - 7x}{3x - 2}$; $\quad \lim\limits_{x \to \pm\infty} f(x) = \lim\limits_{x \to \pm\infty} \left[x^2 \cdot \dfrac{\left(2 - \dfrac{7}{x^2}\right)}{\left(3 - \dfrac{2}{x}\right)} \right] = +\infty$

d) $f(x) = \dfrac{3x^2 - 4x}{1 - 2x}$;

$$\lim_{x \to +\infty} f(x) = \lim_{x \to +\infty} \left[-x \cdot \frac{\left(3 - \dfrac{4}{x}\right)}{\left(2 - \dfrac{1}{x}\right)} \right] = -\infty$$

$$\lim_{x \to -\infty} f(x) = \lim_{x \to -\infty} \left[-x \cdot \frac{\left(3 - \dfrac{4}{x}\right)}{\left(2 - \dfrac{1}{x}\right)} \right] = +\infty$$

11.3.4. Polstellen rationaler Funktionen

(1) Eine Zahl x_P, für die $v(x_P) = 0$ und $u(x_P) \neq 0$ gilt, nennt man **Polstelle** einer rationalen Funktion $f(x) = \dfrac{u(x)}{v(x)}$. Die Gleichung $x = x_P$ ist eine Gleichung einer Asymptote.

(2) Zur Untersuchung des **Verhaltens einer Funktion in der Umgebung einer Polstelle** wählt man eine beliebige Folge (x_n) mit $x_n \neq x_P$ für alle n und $\lim\limits_{n \to \infty} x_n = x_P$, die entweder von rechts (für $x_n > x_P$) oder von links (für $x_n < x_P$) gegen x_P konvergiert; z. B. könnte die Folge $(x_n) = \left(x_P + \dfrac{1}{2^n}\right)$ bzw. $(x_n) = \left(x_P - \dfrac{1}{2^n}\right)$ gewählt werden.

Die Folge $(f(x_n))$ der Funktionswerte wächst oder fällt dann unbeschränkt. Bei Annäherung an die Polstelle nähert sich der Graph der Funktion f immer mehr der Geraden $x = x_P$.

Dabei können folgende Fälle auftreten:

Pol ungerader Ordnung	Pol gerader Ordnung

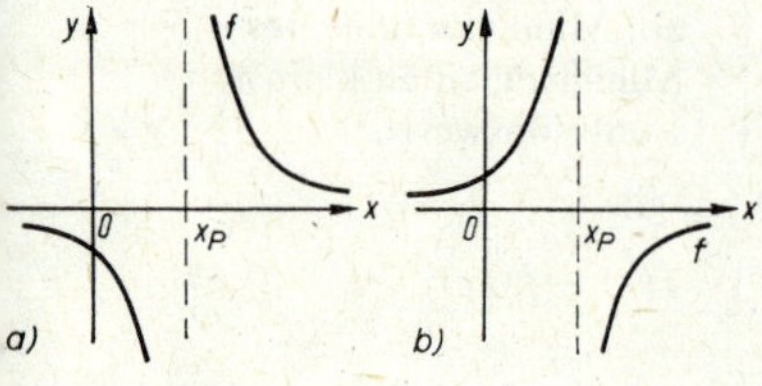

Bild 11/8

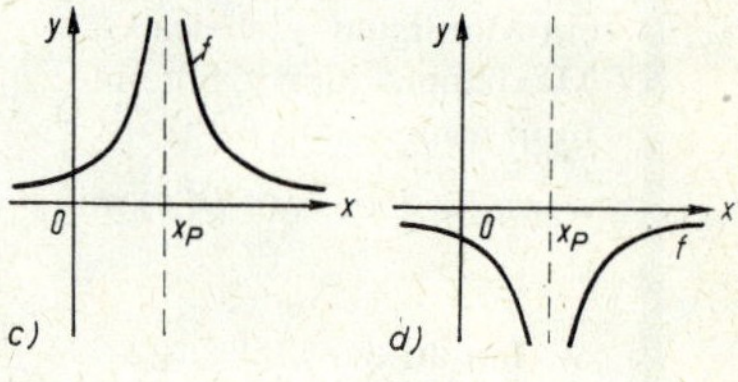

Bild 11/9

BEISPIEL 11/25

Die Funktion $f(x) = \frac{x^2 - 2x}{x^2 - 4}$ hat an der Stelle $x_P = 2$ eine Polstelle, an der Stelle $x = -2$ jedoch nicht.
Aus $x^2 - 4 = 0$ erhält man $x_1 = 2$, $x_2 = -2$ als Lösungen.
$u(2) = 4 + 4 = 8 \neq 0$; 2 ist Polstelle,
$u(-2) = 4 - 4 = 0$; -2 ist nicht Polstelle.
$x = 2$ ist die Gleichung einer Asymptote an den Graph der Funktion.
Untersuchung des Verhaltens der Funktion f bei **Annäherung an die Polstelle:**
Bei *Annäherung von rechts* wird die Folge (x_n) mit $x_n = x_P + \frac{1}{2^n}$ gewählt.
Die Folge der zugehörigen Funktionswerte $(f(x_n))$ mit

$$f(x_n) = \frac{x_n^2 + 2x_n}{x_n^2 - 4} = \frac{\left(2 + \frac{1}{2^n}\right)^2 + 2\left(2 + \frac{1}{2^n}\right)}{\left(2 + \frac{1}{2^n}\right)^2 - 4} = \frac{8 \cdot 2^n + 6 + \frac{1}{2^n}}{4 + \frac{1}{2^n}}$$

hat den Grenzwert $\lim\limits_{n \to \infty} f(x_n) = +\infty$.

Man schreibt $\lim\limits_{\substack{x \to 2 \\ x > 2}} f(x) = \lim\limits_{\substack{x \to 2 \\ x > 2}} \frac{x^2 + 2x}{x^2 - 4} = +\infty$.

Bei *Annäherung von links* wird die Folge (x_n) mit $x_n = x_P - \frac{1}{2^n}$ gewählt.
Die Folge der zugehörigen Funktionswerte $(f(x_n))$ mit

$$f(x_n) = \frac{8 \cdot 2^n - 6 + \frac{1}{2^n}}{-4 + \frac{1}{2^n}}$$

hat den Grenzwert $\lim\limits_{n \to \infty} f(x_n) = -\infty$.
Man schreibt

$$\lim_{\substack{x \to 2 \\ x < 2}} f(x) = \lim_{\substack{x \to 2 \\ x < 2}} \frac{x^2 + 2x}{x^2 - 4} = -\infty.$$

11.3.5. Extrema von Funktionen; Mittelwertsatz der Differentialrechnung

(1) Eine Funktion f hat an der Stelle x_E

ein **Maximum (globales Maximum,** einen größten Funktionswert),	ein **Minimum (globales Minimum,** einen kleinsten Funktionswert),

wenn für jedes $x \in D(f)$ mit $x \neq x_E$ gilt

$f(x) < f(x_E)$.	$f(x) > f(x_E)$.

Sie hat an der Stelle x_E

ein **lokales Maximum,**	ein **lokales Minimum,**

wenn es ein $\varepsilon > 0$ gibt, so daß für jedes $x \neq x_E$ aus der ε-Umgebung $(x_E - \varepsilon < x < x_E + \varepsilon)$ gilt

$f(x) < f(x_E)$. | $f(x) > f(x_E)$.

Als Oberbegriff für »Maximum« und »Minimum« verwendet man den Begriff **»Extremum«**. Die Stelle, an der ein Maximum oder ein Minimum vorliegt, nennt man **Extremstelle.**

(2) Wenn eine Funktion f an der Stelle x_E differenzierbar ist und in x_E ein lokales Extremum hat, so gilt $f'(x_E) = 0$. $f'(x_E) = 0$ ist eine **notwendige Bedingung für das Vorhandensein lokaler Extrema.**

BEISPIEL 11/26

Die Ableitung der Funktion f mit $f(x) = x^2 - 4x + 1$ ist $f'(x) = 2x - 4$. Die Graphen beider Funktionen f und f' sind in Bild 11/10 untereinander dargestellt.

Die lokale Extremstelle wird als Lösung der Gleichung $2x - 4 = 0$ ermittelt: $x_E = 2$. Zugehöriger Funktionswert ist das Extremum $y_E = f(2) = -3$.

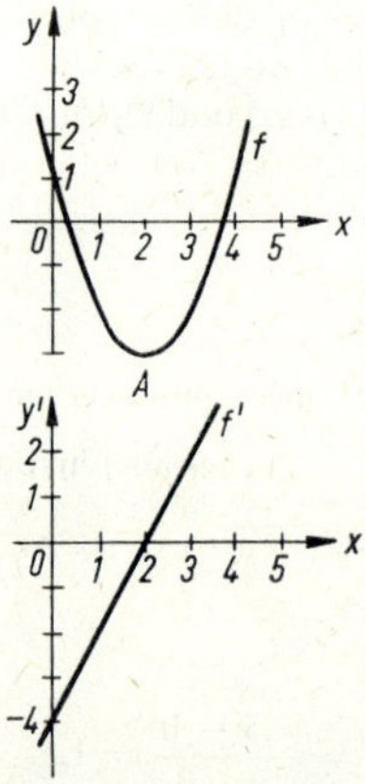

Bild 11/10

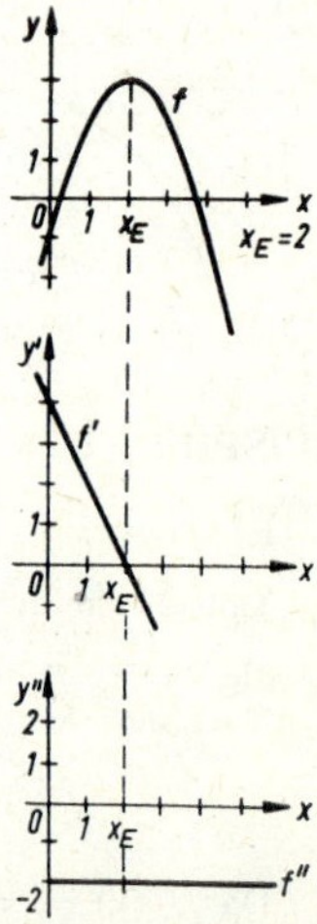

Bild 11/11

Die Bedingung $f'(x_E) = 0$ ist **notwendig,** jedoch nicht hinreichend. Denn die Funktion $f(x) = |x|$ z. B. hat an der Stelle 0 ein lokales Minimum, sie ist jedoch dort nicht differenzierbar. Ein **hinreichendes Kriterium** für das Vorhandensein lokaler Extrema:

Eine Funktion f sei an der Stelle x_E zweimal differenzierbar.

Wenn $f'(x_E) = 0$ und $f''(x_E) < 0$, | Wenn $f'(x_E) = 0$ und $f''(x_E) > 0$,

so hat f an der Stelle x_E

ein **lokales Maximum.** | ein **lokales Minimum.**

BEISPIEL 11/27

Die Ableitungen der Funktion f mit $f(x) = -x^2 + 4x - 1$ sind $f'(x) = -2x + 4, f''(x) = -2$.
Aus $f'(x) = 0$ erhält man eine Extremstelle $x_E = 2$. Der zugehörige Funktionswert ist $f(2) = 3$.
Da $f''(x) = -2$ ist (d. h., für jedes x ist f'' kleiner als Null), hat die Funktion an der Stelle 2 ein lokales Maximum. Es ist zugleich globales Maximum. In Bild 11/11 sind die Graphen der Funktionen f, f', f'' untereinander gezeichnet.

(3) Mittelwertsatz der Differentialrechnung

Wenn eine Funktion f im Intervall $a < x < b$ differenzierbar ist, so gibt es eine Zahl ξ mit $a < \xi < b$, für die

$$\frac{f(b) - f(a)}{b - a} = f'(\xi)$$

gilt.

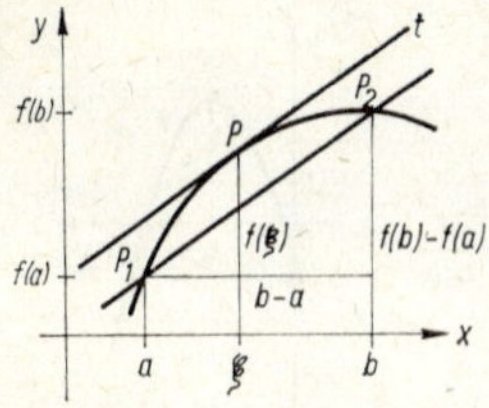

Geometrische Deutung: Im Graphen der Funktion f gibt es mindestens einen Punkt $P(\xi; f(\xi))$ im Intervall $a < x < b$, in dem die Tangente an den Graphen der Funktion f parallel zu der Sekante durch die Punkte $P_1(a; f(a))$ und $P_2(b; f(b))$ verläuft.

Bild 11/12

BEISPIEL 11/28

Es sei $f(x) = \frac{1}{2}x^2$. Es soll eine Zahl ξ bestimmt werden, so daß die Tangente an die Parabel im Punkt $P\left(\xi; \frac{1}{2}\xi^2\right)$ parallel zur Sekante durch die Punkte $P_1(0; 0)$, $P_2(3; 4{,}5)$ verläuft.
Nach dem Mittelwertsatz gilt

$$f'(\xi) = \frac{f(b) - f(a)}{b - a}.$$

Da $f'(x) = x$ ist, erhält man $\xi = \frac{4{,}5 - 0}{3 - 0} = 1{,}5$. Im Punkt $P(1{,}5;\ 1{,}125)$ verläuft die Tangente an die Parabel parallel zu der Sekante durch P_1 und P_2 (Bild 11/13).

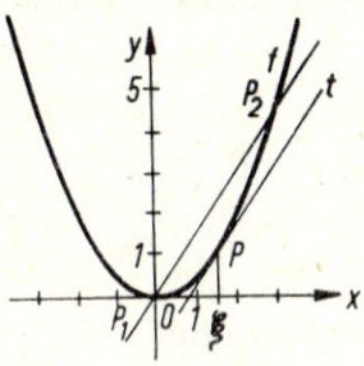

Bild 11/13

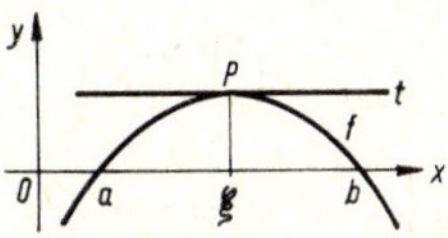

Bild 11/14

Ein Spezialfall des Mittelwertsatzes ist der **Satz von Rolle:**

Wenn eine Funktion f im Intervall $a < x < b$ differenzierbar ist und wenn gilt $f(a) = f(b) = 0$, so gibt es wenigstens eine Zahl ξ, für die $f'(\xi) = 0$ gilt (Bild 11/14).

(4) Eine hinreichende Bedingung für Monotonie

Wenn eine Funktion f im Intervall I differenzierbar ist und wenn für alle $x \in I$ gilt

$f'(x) \geqq 0$,	$f'(x) \leqq 0$,
so ist f in I	
monoton wachsend.	**monoton fallend.**

Geometrische Veranschaulichung in Bild 11/15

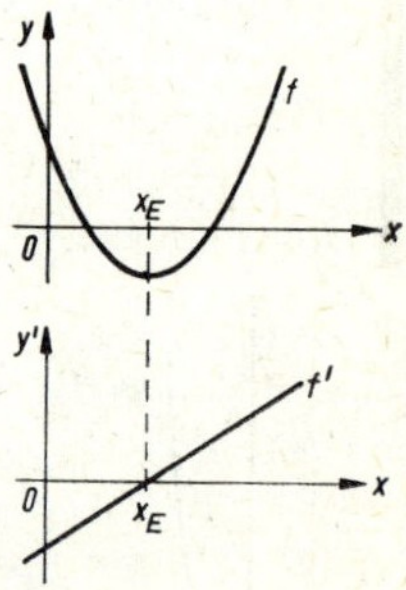

Bild 11/15

11.3.6. Konvexität und Konkavität von Funktionen; Wendepunkte von Funktionen

(1) Es sei f eine differenzierbare Funktion. Dann heißt f im Intervall I

lokal konkav,	**lokal konvex,**
wenn f' für jedes $x \in I$	
monoton fallend ist.	monoton wachsend ist.

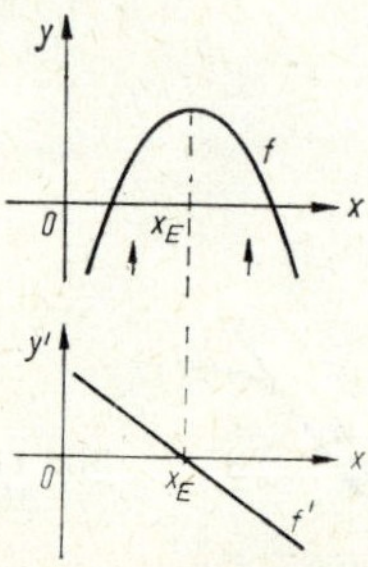

Bild 11/16

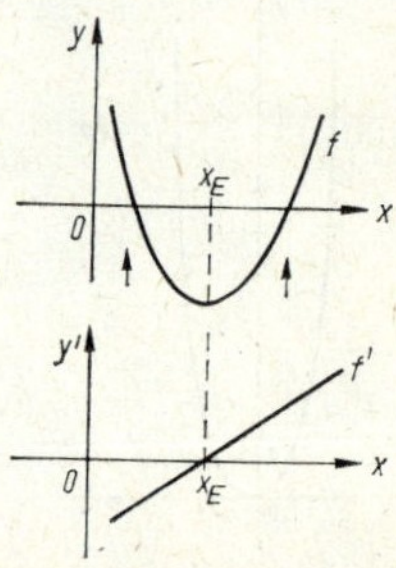

Bild 11/17

Dabei wird der Graph der Funktion in Richtung der positiven y-Achse (»von unten«) betrachtet.

BEISPIEL 11/29

Die Funktion $f(x) = x^3$ ist

für jedes $x < 0$ lokal konkav,	für jedes $x > 0$ lokal konvex,

denn $f'(x) = 3x^2$ ist

für jedes $x < 0$ monoton fallend.	für jedes $x > 0$ monoton wachsend.

Veranschaulichung in Bild 11/18

(2) **Hinreichende (nicht notwendige) Bedingung für lokale Konvexität (Konkavität) von Funktionen**

Wenn f eine an der Stelle x_0 zweimal differenzierbare Funktion ist und wenn gilt

$f''(x_0) < 0$,	$f''(x_0) > 0$,

so ist f in x_0

lokal konkav.	lokal konvex.

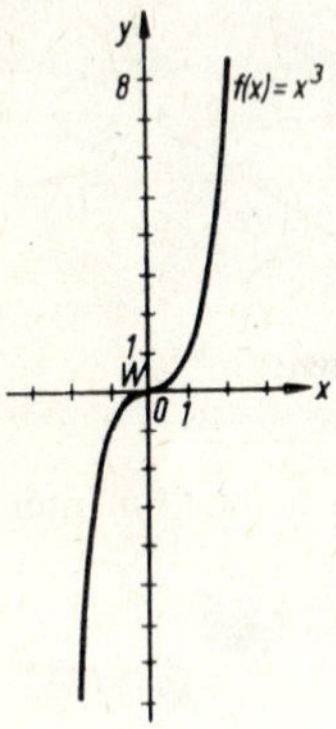

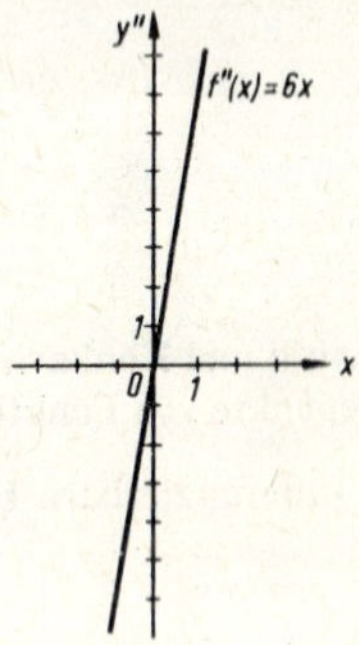

Bild 11/18

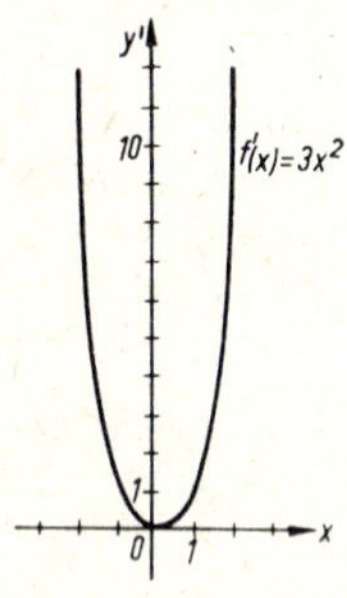

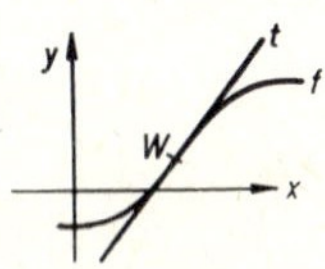

Bild 11/19

(3) **Wendepunkte von Funktionen**

Jeder Punkt im Graphen einer Funktion, der einen konkav gekrümmten Teil einer Kurve von einem konvex gekrümmten Teil trennt, heißt **Wendepunkt** (Bild 11/19).
Hinreichende Bedingung für die Existenz eines Wendepunkts einer Funktion f ist $f'''(x_W) \neq 0$.
Notwendige (und hinreichende) Bedingung für das Vorhandensein von Wendestellen (der Argumente, der Abszissen der Wendepunkte) einer Funktion:

> Eine Funktion f sei an der Stelle x_W dreimal differenzierbar. Wenn $f''(x_W) = 0$ und $f'''(x_W) \neq 0$ gilt, so hat f an der Stelle x_W einen Wendepunkt.

Die Tangente, die in einem Wendepunkt an den Graphen der Funktion gezeichnet werden kann, heißt **Wendetangente** (Bild 11/19). Mit Hilfe der Punktrichtungsgleichung kann eine Gleichung einer Wendetangente angegeben werden:

$$\frac{y - y_W}{x - x_W} = f'(x_W).$$

Gilt außer der notwendigen und hinreichenden Bedingung für das Vorhandensein von Wendestellen noch die Bedingung $f'(x_W) = 0$, dann liegt ein Wendepunkt mit einer zur x-Achse parallelen Tangente vor, der **Stufenpunkt** (oder Terrassenpunkt oder Horizontalwendepunkt) genannt wird (z. B. hat die Funktion $f(x) = x^3$ in $x_W = 0$ einen Stufenpunkt).

BEISPIEL 11/30

Die Funktion $f(x) = x^3 - x^2 - 8x + 12$ hat an der Stelle $x_W = \frac{1}{3}$ einen Wendepunkt.
Denn

$$\begin{aligned} f'(x) &= 3x^2 - 2x - 8 \\ f''(x) &= 6x - 2 \\ f'''(x) &= 6 \neq 0, \end{aligned}$$

d. h., die hinreichende Bedingung für das Vorliegen eines Wendepunkts ist erfüllt.
Notwendige Bedingung für das Bestimmen der Wendestelle: $f''(x) = 0$.
Es muß die Gleichung $6x - 2 = 0$ gelöst werden: $x_W = \frac{1}{3}$.
Zugehöriger Funktionswert: $f(x_W) = \frac{250}{27} \approx 9{,}3$.
Der Wendepunkt W hat die Koordinaten $W\left(\frac{1}{3};\ 9{,}3\right)$.
Der Anstieg der Wendetangente ist $f'\left(\frac{1}{3}\right) = -\frac{25}{3}$.

Eine Gleichung für die Wendetangente wird mit Hilfe der Punktrichtungsgleichung angegeben:

$$\frac{y - 9{,}3}{x - \frac{1}{3}} = -\frac{25}{3}.$$

Die Umformung ergibt $y = g(x) = -\frac{25}{3}x + 12.$

11.3.7. Symmetrieeigenschaften und Periodizität von Funktionen; Darstellung des Graphen einer Funktion

Die im Verlauf der Kurvendiskussion festgestellten Daten über charakteristische Punkte und über das charakteristische Verhalten werden in einer **Wertetabelle** zusammengefaßt. Erforderlichenfalls sind weitere Funktionswerte zu vorgegebenen Argumenten zu berechnen.
Mit Hilfe der Koordinaten der Punkte kann der **Graph der Funktion** in einem ebenen kartesischen Koordinatensystem gezeichnet werden.
Dabei sind auftretende Symmetrieeigenschaften (↗ 6.2.2.) und vorhandene Periodizität (↗ 6.2.4.) der Funktion zu berücksichtigen.

11.3.8. Muster einer Kurvendiskussion

BEISPIEL 11/31

Die gebrochenrationale Funktion f mit $f(x) = \frac{u(x)}{v(x)} = \frac{x^4 - 10x^2 + 9}{x^3}$ ist zu diskutieren.

Definitionsbereich:

$$x \in \mathbf{R}, \qquad -5 \leqq x \leqq 5 \quad (x \neq 0)$$

Ableitungen:

$$f'(x) = \frac{x^4 + 10x^2 - 27}{x^4} \quad (x \neq 0)$$

$$f''(x) = \frac{-20x^2 + 108}{x^5} \quad (x \neq 0)$$

$$f'''(x) = \frac{60x^2 - 540}{x^6} \quad (x \neq 0)$$

1. **Nullstellen:** Bedingungen sind $u(x) = 0$ und $v(x) \neq 0$.

Es ist die Gleichung $x^4 - 10x^2 + 9 = 0$ mit Hilfe der Substitution $x^2 = z$ zu lösen. Aus $z^2 - 10z + 9 = 0$ erhält man $z_1 = 9$, $z_2 = 1$.
Die Lösungen

$$x_{N1} = 3, \qquad x_{N2} = -3, \qquad x_{N3} = 1, \qquad x_{N4} = -1$$

dieser »biquadratischen Gleichung« sind die Nullstellen der Funktion f, denn es ist

$$v(3) = 27 \neq 0, \qquad v(-3) = -27 \neq 0,$$
$$v(1) = 1 \neq 0, \qquad v(-1) = -1 \neq 0.$$

2. **Schnittpunkt des Graphen der Funktion f mit der y-Achse:**
An der Stelle 0 ist die Funktion f nicht definiert (siehe 4.).

3. **Verhalten im Unendlichen:**
f ist eine unecht gebrochenrationale Funktion mit $n > m$, $n - m$ ist ungerade.
Für $x \neq 0$ gilt

$$f(x) = x \cdot \left(1 - \frac{10}{x^2} + \frac{9}{x^4}\right),$$

also ist

$$\lim_{x \to +\infty} f(x) = \lim_{x \to +\infty} \left[x \cdot \left(1 - \frac{10}{x^2} + \frac{9}{x^4}\right)\right] = +\infty$$

$$\lim_{x \to -\infty} f(x) = \lim_{x \to -\infty} \left[x \cdot \left(1 - \frac{10}{x^2} + \frac{9}{x^4}\right)\right] = -\infty.$$

Gleichung der Asymptote: $y = x$

4. **Polstellen:** Bedingungen sind $v(x) = 0$ und $u(x) \neq 0$.

Aus $x^3 = 0$ folgt $x_P = 0$; es ist $u(0) = 9 \neq 0$.
Die Funktion f hat an der Stelle 0 eine Polstelle.
Die Gleichung der Asymptote ist $x = 0$.
Verhalten der Funktion f *bei Annäherung* an die Polstelle *von rechts:*

Es wird die Folge (x_n) mit $x_n = x_P + \frac{1}{2^n} = 0 + \frac{1}{2^n} = \frac{1}{2^n}$ gewählt. Die Folge der zugehörigen Funktionswerte ist $(f(x_n))$ mit

$$f(x_n) = \frac{\left(\frac{1}{2^n}\right)^4 - 10\left(\frac{1}{2^n}\right)^2 + 9}{\left(\frac{1}{2^n}\right)^3} = (2^n)^3 \left[\left(\frac{1}{2^n}\right)^4 - \frac{10}{(2^n)^2} + 9\right],$$

deren Grenzwert für $n \to \infty$

$$\lim_{n \to \infty} f(x_n) = \lim_{n \to \infty} \left[2^{3n}\left(9 - \frac{10}{2^{2n}} + \frac{1}{2^{2n}}\right)\right] = +\infty$$

ist.
Bei Annäherung an die Polstelle *von links* wird die Folge (x_n) mit

$$x_n = x_P - \frac{1}{2^n} = 0 - \frac{1}{2^n} = -\frac{1}{2^n}$$

gewählt. Die Folge der zugehörigen Funktionswerte ist $(f(x_n))$ mit

$$f(x_n) = \frac{\left(-\frac{1}{2^n}\right)^4 - 10\left(-\frac{1}{2^n}\right)^2 + 9}{\left(-\frac{1}{2^n}\right)^3} = -2^{3n}\left(9 - \frac{10}{2^{2n}} + \frac{1}{2^{4n}}\right),$$

deren Grenzwert für $n \to \infty$

$$\lim_{n \to \infty} f(x_n) = \lim_{n \to \infty} \left[-2^n\left(9 - \frac{10}{2^{2n}} + \frac{1}{2^{4n}}\right)\right] = -\infty.$$

5. **Lokale Extrempunkte:** Notwendige Bedingung ist $f'(x) = 0$.

Wenn $f'(x) = \dfrac{u_1(x)}{v_1(x)}$ ist, so muß $u_1(x) = 0$ und $v_1(x) = 0$ sein. Die reellen Lösungen der (biquadratischen) Gleichung $x^4 + 10x^2 - 27 = 0$ sind die Nullstellen der Funktion f' und damit die Extremstellen der Funktion f. Man erhält

$$x_{E1} \approx 1{,}49, \qquad x_{E2} \approx -1{,}49.$$

Da $f''(1{,}49) \approx 8{,}7 > 0$ ist, liegt ein lokales Minimum vor.
Da $f''(-1{,}49) \approx -8{,}7 < 0$ ist, liegt ein lokales Maximum vor.
Die zu den Extremstellen gehörenden Funktionswerte sind $f(1{,}49) \approx -2{,}5$, $f(-1{,}49) \approx 2{,}5$.
Die *lokalen Extrempunkte* der Funktion f sind

$E_1(1{,}49;\ -2{,}5)$ Minimumpunkt	$E_2(-1{,}49;\ 2{,}5)$ Maximumpunkt

Monotonieintervalle:

$-\infty < x \leqq -1{,}49$	monoton wachsend
$-1{,}49 \leqq x < 0$	monoton fallend
$0 < x \leqq 1{,}49$	monoton fallend
$1{,}49 \leqq x < +\infty$	monoton wachsend

Die *globalen Extrempunkte* liegen an den Enden des Definitionsbereichs (↗ Wertetabelle).

6. **Wendepunkte:** Notwendige Bedingung ist $f''(x) = 0$.

Wenn $f''(x) = \dfrac{u_2(x)}{v_2(x)}$ ist, so muß $u_2(x) = 0$ und $v_2(x) \neq 0$ sein.
Die Lösungen der Gleichung $-20x^2 + 108 = 0$ sind die Wendestellen der Funktion f. $x_{w1} \approx 2{,}3$, $x_{w2} \approx -2{,}3$
Es ist $v_2(2{,}3) \neq 0$ und $v_2(-2{,}3) \neq 0$.
Ferner ist $f'''(2{,}3) \approx -1{,}5 \neq 0$, $f'''(-2{,}3) \approx -1{,}5 \neq 0$.
Die Funktionswerte in den Wendestellen sind $f(2{,}3) \approx -1{,}3$, $f(-2{,}3) \approx 1{,}3$.
Damit sind die Wendepunkte der Funktion f

$$W_1(2{,}3;\ -1{,}3), \qquad W_2(-2{,}3;\ 1{,}3).$$

7. **Symmetrieeigenschaften; Graph der Funktion:**

Der Graph der Funktion f ist zentrisch symmetrisch zum Koordinatenursprung. Eine Vertauschung des Vorzeichens des Arguments bewirkt eine Vertauschung des Vorzeichens des Funktionswertes. Es genügt deshalb, die Wertetabelle nur für positive reelle Argumente aufzustellen.

Wertetabelle

x	0	1	1,49	2	2,3	3	4	5
y	nicht def.	0	$-2{,}5$	$-1{,}9$	$-1{,}3$	0	1,6	3,1
	P	N	E		W	N		

Wertebereich: $y \in \mathbf{R}$, $\quad -3{,}1 \leqq y \leqq 3{,}1$.

Graph der Funktion im Intervall $-5 \leqq x \leqq 5$.

Bild 11/20

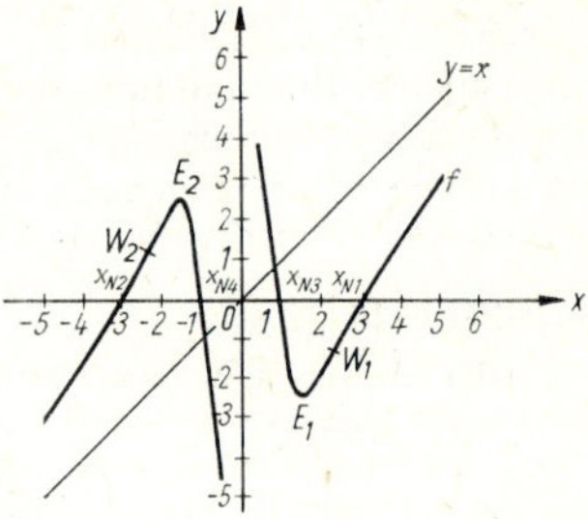

11.4. Extremwertaufgaben

In der Praxis treten Problemstellungen auf, die z. B. das möglichst große Volumen eines Körpers, die möglichst kleine Oberfläche eines anderen Körpers unter gewissen Bedingungen zu ermitteln verlangen. Solche Aufgabenstellungen zur Berechnung von »Bestwerten« (größtmöglicher Nutzeffekt, bestmögliche Ausnutzung, ...) führen, wenn der Zusammenhang der Größen mathematisch dargestellt werden kann, auf das Problem, den (globalen) Extremwert einer »Zielfunktion« unter gewissen »Nebenbedingungen« zu ermitteln.
Diese der Praxis entstammenden Aufgaben enthalten in der mathematischen Darstellung Größen. Es sollte angestrebt werden, erst eine allgemeine Lösung mit Hilfe der Größen zu formulieren, bevor die numerische Lösung mit den gegebenen Daten erfolgt.

Schrittfolge für das Lösen von Extremwertaufgaben

1. Erfasse den Sachverhalt! Überlege: Welche Größen sind gegeben? Welche Größe wird gesucht?
   Überlege: Welche Größe soll ein Extremum werden?
   Wenn möglich, veranschauliche den Sachverhalt durch eine Skizze!
   Nutze die Variablen zur Bezeichnung der Zahlenwerte der Größen!
2. Überlege, wie die Größe, die ein Extremum annehmen soll, durch andere Größen der Aufgabe in Form einer Funktionsgleichung ausgedrückt werden kann! Diese Funktion, die im allgemeinen mehr als eine unabhängige Variable enthält, wird »**Zielfunktion**« genannt.
3. Reduziere die Anzahl der unabhängigen Variablen in der Zielfunktion durch Berücksichtigung der **Nebenbedingungen**, so daß die Zielfunktion eine Funktion mit einer Variablen ist! Überlege dabei, welcher Zusammenhang zwischen den unabhängigen Variablen und den gegebenen Größen besteht! Lege den Definitionsbereich der Zielfunktion (mit einer Variablen) fest!

4. Berechne die Extremstellen und die zugehörigen Extremwerte der Zielfunktion!
   Weise die Art der Extrema nach!
   Untersuche die Funktionswerte in den Randpunkten des Definitionsbereichs hinsichtlich globaler Extrema!
   Berechne die anderen gesuchten Größen in den Nebenbedingungen!
5. Formuliere das Ergebnis!

BEISPIEL 11/32

In der Stanzerei eines Betriebes entstehen Blechabfälle in der Form gleichseitiger Dreiecke mit der Seitenlänge a. Aus diesem Material sollen rechteckige Dynamobleche mit möglichst großem Flächeninhalt hergestellt werden. Dabei soll eine Rechteckseite auf einer Dreieckseite liegen. Welche Maße können die Dynamobleche erhalten?

Lösungsweg:

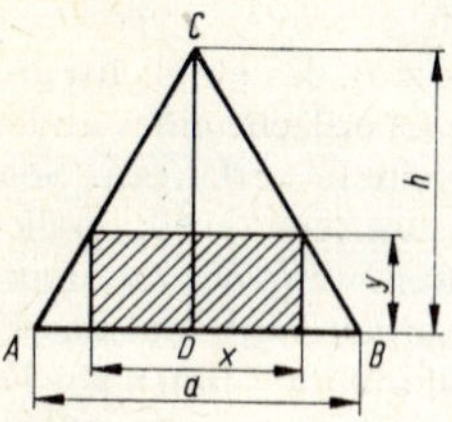

Bild 11/21

1. **Gegeben:** Länge der Seite eines gleichseitigen Dreiecks, Bezeichnung a
   Gesucht: Längen der Seiten eines Rechtecks, Bezeichnung x, y
   Der Flächeninhalt eines Rechtecks soll ein Maximum werden.
   Skizze in Bild 11/21
2. Der Flächeninhalt eines Rechtecks wird berechnet durch
   $A = \varphi(x, y) = x \cdot y$ *Zielfunktion*
   φ ist eine Funktion mit zwei Variablen
3. Berücksichtigung der *Nebenbedingung:* Mit Hilfe des Strahlensatzes (2. Teil) [↗ 5.1.6.1.(2)] besteht eine Beziehung zwischen x, y des Rechtecks und a, h des Dreiecks:

   $$\frac{a}{x} = \frac{h}{h-y} \quad \text{bzw.} \quad y = h - \frac{h \cdot x}{a}$$

   Wird y in die Zielfunktion $A = \varphi(x, y) = x \cdot y$ eingesetzt, so erhält man eine Zielfunktion mit einer Variablen

   $$A = f(x) = hx - \frac{h}{a}x^2 \quad \text{mit} \quad h = \frac{a}{2}\sqrt{3}$$

   Definitionsbereich von f: $x \in \mathbf{R}$, $0 < x < a$.
4. Ableitungen: $f'(x) = h - \dfrac{2h}{a}x$

   $$f''(x) = -\frac{2h}{a}$$

   Notwendige Bedingung für das Vorhandensein lokaler Extremstellen: $f'(x) = 0$. Die Nullstellen der Funktion f' sind die Lösungen der Gleichung

   $$h - \frac{h}{a} \cdot 2x = 0$$

   $$x_E = \frac{a}{2}.$$

Das hinreichende Kriterium $f''(x_E) < 0$ ist erfüllt: $f''(x) = -\frac{2h}{a}$ mit $h = \frac{a}{2}\sqrt{3}$ ergibt $f''(x) = -\sqrt{3}$, d. h., f hat an der Stelle $x_E = \frac{a}{2}$ ein lokales Maximum. Der Funktionswert an der Stelle $x_E = \frac{a}{2}$ ist $f\left(\frac{a}{2}\right) = \frac{ah}{4}$ bzw.

$$A_E = \frac{a}{4} \cdot \frac{a}{2}\sqrt{3} = \frac{a^2}{8}\sqrt{3}.$$

Die Funktionswerte in den Randpunkten des Definitionsbereichs sind $f(0) = 0$; $f(a) = 0$, d. h., das lokale Maximum an der Stelle $x_E = \frac{a}{2}$ ist zugleich das globale Maximum.

Berechnung von y:

$$y = h - \frac{h \cdot \frac{a}{2}}{a} = \frac{h}{2}.$$

5. Das Rechteck mit dem größtmöglichen Flächeninhalt hat Seiten, deren Längen halb so groß sind wie die Länge der Seite und die der Höhe des Dreiecks.

11.5. Umkehrung der Differentiation; unbestimmtes Integral

11.5.1. Umkehrung der Differentiation

(1) Zu jeder differenzierbaren Funktion $F(x)$ kann genau eine Ableitung $F'(x)$ gebildet werden.
Umkehrung der Differentiation:

> Wenn die Funktionen F und f im Intervall I definiert sind und wenn gilt $F'(x) = f(x)$ für jedes $x \in I$, so heißt F eine **Stammfunktion** der Funktion f im Intervall I.

BEISPIEL 11/33

Es sei $f(x) = 2x$. Dann ist $F(x) = x^2$ eine Stammfunktion von f; denn $F'(x) = 2x$.

(2) Regeln für das Aufsuchen von Stammfunktionen

f und g seien stetige Funktionen. Dann gilt:

- Wenn F_1 eine Stammfunktion von f_1 und F_2 eine Stammfunktion von f_2 ist, dann ist $F_1 + F_2$ eine Stammfunktion von $f_1 + f_2$.
- Wenn F eine Stammfunktion von f und c eine reelle Zahl ist, so ist cF eine Stammfunktion von cf.

● Eine Stammfunktion der Potenzfunktion $f(x) = x^r$ ist die Funktion

$$F(x) = \frac{1}{r+1} \cdot x^{r+1} \text{ mit } r \in \mathbf{R} \text{ und } r \neq -1; \text{ denn } F'(x) = f(x).$$

(Weitere Stammfunktionen ↗ 11.7.3.)

11.5.2. Unbestimmtes Integral

Kennt man (wenigstens) eine Stammfunktion F einer gegebenen Funktion f, so erhält man die Menge G aller Stammfunktionen von f durch Addition einer Konstanten c (c sei eine beliebige reelle Zahl).

BEISPIEL 11/34

Es sei $f(x) = 2x$. Dann gilt für die Menge G aller Stammfunktionen

$$G(x) = F(x) + c = x^2 + c.$$

Die Menge aller Stammfunktionen von f im Intervall I heißt das **unbestimmte Integral** von f und wird mit

$$\int f(x)\,dx = F(x) + c$$

bezeichnet. (Gelesen: Integral f von x dx)

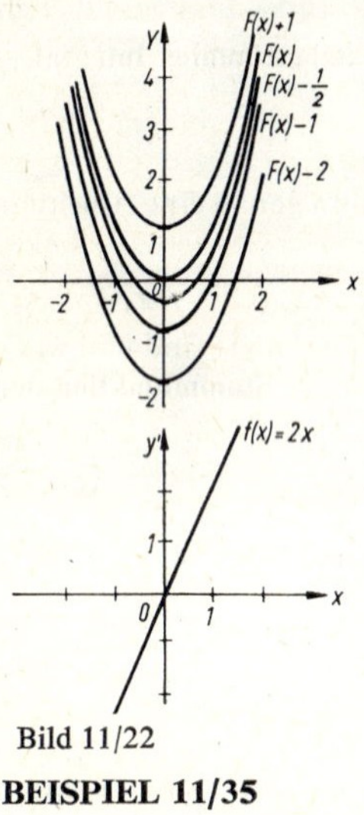

Bild 11/22

Das unbestimmte Integral einer Funktion ist wieder eine Funktion. Diese Operation heißt **Integration** (von integrare (lat.) wiederherstellen), $f(x)$ der **Integrand**, x die **Integrationsvariable**, c die **Integrationskonstante.**

Das unbestimmte Integral kann als Schar der Graphen von Funktionen, die sich durch eine additive Konstante unterscheiden, geometrisch gedeutet werden. Die Graphen der einzelnen Funktionen entstehen durch Verschiebung der Stammfunktion $F(x)$ in Richtung der y-Achse (Bild 11/22).

Es gilt stets $[F(x) + c]' = f(x)$.

Aus der Kurvenschar kann ein Graph ausgewählt werden, wenn ein Punkt $P_1(x_1; G(x_1))$ gegeben ist, durch den der Graph verlaufen soll.

BEISPIEL 11/35

Gegeben sei $f(x) = 2x$. Dann ist das unbestimmte Integral $\int 2x\,dx = x^2 + c$. Aus der Kurvenschar soll der Graph ausgewählt werden, der durch den Punkt $P_1(2;\ 7)$ geht.

Aus $G(x_1) = x_1^2 + c$ erhält man mit $x_1 = 2$ und $G(x_1) = 7$ die Integrationskonstante $c = 7 - 4 = 3$, d. h., durch den Punkt $P_1(2; 7)$ verläuft der Graph der Funktion $G(x) = x^2 + 3$.

11.6. Das bestimmte Integral

11.6.1. Flächeninhalt von Punktmengen

Ebene geometrische Objekte (Rechtecksfläche, Dreiecksfläche, Trapezfläche, Kreisfläche, ...) werden als Punktmengen der Ebene aufgefaßt. Diese Punktmengen enthalten die Punktmenge der begrenzenden Figur (Rechteck, Dreieck, Trapez, Kreis, ...) und alle Punkte im Innern der Figur.
Der (elementare) Flächeninhalt geradlinig begrenzter Punktmengen kann mit Hilfe von Formeln, Zerlegung in Dreiecke bzw. Trapeze berechnet werden (↗ 5.1.9.3.).
Um den (allgemeinen) Flächeninhalt einer krummlinig begrenzten Punktmenge berechnen zu können, wird [vgl. 5.1.13.7.(2)]

- das Intervall $a \leqq x \leqq b$ in gleich lange Teilintervalle zerlegt,
- in jedem Teilintervall das achsenparallele Rechteck aus Teilintervalllänge und kleinstem Funktionswert gebildet, deren Vereinigung eine Vielecksfläche ergibt, die der Punktmenge **einbeschrieben** ist,
- in jedem Teilintervall das achsenparallele Rechteck aus Teilintervalllänge und größtem Funktionswert gebildet, deren Vereinigung eine Vielecksfläche ergibt, die der Punktmenge **umbeschrieben** ist.

Durch fortgesetzte Halbierung (z. B.) des Intervalls verdoppelt sich die Anzahl der Teilintervalle, der Flächeninhalt der einbeschriebenen Vielecksfläche vergrößert sich, der Flächeninhalt der umbeschriebenen Vielecksflächen verkleinert sich (Bild 11/23).

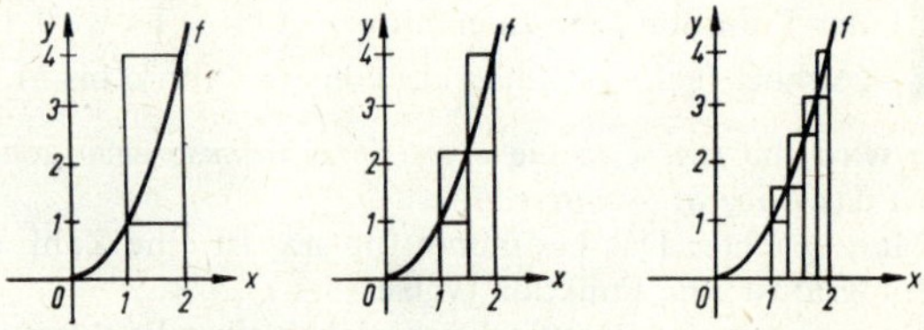

Bild 11/23

Es entstehen zwei Zahlenfolgen, die Folge (s_n) für die Inhalte der einbeschriebenen Vielecksflächen und die Folge (S_n) für die Inhalte der umbeschriebenen Vielecksflächen. Beide Zahlenfolgen konvergieren für wachsendes n gegen denselben Grenzwert, der dem Flächeninhalt der Punktmenge entspricht.

11.6.2. Definition des bestimmten Integrals

Der in 11.6.1. dargestellten Flächeninhaltsberechnung liegt folgendes mathematisches Problem zugrunde:
Es sei f eine im Intervall $a \leqq x \leqq b$ stetige oder monotone Funktion. Das Intervall $a \leqq x \leqq b$ wird durch fortgesetzte Halbierung in 2^n äquidistante Teilintervalle der Breite $\Delta x = \frac{b-a}{2^n}$ zerlegt. In jedem Teilintervall gibt es einen kleinsten Funktionswert m_i und einen größten Funktionswert M_i.
Für jedes Teilintervall werden die Produkte $m_i \cdot \Delta x$ und $M_i \cdot \Delta x$ und anschließend die Summen

$$s_n = \sum_{i=1}^{2^n} m_i \cdot \Delta x \quad \text{und} \quad S_n = \sum_{i=1}^{2^n} M_i \cdot \Delta x \quad \text{gebildet.}$$

Durchläuft n die Menge der natürlichen Zahlen, erhält man zwei Zahlenfolgen (s_n) und (S_n).
(s_n) ist monoton wachsend und nach oben beschränkt, (S_n) ist monoton fallend und nach unten beschränkt.
Da monotone beschränkte Zahlenfolgen stets konvergieren (↗ 6.8.7.), existieren die Grenzwerte $\lim\limits_{n\to\infty} s_n$ und $\lim\limits_{n\to\infty} S_n$. Wenn gilt $\lim\limits_{n\to\infty} s_n = \lim\limits_{n\to\infty} S_n$, heißt der Grenzwert das bestimmte Integral der Funktion f im Intervall $a \leqq x \leqq b$.

Definition

Es sei f eine im Intervall $a \leqq x \leqq b$ definierte Funktion, die in jedem abgeschlossenen Teilintervall von $a \leqq x \leqq b$ einen kleinsten und einen größten Funktionswert m_i bzw. M_i hat. Haben die Folgen (s_n) und (S_n), die bei einer Verfeinerung der Zerlegung als Summen der Produkte $m_i\,\Delta x$ bzw. $M_i\,\Delta x$ entstehen, einen gemeinsamen Grenzwert für $n \to \infty$, dann heißt dieser Grenzwert das **bestimmte Integral** der Funktion f im Intervall $a \leqq x \leqq b$. Es wird mit $\int\limits_a^b f(x)\,\mathrm{d}x$ bezeichnet (gelesen: Integral f von x dx von a bis b).

a wird die *untere*, b die *obere Integrationsgrenze* genannt, $a \leqq x \leqq b$ ist das *Integrationsintervall.*
Man beachte: Das bestimmte Integral ist eine Zahl, das unbestimmte Integral ist eine Funktion (vgl. 11.5.2.).
Damit kann der Begriff »**Flächeninhalt einer Punktmenge**, die vom Graphen der Funktion f, von der x-Achse und den Parallelen zur y-Achse durch a und b begrenzt wird«, durch das bestimmte Integral

$$\int\limits_a^b f(x)\,\mathrm{d}x$$

ausgedrückt werden. Man sagt, diese Punktmenge ist **quadrierbar.**

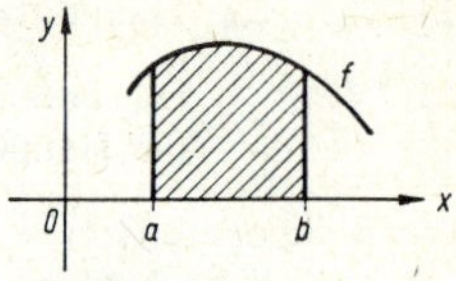

Bild 11/24

11.6.3. Regeln für das Rechnen mit bestimmten Integralen

Es gelten folgende Regeln:

$$\int_a^b f(x)\,\mathrm{d}x = -\int_b^a f(x)\,\mathrm{d}x$$

$$\int_a^a f(x)\,\mathrm{d}x = 0$$

$$\int_a^b f(x)\,\mathrm{d}x = \int_a^c f(x)\,\mathrm{d}x + \int_c^b f(x)\,\mathrm{d}x,$$

wobei c eine beliebige Zahl im Intervall $a \leqq x \leqq b$ ist.

11.6.4. Mittelwertsatz der Integralrechnung

Es sei f eine im Intervall $a \leqq x \leqq b$ stetige Funktion. Dann gibt es in diesem Intervall mindestens eine Stelle ξ, für die gilt

$$\int_a^b f(x)\,\mathrm{d}x = (b - a)\,f(\xi).$$

Veranschaulichung in Bild 11/25.

Bild 11/25

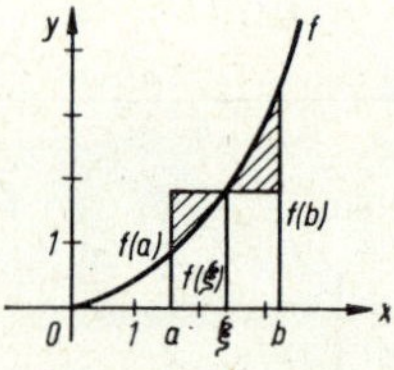

Bild 11/26

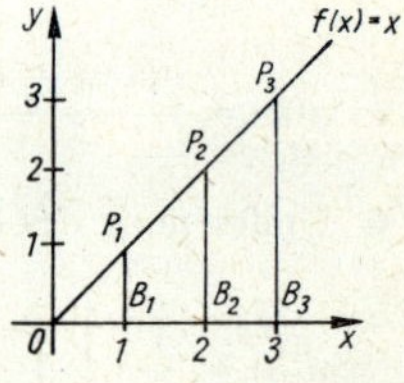

Der Flächeninhalt der Punktmenge, die vom Graphen der Funktion f, der x-Achse und den Parallelen zur y-Achse durch a und b begrenzt wird, ist gleich dem Flächeninhalt des Rechtecks mit den Seiten $(b - a)$ und $f(\xi)$.
Die in Bild 11/25 schraffierten Flächen sind inhaltsgleich.

11.7. Hauptsatz der Differential- und Integralrechnung

11.7.1. Das bestimmte Integral als Funktion der oberen Grenze; der Hauptsatz

Wenn die obere Grenze b eines bestimmten Integrals als Variable x aufgefaßt wird, so wird jedem Wert dieser Grenze ein anderer Wert des bestimmten Integrals zugeordnet. Es entstehen geordnete Paare, die zu einer Menge Φ zusammengefaßt werden können, wobei die Integrationsvariable mit t bezeichnet wird:

$$\Phi(x) = \int_a^x f(t)\,dt.$$

BEISPIEL 11/36

Der Flächeninhalt der Dreiecke OB_iP_i $(i = 1, 2, \ldots, n)$ kann als bestimmtes Integral mit variabler oberer Grenze dargestellt werden: (Bild 11/26)

x	1	2	3	4	5	…
$\int_0^x t\,dt$	$\frac{1}{2}$	$\frac{4}{2}$	$\frac{9}{2}$	$\frac{16}{2}$	$\frac{25}{2}$	

$$\int_0^x t\,dt = \frac{x^2}{2}$$

Wenn f eine im Intervall $a \leqq x \leqq b$ stetige Funktion ist, dann ist die Funktion Φ eine Stammfunktion von f in diesem Intervall; d. h., es gilt $\Phi'(x) = f(x)$.

Beweis:

- Bildung des Differenzenquotienten der Funktion Φ an der Stelle x_0:

$$d(h) = \frac{\Phi(x_0 + h) - \Phi(x_0)}{h} = \frac{\int_a^{x_0+h} f(t)\,dt - \int_a^{x_0} f(t)\,dt}{h}$$

- Umformung des Differenzenquotienten:

$$d(h) = \frac{1}{h} \cdot \left[\int_a^{x_0+h} f(t)\,dt + \int_{x_0}^{a} f(t)\,dt \right]$$

$$= \frac{1}{h} \cdot \left[\int_{x_0}^{a} f(t)\,dt + \int_a^{x_0+h} f(t)\,dt \right] = \frac{1}{h} \int_{x_0}^{x_0+h} f(t)\,dt$$

Nach dem Mittelwertsatz der Integralrechnung ist

$$\frac{1}{h} \cdot \int\limits_{x_0}^{x_0+h} f(t)\,\mathrm{d}t = \frac{1}{h} \cdot [(x_0 + h) - x_0] f(\xi_h) = f(\xi_h)$$

mit $x_0 \leqq \xi_h \leqq x_0 + h$.

- Bestimmung des Grenzwerts des Differenzenquotienten für $h \to 0$: Wenn $h \to 0$, dann $\xi_h \to x_0$.

  Da f stetig ist, ist der Grenzwert des Differenzenquotienten

$$\lim_{h \to 0} \frac{\Phi(x_0 + h) - \Phi(x_0)}{h} = \lim_{h \to 0} \left[\frac{1}{h} \cdot \int\limits_{x_0}^{x_0+h} f(t)\,\mathrm{d}t \right] = f(x_0)$$

bzw.

$\Phi'(x_0) = f(x_0)$, d. h.,

Φ ist eine Stammfunktion der Funktion f, w. z. b. w.

Jede im Intervall $a \leqq x \leqq b$ stetige Funktion f hat in diesem Intervall eine Stammfunktion, die mit F bezeichnet wird.

Damit wird eine *Beziehung zwischen dem bestimmten Integral und einer Stammfunktion* hergestellt.
Die Menge aller Stammfunktionen wurde in 11.5.2. als *unbestimmtes Integral* bezeichnet.

11.7.2. Berechnung bestimmter Integrale

Da die Funktion Φ mit $\Phi(x) = \int\limits_a^x f(t)\,\mathrm{d}t$ eine Stammfunktion von f im Intervall $a \leqq x \leqq b$ ist, gilt $\int\limits_a^b f(t)\,\mathrm{d}t = \Phi(b)$.

Da sich zwei Stammfunktionen Φ, F um eine Konstante c unterscheiden, gilt $\Phi(x) = F(x) + c$.
Für $x = b$ erhält man $\Phi(b) = F(b) + c$.

Da $\Phi(a) = \int\limits_a^a f(t)\,\mathrm{d}t = 0$ und da $\Phi(a) = F(a) + c$ ist, ist $c = -F(a)$, d. h., $\Phi(b) = F(b) - F(a)$ bzw.

$$\int\limits_a^b f(t)\,\mathrm{d}t = F(b) - F(a),$$

nach Umbenennung der Variablen erhält man

$$\int\limits_a^b f(x)\,\mathrm{d}x = F(b) - F(a).$$

Damit wurde der **Hauptsatz der Differential- und Integralrechnung** hergeleitet.

Ist f eine im Intervall $a \leqq x \leqq b$ stetige Funktion und F eine Stammfunktion von f, so ist das bestimmte Integral

$$\int_a^b f(x)\,\mathrm{d}x = [F(x)]_a^b = F(b) - F(a).$$

Dadurch ist die Berechnung des bestimmten Integrals auf das Aufsuchen einer Stammfunktion zurückgeführt und der Zusammenhang zwischen Differentialrechnung und Integralrechnung hergestellt worden.

BEISPIEL 11/37

a) $\int_1^2 x^2\,\mathrm{d}x = \left[\frac{x^3}{3}\right]_1^2 = \frac{8}{3} - \frac{1}{3} = \frac{7}{3}$

b) $\int_2^4 \frac{1}{x^2}\,\mathrm{d}x = \int_2^4 x^{-2}\,\mathrm{d}x = \left[\frac{x^{-1}}{-1}\right]_2^4 = \left[-\frac{1}{x}\right]_2^4 = \frac{1}{4}$

c) $\int_1^3 \sqrt{x}\,\mathrm{d}x = \int_1^3 x^{\frac{1}{2}}\,\mathrm{d}x = \left[\frac{x^{\frac{3}{2}}}{\frac{3}{2}}\right]_1^3 = \frac{2}{3}\left[\sqrt{x^3}\right]_1^3 = \frac{2}{3}\left(\sqrt{3^3} - \sqrt{1^3}\right)$

$= \frac{2}{3}\left(3\sqrt{3} - 1\right) = 2\left(\sqrt{3} - \frac{1}{3}\right)$

11.7.3. Grundintegrale

(1) Zur Berechnung eines bestimmten Integrals muß eine Stammfunktion aufgesucht werden. Jede Regel der Differentialrechnung für elementare Funktionen führt auf eine Regel für das unbestimmte Integral. Diese werden **Grundintegrale** genannt.

$$\int x^n\,\mathrm{d}x = \frac{x^{n+1}}{n+1} + c \quad (n \neq -1)$$

$$\int x^{-1}\,\mathrm{d}x = \ln|x| + c \quad (x \neq 0)$$

$$\int \mathrm{e}^x\,\mathrm{d}x = \mathrm{e}^x + c$$

$$\int a^x\,\mathrm{d}x = \frac{a^x}{\ln a} + c \quad (a \neq 1)$$

$$\int \sin x\,\mathrm{d}x = -\cos x + c$$

$$\int \cos x\,\mathrm{d}x = \sin x + c$$

$$\int \frac{dx}{\cos^2 x} = \tan x + c \quad \left(x \neq (2k+1)\frac{\pi}{2}\right)$$

$$\int \frac{dx}{\sin^2 x} = -\cot x + c \quad (x \neq 2k\pi)$$

$$\int \frac{dx}{\sqrt{1-x^2}} = \begin{cases} \arcsin x + c & (|x| < 1) \\ -\arccos x + c & (|x| < 1) \end{cases}$$

$$\int \frac{dx}{1+x^2} = \begin{cases} \arctan x + c \\ -\operatorname{arccot} x + c \end{cases}$$

BEISPIEL 11/38

a) $\int_1^2 \frac{1}{x}\,dx = \int_1^2 x^{-1}\,dx = [\ln|x|]_1^2 = \ln 2 - \ln 1 = \ln 2$

b) $\int_{-1}^1 e^x\,dx = [e^x]_{-1}^1 = e^1 - e^{-1} = e - \frac{1}{e} = \frac{e^2-1}{e}$

c) $\int_1^2 2^x\,dx = \left[\frac{2^x}{\ln 2}\right]_1^2 = \frac{4}{\ln 2} - \frac{2}{\ln 2} = \frac{2}{\ln 2}$

d) $\int_0^\pi \sin x\,dx = [-\cos x]_0^\pi = -(\cos\pi - \cos 0) = -(-1-1) = 2$

(2) Für das **Rechnen mit bestimmten Integralen** gelten folgende **Sätze:** f und g seien im Intervall $a \leqq x \leqq b$ stetige Funktionen, $k \in \mathbf{R}$. Dann ist

$$\int_a^b k \cdot f(x)\,dx = k \cdot \int_a^b f(x)\,dx$$

$$\int_a^b [f(x) + g(x)]\,dx = \int_a^b f(x)\,dx + \int_a^b g(x)\,dx$$

BEISPIEL 11/39

a) $\int_1^2 2x^4\,dx = 2\int_1^2 x^4\,dx = 2\left[\frac{x^5}{5}\right]_1^2 = 2\cdot\left(\frac{32}{5} - \frac{1}{5}\right) = \frac{62}{5}$

b) $\int_2^3 (x^3 + x^2)\,dx = \int_2^3 x^3\,dx + \int_2^3 x^2\,dx = \left[\frac{x^4}{4}\right]_2^3 + \left[\frac{x^3}{3}\right]_2^3$

$$= \left(\frac{81}{4} - 4\right) + \left(9 - \frac{8}{3}\right) = \frac{271}{12}$$

11.8. Einige Integrationsmethoden

11.8.1. Elementar integrierbare Funktionen

Zu jeder in einem Intervall stetigen Funktion gibt es eine Stammfunktion, die jedoch nicht immer elementar ist.
Eine im offenen Intervall I stetige Funktion ist **in I elementar integrierbar**, wenn sie in I eine elementare Stammfunktion hat. Jede rationale Funktion ist elementar integrierbar. Es gibt jedoch keine Regeln, nach denen entschieden werden kann, ob eine stetige Funktion in I elementar integrierbar ist. Es gibt aber Regeln für die Umformung von Integralen, durch die Integrale auf Grundintegrale zurückgeführt werden können. Dabei werden die Rechenregeln der Differentialrechnung genutzt.
Bei der Berechnung von bestimmten Integralen ist es oft zweckmäßig, die Zurückführung der Integrale auf Grundintegrale am unbestimmten Integral vorzunehmen, weil dabei eine Transformation der Integrationsgrenzen nicht erforderlich ist.

11.8.2. Integration durch Substitution

Aus der Regel für die Differentiation einer verketteten Funktion (↗ 11.2.4. Kettenregel) ergibt sich die Regel für die Integration mittels Substitution:

(1) Es seien u, v im Intervall I stetige Funktionen. Wenn U eine Stammfunktion von u und der Wertebereich von v in I enthalten ist, dann ist $U(v(x))$ eine Stammfunktion von $u(v(x)) \cdot v'(x)$. Danach gilt

$$\int u(v(x)) \cdot v'(x)\,\mathrm{d}x = U(v(x)) + c$$

bzw.

$$\int u(z)\,\mathrm{d}z = U(v(x)) + c$$

mit

$$z = v(x),\ \mathrm{d}z = v'(x)\,\mathrm{d}x$$

(2) Ist v eine lineare Funktion, so gilt

$$\int f(x)\,\mathrm{d}x = \int u(z)\,\mathrm{d}z$$

mit

$$z = ax + b,\ \mathrm{d}z = a\,\mathrm{d}x$$

bzw.

$$\mathrm{d}x = \frac{\mathrm{d}z}{a} = \int u(ax+b)\,\mathrm{d}x = \int u(z)\frac{\mathrm{d}z}{a} = \frac{1}{a}\int u(z)\,\mathrm{d}z$$

$$= \frac{1}{a}U(z) + c = \frac{1}{a}U(ax+b) + c = \frac{1}{a}F(x) + c$$

(lineare Substitution)

BEISPIEL 11/40

a) $\int [(x^3 + 2x)^2 \cdot (3x^2 + 2)\,dx] = \dfrac{(x^3 + 2x)^3}{3} + c.$

Es ist $u = z^2$ mit $z = x^3 + 2x$ und $dz = (3x^2 + 2)\,dx$
Probe durch Differenzieren:

$$\left[\frac{(x^3 + 2x)^3}{3} + c\right]' = \frac{3(x^3 + 2x)^2\,(3x^2 + 2)}{3}$$

b) $\int \sqrt{2x + 3}\,dx = \int \sqrt{z} \cdot \frac{1}{2}\,dz = \dfrac{z^{\frac{3}{2}}}{\frac{3}{2}} \cdot \frac{1}{2} + c = \frac{1}{3}\sqrt{z^3} + c$

$$= \frac{1}{3}\sqrt{(2x + 3)^3} + c$$

Es ist $u(z) = \sqrt{z} = z^{\frac{1}{2}}$ mit $z = 2x + 3$ und $dz = 2\,dx$ bzw. $dx = \frac{1}{2}\,dz$
Probe durch Differenzieren:

$$\left[\frac{1}{3}\sqrt{(2x + 3)^3} + c\right]' = \frac{1}{3} \cdot \frac{3}{2}\,(2x + 3)^{\frac{1}{2}} \cdot 2 = \sqrt{2x + 3}$$

(3) Integration der Funktion $f(x) = \dfrac{v'(x)}{v(x)}$:

Es gilt

$$\int f(x) = \int \frac{v'(x)\,dx}{v(x)} = \int \frac{dz}{z} = \ln|z| + c = \ln|v(x)| + c.$$

wobei $z = v(x)$ und $dz = v'(x)\,dx$ sind.

BEISPIEL 11/41

a) $\int \dfrac{2x - 5}{x^2 - 5x + 3}\,dx = \int \dfrac{dz}{z} = \ln|z| + c = \ln|x^2 - 5x + 3| + c$

Es ist $z = v(x) = x^2 - 5x + 3$, $dz = (2x - 5)\,dx$

b) $\int \tan x\,dx = \int \dfrac{\sin x}{\cos x}\,dx = -\int \dfrac{dz}{z} = -\ln|z| + c$

$$= -\ln|\cos x| + c$$

Es ist $z = v(x) = \cos x$, $dz = -\sin x\,dx$

11.8.3. Partielle Integration

Aus der Regel für die Differentiation eines Produkts zweier Funktionen u, v [↗ 11.2.1.(2)] erhält man die Regel für die partielle Integration:

$$\int u(x) \cdot v'(x)\,dx = u(x) \cdot v(x) - \int v(x) \cdot u'(x)\,dx$$

BEISPIEL 11/42

a) $\int x \cdot \sin x \, dx = -x \cdot \cos x + \int \cos x \cdot 1 \, dx = -x \cdot \cos x + \sin x + c$

Es ist

$u(x) = x \quad v'(x) = \sin x$

$u'(x) = 1 \quad v(x) = -\cos x$

b) $\int \ln |x| \, dx = \int \ln |x| \cdot 1 \, dx = x \ln |x| - \int \frac{1}{x} \cdot x \, dx$

$= x \ln |x| - \int dx = x \ln |x| - x + c$

$= x (\ln |x| - 1) + c$

Es ist

$u(x) = \ln x \qquad v'(x) = 1$

$u'(x) = \frac{1}{x} \qquad v(x) = x$

11.8.4. Integration rationaler Funktionen durch Partialbruchzerlegung

Der Term $\frac{u}{v}$ in einer Gleichung einer echt gebrochenen rationalen Funktion $f(x) = \frac{u(x)}{v(x)}$ kann auf folgende Weise in eine Summe von Quotienten zerlegt werden:

1. Es werden die Nullstellen der Funktion v ermittelt.
2. Die Zähler der Quotienten werden durch Koeffizientenvergleich bestimmt.

Hier wird der Sonderfall betrachtet, daß die Funktion v n verschiedene reelle Nullstellen $x_1, x_2, \ldots, x_n$ habe.
Dann gilt

$$f(x) = \frac{u(x)}{v(x)} = \frac{A_1}{x - x_1} + \frac{A_2}{x - x_2} + \ldots + \frac{A_n}{x - x_n}.$$

BEISPIEL 11/43

Um das Integral $\int\limits_4^7 \frac{x - 5}{x^2 - 5x + 6}$ zu berechnen, wird zunächst der Integrand des unbestimmten Integrals in eine Summe von Quotienten zerlegt.

1. Die Nullstellen der Funktion v sind die Lösungen der quadratischen Gleichung $x^2 - 5x + 6 = 0$, $x_1 = 2$, $x_2 = 3$.
2. Nun wird angesetzt:

$$\frac{x - 5}{x^2 - 5x + 6} = \frac{A_1}{x - 2} + \frac{A_2}{x - 3}.$$

Daraus erhält man

$$\frac{x-5}{x^2-5x+6} = \frac{A_1(x-3)+A_2(x-2)}{(x-2)(x-3)}$$

bzw. im Zähler

$$x-5 = A_1x - 3A_1 + A_2x - 2A_2$$
$$x-5 = (A_1+A_2)\,x - (3A_1+2A_2)$$

und durch Koeffizientenvergleich

$$A_1 + A_2 = 1; \qquad A_2 = 1 - A_1$$
$$3A_1 + 2A_2 = 5$$

Die Lösungen dieses Gleichungssystems sind $A_1 = 3$, $A_2 = -2$. Somit gilt

$$\frac{x-5}{x^2-5x+6} = \frac{3}{x-2} + \frac{-2}{x-3}.$$

Damit läßt sich das unbestimmte Integral angeben

$$\begin{aligned}\int \frac{x-5}{x^2-5x+6}\,\mathrm{d}x &= \int \frac{3}{x-2}\,\mathrm{d}x - \int \frac{2}{x-3}\,\mathrm{d}x\\ &= 3\ln|x-2| - 2\ln|x-3| + c\\ &= \ln|x-2|^3 - \ln|x-3|^2 + c\\ &= \ln\frac{|x-2|^3}{|x-3|^2} + c.\end{aligned}$$

Das bestimmte Integral ist dann

$$\int_4^7 \frac{x-5}{x^2-5x+6}\,\mathrm{d}x = \left[\ln\frac{|x-2|^3}{|x-3|^2}\right]_4^7 = \ln\frac{5^3}{4^2} - \ln\frac{2^3}{1^2}$$

$$= \ln 125 - \ln 16 - \ln 8 \approx -0{,}0237$$

11.9. Anwendungen des bestimmten Integrals

11.9.1. Berechnung des Flächeninhalts von Punktmengen

Das bestimmte Integral wird zur Berechnung des Flächeninhalts von Punktmengen, die von dem Graphen einer Funktion, der x-Achse und den Parallelen zur y-Achse durch a und b begrenzt sind, angewendet (Bild 11/24). Man sagt dafür oft kurz: Es wird der Inhalt der »Fläche unter der Kurve $y = f(x)$« berechnet.
Die Punktmengen können verschiedene Lage haben.

(1) Lage der Punktmenge oberhalb der x-Achse

Die in Bild 11/24 schraffierte Punktmenge (Fläche) wird durch das bestimmte Integral $A = \int_a^b f(x)\,\mathrm{d}x$ berechnet.

BEISPIEL 11/44

a) Um den Flächeninhalt der Punktmenge zu berechnen, die vom Graphen der Funktion $f(x) = e^x$, von der x-Achse und den Geraden $x = 0$ und $x = 2$ begrenzt wird (Bild 11/27), ist das bestimmte Integral $\int\limits_0^2 e^x \, dx$ zu berechnen. Man erhält

$$A = \int\limits_0^2 e^x \, dx = [e^x]_0^2 = e^2 - e^0 = e^2 - 1 \approx 6{,}4.$$

Der Flächeninhalt der Punktmenge unter der Kurve $y = e^x$ ist ungefähr 6,4.

Hinweis: Es ist zweckmäßig, den Flächeninhalt als Zahl anzugeben. Wie in 5.1.9.3.(2) dargestellt, ist der Flächeninhalt einer Punktmenge eine Größe, die aus Zahlenwert und Einheit besteht. Bei Anwendungsaufgaben ergibt sich die Einheit aus den gewählten Koordinateneinheiten und muß im Ergebnis angegeben werden. Wäre im Beispiel a) die Koordinateneinheit 1 cm gewesen, dann wäre der Flächeninhalt der betrachteten Punktmenge $A \approx 6{,}4 \, \text{cm}^2$.

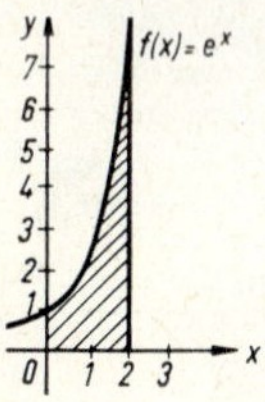

Bild 11/27

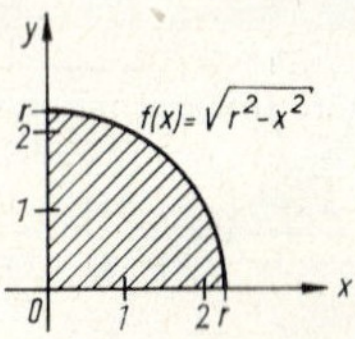

Bild 11/28

b) Um den Flächeninhalt eines Kreises mit dem Radius r zu berechnen, wird zunächst der Flächeninhalt eines Viertelkreises berechnet, der von dem Graphen der Funktion $f(x) = \sqrt{r^2 - x^2}$, der x-Achse und der y-Achse begrenzt wird (Bild 11/28).
Das unbestimmte Integral $\int \sqrt{r^2 - x^2} \, dx$ ergibt mit der Substitution $x = r \sin t$, $dx = r \cos t \, dt$

$$\int \sqrt{r^2 - x^2} \, dx = r^2 \cdot \left[\int dt - \int \sin^2 t \, dt\right]$$

mit

$$\int \sin^2 t \, dt = r^2 \cdot \left[\frac{t}{2} - \frac{1}{2} \sin t \cos t\right] + c$$

(partielle Integration) und der Rücksubstitution $t = \arcsin \frac{x}{r}$ schließlich

$$\int \sqrt{r^2 - x^2} \, dx = \frac{r^2}{2} \arcsin \frac{x}{r} + \frac{x}{2} \sqrt{r^2 - x^2} + c.$$

Der Flächeninhalt eines *Viertelkreises* ist

$$A = \int_0^r \sqrt{r^2 - x^2}\,\mathrm{d}x = \left[\frac{r^2}{2}\arcsin\frac{x}{r} + \frac{x}{2}\sqrt{r^2 - x^2}\right]_0^r$$

$$= \frac{r^2}{2}\arcsin 1 + \frac{r}{2}\cdot 0 - \frac{r^2}{2}\arcsin 0 - 0$$

$$= \frac{r^2}{2}\cdot\frac{\pi}{2} = \frac{\pi}{4}r^2;$$

der Flächeninhalt eines Kreises mit dem Radius r ist dann $A_K = \pi r^2$.

(2) Lage der Punktmenge unterhalb der x-Achse

Die Punktmenge M (↗ Bild 11/29) wird an der x-Achse gespiegelt; man erhält die Punktmenge M', die zu M kongruent ist. Dadurch kann die Berechnung des Flächeninhalts einer Punktmenge, die unterhalb der x-Achse liegt, auf die Berechnung des Flächeninhalts der kongruenten Punktmenge, die oberhalb der x-Achse liegt, zurückgeführt werden. Dabei gilt $A = \left|\int_a^b f(x)\,\mathrm{d}x\right|$.

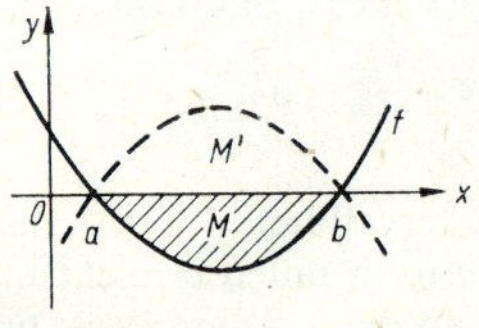

Bild 11/29

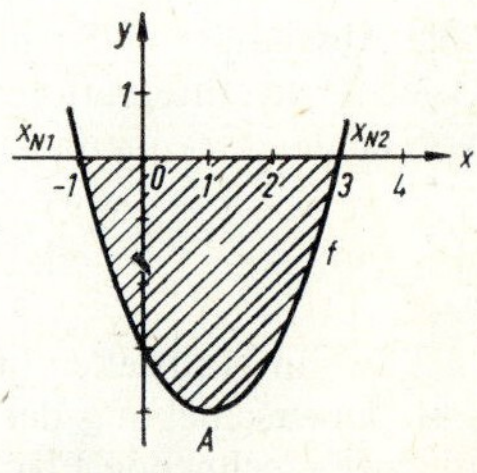

Bild 11/30

BEISPIEL 11/45

Die Punktmenge, die vom Graphen der Funktion $f(x) = x^2 - 2x - 3$ und von der x-Achse begrenzt wird, liegt unterhalb der x-Achse (Bild 11/30). Um den Flächeninhalt dieser Punktmenge zu berechnen, werden zunächst die Nullstellen der Funktion f ermittelt; sie sind die Lösungen der Gleichung $x^2 - 2x - 3 = 0$; $x_{N1} = -1$, $x_{N2} = 3$.
Damit sind die Integrationsgrenzen festgelegt, und es gilt

$$A = \left|\int_{-1}^{3}(x^2 - 2x - 3)\,\mathrm{d}x\right| = \left|\left[\frac{x^3}{3} - x^2 - 3x\right]_{-1}^{3}\right|$$

$$= \left|(9 - 9 - 9) - \left(-\frac{1}{3} - 1 + 3\right)\right| = \left|-\frac{32}{3}\right| = \frac{32}{3}$$

Der Flächeninhalt dieser Punktmenge ist $\frac{32}{3}$.

(3) Lage der Punktmenge teils oberhalb, teils unterhalb der x-Achse

Zunächst ist die im Integrationsintervall liegende Nullstelle x_N zu ermitteln. Dann sind nach (1) bzw. (2) die Flächeninhalte der Teilpunktmengen zu berechnen. Für die in Bild 11/31 durch Schraffur gekennzeichnete Punktmenge gilt

$$A = \int_a^{x_N} f(x)\,\mathrm{d}x + \left| \int_{x_N}^{b} f(x)\,\mathrm{d}x \right|.$$

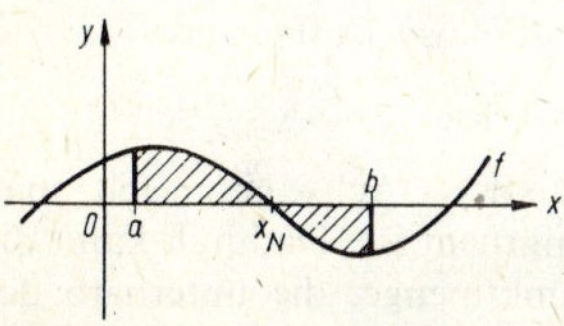

Bild 11/31

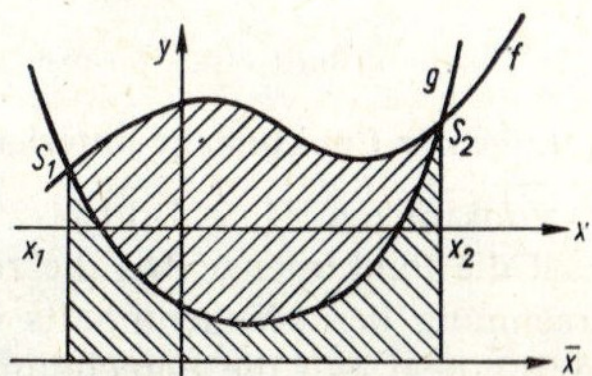

Bild 11/32

(4) Berechnung des Flächeninhalts von Punktmengen, die von den Graphen zweier Funktionen eingeschlossen werden

Die Abszissen der Schnittpunkte der Graphen beider Funktionen f, g ergeben die Integrationsgrenzen. Dann gilt für den Flächeninhalt der von beiden Graphen begrenzten Punktmenge in Bild 11/32

$$A = \int_{x_1}^{x_2} [f(x) - g(x)]\,\mathrm{d}x,$$

auch wenn Nullstellen im Integrationsintervall liegen. Denn durch eine Parallelverschiebung der x-Achse um d nach unten erreicht man, daß die zu berechnende Fläche ganz oberhalb der $\bar{x}$-Achse liegt, und es ist

$$A = \int_{x_1}^{x_2} [(f(x) + d) - (g(x) + d)]\,\mathrm{d}x$$

$$= \int_{x_1}^{x_2} [f(x) - g(x)]\,\mathrm{d}x.$$

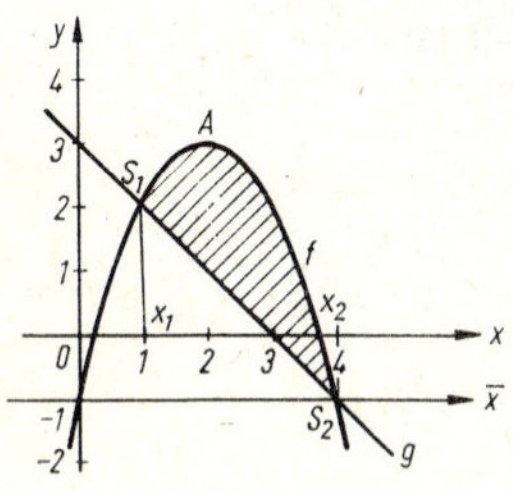

BEISPIEL 11/46

Es ist der Flächeninhalt der Punktmenge zu berechnen, die von den Graphen der Funktionen $f(x) = -x^2 + 4x - 1$ und $g(x) = -x + 3$ begrenzt wird (Bild 11/33).

Bild 11/33

Die Abszissen der Schnittpunkte beider Graphen sind die Lösungen der Gleichung $-x^2 + 4x - 1 = -x + 3$, nämlich $x_1 = 1$, $x_2 = 4$. Dann ist

$$A = \int_1^4 [f(x) - g(x)]\,\mathrm{d}x$$

$$A = \int_1^4 [(-x^2 + 4x - 1) - (-x + 3)]\,\mathrm{d}x$$

$$= \int_1^4 (-x^2 + 5x - 4)\,\mathrm{d}x$$

$$= \left[-\frac{x^3}{3} + \frac{5x^2}{2} - 4x\right]_1^4 = \frac{9}{2}$$

11.9.2. Berechnung der Länge eines Kurvenbogens

Es sei die Gleichung einer im Intervall $a \leqq x \leqq b$ differenzierbaren Funktion f gegeben.

Um die Länge des Kurvenbogens im Graph dieser Funktion zwischen den Punkten P_1, P_2 (Bild 11/34) berechnen zu können, wird der Kurvenbogen C in kleinere Kurvenstücke C_i zerlegt. Werden die Endpunkte Q_i jedes Kurvenstücks durch Geraden verbunden, entstehen Sehnen mit den Längen S_i. Alle Sehnen bilden einen Polygonzug, dessen Länge sich aus der Summe der Längen der Sehnen ergibt:

$$s_n = S_1 + S_2 + \ldots + S_n = \sum_{i=1}^{n} S_i.$$

Je größer die Anzahl der Punkte Q_i ist, d. h., je größer die Anzahl der Sehnen ist, desto kleiner ist die Länge jeder Sehne. Je »feiner« die Zerlegung des Intervalls $a \leqq x \leqq b$ ist, um so besser nähert sich die Summe der Längen aller einbeschriebenen Polygonzüge der Länge des Kurvenbogens C. Die Summen der Längen dieser Polygonzüge haben obere Schranken. Ihre kleinste obere Schranke wird die **Bogenlänge** s des Kurvenbogens C genannt. Dann heißt der Kurvenbogen C **rektifizierbar.**

Die Länge eines beliebigen Sehnenelements S_i ist (Bild 11/35)

$$S_i = \sqrt{(\Delta x)^2 + (\Delta y)^2} = \sqrt{1 + \left(\frac{\Delta y}{\Delta x}\right)^2} \cdot \Delta x.$$

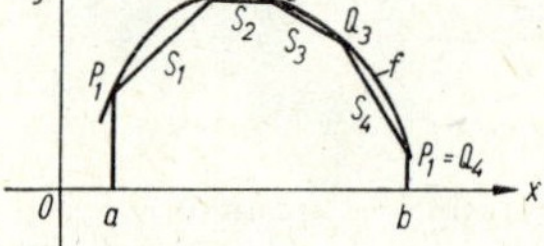

Bild 11/34

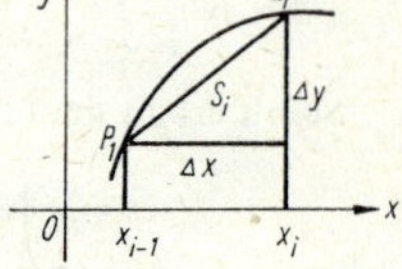

Bild 11/35

Die Länge des Polygonzuges ist dann

$$s_n = \sum_{i=1}^{n} S_i = \sum_{i=1}^{n} \sqrt{1 + \left(\frac{\Delta y}{\Delta x}\right)^2} \cdot \Delta x .$$

Bei Bildung des Grenzwertes für $n \to \infty$ erhält man die Bogenlänge s des Graphen einer differenzierbaren Funktion im Intervall $a \leqq x \leqq b$

$$s = \lim_{n \to \infty} \sum_{i=1}^{n} \sqrt{1 + \left(\frac{\Delta y}{\Delta x}\right)^2} \cdot \Delta x$$

nach der Definition des bestimmten Integrals

$$s = \int_a^b \sqrt{1 + [f'(x)]^2}\, \mathrm{d}x .$$

Das Differential $\mathrm{d}s = \sqrt{1 + [f'(x)]^2}\, \mathrm{d}x$ heißt *Bogenelement*.

BEISPIEL 11/47

Berechnung der Länge des Kreisumfangs (Radius r): [5.1.13.7.(1)]
Zur Berechnung derLänge eines Viertelkreisbogens ist das bestimmte Integral

$s = \int_0^r \sqrt{1 + [f'(x)]^2}\, \mathrm{d}x$ **mit** $f(x) = \sqrt{r^2 - x^2}$ **zu berechnen.**

Da $f'(x) = -\dfrac{x}{\sqrt{r^2 - x^2}}$ und $[f'(x)]^2 = \dfrac{x^2}{r^2 - x^2}$ ist, gilt für s

$$s = \int_0^r \sqrt{1 + \frac{x^2}{r^2 - x^2}}\, \mathrm{d}x = \int_0^r \frac{r\, \mathrm{d}x}{\sqrt{r^2 - x^2}} .$$

Das unbestimmte Integral $\displaystyle\int \frac{r\, \mathrm{d}x}{\sqrt{r^2 - x^2}} = \int \frac{r\, \mathrm{d}x}{r\sqrt{1 - \left(\frac{x}{r}\right)^2}}$ ergibt

bei Substitution $z = \dfrac{x}{r}$, $\mathrm{d}z = \dfrac{\mathrm{d}x}{r}$ bzw. $\mathrm{d}x = r\, \mathrm{d}z$

$$\int \frac{r\, \mathrm{d}z}{\sqrt{1 - z^2}} = r \arcsin z + c = r \arcsin \frac{x}{r} + c .$$

Somit erhält man für s

$$s = r \left[\arcsin \frac{x}{r}\right]_0^r = r\,(\arcsin 1 - \arcsin 0) = r \cdot \frac{\pi}{2}$$

und für den Kreisumfang $u = 4s = 2\pi r$.

11.9.3. Berechnung des Flächeninhalts des Mantels von Rotationskörpern

Es sei $f(x)$ eine im Intervall $a \leqq x \leqq b$ differenzierbare Funktion mit nichtnegativen Funktionswerten. Bei Rotation des Graphen der Funktion f um die x-Achse entsteht die Mantelfläche eines Rotationskörpers (Bild 11/36).

Bild 11/36

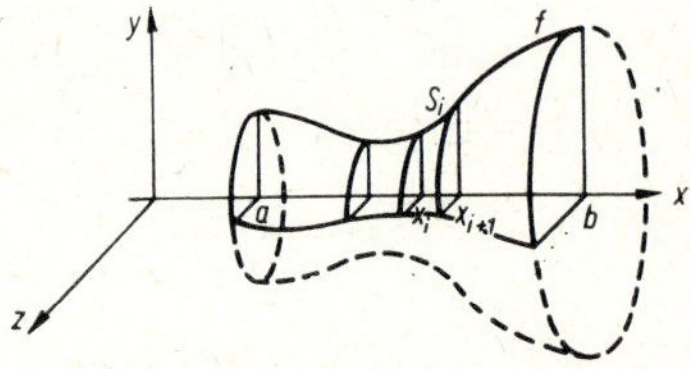

Wird das Intervall $a \leqq x \leqq b$ in Teilintervalle $x_i \leqq x \leqq x_{i+1}$ zerlegt und der zugehörige Polygonzug gebildet, so entstehen bei Rotation der Sehnen des Polygonzuges um die x-Achse Kegelstümpfe mit dem Flächeninhalt $M_i = \pi S_i[f(x_i) + f(x_{i+1})]$. Die Summe dieser Flächeninhalte nähert sich »immer mehr« dem Flächeninhalt des Mantels des Rotationskörpers, je »feiner« die Zerlegung des Intervalls $a \leqq x \leqq b$ ist. Der Flächeninhalt des Mantels eines Rotationskörpers ist dann unter Verwendung des Bogenelements ds (↗ 11.9.2.)

$$A_M = 2\pi \int_a^b f(x)\sqrt{1 + [f'(x)]^2}\,dx.$$

Das Differential $dA = 2\pi f(x)\sqrt{1 + [f'(x)]^2}\,dx$ heißt **Oberflächenelement.**

BEISPIEL 11/48

Bei Rotation des Graphen der Funktion $f(x) = \sqrt{r^2 - x^2}$ in den Grenzen $-r$, r erhält man die Oberfläche einer Kugel mit dem Radius r:

$$A_K = 2\pi \int_{-r}^{r} \sqrt{r^2 - x^2} \cdot \sqrt{1 + \frac{x^2}{r^2 - x^2}}\,dx = 2\pi \int_{-r}^{r} r\,dx$$

$$= 2\pi r[x]_{-r}^{r} = 2\pi r(r + r) = 2\pi r \cdot 2r = 4\pi r^2.$$

11.9.4. Berechnung des Rauminhalts von Rotationskörpern

Es sei f eine im Intervall $a \leqq x \leqq b$ stetige Funktion. Wenn die Menge der zu f gehörenden Ordinaten um die x-Achse rotiert, entsteht ein **Rotationskörper.** Jede Ordinate beschreibt dabei einen Kreis um x_i mit Radius $f(x_i)$, dessen Flächeninhalt $q(x) = \pi[f(x_i)]^2$ ist. q ist eine

»Querschnittsfunktion«. Wird das Intervall $a \leqq x \leqq b$ in Teilintervalle $x_i \leqq x \leqq x_{i+1}$ zerlegt, so entstehen »Scheiben« des Rotationskörpers von der Höhe $x_{i+1} - x_i$, der Grundfläche mit dem Inhalt $\underline{q}(x_i) = \pi\,[f(x_i)]^2$ und der Deckfläche mit dem Inhalt $\bar{q}(x_{i+1}) = \pi\,[f(x_{i+1})]^2$ (Bild 11/37).

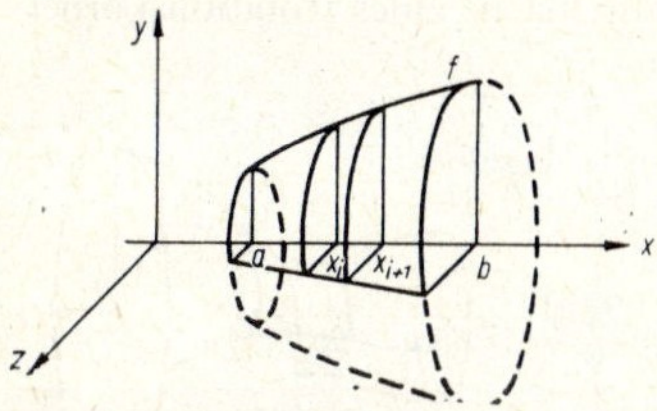

Bild 11/37

Jeder solcher Scheibe kann ein Zylinder mit der gleichen Höhe $x_{i+1} - x_i$ und der Grundfläche $\underline{q}(x_i)$ einbeschrieben und ein anderer Zylinder von dieser Höhe und der Grundfläche $\bar{q}(x_{i+1})$ umbeschrieben werden.
Je »feiner« die Zerlegung des Intervalls $a \leqq x \leqq b$ in Teilintervalle ist, um so mehr nähert sich die Summe der Volumina der einbeschriebenen Zylinder und die Summe der Volumina der umbeschriebenen Zylinder einem gemeinsamen Grenzwert. Es ergibt sich für das Volumen des Rotationskörpers bei Rotation der zu f gehörenden Ordinatenmenge um die x-Achse

$$V_x = \pi \int_a^b [f(x)]^2\, dx \quad (\text{mit } a < b).$$

Entsprechend erhält man bei Rotation um die y-Achse

$$V_y = \pi \int_c^d [g(y)]^2\, dy \quad (\text{mit } c < d).$$

BEISPIEL 11/49

Gegeben sei $f(x) = \sqrt{r^2 - x^2}$, die Integrationsgrenzen seien 0 und r. Dann entsteht bei Rotation der zu f gehörenden Ordinatenmenge um die x-Achse eine Halbkugel, deren Volumen

$$V_H = \pi \int_0^r (r^2 - x^2)\, dx = \pi \left[r^2 x - \frac{x^3}{3}\right]_0^r$$

$$= \pi \left(r^3 - \frac{r^3}{3}\right) = \frac{2}{3}\pi r^3$$

ist. Das Volumen einer Kugel ist $V_K = 2V_H = \dfrac{4}{3}\pi r^3$.

12. Zum praktischen Rechnen mit reellen Zahlen und mit Größen

12.1. Algorithmen und Programmablaufpläne

12.1.1. Zum Begriff »Algorithmus«

Unter **numerischem Rechnen** versteht man das zahlenmäßige Rechnen im Unterschied zum Rechnen mit Symbolen. Da dabei eine Menge von Eingangsdaten der Rechnung nach einer bestimmten Vorschrift (Algorithmus) unter Verwendung verschiedener Rechenhilfsmittel in eine gewisse Menge von Ausgangsdaten umgewandelt wird, ist das numerische Rechnen eine spezielle Form der Datenverarbeitung.
Die Daten sind meist Näherungswerte für reelle Zahlen in Dezimalbruchdarstellung.

> Unter einem **Algorithmus** versteht man eine Vorschrift, die aus einer endlichen Folge von Regeln besteht, durch die sich nach endlich vielen eindeutig festgelegten Schritten die Lösungen aller Aufgaben eines bestimmten Typs ergeben. Dabei müssen die Regeln in einer Sprache formuliert sein, die der mit der Abarbeitung Beauftragte (Mensch oder Maschine) versteht und mit den zugelassenen Hilfsmitteln auch ausführen kann.

Algorithmen dienen u. a. zur Berechnung von Zahlen aus gegebenen Zahlen mit Hilfe von solchen durch Variablen formulierten Vorschriften.

BEISPIEL 12/1

a) Für den Term $\frac{a + b}{c}$ kann ein Algorithmus angegeben werden; die Berechnung einer Lösung der quadratischen Gleichung in Normalform erfolgt nach dem Algorithmus $-\frac{p}{2} \pm \sqrt{\left(\frac{p}{2}\right)^2 - q}$.

b) Die Berechnung einer n-ten Wurzel erfolgt mit Hilfe der Iteration (Methode der schrittweisen Näherung) durch die Vorschrift: Es sei $\sqrt[n]{x}$ zu berechnen, x_0 sei ein durch Kopfrechnen ermittelter Näherungswert. Dann ist x_{i+1} mit $i = 0, 1, \ldots$ ein besserer Näherungswert, für den gilt:

$$x_{i+1} = \left(\frac{x}{(n-1)\, x_1^{n-1}} + x_i\right) \cdot \frac{n-1}{n}$$

Es sei x_0 ein Näherungswert, dann gilt speziell für

$\sqrt{x}$	$\sqrt[3]{x}$
$x_1 = \left(\frac{x}{x_0} + x_0\right) \cdot \frac{1}{2}$	$x_1 = \left(\frac{x}{2x_0^2} + x_0\right) \cdot \frac{2}{3}$
$x_2 = \left(\frac{x}{x_1} + x_1\right) \cdot \frac{1}{2}$	$x_2 = \left(\frac{x}{2x_1^2} + x_1\right) \cdot \frac{2}{3}$
usw.	usw.

Ein Algorithmus kann in einem **Programm** formuliert werden. Dazu dienen in der Rechentechnik **Programmiersprachen** (↗ 13.2.) und **Programmablaufpläne.**

12.1.2. Programmablaufpläne

Unter einem **Programmablaufplan** (auch Flußplan genannt) versteht man die graphische Darstellung eines Algorithmus. Er ist sowohl die Grundlage für die Berechnung nach diesem Verfahren als auch für die Programmierung des Verfahrens, d. h. für die programmtechnische Aufbereitung des Verfahrens zur Bearbeitung in einem Computer (Rechenautomaten).

Bausteine eines Programmablaufplans sind Sinnbilder. Man unterscheidet:

Organisationskästchen zur Symbolisierung des Anfangs und des Endes des Programmablaufplans (Bild 12/1).

Ein- bzw. Ausgabekästchen enthalten die Größen, die ein- bzw. ausgegeben werden. Sie enthalten die Daten, die bei der Programmierung des Computers »eingelesen« werden müssen, bzw. die Ergebnisse, die am Ende der Rechnung »ausgedruckt« werden sollen. Deshalb wird auch manchmal statt Eingabe »lies« bzw. statt Ausgabe »drucke« in dieses Kästchen geschrieben (Bild 12/2).

Operationskästchen enthalten die Regeln des Algorithmus, d. h. die Operationen, die mit Hilfe von Formeln oder mit Worten genau beschrieben werden. Dabei verwendet man die **Ergibtanweisung** mit Hilfe des **Ergibtzeichens** := (gelesen: »... ergibt sich aus ...« oder »... wird gleich ... gesetzt«). Auf der rechten Seite der Anweisung stehen die bekannten Größen, aus denen die auf der linken Seite stehende Größe berechnet werden soll, d. h., der rechts von der Anweisung berechnete Term wird durch die links stehende Variable bezeichnet (Bild 12/3).

Operationskästchen haben je einen Eingang und einen Ausgang.

Kästchen für Unterprogramme: Wenn umfangreiche Aufgaben zur Bearbeitung in Teilprobleme zerlegt werden, für die gesonderte Programme aufgestellt werden können, oder wenn für immer wiederkehrende Standardaufgaben Unterprogramme vorliegen, verwendet man ein gesondertes Zeichen (Bild 12/4).

Alternativkästchen (auch Verzweigungskästchen oder Fragekästchen genannt) enthalten Testanweisungen oder Vergleichsanweisungen. Die dabei gestellte Frage darf nur eine der beiden Antworten ja oder nein gestatten (Test). Ein Alternativkästchen hat einen Eingang und zwei Ausgänge (mit j für ja bzw. n für nein bezeichnet) (Bild 12/5).
Bei einem Alternativkästchen wird der Programmablaufplan (das Programm) verzweigt. Man unterscheidet **verzweigte Programme** von **linearen Programmen**, die keine Alternativkästchen enthalten. Ein verzweigtes Programm heißt **zyklisch**, wenn ein Teil des Programms wiederholt durchlaufen werden soll.
Konnektoren geben die Unterbrechung eines Programms und seine Fortsetzung an einer anderen Stelle (z. B. auf einer anderen Seite) an; durch die im Kreis angegebene Ziffer wird die Verbindung zwischen zwei Programmteilen bezeichnet (Bild 12/6).
Programmlinien verbinden die einzelnen Sinnbilder, dem Algorithmus entsprechend (Bild 12/7). Programmlinien verlaufen im allgemeinen von oben nach unten.

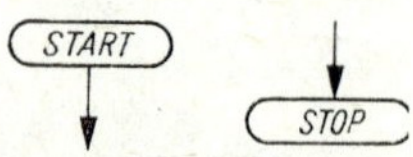

Bild 12/1

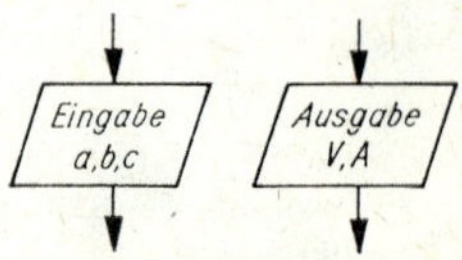

Bild 12/2

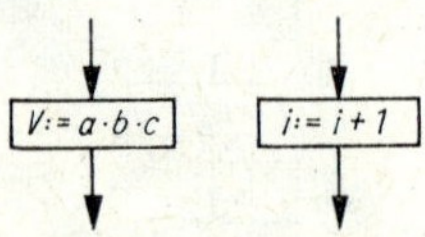

Bild 12/3

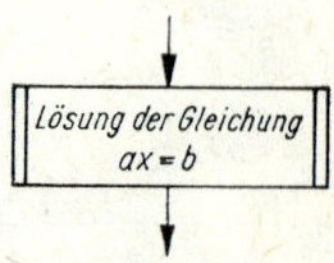

Bild 12/4

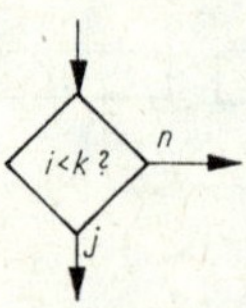

Bild 12/5

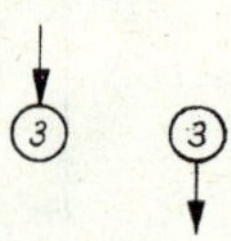

Bild 12/6

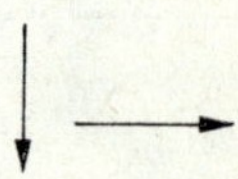

Bild 12/7

BEISPIEL 12/2

Für folgende Probleme werden Programmablaufpläne angegeben:

a) Berechnung des Volumens und des Oberflächeninhalts eines Quaders; es gelten die Formeln $V = abc$ bzw. $A = 2(ab + bc + ca)$

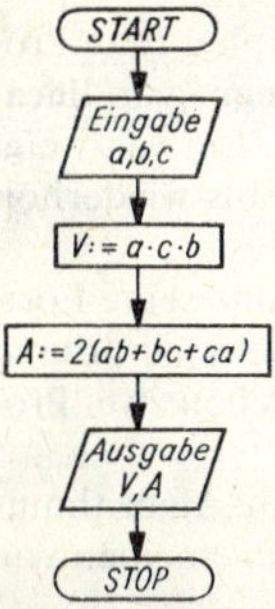

Bild 12/8

b) Berechnung der Summe der ersten 100 natürlichen Zahlen; es gilt $s = \sum_{i=1}^{100} i$

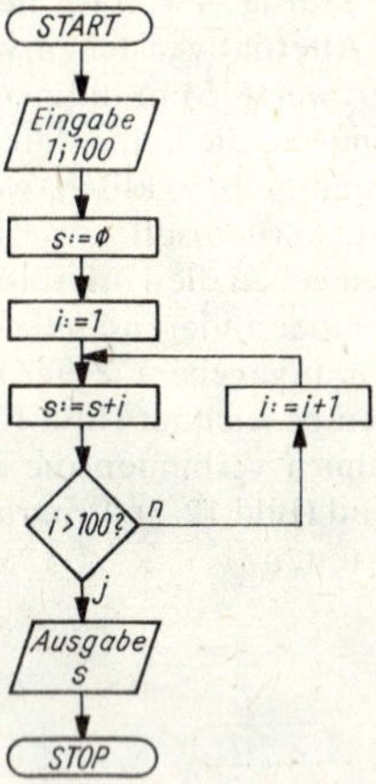

Bild 12/9

c) Berechnung des Skalarprodukts zweier Vektoren

$s = \boldsymbol{a} \cdot \boldsymbol{b} = \sum_{i=1}^{n} a_i b_i$

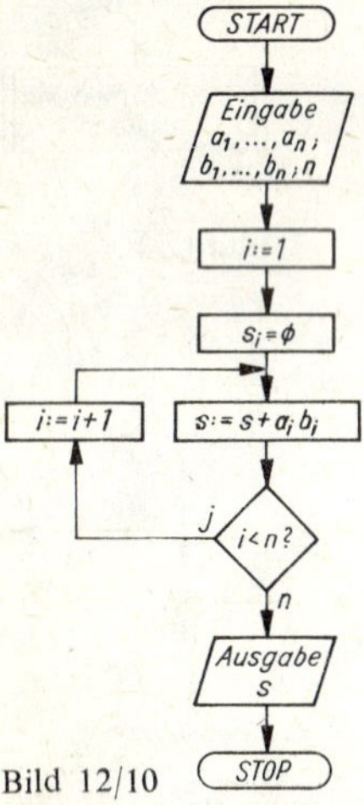

Bild 12/10

d) Berechnung der Quadratwurzel $\sqrt{x}$ mit $x > 0$ mit der Genauigkeit ε (↗ Beispiel 12/1b)

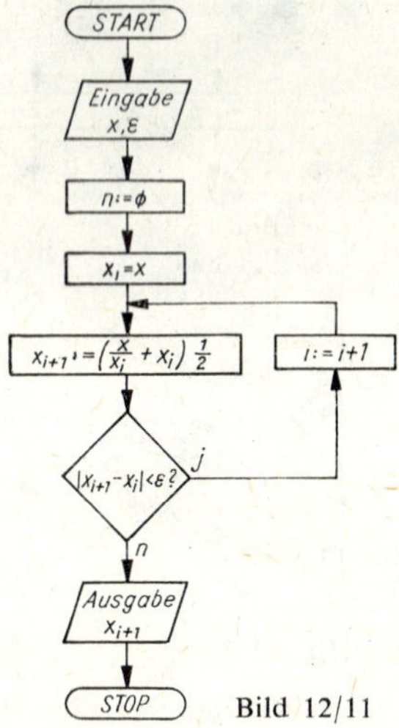

Bild 12/11

12.2. Zum Rechnen mit dem Summen- und mit dem Produktzeichen

Als abkürzende Schreibweise von Summen reeller Zahlen verwendet man das Zeichen $\sum$ (sigma), als abkürzende Schreibweise von Produkten reeller Zahlen das Zeichen $\prod$ (pi).

Es gilt:

$\sum_{i=1}^{n} a_i = a_1 + a_2 + \ldots + a_n$; $\sum_{i=1}^{n} a_i$ wird gelesen: »Summe über a_i für i gleich 1 bis n«

$\prod_{i=1}^{n} a_i = a_1 \cdot a_2 \cdot \ldots \cdot a_n$; $\prod_{i=1}^{n} a_i$ wird gelesen: »Produkt über a_i für i gleich 1 bis n«.

i heißt der Laufindex (speziell Summations- bzw. Multiplikationsindex); er durchläuft die natürlichen Zahlen von 1 (bzw. 0) bis n. Die kleinste bzw. größte Zahl heißt untere bzw. obere Grenze.

BEISPIEL 12/3

a) $\sum_{i=1}^{3} a_i = a_1 + a_2 + a_3$

b) $\sum_{i=0}^{5} x_i = x_0 + x_1 + x_2 + x_3 + x_4 + x_5$

c) $\sum_{i=1}^{4} i = 1 + 2 + 3 + 4$

d) $\sum_{i=0}^{3} 2^i = 2^0 + 2^1 + 2^2 + 2^3$

e) $\sum_{i=1}^{3} \frac{1}{i} = \frac{1}{1} + \frac{1}{2} + \frac{1}{3}$

f) $\prod_{i=1}^{3} a_i = a_1 \cdot a_2 \cdot a_3$

g) $\prod_{i=0}^{5} x_i = x_0 \cdot x_1 \cdot x_2 \cdot x_3 \cdot x_4 \cdot x_5$

h) $\prod_{i=1}^{4} i = 1 \cdot 2 \cdot 3 \cdot 4$

Rechenregeln für Summen und Produkte unter Verwendung des Summen- bzw. Produktzeichens; $a_i, b_i \in \mathbf{R}$, $n, m \in \mathbf{Z}$

$$\sum_{i=1}^{n} (a_i \pm b_i) = \sum_{i=1}^{n} a_i \pm \sum_{i=1}^{n} b_i$$

$$\sum_{i=1}^{n} ca_i = c\sum_{i=1}^{n} a_i$$

$$\sum_{i=1}^{n} k = nk$$

$$\sum_{i=1}^{m} a_i + \sum_{i=m+1}^{n} a_i = \sum_{i=1}^{n} a_i$$

$$\prod_{i=1}^{n} a_i \cdot b_i = \prod_{i=1}^{n} a_i \cdot \prod_{i=1}^{n} b_i$$

$$\prod_{i=1}^{n} ca_i = c^n \cdot \prod_{i=1}^{n} a_i$$

$$\prod_{i=1}^{n} k = k^n$$

$$\prod_{i=1}^{m} a_i \cdot \prod_{i=m+1}^{n} a_i = \prod_{i=1}^{n} a_i$$

wobei $1 < m < n$

12.3. Termumformungen mit Variablen im Bereich der reellen Zahlen

12.3.1. Struktur von Termen, äquivalente Termumformungen

(1) **Elementare Rechenoperationen** in **R** sind

- das Addieren und die Umkehroperation Subtrahieren (Rechenoperationen 1. Stufe),
- das Multiplizieren und die Umkehroperation Dividieren (mit einem von Null verschiedenen Divisor) (Rechenoperationen 2. Stufe),
- das Potenzieren und die Umkehroperationen Radizieren (mit nichtnegativen Radikanden und positiv ganzzahligen Wurzelexponenten) und Logarithmieren (mit positivem Numerus und positiver Basis ungleich 1),
- Verknüpfungen durch Winkelfunktionen und deren inverse Funktionen (↗ 6.7.4.).

Ein Term [↗ 1.2.1.(2)] heißt **elementarer Term,** wenn er sich mit Hilfe endlich vieler elementarer Rechenoperationen zwischen reellen Zahlen oder Variablen mit dem Grundbereich **R** darstellen läßt.

Ein elementarer Term heißt

algebraischer Term, wenn nur Rechenoperationen 1. und 2. Stufe sowie das Potenzieren und das Radizieren	**transzendenter Term,** wenn auch das Logarithmieren und Verknüpfungen durch Winkelfunktionen und deren inverse Funktionen

auftreten.

Ein algebraischer Term heißt

rationaler Term, wenn er sich nur mit Hilfe endlich vieler Rechenoperationen 1. und 2. Stufe zwischen rationalen Zahlen oder Variablen mit dem Grundbereich **Q**	**irrationaler Term,** wenn er sich mit Hilfe endlich vieler rationaler Rechenoperationen und dem Radizieren oder mit Hilfe nicht nur endlich vieler rationaler Rechenoperationen

darstellen läßt.

Man nennt einen rationalen Term der Form

$$a_n x^n + a_{n-1} x^{n-1} + \ldots + a_1 x + a_0$$

mit $n \in \mathbf{N}$ und $a_i \in \mathbf{R}$, $a_n \neq 0$ ein **Polynom** in x vom Grade n.

(2) Terme, die bei jeder Belegung der Variablen durch gleiche Zahlen aus dem Variablengrundbereich gleiche Werte annehmen, heißen zueinander **äquivalent.**

BEISPIEL 12/4

Die Terme $(2x + 3x)$ und $5x$ sind bezüglich des Variablengrundbereichs **R** zueinander äquivalent.

BEISPIEL 12/5

Die rationalen Terme $\frac{x^2 + x}{x}$ und $x + 1$ sind im Variablengrundbereich **Q** nicht äquivalent, da $x = 0$ zum Definitionsbereich des Terms $x + 1$, jedoch nicht zum Definitionsbereich des Terms $\frac{x^2 + x}{x}$ gehört.

(3) Zur **Umformung eines Terms** muß seine Struktur (der Aufbau des Terms) erkannt sein. Danach richtet sich die Reihenfolge bei der Ausführung der vorgeschriebenen Operationen. Dabei gelten folgende Vereinbarungen:

- Die Rechenoperationen der 2. Stufe binden stärker als die Rechenoperationen der 1. Stufe (»Punktrechnung geht vor Strichrechnung«).
- Eine Division durch Null ist nicht erklärt.
- Da die reellen Zahlen als unendliche Dezimalbrüche ohne Neunerperiode erklärt sind (↗ 3.4.1.), wird beim praktischen Rechnen statt mit irrationalen Zahlen mit **rationalen Näherungswerten** für die betreffenden Zahlen gearbeitet (↗ 12.4.3.).

BEISPIEL 12/6

a) In dem Term $a \cdot b + c$ ist die Multiplikation zuerst auszuführen, anschließend sind das Produkt und c zu addieren.
b) In dem Term $a \cdot (b + c)$ ist das Produkt aus a und der Summe von b und c zu berechnen.
c) Zahlenbeispiel: $a = 2$, $b = 3$, $c = 4$

$$a \cdot b + c = 2 \cdot 3 + 4 = 6 + 4 = 10$$
$$a \cdot (b + c) = 2 \cdot (3 + 4) = 2 \cdot 7 = 14$$

Bei Rechenoperationen der 2. Stufe können Unklarheiten entstehen, wenn keine Klammern gesetzt werden, denn es gibt bei Multiplikation und Division keine Vorrangregel.

BEISPIEL 12/7

In der Aufgabe $18abc : 3bc$ ist unklar, ob $3bc$ der Divisor sein soll oder ob die Aufgabe als $18 \cdot a \cdot b \cdot c : 3 \cdot b \cdot c$ aufgefaßt werden soll.

$$18abc : (3bc) = 6a$$
$$18 \cdot a \cdot b \cdot c : 3 \cdot b \cdot c = 6ab^2c^2$$

12.3.2. Addition von Termen, Auflösen und Setzen von Klammern

Da das Kommutativgesetz der Addition im Bereich der rationalen Zahlen gilt, können einzelne Terme, die die gleiche Variable enthalten, zusammengefaßt werden. Die einzelnen Summanden heißen **Glieder**, diese Summen werden **mehrgliedrige Ausdrücke** genannt.

BEISPIEL 12/8

a) $2 + \frac{1}{3} - 4 + \frac{4}{3} = -2 + \frac{5}{3} = -\frac{6}{3} + \frac{5}{3} = \frac{-6+5}{3} = -\frac{1}{3}$

b) $5 + 3 \cdot \frac{1}{8} - 6\frac{1}{2} = 5 + \frac{3}{8} - \frac{13}{2} = \frac{40 + 3 - 52}{8} = -\frac{9}{8}$

Hinweis: $6\frac{1}{2}$ ist eine sog. »gemischte Zahl«; sie ist als Summe aus einer ganzen Zahl und einem echten Bruch aufzufassen. Wegen der möglichen Verwechslung mit einer Multiplikationsaufgabe sollte die Darstellung einer »gemischten Zahl« vermieden werden. (↗ 3.2.1.(3))

c) $3a - 2b + 5{,}1a + 3{,}7b = 8{,}1a + 1{,}7b$

Auflösen von Klammern, Setzen von Klammern

Sind mehrere Terme durch Klammern zusammengefaßt, so sollten die Operationen in der Klammer zunächst ausgeführt werden. Ist dies nicht möglich, ist das Assoziativgesetz der Addition anzuwenden.

Sind $a, b, c \in \mathbf{R}$, so gilt:

$$a + (b + c) \underset{\text{Setzen der Klammer}}{\overset{\text{Auflösen der Klammer}}{\rightleftarrows}} a + b + c$$

BEISPIEL 12/9

a) $6 + \left(\frac{2}{5} - \frac{3}{8} - \frac{1}{10} + \frac{1}{4}\right) = 6 + \frac{16 - 15 - 4 + 10}{40} = 6 + \frac{7}{40}$
$= \frac{247}{40}$

b) $2a + (3a - 2b) = 2a + 3a - 2b = 5a - 2b$

c) $2x + 3y - 5z = 2x + (3y - 5z)$
bzw.
$= (2x + 3y) - 5z$

Die **Subtraktion von Termen**, die durch eine Klammer zusammengefaßt sind, wird durch die Beziehung $m - n = m + (-n)$ auf die Addition der zu n entgegengesetzten Zahl $-n$ zurückgeführt.

Wenn $m = a$ und $n = b + c$ sind, dann gilt

$$a - (b + c) \underset{\text{Setzen der Klammer}}{\overset{\text{Auflösen der Klammer}}{\rightleftarrows}} a + (-b - c) = a - b - c$$

BEISPIEL 12/10

a) $14{,}3 - (5{,}1 + 6{,}8) - (0{,}4 - 2{,}8) = 14{,}3 - 11{,}9 - (-2{,}4)$
$= 14{,}3 - 11{,}9 + 2{,}4 = 4{,}8$

oder:

$14{,}3 - (5{,}1 + 6{,}8) - (0{,}4 - 2{,}8) = 14{,}3 - 5{,}1 - 6{,}8 - 0{,}4 + 2{,}8 = 4{,}8$

b) $2a - (4b + 3a) = 2a - 4b - 3a = -a - 4b$

c) $3c - (4c + 2d) + (8c - 3d) = 3c - 4c - 2d + 8c - 3d = 7c - 5d$

d) $2x + 3y - 5z = 2x - (-3y + 5z)$

Ineinandergeschachtelte Klammern (ausgedrückt durch runde, eckige, geschweifte Klammern) werden zweckmäßigerweise von innen nach außen aufgelöst, wobei entsprechende Operationen – wenn möglich – schon ausgeführt werden sollten.

BEISPIEL 12/11

$$5x + [(2x - 3y) - (x + 5y)] = 5x + [2x - 3y - x - 5y]$$
$$= 5x + [x - 8y] = 5x + x - 8y = 6x - 8y$$

12.3.3. Multiplizieren von Termen, Ausmultiplizieren von Klammern und Ausklammern

Sind die Terme **eingliedrig**, dann können die Produkte aus mehreren Faktoren durch Anwendung des Kommutativ- und des Assoziativgesetzes der Multiplikation möglicherweise zusammengefaßt werden.

BEISPIEL 12/12

a) $7 \cdot \frac{9}{2} \cdot 0{,}041 = 1{,}2915$

b) $2{,}3x \cdot (4y) = 2{,}3 \cdot 4 \cdot x \cdot y = 9{,}2xy$

c) $4rs \cdot 2{,}1s^2 \cdot \left(-\frac{1}{2}rt\right) = -4 \cdot 2{,}1 \cdot \frac{1}{2} r^2s^3t = -4{,}2r^2s^3t$

Bei **mehrgliedrigen** Termen kann das Distributivgesetz angewendet werden. Die Klammern werden **ausmultipliziert.**

Sind $a, b, c \in \mathbf{R}$, so gilt:

$$\xrightarrow{\text{Ausmultiplizieren}}$$
$$(a + b) \cdot c = ac + bc$$
$$\xleftarrow[\text{Ausklammern}]{}$$

Beim Ausmultiplizieren von Summen ist das Distributivgesetz zweimal anzuwenden:

$$\xrightarrow{\text{Ausmultiplizieren}}$$
$$(a + b) \cdot (c + d) = ac + bc + ad + bd \quad (a, b, c, d \in \mathbf{R})$$
$$\xleftarrow[\text{Ausklammern}]{}$$

BEISPIEL 12/13

a) $(5 + 2b) \cdot 3a = 15a + 6ab$

b) Ausklammern gemeinsamer Faktoren in den Summanden:
$3ab + 3ac + 6ad = 3a(b + c + 2d)$

c) Die Summe ist in ein Produkt umzuformen:
$4ax - 6ay - 2bx + 3by = 2a(2x - 3y) - b(2x - 3y)$
$= (2x - 3y)(2a - b)$

12.3.4. Binomische Formeln, binomischer Lehrsatz

(1) Die binomischen Formeln sind Spezialfälle der Multiplikation von Summen. Zweigliedrige Terme heißen **Binome.**

Für alle reellen Zahlen a, b gilt:

$$(a + b)^2 = a^2 + 2ab + b^2 \quad \text{(1. binomische Formel)}$$

$$(a + b)(a - b) = a^2 - b^2 \quad \text{(2. binomische Formel)}$$

Hinweis: Man beachte, daß in der 1. binomischen Formel der Summand $2ab$ für $b < 0$ negativ ist.

BEISPIEL 12/14

a) $(m + 2)^2 = m^2 + 4m + 4$

b) $(x - 3)^2 = [x + (-3)]^2 = x^2 + 2x(-3) + (-3)^2 = x^2 - 6x + 9$

c) $(2x + 3y)^2 = (2x)^2 + 2 \cdot (2x) \cdot (3y) + (3y)^2 = 4x^2 + 12xy + 9y^2$

d) $\left(m + \frac{1}{2}\right) \cdot \left(m - \frac{1}{2}\right) = m^2 - \frac{1}{4}$

Mit Hilfe der binomischen Formeln können in einzelnen Fällen Summen in Produkte umgeformt werden.

BEISPIEL 12/15

a) $x^2 + 10x + 25 = x^2 + 2 \cdot x \cdot 5 + 5^2 = (x + 5)^2$

b) $a^2 - 8a + 16 = a^2 + 2a(-4) + (-4)^2 = (a - 4)^2$

c) $x^2 - 49 = (x + 7)(x - 7)$

d) $x^2 + 49$ kann im Bereich der reellen Zahlen nicht in ein Produkt umgeformt werden.

(2) Für Potenzen von Binomen gilt der **binomische Lehrsatz**

Für alle reellen Zahlen a, b und für alle natürlichen Zahlen n gilt:

$$(a + b)^n = \sum_{k=0}^{n} \binom{n}{k} a^{n-k} b^k = \binom{n}{0} a^n + \binom{n}{1} a^{n-1} b + \binom{n}{2} a^{n-2} b^2 + \ldots + \binom{n}{n-1} ab^{n-1} + \binom{n}{n} b^n$$

Für $n = 0$ ist $(a + b)^0 = 1$

$n = 1$ $\quad (a + b)^1 = a + b$

$n = 2$ $\quad (a + b)^2 = a^2 + 2ab + b^2$

$n = 3$ $\quad (a + b)^3 = a^3 + 3a^2b + 3ab^2 + b^3$

$n = 4$ $\quad (a + b)^4 = a^4 + 4a^3b + 6a^2b^2 + 4ab^3 + b^4$

... $\quad$ ...

Werden die Binomialkoeffizienten $\binom{n}{k}$ in der PASCALschen Zahlenfigur angeordnet, dann können die Binomialkoeffizienten einer Zeile aus denen der vorangehenden Zeile durch die Beziehung

$$\binom{n}{k} + \binom{n}{k+1} = \binom{n+1}{k+1}$$

ermittelt werden.

$n = 0$					1				
$n = 1$				1		1			
$n = 2$			1		2		1		
$n = 3$		1		3		3		1	
$n = 4$	1		4		6		4		1

usw.

PASCALsche Zahlenfigur

BEISPIEL 12/16

a) $(x + y)^3 = x^3 + 3x^2y + 3xy^2 + y^3$

b) $(a - b)^4 = [a + (-b)]^4 = a^4 + 4a^3(-b) + 6a^2(-b)^2 + 4a(-b)^3 + (-b)^4$

$= a^4 - 4a^3b + 6a^2b^2 - 4ab^3 + b^4$

Sind n und k natürliche Zahlen, so heißt die reelle Zahl $\binom{n}{k}$ **Binomialkoeffizient.** Es gilt für $k \leqq n$

$$\binom{n}{k} = \frac{n!}{k!(n-k)!}$$

$$= \frac{n \cdot (n-1) \cdot (n-2) \cdot \ldots \cdot (n-k+1)}{k!}.$$

Es ist festgelegt $\binom{n}{k} = 1.$

BEISPIEL 12/17

$$\binom{6}{4} = \frac{6 \cdot 5 \cdot 4 \cdot 3}{1 \cdot 2 \cdot 3 \cdot 4} = 15$$

Einige **Eigenschaften** der Binomialkoeffizienten: $n \in \mathbf{N}$

1. $\binom{n}{1} = n$

2. $\binom{n}{n} = 1$

3. $\binom{n}{k} = \binom{n}{n-k} = \frac{n!}{k!(n-k)!}$

4. $\binom{n}{k} + \binom{n}{k+1} = \binom{n+1}{k+1}$

5. $\sum_{i=0}^{n} \binom{p+i}{i} = \binom{p}{0} + \binom{p+1}{1} + \ldots + \binom{p+n}{n} = \binom{p+n+1}{n}$

6. $\sum_{i=0}^{n} \binom{p+i}{p} = \binom{p}{p} + \binom{p+1}{p} + \ldots + \binom{p+n}{p} = \binom{p+n+1}{p+1}$

7. $\sum_{k=0}^{n} \binom{n}{k} = \binom{n}{0} + \binom{n}{1} + \ldots + \binom{n}{n} = 2^n$

BEISPIEL 12/18

a) $\binom{5}{3} = \binom{5}{5-3} = \binom{5}{2} = 10$

b) $\binom{4}{3} + \binom{4}{4} = \binom{5}{4}$, denn $4 + 1 = 5$

c) $\binom{3}{0} + \binom{4}{1} + \binom{5}{2} + \binom{6}{3} = \binom{7}{3}$, denn $1 + 4 + 10 + 20 = 35$

d) $\binom{3}{3} + \binom{4}{3} + \binom{5}{3} + \binom{6}{3} + \binom{7}{3} = \binom{8}{4}$,
denn $1 + 4 + 10 + 20 + 35 = 70$

e) $\binom{4}{0} + \binom{4}{1} + \binom{4}{2} + \binom{4}{3} + \binom{4}{4} = 1 + 4 + 6 + 4 + 1 = 16 = 2^4$

(3) Nach Erweiterung der Definition des Binomialkoeffizienten $\binom{n}{k}$ auf reelle Zahlen n mit $k \in \mathbf{N}^*$ gilt der **binomische Lehrsatz für reelle Exponenten** (Konvergenzbedingung: $|b| < |a|$)

$$(a + b)^n = \binom{n}{0} a^n + \binom{n}{1} a^{n-1}b + \binom{n}{2} a^{n-2}b^2 + \ldots$$

BEISPIEL 12/19

a) $$\binom{\frac{1}{3}}{3} = \frac{\frac{1}{3}\left(\frac{1}{3}-1\right)\left(\frac{1}{3}-2\right)\left(\frac{1}{3}-3\right)}{1\cdot 2\cdot 3\cdot 4}$$

$$= \frac{\frac{1}{3}\left(-\frac{2}{3}\right)\left(-\frac{5}{3}\right)\left(-\frac{8}{3}\right)}{1\cdot 2\cdot 3\cdot 4} = -\frac{1\cdot 2\cdot 5\cdot 8}{81\cdot 24} = -\frac{10}{243}$$

b) $$(1+x)^{\frac{1}{2}} = \binom{\frac{1}{2}}{0}\cdot 1 + \binom{\frac{1}{2}}{1}x + \binom{\frac{1}{2}}{2}x^2 + \binom{\frac{1}{2}}{3}x^3 + \ldots$$

$$= 1 + \frac{1}{2}x + \frac{\frac{1}{2}\left(-\frac{1}{2}\right)}{1\cdot 2}x^2 + \frac{\frac{1}{2}\left(-\frac{1}{2}\right)\left(-\frac{3}{2}\right)}{1\cdot 2\cdot 3}x^3 + \ldots$$

$$= 1 + \frac{1}{2}x - \frac{1}{8}x^2 + \frac{1}{16}x^3 - + \ldots$$

12.3.5. Dividieren von Summen in R

Erweitern und Kürzen

Für alle reellen Zahlen a, b, c mit $b \neq 0$, $c \neq 0$ gilt:

Erweitern $\longrightarrow$ Erweiterungsfaktor c

$$\frac{a}{b} = \frac{a\cdot c}{b\cdot c}$$

$\longleftarrow$ Kürzen Kürzungsfaktor c

BEISPIEL 12/20

a) $\frac{14a}{2ab} = \frac{7}{b}$ $(a \neq 0;\ b \neq 0)$, Kürzungsfaktor $2a$

b) $\frac{32xy - 8y^2}{-16y} = \frac{4x - y}{-2} = \frac{y}{2} - 2x$ $(y \neq 0)$

c) $\frac{8ab}{a+2b}$ ist mit $a - 2b$ zu erweitern, $a + 2b \neq 0$.

$$\frac{8ab(a-2b)}{(a+2b)(a-2b)} = \frac{8a^2b - 16ab^2}{a^2 - 4b^2}$$

d) $\frac{x^2 - xy}{x^2 - y^2} = \frac{x(x-y)}{(x+y)(x-y)} = \frac{x}{x+y}$ mit $x + y \neq 0$ und $x - y \neq 0$

Division einer Summe durch einen eingliedrigen Divisor

Für alle reellen Zahlen a, b, c ($c \neq 0$) gilt:

$$(a + b) : c = a : c + b : c$$

bzw.

$$(a + b) : c = \frac{a + b}{c} = \frac{a}{c} + \frac{b}{c}$$

Eine Summe wird durch eine von Null verschiedene (reelle) Zahl dividiert, indem jeder Summand durch diese Zahl dividiert wird.

BEISPIEL 12/21

a) $(5a + 3b) : 7a = \frac{5}{7} + \frac{3b}{7a} \quad (a \neq 0)$

b) $(14x^2 - 32xy + 16y^2) : (-2x) = -7x + 16y - 8 \cdot \frac{y^2}{x} \quad (\text{mit} \quad x \neq 0)$

Division einer Summe durch eine Summe

Anwendung des Divisionsalgorithmus (Division natürlicher Zahlen) auf die Division einer Summe durch eine Summe:

Rechenvorschrift

1. Suche einen Summanden im Dividenden, der durch einen Summanden des Divisors dividiert werden kann! Dividiere! (Im Beispiel 12/22a: $6a^2 : 3a = 2a$)
2. Multipliziere diesen Teilquotienten mit jedem Summanden des Divisors! Schreibe das Produkt unter die entsprechenden Summanden des Dividenden! ($2a \cdot 3a + 2a \cdot 2b$)
3. Subtrahiere das im Schritt 2 erhaltene Produkt vom Dividenden! *Entweder* ist diese Differenz 0, dann ist die Division ohne Rest ausgeführt, *oder* ist diese Differenz bei Berücksichtigung aller Summanden im Dividenden nicht 0, dann wird das Verfahren mit Schritt 1 beginnend fortgesetzt.

BEISPIEL 12/22

a)
$$\begin{array}{l} (6a^2 + ab - 2b^2) : (3a + 2b) = 2a - b, \\ \underline{-(6a^2 + 4ab)} \qquad\qquad \text{wobei} \quad 3a + 2b \neq 0 \\ \qquad\quad -3ab - 2b^2 \\ \qquad\quad \underline{-(-3ab - 2b^2)} \\ \qquad\qquad\quad 0 \end{array}$$

Probe: $(3a + 2b)(2a - b) = 6a^2 + ab - 2b^2$

b) $(27x^3 + 8y^3) : (3x + 2y)$ mit $3x + 2y \neq 0$

$$\begin{array}{l} (27x^3 \qquad\qquad\qquad + 8y^3) : (3x + 2y) = 9x^2 - 6xy + 4y^2 \\ -(27x^3 + 18x^2y) \\ \hline \qquad -18x^2y \\ \quad -(-18x^2y - 12xy^2) \\ \hline \qquad\qquad 12xy^2 \\ \qquad\quad -(12xy^2 + 8y^3) \\ \hline \qquad\qquad\quad 0 \end{array}$$

Bei der Durchführung des Algorithmus können zwei Fälle auftreten: *Entweder* ist nach endlich vielen Schritten die nach Schritt 3 ermittelte Differenz gleich 0, *oder* es zeigt sich, daß bei weiterem Anwenden dieses Algorithmus die im Schritt 3 ermittelte Differenz nicht 0 ist, dann wird das Verfahren abgebrochen (Division mit Rest).

BEISPIEL 12/23

$$\begin{array}{l} (3x^2 + 19x + 10) : (3x + 1) = x + 6 + \dfrac{4}{3x + 1} \\ -(3x^2 + \quad x) \\ \hline \qquad 18x \\ \quad -(18x + 6) \\ \hline \qquad\quad 4 \end{array}$$

Probe: $(3x + 1) \cdot \left(x + 6 + \dfrac{4}{3x + 1}\right) = 3x^2 + x + 18x + 6$

$$+ \frac{4(3x + 1)}{(3x + 1)} = 3x^2 + 19x + 10$$

12.3.6. Gemeinsames Vielfaches und gemeinsamer Nenner von Quotienten

In 3.1.6.6. wurde das kleinste gemeinsame Vielfache (k. g. V.) von natürlichen Zahlen gebildet, indem die Zahlen in Potenzschreibweise dargestellt und die Potenzen mit dem größten Exponenten multipliziert werden (vgl. Beispiel 3/21). Bei Verwendung von Variablen kann mit diesem Verfahren nur ein **gemeinsames Vielfaches** ermittelt werden, weil die Variablen noch nicht mit reellen Zahlen belegt worden sind.

BEISPIEL 12/24

a) Gemeinsames Vielfaches von $5x^2y$, $10xy^2$, $35xy$

	Zerlegung in Faktoren
$5x^2y$	$5 \quad x^2 \cdot y$
$10xy^2$	$2 \cdot 5 \quad x \cdot y^2$
$35xy$	$5 \cdot 7 \cdot x \cdot y$
g. V.	$2 \cdot 5 \cdot 7 \cdot x^2 \cdot y^2$

b) Gemeinsames Vielfaches von $3a^2$, $6a - 3b$, $12a + 6b$

	Zerlegung in Faktoren
$3a^2$	$3 \cdot a^2$
$6a - 3b$	$3 \cdot \quad (2a - b)$
$12a + 6b$	$2 \cdot 3 \cdot \quad\quad (2a + b)$
g. V.	$2 \cdot 3 \cdot a^2 \cdot (2a - b) \cdot (2a + b)$ $= 6a^2(4a^2 - b^2)$

Ein gemeinsames Vielfaches der Nenner von Quotienten heißt **gemeinsamer Nenner** dieser Quotienten.

BEISPIEL 12/25

Der gemeinsame Nenner der Quotienten ist zu ermitteln:

a) $\frac{x + 2y}{4a^2}$, $\frac{2x - 3y}{8b}$; gemeinsamer Nenner: $8a^2b$

b) $\frac{2}{a + b}$, $\frac{3}{a - b}$, $\frac{7}{a^2 - b^2}$; gemeinsamer Nenner: $a^2 - b^2$

12.3.7. Grundrechenoperationen für Quotienten aus reellen Zahlen unter Verwendung von Variablen

Für alle reellen Zahlen a, b, c, d gilt:

(1) $$\frac{a}{c} + \frac{b}{c} = \frac{a + b}{c} \quad (c \neq 0)$$

(2) $$\frac{a}{c} - \frac{b}{c} = \frac{a - b}{c} \quad (c \neq 0)$$

(3) $$\frac{a}{c} \cdot \frac{b}{d} = \frac{a \cdot b}{c \cdot d} \quad (c \neq 0;\ d \neq 0)$$

(4) $$\frac{a}{c} : \frac{b}{d} = \frac{a}{c} \cdot \frac{d}{b} = \frac{a \cdot d}{c \cdot b} \quad (c \neq 0;\ d \neq 0)$$

bzw.

als Doppelbruch:

$$\frac{\frac{a}{c}}{\frac{b}{d}} = \frac{a}{c} : \frac{b}{d}$$

BEISPIEL 12/26

a) $\frac{5}{a-b} - \frac{3a-b}{a^2-b^2} + \frac{4}{a+b}$ mit $a \neq b, a \neq -b$

Nebenrechnung:

Nenner	Zerlegung in Faktoren	Erweiterungsfaktoren
$a-b$	$(a-b)$	$(a+b)$
a^2-b^2	$(a-b)(a+b)$	1
$a+b$	$(a+b)$	$(a-b)$
g. N.	$(a-b)(a+b) = a^2-b^2$	

Die Umformung ergibt:

$$\frac{5(a+b)-(3a-b)+4(a-b)}{a^2-b^2} = \frac{5a+5b-3a+b+4a-4b}{a^2-b^2}$$

$$= \frac{6a-2b}{a^2-b^2} = \frac{2(3a-b)}{a^2-b^2}$$

b) $\frac{2rs}{ab} \cdot \frac{r}{2s} = \frac{\overset{1\,1}{\cancel{2}r\cancel{s}r}}{\underset{11}{ab \cdot \cancel{2s}}} = \frac{r^2}{ab} \quad (a, b, s \neq 0)$

c) $\frac{\frac{x+3}{6}}{\frac{2x+6}{5}} = \frac{x+3}{6} : \frac{2x+6}{5} = \frac{x+3}{6} \cdot \frac{5}{2x+6}$

$$= \frac{\overset{1}{\cancel{(x+3)}} \cdot 5}{6 \cdot 2 \cdot \underset{1}{\cancel{(x+3)}}} = \frac{5}{12} \quad (x \neq -3)$$

12.4. Zum numerischen Rechnen

12.4.1. Regeln für das numerische Rechnen

Unter der **numerischen Darstellung** einer Zahl versteht man die ziffernmäßige Darstellung der durch das Zahlzeichen bezeichneten Zahl. Sie erfolgt meist im dekadischen Positionssystem (↗ 3.1.2. und 3.2.5.1.).
Das zahlenmäßige Rechnen im Unterschied zum Rechnen mit Symbolen wird **numerisches Rechnen** genannt.

Für das Rechnen mit Zahlen bzw. mit Näherungswerten von Zahlen (numerischer Wert der Zahl) gelten folgende **Regeln:**

1. **Erkennen der Struktur des Rechenausdrucks** (Rechenvorschrift als Term oder als Formel gegeben), um die festgelegte Reihenfolge der Operationen einzuhalten.

- Sind Vereinfachungen durch Umformungen des Terms möglich?
- Welche Schritte sind im einzelnen zu planen?
- Welche Daten werden für die Rechnung benötigt?
- Welche Werte müssen im Ergebnis zur Verfügung stehen? Welche Genauigkeit muß das Ergebnis haben?

2. **Übersichtliche Anordnung und Durchführung der Rechnung**

- Anlage eines Rechenschemas
- Trennung von Haupt- und Nebenrechnung
- **Bei irrationalen Zahlen verwendet man rationale Näherungswerte** der betreffenden Zahlen mit hinreichender Genauigkeit
- Rationalisierung der Rechenarbeit durch Nutzung von Tabellen, Rechenstab oder elektronischem Taschenrechner (ETR)

3. **Planung von Kontrollen der Rechnung**

- Durchführen eines Überschlags – wenn möglich – für das Ergebnis
- Welche Zwischenkontrollen können durchgeführt werden?
- Überprüfung des Ergebnisses durch eine Probe

4. **Berücksichtigung des Einflusses von möglichen Fehlern bei Verwendung von Näherungswerten auf die Rechnung und auf das Ergebnis**

- Welche Genauigkeit wird im Ergebnis gebraucht?
- Wie und wodurch können auftretende Fehler abgeschätzt werden?

12.4.2. Abgetrennte Zehnerpotenzen

Sehr große oder sehr kleine positive Zahlen bzw. Zahlenwerte von Größen (↗ 12.5.) können mit Hilfe abgetrennter Zehnerpotenzen für die Rechnung vorteilhaft dargestellt werden.
Jede positive rationale Zahl a kann in der Form $a = a_0 \cdot 10^m$ geschrieben werden mit $a_0 \in \mathbf{Q}$, $1 \leqq a_0 \leqq 9$, $m \in \mathbf{Z}$.

BEISPIEL 12/27

a) $7230000 = 7{,}23 \cdot 10^6$

b) $0{,}000382 = 3{,}82 \cdot 10^{-4}$

c) Avogadro-Konstante $\mathrm{N_A} = 6{,}022 \cdot 10^{26}\ \mathrm{kmol^{-1}}$

d) Masse des Elektrons $m_e = 9{,}108 \cdot 10^{-31}\ \mathrm{kg}$

Abgetrennte Zehnerpotenzen sind bei der Durchführung von Rechenoperationen besonders vorteilhaft.

BEISPIEL 12/28

Es ist der Term $\frac{a \cdot b}{c}$ zu berechnen mit $a = 3\,480\,000$, $b = 0{,}0782$, $c = 6730$.
Darstellung der Zahlen durch abgetrennte Zehnerpotenzen:
$a = 3{,}48 \cdot 10^6$, $b = 7{,}82 \cdot 10^{-2}$, $c = 6{,}73 \cdot 10^3$. Dann ist

$$\frac{a \cdot b}{c} = \frac{3{,}48 \cdot 7{,}82}{6{,}73} \cdot 10^{6-2-3} \approx 4{,}04 \cdot 10^1 = 40{,}4.$$

12.4.3. Näherungswerte und Arbeiten mit Näherungswerten

(1) Unter einem **Näherungswert** versteht man eine Zahlenangabe (eine Zahl oder den Zahlenwert einer Größe) mit begrenzter Genauigkeit. Näherungswerte treten auf als

- Meßwerte,
- Ergebnis von Schätzungen,
- Ergebnis von Rundungen nach den gültigen Rundungsregeln,
- endliche Dezimalbrüche, die statt irrationaler Zahlen (z. B. $\pi \approx 3{,}141\,59$, $\sqrt{3} \approx 1{,}7321$, $\sin 10° \approx 0{,}1736$) oder gewisser rationaler Zahlen $\left(\text{z. B. } \frac{2}{3} \approx 0{,}667,\ \frac{3}{7} \approx 0{,}428\,571\right)$ verwendet werden,
- Ergebnisse von Rechnungen, in denen mindestens einer der oben genannten Näherungswerte verwendet worden ist.

Aus der Anzahl der angegebenen Ziffern kann auf die Genauigkeit eines Meßwertes geschlossen werden. Als **Genauigkeit** soll die Größe der Abweichung von dem (meist unbekannten) genauen Wert verstanden werden. Die Abweichung ist im allgemeinen nicht größer als 0,5 Einheiten des Stellenwertes der letzten angegebenen Ziffer, z. B. liegt 5,4 zwischen 5,35 und 5,45, aber 5,40 zwischen 5,395 und 5,405.
Ein solcher Näherungswert hat nur zuverlässige Ziffern. (In der praktischen Mathematik wird oft der Begriff »Ziffer« im Sinne von »Grundziffer« verwendet.)
In einem Näherungswert (im Dezimalsystem dargestellt) ist eine **Ziffer zuverlässig**, wenn der Betrag des absoluten Fehlers des Näherungswertes nicht größer als 0,5 Einheiten ihres Stellenwertes ist. Eine **Stelle** heißt zuverlässig, wenn sie mit einer zuverlässigen Ziffer besetzt ist.
Wesentliche Ziffern (auch signifikante Ziffern genannt) sind alle zuverlässigen Ziffern mit Ausnahme der Nullen in einem echten Dezimalbruch, die vor der ersten von Null verschiedenen Ziffer stehen, z. B. sind in $\frac{1}{635} \approx 0{,}001\,57$ alle sechs Ziffern zuverlässig, jedoch nur drei wesentlich.
Wesentliche Stellen sind solche, in denen wesentliche Ziffern stehen.

(2) Für das **Rechnen mit Näherungswerten** ist

- bei *Addition bzw. Subtraktion* die Beachtung der Stelle wichtig, bis zu der (von links gesehen) zuverlässige Ziffern stehen;
- bei *Multiplikation bzw. Division* die Anzahl der zuverlässigen Stellen bedeutsam.

Zur **Ermittlung der Genauigkeit eines Rechenergebnisses** gelten folgende Regeln:

1. Bei *Addition bzw. Subtraktion* von Näherungswerten ist das Ergebnis bis zu der Stelle (von links gesehen) noch zuverlässig, die **bei allen** Ausgangswerten zuverlässig ist.
2. Bei der *Multiplikation bzw. Division* von Näherungswerten ist die Anzahl der zuverlässigen Ziffern im Ergebnis nicht größer als die **Anzahl** der zuverlässigen Ziffern desjenigen Ausgangswertes, bei dem diese **am kleinsten** ist.
3. Die Endergebnisse sind nach den Regeln 1. und 2. zu runden, je nachdem, welche Rechenoperationen angewendet wurden. Bei Zwischenergebnissen ist eine weitere Ziffer mitzuführen.

BEISPIEL 12/29

Gegeben seien die durch Runden entstandenen Näherungswerte $a \approx 3{,}847$, $b \approx 67{,}1$.
Dann ist

$$a + b = 3{,}847 + 67{,}1 = 70{,}947 \approx 70{,}9$$
$$a \cdot b = 3{,}847 \cdot 67{,}1 = 258{,}1337 \approx 258$$
$$a : b = 3{,}847 : 67{,}1 = 0{,}057332 \approx 0{,}06$$

12.4.4. Ermitteln von Näherungswerten durch Runden, Überschlagen und Abschätzen von rationalen Zahlen

Beim praktischen Rechnen ist oft eine Beschränkung in der Angabe der Zahlen auf eine bestimmte Anzahl von Stellen erforderlich. Man gibt hinreichend genaue Näherungswerte an. Durch Runden, Überschlagen, Abschätzen erhält man Näherungswerte für Zahlen.

(1) Runden

Unter Runden versteht man das Ermitteln von Näherungswerten nach folgenden Regeln (Rundungsregeln):

- Es wird stets auf ein Vielfaches einer bestimmten Zehnerpotenz gerundet. Deshalb ist die Stelle (z. B. Hunderter, Tausender, Zehntel) anzugeben, auf die gerundet werden soll. Sie wird die k-te Stelle genannt (von links nach rechts gezählt).

- Steht an der $(k + 1)$-ten Stelle
  - eine 0, 1, 2, 3, 4, so wird **ab**gerundet; d. h., diese und die folgenden Grundziffern werden durch 0 ersetzt. Die vorangehende Ziffernfolge bleibt unverändert (Beispiel 12/30a),
  - eine 5, 6, 7, 8, 9, so wird **auf**gerundet; d. h., diese und die folgenden Grundziffern werden durch 0 ersetzt; die k-te Stelle wird um 1 erhöht (Beispiele 12/30b, c).
- Die Rundung auf die gewünschte Stellenzahl ist nach Möglichkeit direkt und nicht schrittweise durchzuführen (Beispiele 12/30d, e).

Hinweis: Sollte doch eine schrittweise Rundung erforderlich sein, dann gilt für den Fall, daß eine 5

- durch Aufrunden entstanden ist: Im nächsten Schritt wird abgerundet (Beispiel 12/30f),
- durch Abrunden entstanden ist: Im nächsten Schritt wird aufgerundet (Beispiel 12/30g).

BEISPIEL 12/30

Die zu rundende Stelle ist unterstrichen.

a) $37\underline{4}2 \approx 3740$	e) $62\underline{3},57 \approx 624$
b) $64,\underline{3}8 \approx 64,40$	f) $0,1\underline{4}7 \approx 0,\underline{1}5 \approx 0,1$
c) $75\underline{2}50 \approx 75300$	g) $0,2\underline{5}4 \approx 0,\underline{2}5 \approx 0,3$
d) $62\underline{3},48 \approx 623$	

(2) Überschlagen

Unter dem Bilden eines Überschlags versteht man das Ermitteln von Näherungswerten für Terme, in denen Zahlen durch Operationszeichen verknüpft sind, durch Verändern der Zahlen mit dem Ziel, die Operationen mündlich ausführen zu können.
Das Verändern der Zahlen braucht nicht durch Anwenden der Rundungsregeln zu erfolgen.
Ein Überschlag kann zur Kontrolle für die Größenordnung des Ergebnisses dienen.

BEISPIEL 12/31

Bei der Multiplikation $48,6 \cdot 7,31$ ist der Überschlag $50 \cdot 7 = 350$. Die Rechnung liefert 355,266, gerundet auf 355, weil die Ausgangsdaten drei zuverlässige Ziffern haben.

(3) Abschätzen

Unter dem Abschätzen versteht man das Ermitteln von Näherungswerten für Terme, in denen Zahlen vorkommen oder Zahlen durch Operationszeichen verknüpft sind, durch Angabe von Schranken mit Hilfe von Ungleichungen bzw. Intervallen. Das Abschätzen ist oft ein zweimaliges Überschlagen.

BEISPIEL 12/32

Das Produkt $7{,}83 \cdot 3{,}25$ ist bestimmt nicht kleiner als $7 \cdot 3 = 21$ und nicht größer als $8 \cdot 4 = 32$, also

$$21 < 7{,}83 \cdot 3{,}25 < 32.$$

$7{,}83 \cdot 3{,}25 = 25{,}4475$, gerundet auf drei zuverlässige Ziffern:
$\approx 25{,}4$

12.4.5. Näherungswerte von Potenzen

Aus dem binomischen Lehrsatz (↗ 12.3.4.)

$$(a + b)^n = \sum_{k=1}^{n} \binom{n}{k} a^{n-k} b^k \quad \text{für } a, b, n \in \mathbf{R}$$

erhält man für $a = 1$ und $b = x$

$$(1 + x)^n = 1 + nx + \frac{n(n-1)}{2} x^2 + \ldots + x^n \quad \text{mit}$$
$$n \neq -1.$$

Wenn x eine sehr kleine positive Zahl ist, ausgedrückt durch $|x| \ll 1$, werden die höheren Potenzen von x erst recht sehr klein (z. B. $x = 0{,}01$; $x^2 = 0{,}0001$).
Berücksichtigt man in dieser Entwicklung die Darstellung bis zum linearen Glied in x, so bezeichnet man diesen Näherungswert als **erste Näherung**, berücksichtigt man die Darstellung bis zum quadratischen Glied in x, dann heißt dieser Näherungswert **zweite Näherung** der Potenz des Binoms $(1 + x)$. In der Praxis wird oft nur die erste Näherung benötigt.
Im einzelnen erhält man folgende **Näherungsformel für Potenzen** in erster Näherung:

$$(1 + x)^n \approx 1 + nx \quad \text{mit} \quad x, n \in \mathbf{R} \quad \text{und} \quad |x| \ll 1$$

(1) $n \in \mathbf{N}$:

$(1 + x)^2 \approx 1 + 2x, \qquad (1 + x)^3 \approx 1 + 3x$ usw.

BEISPIEL 12/33

a) $1{,}021^2 = (1 + 0{,}021)^2 \approx 1 + 2 \cdot 0{,}021 = 1{,}042$

b) $0{,}988^3 = (1 - 0{,}012)^3 \approx 1 - 3 \cdot 0{,}012 = 1 - 0{,}036 = 0{,}964$

(2) $n \in \mathbf{Z},\ n < 0,\ x \neq -1$

$$\frac{1}{1 + x} = (1 + x)^{-1} \approx 1 - x$$

$$\frac{1}{(1 + x)^2} = (1 + x)^{-2} \approx 1 - 2x$$

BEISPIEL 12/34

a) $\frac{1}{1,03} = (1 + 0,03)^{-1} \approx 1 - 0,03 = 0,97$

b) $\frac{1}{0,98} = (1 - 0,02)^{-1} \approx 1 + 0,02 = 1,02$

c) $\frac{1}{1,024^2} = (1 + 0,024)^{-2} \approx 1 - 0,048 = 0,952$

(3) $n \in \mathbf{Q},\ x \neq -1$

$$\sqrt{1+x} = (1+x)^{\frac{1}{2}} \approx 1 + \frac{1}{2}x$$

$$\frac{1}{\sqrt{1+x}} = (1+x)^{-\frac{1}{2}} \approx 1 - \frac{1}{2}x$$

$$\left.\begin{aligned} \sqrt[q]{(1+x)^p} &= (1+x)^{-\frac{p}{q}} \approx 1 + \frac{p}{q}x \\ \frac{1}{\sqrt[q]{(1+x)^p}} &= (1+x)^{-\frac{p}{q}} \approx 1 - \frac{p}{q}x \end{aligned}\right\} \quad (p, q \in \mathbf{N},\ q \geqq 2)$$

BEISPIEL 12/35

a) $\sqrt{1,015} = (1 + 0,015)^{\frac{1}{2}} \approx 1 + \frac{1}{2} \cdot 0,015 = 1 + 0,0075$
$= 1,0075$

b) $\frac{1}{\sqrt{1,03}} = (1 + 0,03)^{-\frac{1}{2}} \approx 1 - \frac{1}{2} \cdot 0,03 = 1 - 0,015 = 0,985$

12.4.6. Fehlerrechnung

12.4.6.1. Zum Begriff »Fehler«

Beim Verwenden von rationalen Näherungswerten für reelle Zahlen im Interesse des praktischen Rechnens oder beim Messen von Größen (↗ 12.6.) treten Abweichungen des Näherungswertes vom wahren Wert auf, die **Fehler** genannt werden. Bei Rechnungen mit Näherungswerten »pflanzen sich die Fehler fort«. Mit Hilfe der Fehlerrechnung wird der Genauigkeitsgrad von Näherungswerten und der von Rechnungen, die mit Näherungswerten ausgeführt werden, untersucht.

12.4.6.2. Absoluter und relativer Fehler, Fehlerschranken

Ist a ein Näherungswert (Ist-Wert) für den wahren Wert (Soll-Wert) x einer Zahl oder Größe (↗ 12.6.), so schreibt man $x \approx a$ (gelesen »x ist angenähert a«).

Die Abweichung eines Näherungswertes a vom wahren Wert x drückt die Güte des Näherungswertes aus: Je kleiner die Abweichung ist, desto genauer ist der Näherungswert.

Die Differenz zwischen dem Näherungswert a und dem wahren Wert x heißt **absoluter Fehler** und wird mit ε bezeichnet. Es gilt $\varepsilon = a - x$.

Für die Rechnung interessiert nur der Betrag des absoluten Fehlers:

$$|\varepsilon| = |a - x|.$$

Um verschiedene Näherungswerte vergleichen zu können, wird der **relative Fehler** eines Näherungswertes als Quotient aus dem Betrag des absoluten Fehlers und dem Betrag des wahren Wertes eingeführt: $\frac{|\varepsilon|}{|x|}$.
Der relative Fehler wird oft in Prozent angegeben: $\frac{|\varepsilon|}{|x|} \cdot 100\,\%$.

BEISPIEL 12/36

Wird die Zahl π mit dem Näherungswert 3,14 anstelle von 3,14159... angegeben, so ist der absolute Fehler $\varepsilon = 3{,}14 - 3{,}14159 = 0{,}00159$, der relative Fehler $\frac{|\varepsilon|}{\pi} \approx \frac{0{,}00159}{3{,}14159} \approx 0{,}000506$ bzw. $0{,}05\,\%$ (bzw. $0{,}5\,‰$).

Da in der Praxis (z. B. bei Messungen von Größen) der wahre Wert oft nicht bekannt ist, müssen Schranken für den absoluten bzw. relativen Fehler eines Näherungswertes angegeben werden. Eine positive Zahl $\Delta a \geqq |\varepsilon|$ heißt **Schranke für den absoluten Fehler** eines Näherungswertes a. Es gilt

$$-\Delta a \leqq \varepsilon \leqq \Delta a$$

bzw.

$$a - \Delta a \leqq x \leqq a + \Delta a,$$

dafür schreibt man auch $x = a \pm \Delta a$.
Eine **Schranke für den relativen Fehler** eines Näherungswertes a ist der Quotient aus der Schranke für den absoluten Fehler Δa und dem Betrag des Näherungswertes a; sie wird mit δ bezeichnet. Es gilt:

$$\delta = \frac{\Delta a}{|a|}.$$

12.4.6.3. Fehlerabschätzung beim Rechnen mit Näherungswerten

Bei der Ausführung der Grundrechenoperationen mit Näherungswerten sind die Ergebnisse ebenfalls Näherungswerte. Sind a, b Näherungswerte mit den Fehlerschranken $\Delta a, \Delta b$ für die Zahlen x, y (es seien $x = a \pm \Delta a$, $y = b \pm \Delta b$), dann gilt für die Schranken

bei der	für	für den absoluten Fehler	für den relativen Fehler
Addition	die Summe $s = x + y$	$\Delta(a+b) = \Delta a + \Delta b$	$\delta_S = \dfrac{\Delta a + \Delta b}{\lvert a+b \rvert}$
Subtraktion	die Differenz $d = x - y$	$\Delta(a-b) = \Delta a + \Delta b$	$\delta_D = \dfrac{\Delta a + \Delta b}{\lvert a-b \rvert}$
Multiplikation	das Produkt $p = x \cdot y$	$\Delta(a \cdot b) = \Delta a \cdot \lvert b \rvert + \Delta b \cdot \lvert a \rvert$	$\delta_P = \delta_a + \delta_b = \dfrac{\Delta a}{\lvert a \rvert} + \dfrac{\Delta b}{\lvert b \rvert}$
Division	den Quotienten $q = \dfrac{x}{y}$	$\Delta\left(\dfrac{a}{b}\right) = \dfrac{\Delta a \cdot \lvert b \rvert + \Delta b \cdot \lvert a \rvert}{b^2}$	$\delta_Q = \delta_a + \delta_b = \dfrac{\Delta a}{\lvert a \rvert} + \dfrac{\Delta b}{\lvert b \rvert}$

BEISPIEL 12/37

Gegeben seien $x = a \pm \Delta a = 5{,}21 \pm 0{,}03$ und $y = b \pm \Delta b = 4{,}47 \pm 0{,}02$.
In den Näherungswerten a, b sind nur die ersten beiden (Grund-) Ziffern zuverlässige Ziffern.

a) Schranken für den relativen Fehler der Näherungswerte a bzw. b:

$$\delta_a = \frac{\Delta a}{|a|} = \frac{0{,}03}{5{,}21} \approx 0{,}0058 \quad \text{bzw.} \quad 0{,}58\,\%$$

$$\delta_b = \frac{\Delta b}{|b|} = \frac{0{,}02}{4{,}47} \approx 0{,}0045 \quad \text{bzw.} \quad 0{,}45\,\%$$

b) Eine Schranke für den **absoluten Fehler des Produkts** $p = x \cdot y$:

$$\begin{aligned}\Delta(a \cdot b) &= \Delta a \cdot |b| + \Delta b \cdot |a| = 0{,}03 \cdot 4{,}47 + 0{,}02 \cdot 5{,}21 \\ &= 0{,}1341 + 0{,}1042 \approx 0{,}24.\end{aligned}$$

Da $a \cdot b = 5{,}21 \cdot 4{,}47 \approx 23{,}29$ ist, wird das Produkt durch $23{,}29 \pm 0{,}24$ angegeben. Die Angabe des Produkts $5{,}21 \cdot 4{,}47 = 23{,}2887$ würde eine unzulässige Genauigkeit vortäuschen, denn nur die ersten beiden Ziffern in jedem Näherungswert sind zuverlässige Ziffern.

Eine Schranke für den **relativen Fehler des Produkts** erhält man entweder durch $\delta_P = \dfrac{0{,}24}{23{,}29} \approx 0{,}0103$ oder durch $\delta_P = \delta_a + \delta_b \approx 0{,}0058 + 0{,}0045 \approx 0{,}0103$ bzw. $1{,}03\,\%$.

12.5. Rechenhilfsmittel

12.5.1. Zahlentafeln

In Tafelwerken sind neben Tafeln einiger Konstanten zur Erleichterung des numerischen Rechnens Funktionswerte elementarer Funktionen (quadratische, kubische Funktionen, Wurzel-, Logarithmus-, Exponential- und Winkelfunktionen) tabellarisch zusammengestellt. Diese »Zahlentafeln« enthalten Näherungswerte in der Form gerundeter Zahlen (also mit einer Genauigkeit von 0,5 Einheiten des Stellenwertes der letzten Stelle).
Es gibt Tafeln mit einem Eingang (z. B. Quadrattafel, Logarithmentafel) und solche mit zwei Eingängen (z. B. Tafeln der Winkelfunktionswerte).

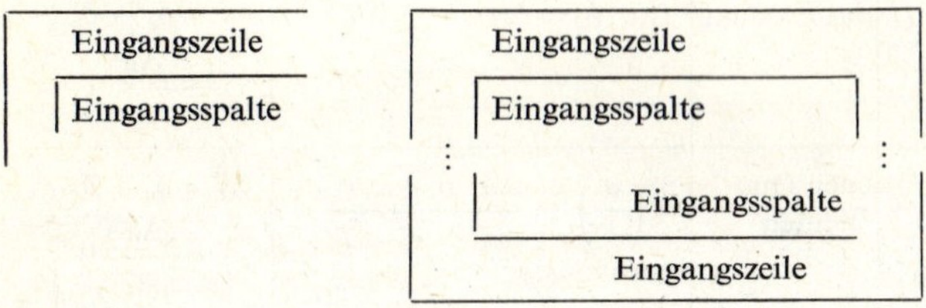

Bild 12/12

Zu jedem Eingang gehört eine Eingangsspalte und eine Eingangszeile, die die Argumente enthalten (Bild 12/12). Das Tafelfeld enthält die zugehörigen Funktionswerte.

12.5.2. Der elektronische Taschenrechner

Die Entwicklung der Mikroelektronik ermöglichte die Konstruktion von leistungsstarken elektronischen Rechenanlagen im Kleinstformat. Elektronische Taschenrechner (ETR) sind Digitalrechner [digit (engl.) Grundziffer], d. h., die zu verarbeitenden Daten werden als endliche Impulsfolgen dargestellt. Sie dienen zur Erleichterung des Zahlenrechnens durch Entlastung von zeitraubender Tätigkeit. Ihre Bedienung erfordert mathematische Kenntnisse, um sie voll einzusetzen.
Unter der Vielzahl von Typen elektronischer Taschenrechner sollen hier nur **ETR mit algebraischer Logik** erläutert und beschrieben werden. Sie unterscheiden sich von den ETR mit arithmetischer Logik dadurch, daß sie eine besondere Ergebnistaste [=] haben. Es gibt ETR mit algebraischer Logik

ohne Hierarchie | **mit Hierarchie** | **mit Klammertasten.**

Die Aufgaben werden in der Weise eingegeben, wie sie schriftlich fixiert sind. Dabei wird von den Rechnern mit Hierarchie (griech. Rangord-

nung) die Punktrechnung (Rechenoperationen 2. Stufe) vorrangig vor der Strichrechnung (Rechenoperationen 1. Stufe) ausgeführt. Bei Rechnern mit Klammertasten wird die Rechnung der Klammersetzung entsprechend ausgeführt.
Um festzustellen, ob ein vorliegender Rechner eine Hierarchie besitzt, wird die Aufgabe $2 \cdot 3 + 4 \cdot 5$ mit dem Rechner gelöst. Ein Rechner ohne Hierarchie rechnet: $2 \cdot 3 = 6$, $6 + 4 = 10$, $10 \cdot 5 = 50$, Ergebnis 50; ein Rechner mit Hierarchie führt die Punktrechnung vor der Strichrechnung aus: $6 + 20 = 26$, Ergebnis 26.
(Auf ETR mit arithmetischer Logik, auf ETR mit Umgekehrter Polnischer Notation – zu erkennen an einer Taste [↑] oder [ENTER] – und auf programmierbare ETR wird hier nicht eingegangen.)
Zum äußeren Aufbau eines ETR gehören

- ein Ein- und Ausschalter, mit ON (engl. ein) bzw. OFF (engl. aus)
- eine Zahlenanzeige
- ein Tastenfeld
- evtl. weitere Schalter bei leistungsfähigeren Rechnern.

Grundsätzlich beachte man die Bedienungsanleitung des Rechners!
Das Tastenfeld besteht aus folgenden Tastengruppen:

1. Die **Eingabetasten** für die Ziffern 0 bis 9, eine Taste für den »Dezimalpunkt« anstelle des üblichen Dezimalkommas, Tasten für Konstanten (z. B. [π]), eine Taste für den Vorzeichenwechsel (mit [+/−] oder [CHS] (change sign) bezeichnet).
   Soll die gesamte Eingabe und die Rechnung gelöscht werden, ist die Taste [C] [für clear (engl.) reinigen], soll nur die letzte Eingabe gelöscht werden, ist die Taste [CE] zu drücken.
2. **Die Operationstasten** für die vier Grundrechenarten: [+] [−] [×] [÷] sowie die Ergebnistaste [=].
3. **Die Funktionstasten** für [$\frac{1}{x}$], [x^2], [$\sqrt{x}$], [x^n] finden sich auch auf einfachen Rechnern, kompliziertere Rechner für wissenschaftliche Arbeiten enthalten Tasten für [log], [ln], [e^x], [10^x], [x^y], für die Winkelfunktionen [sin], [cos], [tan], deren Umkehrfunktionen (die Arcusfunktionen), sowie die Hyperbelfunktionen (z. B. sinh, cosh). Bei der Bedienung dieser Tasten ist zu beachten, daß zuerst die Taste für das Argument und danach die Taste für die Funktion zu drücken ist.

Bei manchen Rechnern sind die Tasten doppelt belegt. Vor der Benutzung dieser Tasten ist die Umschalttaste [F] zu drücken.
Bei Rechnern für wissenschaftliche Arbeiten gibt es einen Schalter [RAD – DEG] [Abkürzung für radiant, Einheit für das Bogenmaß, und degree (engl.) Grad, Einheit für das Gradmaß], der bedient werden muß, je nachdem, ob das Argument einer Winkelfunktion im Bogenmaß oder im Gradmaß eingegeben wird.

4. **Die Speichertasten** dienen zur Aufbewahrung von Zwischenergebnissen im Rechner zur späteren Wiederverwendung. Durch Drücken der Taste [M] [Abkürzung für memory (engl.) Gedächtnis] wird der Inhalt des Registers X in den Speicher übertragen. Durch Drücken der Tasten [MR] oder [RM] (memory recall) erfolgt der Rückruf aus dem Speicher in das Eingaberegister X; der Inhalt des Speichers bleibt weiterhin erhalten. Durch Drücken der Taste [CM] oder [MC] (clear memory) wird der Speicherinhalt gelöscht.
Auf manchen ETR gibt es rechnende Speicher; deren Tasten sind folgendermaßen bezeichnet:
[M+] Der Inhalt des Eingaberegisters X wird zum bisherigen Speicherinhalt addiert. Entsprechende Bedeutung haben die Tasten: [M–], [M×], [M÷].

Viele Rechnertypen werden mit Batterien betrieben. Bei zu geringer Spannung können fehlerhafte Ergebnisse auftreten. Als Test für die Beanspruchung aller Teile der Zahlenanzeige wird die Aufgabe
1,2345679 · 7,2
angegeben. Funktionieren alle Teile richtig, muß das Ergebnis 8,8888888 sein.
Zur Ausführung der Rechnungen besitzt jeder Rechner mindestens zwei **Register:** das Eingaberegister X mit Anzeige und das Rechenregister Y. Werden die Ziffern einer Zahl über die Tastatur in den Rechner eingegeben, dann gelangen sie in das Eingaberegister X und erscheinen sofort in der Zahlenanzeige. Durch das Drücken einer Operationstaste wird der Inhalt des Eingaberegisters X in das Rechenregister Y übertragen. Ist nun eine weitere Zahl über die Tastatur in das Eingaberegister X eingegeben worden, wird durch das Drücken der Ergebnistaste [=] oder durch das Drücken einer weiteren Operationstaste die vorher eingegebene Operation ausgeführt und das Ergebnis der Rechnung in das Eingaberegister übernommen und erscheint in der Zahlenanzeige. Durch das Drücken der Taste [X ↔ Y] wird der Registeraustausch bewirkt.

Kapazität eines Rechners: Zeigt ein Rechner ganze Zahlen bis zu 8 Stellen an, beträgt die Kapazität $\pm 10^{-7}$ bis $\pm 10^8 - 1$. Der Rechner zeigt dann bis zu 7 Dezimalstellen an. Überschreitet der Dezimalbruch 8 Stellen, dann werden die weiteren Dezimalstellen unterdrückt (Maschinenzahl). Dezimalbrüche, die kleiner als 1 sind, werden mit höchstens 7 Dezimalen angegeben. Wird die Kapazität des Rechners in einem Zwischen- oder Endergebnis überschritten, erscheint die Überlaufanzeige, durch ein E am Ende der Zahlenanzeige bezeichnet.

BEISPIEL 12/38

12345 × 12345 = 1.5239902 E

Wird eine mathematisch nicht erlaubte Operation eingegeben, z. B. 1 : 0, $\sqrt{-3}$, dann erscheint die Anzeige 0 E.
Eine negative Zahl wird bei vielen Rechnern durch ein Minuszeichen hinter der Zahl bezeichnet.
Neben dieser **Festkommadarstellung** von Zahlen verfügen Rechner für wissenschaftliche Arbeiten über eine **Gleitkommadarstellung** von Zahlen. Sie ist dann nützlich, wenn sich die zu verarbeitenden Zahlen in ihrer Größenordnung wesentlich voneinander unterscheiden. Eine Zahl z wird durch $z = m \cdot 10^e$ in Gleitkommadarstellung angegeben, wobei m die Mantisse (fünfstellig) und e der Exponent (höchstens zweistellig) heißen. In der Zahlenanzeige werden Mantisse und Exponent nacheinander angegeben.

BEISPIEL 12/39

a) 23078963 wird angegeben durch 2.3078 07

b) 0,00000023078963 wird durch 2.3078 −07 angegeben.

Manche Rechner besitzen eine **Stellenzahlautomatik.** Da jeder Rechner alle Aufgaben im Bereich der Stellenzahl ausrechnet, die ihm zur Verfügung steht, und da in vielen Fällen der Praxis eine Genauigkeit auf weniger Stellen ausreicht, als zur Verfügung stehen, kann mit Hilfe einer Stellenzahlautomatik von vornherein festgelegt werden, auf wieviel Stellen nach dem Komma das Ergebnis genau berechnet und angegeben werden soll. Dann ist ein zusätzlicher Schalter angebracht

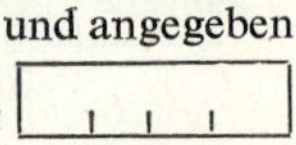

F 2 4

In der Stellung F wird die volle Stellenzahl angegeben.

Zum Rechnen mit elektronischen Taschenrechnern

Die folgenden Beispiele werden für ETR mit algebraischer Logik, ohne Hierarchie, mit einem einfachen Speicher, ohne Klammertasten angegeben.

BEISPIEL 12/40

a) $54{,}31 + 2{,}386 - 47{,}83 - 9{,}231$

Tastfolge		Zahlenanzeige	Bemerkungen
Eingabe	Operation		
	C	0.	
54,31	+	54.31	
2,386	−	56.696	
47,83	−	8.866	
9,231	=	0.365−	negative Zahl

Ergebnis: $\underline{\underline{-0{,}365}}$

b) $4{,}674 \cdot (3{,}553 - 2{,}694)$
Es ist zweckmäßig, den Klammerinhalt zuerst auszurechnen:

Tastfolge		Zahlenanzeige	Bemerkungen
Eingabe	Operation		
	C	0.	
3,553	−	3.553	
2,694	×	0.859	
4,674	=	4.014966	

Ergebnis: $\approx \underline{\underline{4{,}015}}$

c) $2{,}13 \cdot 3{,}05 + 3{,}47 \cdot 4{,}61 + 4{,}86 \cdot 5{,}39$

Tastfolge		Zahlenanzeige	Bemerkungen
Eingabe	Operation		
	C	0.	
2,13	×	2.13	
3,05	=	6.4965	
	M+	6.4965ᴹ	
3,47	×	3.47ᴹ	

Fortsetzung Tab. c)

Tastfolge		Zahlenanzeige	Bemerkungen
Eingabe	Operation		
4,61	=	15.9967^{M}	
	+	15.9967^{M}	
	MR	6.4965^{M}	Rückruf aus dem Speicher
	=	22.4932^{M}	
	CM	22.4932	Löschen des Speicherinhalts »6.4965«
	M+	22.4932^{M}	Eingabe in den Speicher
4,86	×	4.86^{M}	
5,39	=	26.1954^{M}	
	+	26.1954^{M}	
	MR	22.4932^{M}	Rückruf aus dem Speicher
	=	48.6886^{M}	

Ergebnis: $\approx 48{,}69$

d) $\dfrac{5{,}4 \cdot 2{,}3 + 10{,}6 \cdot 3{,}2}{4{,}3 \cdot 1{,}2}$

Tastfolge		Zahlenanzeige	Bemerkungen
Eingabe	Operation		
	C	0.	
5,4	×	5.4	
2,3	=	12.42	
	M+	12.42^{M}	
10,6	×	10.6^{M}	

Fortsetzung Tab. d)

Tastfolge		Zahlenanzeige	Bemerkungen
Eingabe	Operation		
3,2	[=]	33.92^{M}	
	[+]	33.92^{M}	
	[MR]	12.42^{M}	Rückruf aus dem Speicher
	[=]	46.34^{M}	
	[CM]	46.34	
	[÷]	46.34	
4,3	[÷]	10.776744	
1,2	[=]	8.98062	

Ergebnis: $\approx 8{,}98$

Potenzen mit natürlichen Exponenten werden durch mehrmaliges Multiplizieren, Potenzen mit ganzzahligen negativen Exponenten durch mehrmaliges Dividieren mit jedem ETR berechnet. Bei Rechnern für wissenschaftliche Arbeiten gibt es eine Taste [Y^x], die Potenzen mit beliebigen Exponenten zu berechnen gestattet, also auch Wurzeln, denn es gilt $\sqrt[n]{a} = a^{\frac{1}{n}}$. Sollten auf dem ETR keine Tasten für Winkelfunktionen vorhanden sein, kann mit den der Zahlentafel für Winkelfunktionswerte entnommenen Werten auf dem ETR gearbeitet werden.
Wurzeln können mit dem Taschenrechner durch ein Iterationsverfahren ermittelt werden (↗ 12.1.1. Beispiel 12/1).

Tastatur von elektronischen Taschenrechnern

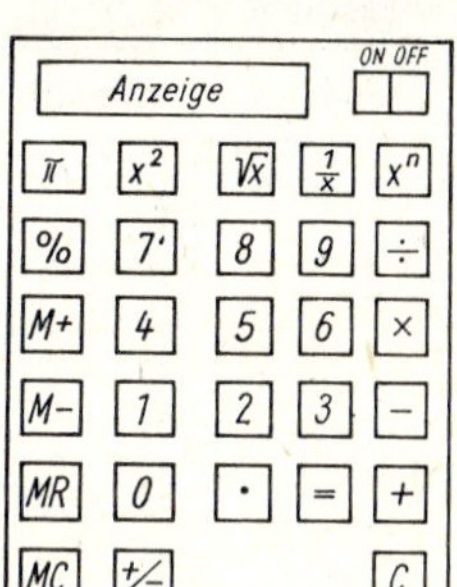

ETR mit algebraischer Logik, ohne Hierarchie mit einem Speicher und einfachen Funktionen ohne Klammertasten

Bild 12/13

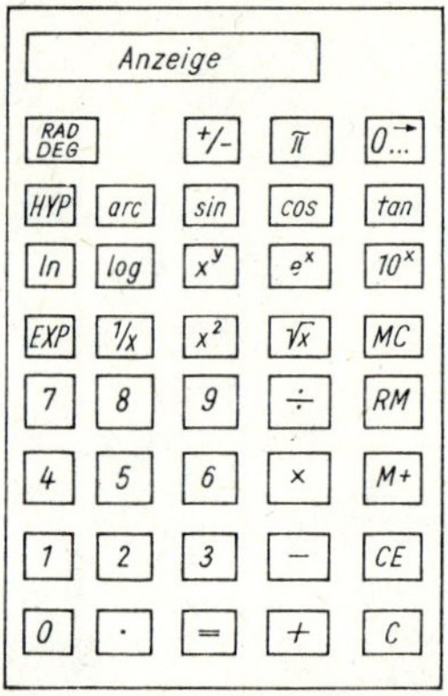

ETR mit algebraischer Logik, mit Hierarchie und einem Speicher und komplizierteren Funktionen ohne Klammertasten

Bild 12/14

12.6. Zum Rechnen mit Größen

12.6.1. Zum Begriff »Größe«

Geometrische Objekte, physikalische Objekte, Zustände und Vorgänge haben meßbare Eigenschaften. Das Merkmal eines solchen Objekts, das qualitativ charakterisiert und quantitativ ermittelt werden kann, wird **physikalische Größe** genannt (oft auch kurz »Größe«).
Der **Wert einer physikalischen Größe** kann mit Hilfe von *Messungen* auf experimentellem Weg bestimmt werden, wobei diese Größe mit einer vorgegebenen Größe der gleichen Art quantitativ verglichen wird (**Meßgröße** genannt). Das Messen (einschließlich Gebrauch der Meßinstrumente) ist jedoch nicht Gegenstand der Mathematik.
Eine physikalische Größe, deren Wert durch eine *Zählung* bestimmt wird, heißt **Zählgröße** (z. B. die Anzahl der Schüler einer Klasse, die Anzahl der Umdrehungen eines Rades, die Anzahl der Windungen einer Spule).
Dem Begriff »Meßgröße« liegt folgender mathematischer Sachverhalt zugrunde: Größen, die beim Messen zu derselben Ablesung führen, heißen **äquivalent**, z. B. sind Strecken, die zur gleichen Ablesung führen, äquivalent. Das ermöglicht die Bildung von *Äquivalenzklassen* in der Menge der Strecken. Jede Klasse äquivalenter (d. h. gleich langer) Strecken ist eine **Größe der Qualität** (Größenart) Länge. Eine spezielle Äquivalenzklasse, zu der eine Strecke gehört, die Licht im Vakuum während der Zeit von 1/299 792 458 Sekunden durchläuft, ist die Größe »Länge von einem Meter«. Sie dient als Einheit der Basisgröße »Länge« im SI (Système International d'Unités, dem Internationalen Einheitensystem).

Übersicht über die Basisgrößen des SI

Basisgröße (Formelzeichen)	Basiseinheit (Einheitenzeichen)
Länge (l)	Meter (m)
Masse (m)	Kilogramm (kg)
Zeit (t)	Sekunde (s)
Stromstärke (I)	Ampere (A)
Temperatur (T)	Kelvin (K)
Stoffmenge (n)	Mol (mol)
Lichtstärke (I_v)	Candela (cd)

Ergänzende SI-Einheiten

Ebener Winkel (α, β, ...)	Radiant (rad)
Raumwinkel (Ω)	Steradiant (sr)

Über die aus den Basisgrößen abgeleiteten Größen informiere sich der Leser in dem Buch von Horst Kuchling, Physik. Größen gleicher Qualität heißen **gleichartige Größen.**

Um mit physikalischen Größen rechnen zu können, muß eine zugehörige algebraische Größenstruktur existieren, die das Rechnen nach den bekannten Regeln erlaubt. Das ist für die Basisgrößen der Vektorraum V der Dimension 1 über dem kommutativen Körper **R** (↗ 2.7.2.).

Ist V ein Vektorraum der Dimension 1 über dem Körper der reellen Zahlen, so heißt V **Größenstruktur erster Stufe** über **R,** und jedes Element von V heißt **Basisgröße.**

Insofern heißen Größen gleichartig, wenn sie demselben Vektorraum angehören.

Zusammenhang zwischen physikalischen Größen und der algebraischen Struktur Vektorraum:

Mathematik	Physik
Vektorraum V als Menge aller zueinander gleichartigen Größen	**Qualität der Größe** als gemeinsames Merkmal aller zueinander gleichartigen Größen
Basiselement $\boldsymbol{a}$	Einheit
$a \in \mathbf{R}$	Zahlenwert

Es existieren **Größenstrukturen 2. Stufe**, die Größenstrukturen 1. Stufe enthalten (d. h. solche, in denen Addition, Subtraktion und Multiplikation mit einer reellen Zahl möglich sind); außerdem ist das Bilden von Potenzen der Elemente von V möglich. Beispiele: Flächeninhalt (1 m^2), Volumen (1 m^3), Frequenz (1 s^{-1}).

In **Größenstrukturen 3. Stufe** können beliebige Elemente von V miteinander multipliziert und gleichartige Größen addiert werden. Beispiele: Kraft $\left(1 \text{ Newton} = 1 \frac{\text{kg m}}{\text{s}^2}\right)$, Elektrizitätsmenge (1 Coulomb = 1 A s).
Es entspricht den Erfahrungen der Praxis, wenn eine physikalische Größe $\boldsymbol{a}$ als Element eines *eindimensionalen* Vektorraums A über dem Körper **R** der reellen Zahlen aufgefaßt wird.
Dann folgt aus den Axiomen der Struktur Vektorraum (↗ 2.7.2.):

1. Der Wert einer physikalischen Größe $\boldsymbol{a}$ kann als Multiplikation eines Vektors $\boldsymbol{b}$ mit einer reellen Zahl b oder als »Produkt« aus Zahlenwert b und Einheit $\boldsymbol{b}$ aufgefaßt werden. So schreibt der Praktiker oft: »Der Wert der Größe A ist das Produkt aus dem Zahlenwert von A und der Einheit von A«.
   Beim Umrechnen auf kleinere oder größere Einheiten gilt: $\boldsymbol{b} = 10^n \boldsymbol{b}_1$ mit $n \in \mathbf{Z}$.

2. Zwei *gleichartige* Größen $\boldsymbol{a}_1$, $\boldsymbol{a}_2$ mit $\boldsymbol{a}_1 = b_1\boldsymbol{b}$ bzw. $\boldsymbol{a}_2 = b_2\boldsymbol{b}$ sind gleich genau dann, wenn die Zahlenwerte b_1; b_2 gleich sind; d. h., $\boldsymbol{a}_1 = \boldsymbol{a}_2$ genau dann, wenn $b_1 = b_2$ ist.
   Für gleichartige Größen gilt die Kleiner- bzw. Größerbeziehung: $\boldsymbol{a}_1 < \boldsymbol{a}_2$ genau dann, wenn $b_1 < b_2$ ist.

3. **Rechenoperationen mit Größen**

   Es seien $\boldsymbol{a}_1 = b_1\boldsymbol{b}$; $\boldsymbol{a}_2 = b_2\boldsymbol{b}$ $(b_2 \neq 0)$, $\boldsymbol{a}_2 \neq \boldsymbol{o}$; $\boldsymbol{a}_3 = c\boldsymbol{c}$ $(c \neq 0)$, $\boldsymbol{a}_3 \neq \boldsymbol{o}$, dann gilt:

   (1) $\boldsymbol{a}_1 + \boldsymbol{a}_2 = b_1\boldsymbol{b} + b_2\boldsymbol{b} = (b_1 + b_2)\,\boldsymbol{b}$
   (2) $\boldsymbol{a}_1 - \boldsymbol{a}_2 = b_1\boldsymbol{b} - b_2\boldsymbol{b} = (b_1 - b_2)\,\boldsymbol{b}$
   (3) $\boldsymbol{a}_1 \cdot \boldsymbol{a}_2 = b_1\boldsymbol{b} \cdot b_2\boldsymbol{b} = (b_1 \cdot b_2)\,\boldsymbol{b}^2$
   (4) $\boldsymbol{a}_1 \cdot \boldsymbol{a}_3 = b_1\boldsymbol{b} \cdot c\boldsymbol{c} = (b_1 \cdot c)\,\boldsymbol{bc}$
   (5) $\boldsymbol{a}_1 : \boldsymbol{a}_2 = (b_1\boldsymbol{b}) : (b_2\boldsymbol{b}) = b_1 : b_2$
   (6) $\boldsymbol{a}_1 : \boldsymbol{a}_3 = (b_1\boldsymbol{b}) : (c\boldsymbol{c}) = \frac{b_1}{c}\,\boldsymbol{b}\boldsymbol{c}^{-1}$

Damit ist gezeigt, daß man mit Größen wie mit Zahlen »rechnen« kann.

BEISPIEL 12/41

a) 3 m < 5 m

b) 3 m + 5 m = 8 m

c) 3 m · 5 m = 15 m^2

d) 3 A · 5 s = 15 A s = 15 C

e) 3 m : 5 m = 0,6

f) 3 m : 5 s = 0,6 m s^{-1}

12.6.2. Zum Arbeiten mit Größen

(1) In 12.6.1. wurde begründet, daß mit Größen »gerechnet« werden kann. Bei der Verwendung von Variablen ist stets zu beachten, daß in ein und demselben Zusammenhang ein Zeichen entweder als Variable für eine Größe oder als Variable für den Zahlenwert dieser Größe verwendet wird.
(2) Bezeichnen in einer Aufgabe die Variablen Größen, so ist stets der Grundbereich der Variablen (mit evtl. erforderlichen Einschränkungen) anzugeben.
Beim Lösen von Gleichungen ist es zweckmäßig, eine *Größengleichung* (eine Gleichung, in der die Zeichen physikalische Größen bedeuten) so umzuformen, daß eine »allgemeine Lösung« der Gleichung angegeben werden kann. In diese Lösung werden anschließend die Größen mit Zahlenwert und Einheit eingesetzt, so daß die »numerische Lösung« entsteht.
(3) Da Größen oft durch Messungen ermittelt werden, sind deren Zahlenwerte auf Grund von objektiven und subjektiven Bedingungen stets mit Fehlern behaftet und deshalb *Näherungswerte*. Näherungswerte treten auf

- beim Schätzen (Vergleich mit bekannten Größen ohne Einsatz von Meßinstrumenten)
- beim Messen (Vergleich mit einer festgelegten Einheit mit Hilfe von Meßinstrumenten)
- beim Runden [nach Rundungsregeln ↗ 12.4.4.(1)]
- beim Ersetzen nichtrationaler Zahlen durch rationale Näherungswerte
- beim Verwenden von Näherungsformeln
- beim Arbeiten mit Rechenhilfsmitteln.

Zum Arbeiten mit Näherungswerten ↗ 12.4.3.

13. Aus der Informatik

13.1. Informatik – eine junge Wissenschaftsdisziplin

In den letzten zwei Jahrzehnten hat sich die Wissenschaftsdisziplin *Informatik* stürmisch entwickelt.
In dem jahrhundertelangen Bemühen der Menschen, Maschinen zur Ausführung von Rechnungen zu konstruieren, gelang im Jahre 1941 dem deutschen Bauingenieur KONRAD ZUSE (geb. 1910) der Bau der ersten programmgesteuerten Rechenanlage Z 3. In dem Bestreben, die im Bauwesen erforderlichen, oft wiederkehrenden Rechnungen von einer Maschine ausführen zu lassen, wurden die mechanischen Bauteile von Ziffernrechenmaschinen [**Digitalrechner** genannt, von digit (engl.) Ziffer] durch elektrische Bauteile, vor allem Relais, ersetzt. Durch Verwendung von Elektronenröhren wurde 1946 in den USA der erste elektronische Rechner ENIAC konstruiert. Damit begann eine stürmische technische Entwicklung. Zwei Probleme standen zur Bearbeitung:

Die Arbeitsgeschwindigkeiten und die Informationsspeicher dieser Anlagen so groß wie möglich zu machen. Die »Röhrenrechner«, Rechenanlagen der 1. Generation, mit einer Arbeitsgeschwindigkeit von 10^3 Elementaroperationen je Sekunde, wurden um das Jahr 1958 von transistorisierten Rechenanlagen, den Rechenanlagen der 2. Generation, abgelöst. Um das Jahr 1966 wurden dann die seit Anfang der 60er Jahre auf Grund der Entwicklung der Mikroelektronik geschaffenen Rechenanlagen mit integrierten Schaltkreisen mit 10^6 Elementaroperationen je Sekunde eingesetzt, die man als Rechenanlagen der 3. Generation bezeichnet. Die schnelle Weiterentwicklung der Mikroelektronik ermöglichte die Konstruktion von Rechenanlagen der 4. Generation Anfang der 70er Jahre; das sind Computer, die weniger Platz einnehmen, ein geringeres Gewicht haben und wesentlich weniger Energie aufnehmen. So wurde es möglich, auch Heimcomputer zu entwickeln.
Heute gibt es verschiedenste **Computersysteme** (auch Datenverarbeitungsanlagen oder Rechner genannt). Ihnen allen ist gemeinsam, daß über eine Tastatur Ziffern, Buchstaben und andere Zeichen eingegeben werden können. Damit ist es möglich, Zahlen und Text, d. h. Daten, in den Computer einzugeben, die vom Computer »verarbeitet« werden: Der Computer speichert, rechnet und berechnet, vergleicht, prüft, sortiert und druckt (wobei unter Drucken jedes maschinelle Beschriften von Papier verstanden werden soll). Alle Berechnungen und Vergleiche wer-

den in der Zentraleinheit eines Computers ausgeführt, die aus Hauptspeicher, Steuerwerk und Rechenwerk besteht. Auf die technische Ausrüstung eines Computers und die technische Realisierung der Operationen, die *Hardware*, kann hier nicht eingegangen werden.
Heute stehen moderne Computer unterschiedlicher Größe und Leistungsfähigkeit als unentbehrliche Helfer in Wissenschaft, Technik und Ökonomie zur Verfügung. Um sie zu nutzen und effektiv einzusetzen, werden qualifizierte Kräfte benötigt, die die Grundlagen der Datenverarbeitung beherrschen. Wenn auch von den Herstellern der Computer Programmunterlagen, die *Software*, mitgeliefert werden, ist es doch erforderlich, daß sich der Nutzer mit den Programmierungsmöglichkeiten vertraut macht.
In einem Großcomputer können mehrere Nutzer über *Terminals* (Datenplätze, Tastatur mit Bildschirmen oder Druckern gekoppelt) ihre Programme gleichzeitig eingeben, die von Computern getrennt bearbeitet werden. Man nennt dieses rationelle Verfahren »Time-sharing«.
Besondere Bedeutung haben in jüngster Zeit *Tischcomputer* gewonnen, die einen *Dialog* mit dem Computer ermöglichen (Lösen mathematischer Aufgaben ohne langwierige Rechnungen, Test eines Programms, Bearbeitung eines Lernprogramms, Spiele gegen den Computer). Zu den Tischcomputern gehören die *Heimcomputer*, die mit einem handelsüblichen Fernsehgerät und einem Kassettenrecorder gekoppelt werden können.
Mit der Entwicklung automatisierter Informationssysteme entstand eine eigenständige Wissenschaftsdisziplin, die sich mit der Informationsverarbeitung im weiteren Sinne beschäftigt und **Informatik** genannt wird. Sie nutzt mathematische Grundlagen (z. B. Mengenlehre, mathematische Logik, Algebra, Graphentheorie, Numerik, Wahrscheinlichkeitstheorie) ebenso wie Ingenieurwissenschaften (z. B. Gerätetechnik der digitalen Informationsverarbeitung), die Programmiertechnik, Automatentheorie und Informationstheorie. Die Informatik nur als »Computer-Science« (Wissenschaft von der Theorie und der Konstruktion der Computer, ihrer Wirkungsweise und Anwendungen) zu verstehen wäre zu eng. Die Informatik beschäftigt sich auch mit der Integration des Computers in das gesellschaftliche Leben, indem sie abstrahierte Anwendungsfragen behandelt, deren Analyse theoretische Grundlagen zu effektiven Lösungen aktueller Aufgaben und zur Erschließung neuer Anwendungsgebiete liefert.
Insofern bestehen von der Informatik Beziehungen zu anderen Wissenschaften, wie zur Kybernetik, Sprachtheorie, Ökonomie, Psychologie, Dokumentationswissenschaft (im Bibliothekswesen), für die manchmal auch der Begriff »Informatik« verwendet wird und die letztlich ein wichtiges Anwendungsgebiet sind.
So versteht man unter *Informatik* die Wissenschaft von der Struktur und der Organisation von Informationsverarbeitungsprozessen unter Nutzung von Computern in einer Mensch-Maschine-Kommunikation.

Aus dem umfangreichen Stoff der Informatik soll in den folgenden Abschnitten Wesentliches über Programmiersprachen allgemein und über die Programmiersprache BASIC und ihre Anwendungen auf mathematischem Gebiet im besonderen dargestellt werden.

13.2. Über Programmiersprachen

(1) Soll ein Problem mit Hilfe eines Computers gelöst werden, dann muß ein Algorithmus gefunden werden, der in eine problemorientierte Programmiersprache übertragen wird. Dazu sind im allgemeinen folgende Lösungsschritte zu durchlaufen:

1. **Erkennen des Problems:** Der Bearbeiter muß das Problem erkannt und verstanden haben. Das zeigt sich darin, daß er die Problematik mit eigenen Worten wiedergeben kann.
2. **Bearbeiten des Problems:** Der Bearbeiter muß die Bedingungen analysieren und Methoden suchen, die zur Lösung des Problems dienen können. Es sind Hypothesen aufzustellen und in der Praxis zu überprüfen.
   Das Ergebnis der Bearbeitung ist durch einen *Algorithmus* (↗ 12.1.1.) anzugeben. Dabei ist zu beachten, daß nicht alle Probleme mit Hilfe von Algorithmen gelöst werden können, weil es Probleme gibt, für die
   - es nachweisbar keine Algorithmen gibt,
   - noch keine Algorithmen gefunden wurden.

   Durch eine bildhafte Beschreibung unter Verwendung von Symbolen (Flußdiagramm) kann der Algorithmus veranschaulicht werden. Er kann aber auch durch einen Text beschrieben werden. Dadurch entsteht ein *Programmentwurf.*
3. **Erarbeiten eines Programms:** Der Bearbeiter muß die einzelnen Anweisungen in der richtigen Reihenfolge (unter Nutzung des Programmentwurfs) niederschreiben.
4. **Eingeben und Testen des Programms:** Der Bearbeiter gibt sein Programm in den Computer ein und prüft die Richtigkeit durch Abarbeitung des Programms; evtl. aufgetretene Fehler werden lokalisiert und beseitigt.
5. **Speichern des Programms:** Der Bearbeiter speichert sein Programm auf einem Datenträger (z. B. Magnetband, Kassette, Diskette).
6. **Dokumentation:** Der Bearbeiter bewahrt den Programmentwurf, den Terminalausdruck und das auf einen Datenträger gespeicherte Programm zu einer evtl. späteren Nutzung auf.

(2) Unter einem **Programm** versteht man eine Folge von Anweisungen (auch Befehle genannt), die dem Computer mitteilen, wie dieses Problem gelöst wird. Dazu werden Daten in den Computer »eingelesen«, Berechnungen mit diesen Daten ausgeführt und die Ergebnisse ausgegeben.

Jedes Programm hat im allgemeinen folgenden *Aufbau*, wobei zu beachten ist, daß die Form der einzelnen Anweisungen in den verschiedenen Programmiersprachen unterschiedlich ist.

1. Die Variablen werden durch *Deklarationsanweisungen* definiert. Dabei werden Datenelemente verwendet, denen bei der Ausführung des Programms Werte zugewiesen werden oder zugewiesen sind.
2. Durch die *Operationsanweisungen* erfolgt die Abarbeitung der auszuführenden Operationen, deren Reihenfolge durch die Folge der aufgeschriebenen Anweisungen festgelegt ist.
3. Mit der *Anweisung* »END« o. ä. wird ein Programm beendet.
4. Durch *Kommentare* können Programmerläuterungen gegeben werden, die dem Nutzer zur Information dienen. Vom Computer werden sie nicht beachtet.

(3) Ein Computer »versteht« nur die eigens für ihn geschaffene Sprache. In der Zeit der Einführung der Datenverarbeitung mußte ein Programmierer alle Operationen in kleinste Teile, Elementaroperationen genannt, zerlegen und verschlüsselt dem Computer mitteilen. Ein solches **maschinenorientiertes Programm** ist unrationell, weil

- sich ein Programmierer erst in die komplizierten technischen Besonderheiten jedes Maschinentyps einarbeiten muß,
- die logische Struktur eines Programms verlorengehen kann; die Zerlegung in Einzelschritte erschwert die Kontrolle und Lesbarkeit.

Um alle Probleme kürzer und übersichtlicher niederschreiben und dadurch größere Aufgaben bewältigen zu können, wurden **problemorientierte Programmiersprachen** geschaffen. Dabei braucht sich der Programmierer nicht um den Datentransport in der Maschine zu kümmern. Er muß das Verfahren zur Lösung des vorliegenden Problems finden und formuliert seine Anweisungen in einer Programmiersprache, die seiner Fachsprache verwandt ist. Es wurden folgende »klassische« höhere Programmiersprachen geschaffen, die sich an der englischen Sprache orientieren:

Für wissenschaftliche und technische Probleme 1954 in den USA die Sprache FORTRAN (Abkürzung für **For**mula **Tran**slation), 1960 in Westeuropa die Sprache ALGOL 60 (**Algo**rithmic **L**anguage), für ökonomische Probleme 1960 die Sprache COBOL (**Co**mmon **B**usiness **O**riented **L**anguage), für technische und ökonomische Probleme 1965 die Sprache PL/1 (**P**rogramming **L**anguage).
Da sich diese Sprachen für jugendliche Anfänger als zu schwer erwiesen, schufen JOHN G. KEMENY und THOMAS E. KURTZ vom Dartmouth College (USA) im Jahre 1964 die Sprache BASIC (**B**eginner's **A**ll-purpose **S**ymbolic **I**nstruction **C**ode), die die großen technischen Möglichkeiten moderner Computer auszunutzen gestattet (↗ 13.3.). Sie ermöglicht die Gestaltung eines Dialogs zwischen Nutzer und Computer zu wissenschaftlich-technischen Problemen, auch zur Testung von Programmen.

Dialogsysteme verfügen neben der Problemsprache, in der die Lösung des Problems durch Anweisungen formuliert wird, noch über eine Kommandosprache, die der Führung des Dialogbetriebs dient. Von BASIC wurden den technischen Möglichkeiten der verschiedenen Computertypen entsprechend unterschiedliche Versionen (Weiterentwicklungen) geschaffen.

Von manchen Nutzern wird beklagt, daß BASIC den systematischen Programmentwurf (strukturierte Programmierung genannt) behindere. Unter **strukturierter Programmierung** versteht man die schrittweise Verfeinerung des algorithmischen Konzepts, wozu in den höheren Sprachen *Prozeduren* bzw. *Unterprogramme* dienen. Es gibt auch BASIC-Versionen, die solche Unterprogramme erlauben. Eine moderne Programmiersprache, die strukturierte Programmierung fordert, ist PASCAL. Sie wurde nach Analyse der Vorteile und der Nachteile der »klassischen« Programmiersprachen von Prof. N. WIRTH, Institut für Informatik an der ETH Zürich, 1971 geschaffen. BASIC und PASCAL sind *dialogorientierte Sprachen*.

(4) Um ein in einer problemorientierten Programmiersprache niedergeschriebenes Programm in einem Computer bearbeiten zu lassen, wird ein Übersetzerprogramm benötigt, das **Compiler** genannt wird und das die einzelnen Anweisungen des Programms in eine Folge von Maschinencodebefehlen umwandelt. Bei dialogorientierten Sprachen arbeitet ein **Interpreter** (z. B. ein BASIC-Interpreter) jede Anweisung Schritt für Schritt ab.

(5) Ergänzung der in 12.1.2. angegebenen Sinnbilder für ein Flußdiagramm (Programmablaufplan).

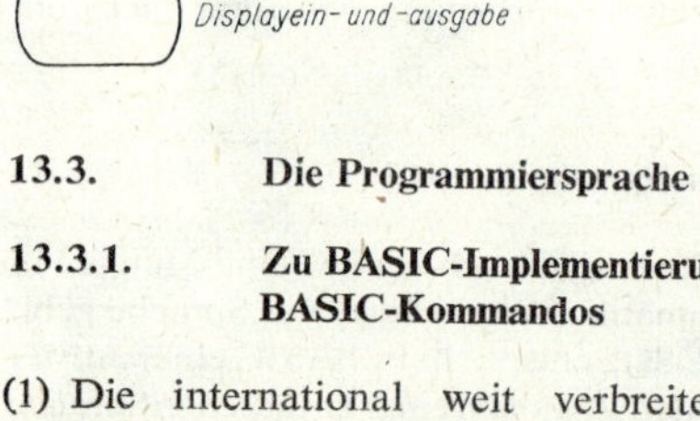

Bild 13/1

13.3. Die Programmiersprache BASIC

13.3.1. Zu BASIC-Implementierungen eines Computers: BASIC-Kommandos

(1) Die international weit verbreitete Dialogprogrammiersprache BASIC ist einfach handhabbar und dennoch leistungsfähig, weil sie mit einer geringen Anzahl von Anweisungen es ermöglicht, wissenschaftlich-technische Probleme adäquat niederzuschreiben. Sie verwendet dabei die allgemeine mathematische Notation, dient zur Lösung vielfältiger nume-

rischer Probleme, besitzt eine Bibliothek mathematischer Standardfunktionen, einschließlich einer Bibliothek von Matrixfunktionen, gestattet verschiedene Möglichkeiten der Anfertigung des Druckbildes, einschließlich der Darstellung von Funktionsgraphen, und ermöglicht eine Zeichenkettenverarbeitung (z. B. in Lehr- bzw. Lernprogrammen). Eine **BASIC-Implementierung** (darunter versteht man eine konkrete Realisierung von BASIC auf einem Computer) ermöglicht eine äußerst zweckmäßige Programmtestung und Programmabarbeitung im Dialog. Sie ergänzt dadurch sinnvoll die »klassischen« Programmiersprachen.
(2) Nach der Einführung der Sprache BASIC durch KEMENY und KURTZ entstanden bald verschiedene **Versionen**, die die Originalversion auf Grund der technischen Möglichkeiten der Computer oder wegen der zu bewältigenden Probleme weiterentwickelten. Deshalb ist es notwendig, daß sich der Nutzer dieser Sprache vor Beginn seiner Arbeit über die auf dem Computer implementierte BASIC-Version informiert und sich mit der Bedienungsanleitung am Terminal direkt vertraut macht. Dort erfährt er die **BASIC-Kommandos** (Steuerbefehle), die ohne Zeilennummer angegeben werden, für

- die Eingabe von Programmen,
- das Listen von Programmen (z. B. durch das Kommando LIST),
- das Ändern von Programmen (das ist rechnerspezifisch),
- das Abarbeiten von Programmen (z. B. durch das Kommando RUN),
- das Speichern von Programmen auf Datenträgern und das Wiedereinlesen von Programmen (rechnerspezifisch).

Jedes System hat seine Eigenheiten, die beachtet werden müssen. Es ist deshalb empfehlenswert, die erarbeiteten Programme sofort am Terminal zu überprüfen.
(3) In den folgenden Abschnitten wird das Grundlegende der Dialogprogrammiersprache BASIC dargestellt. Die als Bilder bezeichneten ausgedruckten Beispielprogramme wurden mit Hilfe der BASIC-Implementierung eines Kleinrechners erprobt. Dabei wurden numerische Probleme behandelt. Auf Zeichenkettenverarbeitung wird hier nicht eingegangen.

13.3.2. Grundelemente der Sprache BASIC

(1) Wie jede Programmiersprache besitzt auch BASIC eine Menge von Bausteinen, aus denen die (grammatikalischen) Sätze der Sprache gebildet werden können. Jeder solche Satz entspricht in BASIC einer Anweisung. Die Bausteine entsprechen den Vokabeln einer natürlichen Sprache. Dabei gibt es Begriffe mit einer genau festgelegten Bedeutung und solche, die frei wählbar sind. Jede Programmiersprache besitzt auch eine Grammatik. Durch syntaktische Regeln wird angegeben, wie die Sätze der Sprache gebildet werden können.

(2) In BASIC sind mindestens folgende Zeichen zugelassen:

- *Alphanumerische Zeichen:*

  Alle Großbuchstaben des lateinischen Alphabets
  Die arabischen Ziffern, wobei die Null zur Unterscheidung vom Buchstaben O durchgestrichen wird: Ø

- Die *Zeichen für arithmetische Operationen:*

  + (Addition), – (Subtraktion), * (Multiplikation), / (Division), ↑ oder ** (Potenzieren)

- Die *Zeichen für Vergleichsoperationen:*

  = (gleich), > (größer), < (kleiner), >= (größer oder gleich), <= (kleiner oder gleich), <> (ungleich)

- *Sonderzeichen:*

  . (Dezimalpunkt), , (Komma), ; (Semikolon), " (Anführungsstriche), ((öffnende Klammer),) (schließende Klammer),
  ␣ (Leerzeichen)

(3) Es werden folgende **Konstanten** unterschieden:

- *Numerische Konstanten*; das sind im Programm definierte Zahlen, die auftreten als

  - Integerkonstanten (ganze Zahlen),
  - Realkonstanten (reelle Zahlen).

  Bei den Realkonstanten unterscheidet man
  Festkommazahlen (auch Festpunktzahlen genannt), bei denen die Stellung des Dezimalpunkts festliegt, und
  Gleitkommazahlen (auch Gleitpunktzahlen genannt), bei denen die Stellung des Dezimalpunkts von der dargestellten Zehnerpotenz abhängt.

Hinweise:

1. Eine Null vor dem Dezimalpunkt wird nicht mitgeschrieben.
2. Der Teil einer Gleitkommazahl, der die signifikanten Ziffern enthält, heißt *Mantisse.*
3. In der Gleitkommadarstellung bedeutet der Buchstabe E eine Zehnerpotenz mit dem nachfolgend angegebenen Exponenten.

- *Zeichenkettenkonstanten;* das sind im Programm auftretende konkrete Zeichenketten

BEISPIEL 13/1

a) Beispiele für
   - Integerkonstante: 7, –168
   - Festkommazahlen: 33.547, –6.Ø5, .25
   - Gleitkommazahlen: 8.7E+3, 6.3E–2

b) Vergleich der BASIC-Notation mit der mathematischen Bezeichnungsweise:

BASIC-Notation	Mathematische Bezeichnung
5.83	5,83
8.7E+3	$8{,}7 \cdot 10^3$
6.3E−2	$6{,}3 \cdot 10^{-2}$
5 * 7	$5 \cdot 7$
64/8	64:8
3 ↑ 5	3^5
5 <> 7	$5 \neq 7$

(4) Während der Programmbearbeitung können den **Variablen** unterschiedliche Zahlen zugewiesen werden. Dieser Wert einer Variablen bleibt dann unverändert, bis eine neue Wertzuweisung erfolgt. Es werden folgende Variablen unterschieden:

- *Einfache Variablen:* Sie bekommen einen Namen, der aus einem Buchstaben oder aus zwei Buchstaben oder aus einem Buchstaben und einer Ziffer besteht, z. B. A, BX, X1.
- *Indizierte Variablen* zur Bezeichnung von Feldern: Sie bekommen einen Namen, der aus einem oder zwei Buchstaben mit höchstens zwei Indizes besteht, die in Klammern geschrieben werden, z. B. A(8) für a_8, C(I, J) für $c_{i,j}$, GH(C) für gh_c.
- Zeichenkettenvariablen (auch Stringvariablen genannt) beinhalten Zeichenketten: Sie bekommen einen Namen, der aus einem Buchstaben und dem Zeichen $ bzw. & besteht, z. B. A$, B&.

(5) **Arithmetische Ausdrücke** (in der Mathematik Terme genannt) sind Folgen von Variablen, Konstanten, Funktionen [↗ (6)] und Klammern, die durch arithmetische Operatoren verbunden werden. Die Priorität dieser Operatoren ist folgendermaßen festgelegt: Zuerst ↑, dann *, /, schließlich +, −. Im Falle gleicher Priorität zweier Operatoren erfolgt die Berechnung von links nach rechts.

BEISPIEL 13/2

BASIC-Notation	Mathematische Bezeichnung
2 * A ↑ 2 + 5	$2a^2 + 5$
(A ↑ 2 + B ↑ 2) ↑ 3	$(a^2 + b^2)^3$
(G * T ↑ 2)/2	$\frac{g}{2} t^2$
(2 * X)/(X ↑ 3 + 1)	$\frac{2x}{x^3 + 1}$

(6) **Funktionen**

In arithmetischen Ausdrücken können Funktionen aufgerufen werden. Man unterscheidet

- *Standardfunktionen*, deren Namen aus jeweils drei Buchstaben bestehen. Es gibt folgende Standardfunktionen, wobei X ein beliebiger arithmetischer Ausdruck sei:

BASIC-Notation	Mathematische Bezeichnung	Name	Hinweis auf Abschnitt
ABS(X)	$y = \|x\|$	Betragsfunktion	6.1.2.(2)
SGN(X)	$y = \operatorname{sgn} x$	Signumfunktion	
SQR(X)	$y = \sqrt{x}$	Wurzelfunktion	6.6.1.
EXP(X)	$y = e^x$	Exponentialfunktion	6.7.2.
LOG(X)	$y = \ln x$	Logarithmusfunktion	6.7.3.
SIN(X)	$y = \sin x$	Sinusfunktion	6.7.4.
COS(X)	$y = \cos x$	Cosinusfunktion	6.7.4.
TAN(X)	$y = \tan x$	Tangensfunktion	6.7.4.
ATN(X)	$y = \arctan x$	Arcustangensfunktion	6.7.5.
INT(X)	$y = [x]$	Entierfunktion	
RND		Zufallszahlen zwischen 0 und 1	

- *Funktionen*, die mit Hilfe der *Anweisung DEF* festgelegt werden. Ihr Name besteht aus den Buchstaben FN und weiteren frei wählbaren Buchstaben.

BEISPIEL 13/3

BASIC-Notierung	Mathematische Bezeichnung
TAN (X ↑ 2)	$y = \tan x^2$
SIN (SQR(1 + X ↑ 2))	$y = \sin \sqrt{1 + x^2}$
EXP (2*X)	$y = e^{2x}$

Definition einer Funktion:

DEF FNY 2 * X ↑ 2 + X	$y = 2x^2 + x$

13.3.3. Zum Aufbau von Programmen

(1) Ein **BASIC-Programm** besteht aus einer Anzahl von Anweisungen. Jede Anweisung umfaßt eine Zeile. Jede Zeile beginnt mit einer Zeilennummer (Anweisungsnummer), einer natürlichen Zahl außer 0. Es ist zweckmäßig, die Numerierung mit 10 zu beginnen und in Zehnerschritten fortzuschreiten, damit später, wenn es erforderlich sein sollte,

weitere Anweisungen eingefügt werden können. Der Anweisungsnummer folgt eine Anweisung, die Variablen, Terme oder Vergleiche beinhalten kann. Die maximale Länge einer Anweisung ist gerätebedingt.
Der Computer bearbeitet die Anweisungen Zeile für Zeile. Er beginnt mit der Zeile, die die niedrigste Zeilennummer trägt, auch wenn sie am Schluß hinzugefügt wurde. Eine besondere Anweisung für den *Beginn* eines Programms ist bei BASIC nicht erforderlich.
Das *Ende* eines Programms wird mit der **Anweisung END** angegeben. Die **Anweisung STOP** beendet ein Programm vorzeitig. Sie wird auch benötigt, wenn ein Programm aus einer Verzweigung heraus endet.
Will der Programmierer Mitteilungen an den Leser dem Programm beifügen (z. B. welches Problem mit diesem Programm gelöst wird, wer das Programm erarbeitet hat u. ä.), die nicht gedruckt werden sollen, dann gibt er die **Anweisung REM** [Abkürzung für remark (engl.) Bemerkung], die Kommentaranweisung genannt wird. REM-Anweisungen werden vom Computer nicht ausgeführt.
(2) Durch die **LET-Anweisung (Ergibtanweisung)** wird der Wert des rechts vom Ergibtzeichen »=« stehenden Terms der links vom Ergibtzeichen stehenden Variablen zugewiesen.

Hinweise:

1. Jede Anweisung beginnt mit einer Anweisungsnummer.
2. Das Symbol »=« ist hier kein Gleichheitszeichen, sondern ein **Zuweisungszeichen.** Ist eine Zuordnung in impliziter Form gegeben, dann muß sie bei der Zuweisung in die explizite Form übergeführt werden.
3. Oft wird die Anweisung »LET« nicht mitgeschrieben.

BEISPIEL 13/4

a) Die Anweisung »2Ø LET X = 8« bewirkt, daß die Zahl 8 auf dem Platz, der der Variablen X zugeordnet ist, abgespeichert wird.
b) Die Anweisung »3Ø LET N = N + 5« oder kurz »3Ø N = N + 5« bewirkt, daß N + 5 addiert werden und die Summe im Speicher unter N abgespeichert wird.
c) $\frac{1}{x} + \frac{1}{y} = \frac{1}{z}$ wird zunächst in die explizite Form gebracht:

$z = \cfrac{1}{\frac{1}{x} + \frac{1}{y}}$; dann ist die entsprechende BASIC-Anweisung

»4Ø LET Z = 1/((1/X) + (1/Y)«
d) Statt »5Ø LET Y = (3 * X) ↑ .5« wird auch geschrieben
»5Ø Y = (3 * X) ↑ .5«, in mathematischer Darstellung
$y = (3x)^{0,5} = \sqrt{3x}$.

Bei der LET-Anweisung ist es auch möglich, mehreren Variablen, z. B. X, Y, Z, die gleiche Zahl, z. B. 12, zuzuweisen. Man schreibt dann z. B. »6Ø LET X = Y = Z = 12«.

(3) **Eingabeanweisungen**

Durch die **Anweisung INPUT** werden bei der Dialogarbeitsweise dem Computer über ein Eingabegerät (Terminal) Konstanten bzw. Zeichenkettenkonstanten eingegeben und den in der INPUT-Anweisung festgelegten Variablen zugewiesen.
Einige Gerätetypen arbeiten mit der **READ-Anweisung** an Stelle von INPUT.

(4) **Ausgabeanweisungen**

Durch die **PRINT-Anweisung** werden vom Computer über ein Ausgabegerät (Terminal-Bildschirm, Drucker) Zahlen oder Texte ausgegeben, z. B. der Wert einer Variablen, ein Rechenergebnis, eine Überschrift. Die einfachsten Regeln für die Ausgabe sind:

1. PRINT A gibt den Wert von A aus und bewirkt einen Vorschub auf die nächste Zeile.
2. PRINT A, B gibt die Werte von A und B aus und bewirkt einen Vorschub auf die nächste Zeile.
3. PRINT bewirkt nur Vorschub auf die nächste Zeile.

Hinweis: Wird die Ausgabeanweisung ohne Semikolon oder ohne Komma abgeschlossen, erfolgt nach der Ausgabe ein Vorschub auf die nächste Zeile; wird sie mit einem Semikolon abgeschlossen, erfolgt kein Vorschub.

BEISPIEL 13/5

a) Programm zur Berechnung des Volumens und des Oberflächeninhalts eines Quaders
Mit diesem Programm sind das Volumen und der Oberflächeninhalt eines Quaders mit der Länge $a = 2{,}61$ m, der Breite $b = 3{,}54$ m und der Höhe $c = 1{,}03$ m zu berechnen.
Programmeingabe: (Die Anweisung »LET« wird hier und in den folgenden Beispielen nicht mitgeschrieben.)

```
5 PRINT "VOLUMEN UND OBERFLAECHENINHALT EINES
QUADERS"
                      Drucken der Überschrift
1Ø INPUT A, B, C      Eingeben der Variablen A,B,C für die Zahlenwerte
                      von Länge, Breite und Höhe
2Ø V = A * B * C      Berechnen des Volumens V
3Ø 0 = 2 * (A * B + B * C + C * A)
                      Berechnen des Oberflächeninhalts A0
4Ø PRINT "V="; V      Drucken des Zahlenwertes V

5Ø PRINT "0="; 0      Drucken des Zahlenwertes A0
6Ø END                Beenden des Programms
```

Programmabarbeitung:

```
2.61, 3.54, 1.Ø3    Eingeben der Zahlenwerte für A, B, C
```

Ausgabe auf Drucker:

```
VOLUMEN UND OBERFLAECHENINHALT EINES QUADERS
V=   9.5165820000
O=  31.1478000002
```

Bild 13/2

Ergebnis: Das Volumen dieses Quaders ist $V \approx 9{,}52\ \mathrm{m}^3$, sein Oberflächeninhalt ist $A_0 \approx 31{,}15\ \mathrm{m}^2$.

b) Programm zur Berechnung von Funktionswerten der Funktion f mit $f(x) = x^3 + 5x^2 - 10x - 3$
Es sind zu den Argumenten -5; $-2{,}5$; 0; 1,2; 2,4; 3,3; 5 die Funktionswerte zu berechnen.

Programmeingabe:

```
5 PRINT "BERECHNUNG VON FUNKTIONSWERTEN"
1Ø INPUT X
2Ø Y = X ↑ 3 + 5 * X ↑ 2 − 1Ø * X − 3
3Ø PRINT "Y="; Y
4Ø END
```

Programmtest und Ausgabe der Funktionswerte auf Drucker:

```
BERECHNUNG VON FUNKTIONSWERTEN
X=  -5.0000000000 Y=  47.0000000000
BERECHNUNG VON FUNKTIONSWERTEN
X=  -2.5000000000 Y=  37.6250000000
BERECHNUNG VON FUNKTIONSWERTEN
X=    .0000000000 Y=  -3.0000000000
BERECHNUNG VON FUNKTIONSWERTEN
X=   1.2000000000 Y=  -6.0720000000
BERECHNUNG VON FUNKTIONSWERTEN
X=   2.4000000000 Y=  15.6240000003
BERECHNUNG VON FUNKTIONSWERTEN
X=   3.3000000000 Y=  54.3870000010
BERECHNUNG VON FUNKTIONSWERTEN
X=   5.0000000000 Y= 197.0000000019
```

Bild 13/3

(5) Verzweigungsanweisungen

1. Unbedingte Verzweigungsanweisungen GOTO

Da ein Computer die verschiedenen Anweisungen eines Programms stets nach wachsender Anweisungsnummer bearbeitet, muß in dem Falle, da die Reihenfolge unterbrochen und an einer anderen Stelle fortgesetzt werden soll, eine Anweisung zur Änderung der Reihenfolge erteilt werden. Ist sie an keine zusätzliche Bedingung gebunden, wird sie **unbedingte Verzweigungsanweisung** genannt und mit GOTO angewiesen, verbunden mit der Nummer der Zeile, an der fortgesetzt werden soll.
GOTO-Anweisungen dienen häufig zur Rationalisierung eines Programms. GOTO-Anweisungen treten häufig nach bedingten Verzweigungen (↗ 2) auf.

BEISPIEL 13/6

In Beispiel 13/5b muß bei der Berechnung eines Funktionswertes jedes Mal erneut die Anweisung RUN gegeben und das Argument eingegeben werden (↗ Bild 13/3). Mit Hilfe der GOTO-Anweisung (Anweisung 35) wird der Computer veranlaßt, die einmal eingegebenen Argumente nacheinander zur Berechnung der Funktionswerte aufzurufen.

Programmverbesserung:

```
5 PRINT "BERECHNUNG VON FUNKTIONSWERTEN"
1Ø INPUT X
2Ø Y = X ↑ 3 + 5 * X ↑ 2 – 1Ø * X – 3
3Ø PRINT "Y=";Y
35 GOTO 1Ø
4Ø END
```

Programmabarbeitung und Ausgabe der Funktionswerte über Drucker:

–5, –2.5, Ø, 1.2, 2.4, 3.3, 5

```
BERECHNUNG VON FUNKTIONSWERTEN
X=  -5.0000000000 Y=  47.0000000000
X=  -2.5000000000 Y=  37.6250000000
X=    .0000000000 Y=  -3.0000000000
X=   1.2000000000 Y=  -6.0720000000
X=   2.4000000000 Y=  15.6240000003
X=   3.3000000000 Y=  54.3870000010
X=   5.0000000000 Y= 197.0000000019
```

Bild 13/4

2. **Bedingte Verzweigungsanweisung IF – THEN**

Wenn die Verzweigung von dem Ergebnis eines Vergleichs abhängt (entsprechend dem Entscheidungskästchen eines Programmablaufplans, Bild 13/5), dann wird sie **bedingte Verzweigung** genannt und mit IF – THEN angewiesen. Ein Programm kann dann auf einem von zwei Wegen fortgesetzt werden: Ist die Bedingung hinter IF

erfüllt,	nicht erfüllt,
dann erfolgt ein Sprung zu der Anweisung, deren Nummer hinter THEN angegeben ist.	dann wird die Anweisung mit der nächst höheren Anweisungsnummer ausgeführt.

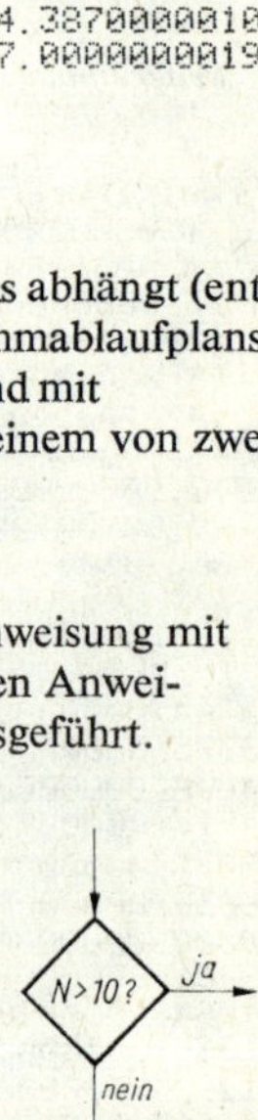

Bild 13/5

BEISPIEL 13/7

a) Es sollen die Kubikzahlen der Zahlen von 1 bis 25 berechnet und ausgedruckt werden.

Programmablaufplan (Flußdiagramm):

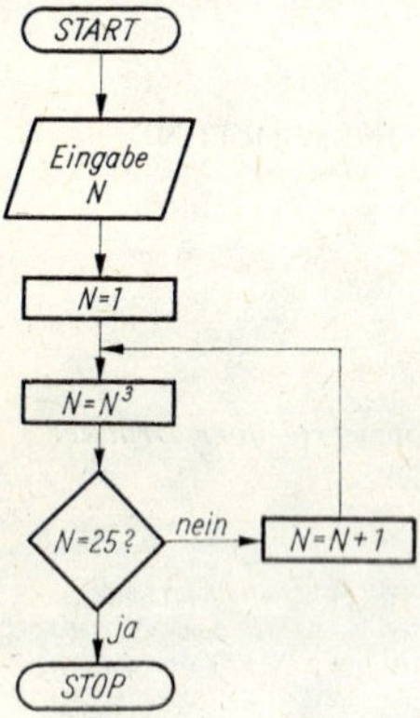

Programmeingabe:

```
5 PRINT "KUBIKZAHLEN DER NATUERLICHEN ZAHLEN 1 BIS 25"
1Ø N=1
2Ø K = N * N * N
3Ø PRINT K
4Ø IF N = 25 THEN 7Ø
5Ø N=N+1
6Ø GOTO 2Ø
7Ø END
```

Bild 13/6

Programmabarbeitung und Ausdruck:

```
KUBIKZAHLEN DER NATUERLICHEN ZAHLEN VON 1 BIS 25
   1.0000000000
   8.0000000000
  27.0000000000
  64.0000000000
 125.0000000000
 216.0000000000
 343.0000000000
 512.0000000000
 729.0000000000
1000.000000000
1331.000000000
1728.000000000
2197.000000000
2744.000000000
3375.000000000
4096.000000000
4913.000000000
5832.000000000
6859.000000000
8000.000000000
9261.000000000
10648.00000000
12167.00000000
13824.00000000
15625.00000000
```

Bild 13/7

b) Im Programm zur Berechnung des Kehrwertes einer reellen Zahl muß berücksichtigt werden, daß der Kehrwert von Null nicht erklärt ist.

Programmeingabe:

```
5  PRINT "KEHRWERT EINER REELLEN ZAHL"
1Ø INPUT N
2Ø IF N=Ø THEN 6Ø
3Ø K = 1/N
4Ø PRINT "N=";N;"K=";K
5Ø GOTO 1Ø
6Ø PRINT "N=Ø"; "KEHRWERT NICHT ERKLAERT"
7Ø GOTO 1Ø
8Ø END
```

Programmtestung und Ausgabe über Drucker:

−3,−2.5,−1.7321,Ø,.5,1.326,1.414,2.5,3.14159,3.2

```
KEHRWERT EINER REELLEN ZAHL
N=  -3.0000000000 K=   -.3333333333
N=  -2.5000000000 K=   -.4000000000
N=  -1.7321000000 K=   -.5773338722
N=0 KEHRWERT NICHT ERKLAERT
N=    .5000000000 K=   2.0000000000
N=   1.3260000000 K=    .7541478130
N=   1.4140000000 K=    .7072135785
N=   2.5000000000 K=    .4000000000
N=   3.1415900000 K=    .3183101550
N=   3.2000000000 K=    .3125000000
```

Bild 13/8

c) Programm zur Berechnung der Fakultät von *n*

```
5 PRINT "BERECHNUNG DER FAKULTAET VON N"
1Ø INPUT N
2Ø I=Ø
3Ø F=1
4Ø I=I+1
5Ø F=F*I
6Ø IF I<N THEN 4Ø
7Ø PRINT "N=";N;"F=";F
8Ø GOTO 1Ø
9Ø END
```

Programmtestung und Ausdruck:

5, 15, 25

```
BERECHNUNG DER FAKULTAET VON N
N=    5.0000000000 F= 120.0000000000
N=   15.0000000000 F=  1307674368000
N=   25.0000000000 F=  .15511210E+26
```

Bild 13/9

d) Programm zum Lösen quadratischer Gleichungen in Normalform (↗ 4.4.5.(2), Beispiel 4/16a, b)

```
5 PRINT "LOESEN QUADRATISCHER GLEICHUNGEN
   IN NORMALFORM"
1Ø PRINT "X↑2+P*X+Q=Ø"
2Ø PRINT
3Ø INPUT P,Q
4Ø PRINT "P=";P;"Q=";Q
5Ø PRINT
6Ø D=P*P/4-Q
7Ø IF D<Ø THEN 13Ø
8Ø W=SQR(D)
9Ø PRINT "X1="; -P/2+W
1ØØ PRINT "X2="; -P/2-W
11Ø PRINT
12Ø GOTO 3Ø
13Ø PRINT "KEINE REELLEN LOESUNGEN"
14Ø PRINT
15Ø GOTO 3Ø
16Ø END
```

Programmtestung und Ausdruck:

5,6,4,13,Ø,−25,Ø,36,−7, Ø,16,64

```
LOESEN QUADRATISCHER GLEICHUNGEN IN NORMALFORM
X↑2+P*X+Q=0

P=   5.0000000000 Q=   6.0000000000

X1=  -2.0000000000
X2=  -3.0000000000

P=   4.0000000000 Q=  13.0000000000

KEINE REELLEN LOESUNGEN

P=    .0000000000 Q= -25.0000000000

X1=   5.0000000000
X2=  -5.0000000000

P=    .0000000000 Q=  36.0000000000

KEINE REELLEN LOESUNGEN

P=  -7.0000000000 Q=    .0000000000

X1=   7.0000000000
X2=    .0000000000

P=  16.0000000000 Q=  64.0000000000

X1=  -8.0000000000
X2=  -8.0000000000
```

Bild 13/10

e) Programm zur Ermittlung aller Teiler einer natürlichen Zahl *a* (↗ 3.1.6.1.)

Programmeingabe:

```
5 PRINT "ERMITTLUNG ALLER TEILER EINER
  NATUERLICHEN ZAHL A"
1Ø INPUT A
2Ø B = INT(SQR(A))
3Ø I=1
4Ø C=A/I
5Ø IF INT(C)< >C THEN 8Ø
6Ø PRINT "A=";A
7Ø PRINT "I=";I;"C=";C
8Ø I=I+1
9Ø IF I<=B THEN 4Ø
1ØØ PRINT
11Ø END
```

Programmtestung und Ausgabe über Drucker:

```
ERMITTLUNG ALLER TEILER EINER NATUERLICHEN ZAHL A
A=  39.0000000000
I=    1.0000000000 C=  39.0000000000
A=  39.0000000000
I=    3.0000000000 C=  13.0000000000

ERMITTLUNG ALLER TEILER EINER NATUERLICHEN ZAHL A
A= 438.0000000000
I=    1.0000000000 C= 438.0000000000
A= 438.0000000000
I=    2.0000000000 C= 219.0000000000
A= 438.0000000000
I=    3.0000000000 C= 146.0000000000
A= 438.0000000000
I=    6.0000000000 C=  73.0000000000

ERMITTLUNG ALLER TEILER EINER NATUERLICHEN ZAHL A
A= 45329855.00000
I=    1.0000000000 C= 45329855.00000
A= 45329855.00000
I=    5.0000000000 C= 9065971.000000
A= 45329855.00000
I=   47.0000000000 C= 964465.0000000
A= 45329855.00000
I=   67.0000000000 C= 676565.0000000
A= 45329855.00000
I=  235.0000000000 C= 192893.0000000
A= 45329855.00000
I=  335.0000000000 C= 135313.0000000
A= 45329855.00000
I= 2879.000000000 C= 15745.00000000
A= 45329855.00000
I= 3149.000000000 C= 14395.00000000
```

Bild 13/11

(6) Laufanweisung (FOR- und NEXT-Anweisungen)

Wenn in einem Programm dieselbe Rechnung mit mehr als einem Datensatz bei konstanter Schrittweite durchzuführen ist, wird zur Rationalisierung ein **Zyklus**, beginnend mit der **FOR-Anweisung** und beendet mit der **NEXT-Anweisung**, verwendet. Für das Aufstellen eines Zyklus gelten folgende Regeln:

- Zu jeder FOR-Anweisung gehört eine NEXT-Anweisung, die sich auf die gleiche Laufvariable bezieht. Die Variable darf innerhalb eines Zyklus nicht verändert werden.
- Die FOR-Anweisung, z. B. 3Ø FOR 1 TO 16 STEP 3, bedeutet: »Für den Anfangswert 1 der Variablen N bis zum Endwert 16 mit der Schrittweite 3«.
- Fehlt in der FOR-Anweisung die Angabe der Schrittweite, so gilt STEP 1.
- Bei positiver (bzw. negativer) Schrittweite wird der Zyklus so oft durchlaufen, bis der Wert der Schleifenvariablen größer (bzw. kleiner) als der Endwert ist.
- Die NEXT-Anweisung enthält die Angabe der Laufvariablen nach NEXT.
- FOR/NEXT-Zyklen können geschachtelt werden; d. h., der innere Zyklus muß vollständig in dem äußeren enthalten sein; z. B.

```
3Ø FOR A=1 TO 16   ──────────────┐
4Ø FOR B=1 TO 6    ──┐           │
...                  │ innerer   │ äußerer
                     │ Zyklus    │ Zyklus
8Ø NEXT B          ──┘           │
9Ø NEXT A          ──────────────┘
```

BEISPIEL 13/8

a) Programm zur Berechnung der Summe der ersten 136 natürlichen Zahlen

Programmeingabe:

```
5 PRINT "SUMME DER NATUERLICHEN ZAHLEN
  VON 1 BIS 136"
1Ø S = Ø
2Ø FOR N=1 TO 136
3Ø       S = S + N
4Ø NEXT N
5Ø PRINT "S=";S
6Ø END
```

Hinweis: Das Einrücken der Anweisung 3Ø innerhalb des FOR/NEXT-Zyklus dient der Übersichtlichkeit.

Programmtest und Ausdruck:

```
SUMME DER NATUERLICHEN ZAHLEN VON 1 BIS 136
S= 9316.000000000
```

Bild 13/12

b) Programm zur Ermittlung des größten gemeinsamen Teilers zweier ganzer Zahlen (↗ 3.1.6.5.)

Programmeingabe:

```
5 PRINT "GROESSTER GEMEINSAMER TEILER"
10 INPUT A,B
20 FOR X = 1 TO A
30       D = INT(A/X)
40       E = A - X * D
50       F = INT(B/X)
60       G  = B - X * F
70       IF E<>0 THEN 100
80       IF G<>0 THEN 100
90       Z = X
100 NEXT X
110 PRINT
120 PRINT "DER GROESSTE GEMEINSAME TEILER VON"; A
130 PRINT "UND"; B; "IST"; Z
140 END
```

Hinweis: Die Anweisungen 30 und 40 prüfen, ob A durch X teilbar ist.
Test auf die Teilbarkeit von B durch X in den Anweisungen 50 und 60.

Programmtest (größter gemeinsamer Teiler von 51 und 119; von 363 und 589; von 834 und 5499) *und Ausdruck:*

```
GROESSTER GEMEINSAMER TEILER

DER GROESSTE GEMEINSAME TEILER VON  51.0000000000 UND
119.0000000000 IST  17.0000000000
GROESSTER GEMEINSAMER TEILER

DER GROESSTE GEMEINSAME TEILER VON 363.0000000000 UND
589.0000000000 IST   1.0000000000
GROESSTER GEMEINSAMER TEILER

DER GROESSTE GEMEINSAME TEILER VON 834.0000000000 UND
5499.000000000 IST   3.0000000000
```

Bild 13/13

c) Programm zur Berechnung der Primzahlen, die kleiner als *n* sind

Programmeingabe:

```
5 PRINT "BERECHNUNG DER PRIMZAHLEN,
  DIE KLEINER ALS N SIND"
10 INPUT N
20 PRINT "2"
30 FOR I = 3 TO N
40       Q = SQR(I)
50       J = 1
60       J = J + 1
70       IF INT(I/J)<>I/J THEN 90
80       GOTO 110
90       IF J<Q THEN 60
100      PRINT I
110 NEXT I
120 END
```

Programmtest für $n = 300$ und *Ausdruck:*
300

```
BERECHNUNG DER PRIMZAHLEN, DIE KLEINER ALS N SIND
2
  3.0000000000   5.0000000000   7.0000000000  11.0000000000
 13.0000000000  17.0000000000  19.0000000000  23.0000000000
 29.0000000000  31.0000000000  37.0000000000  41.0000000000
 43.0000000000  47.0000000000  53.0000000000  59.0000000000
 61.0000000000  67.0000000000  71.0000000000  73.0000000000
 79.0000000000  83.0000000000  89.0000000000  97.0000000000
101.0000000000 103.0000000000 107.0000000000 109.0000000000
113.0000000000 127.0000000000 131.0000000000 137.0000000000
139.0000000000 149.0000000000 151.0000000000 157.0000000000
163.0000000000 167.0000000000 173.0000000000 179.0000000000
181.0000000000 191.0000000000 193.0000000000 197.0000000000
199.0000000000 211.0000000000 223.0000000000 227.0000000000
229.0000000000 233.0000000000 239.0000000000 241.0000000000
251.0000000000 257.0000000000 263.0000000000 269.0000000000
271.0000000000 277.0000000000 281.0000000000 283.0000000000
293.0000000000
```

Bild 13/14

(7) Unterprogrammanweisung (GOSUB/RETURN)

Kommen in einem BASIC-Programm Programmschritte mehrmals vor, dann ist es rationell, wenn die Programmschritte als ein **Unterprogramm** nur einmal geschrieben zu werden brauchen. Dieses wird über die Anweisung GOSUB mit der ersten Anweisungsnummer des Unterprogramms aufgerufen und mit der Anweisung RETURN abgeschlossen. Damit wird dann zur nächsten Anweisung des (Haupt-) Programms zurückgegangen. Ein Unterprogramm kann an beliebigen Stellen des Programms beliebig oft aufgerufen werden (Bild 13/15).

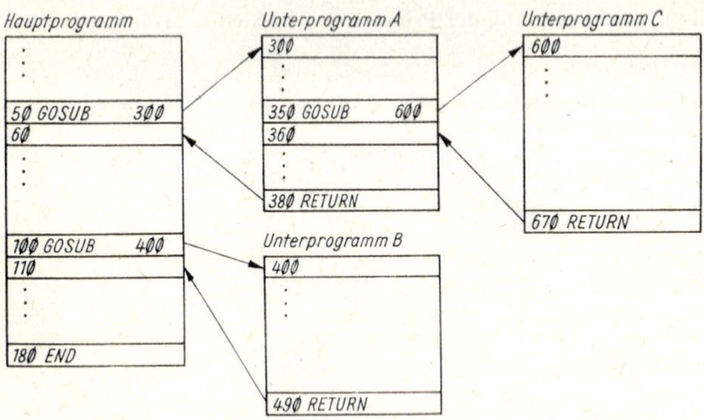

Bild 13/15

BEISPIEL 13/9

Es ist ein Programm zur Berechnung der Anzahl *C* der Kombinationen von *n* Elementen zur *k*-ten Klasse ohne Wiederholung (↗ 3.1.7.3.) zu schreiben. Damit ist die Anzahl *C* der Kombinationen von 18 Elementen zur 5. Klasse ohne Wiederholung zu berechnen.

Da in der entsprechenden Formel $C_n^{(k)} = \frac{n!}{k!(n-k)!}$ $(n, k \in \mathbf{N}, n \geqq k)$ mehrmals Fakultäten zu berechnen sind, wird das Programm zur Berechnung der Fakultät von *n* (↗ Beispiel 13/7c) als Unterprogramm mit neuer Numerierung verwendet.

Programmeingabe:

```
5 PRINT "BERECHNUNG DER ANZAHL C
  VON KOMBINATIONEN"
1Ø INPUT N,K
2Ø GOSUB 3ØØ
3Ø NF = F
4Ø N = N - K
5Ø GOSUB 3ØØ
6Ø DF = F
7Ø N = K
8Ø GOSUB 3ØØ
9Ø KF = F
1ØØ C = NF/(KF*DF)
11Ø PRINT "C=";C
12Ø END
3ØØ REM BERECHNUNG DER FAKULTAET VON N
31Ø I = Ø
32Ø F = 1
33Ø I = I + 1
34Ø F = F * I
35Ø IF I<N THEN 33Ø
36Ø PRINT "N=";N;"F=";F
37Ø RETURN
```

Programmabarbeitung für $n = 18$ und $k = 5$ sowie *Ausdruck:* 18,5

```
BERECHNUNG DER ANZAHL C VON KOMBINATIONEN
N=  18.0000000000 F=  .64023737E+16
N=  13.0000000000 F= 6227020800.000
N=   5.0000000000 F= 120.0000000000
C= 8568.000000000
```

Bild 13/16

(8) Formatisierte Ausgabe (OUTPUT)

Mit Hilfe der OUTPUT-Anweisung kann die Ausgabe der Daten weitgehend flexibel gestaltet werden.

In dieser Anweisung wird in Klammern eine **Datenliste**, die aus einer Folge von arithmetischen Ausdrücken oder Zeichenkettenvariablen besteht, und ebenfalls in Klammern eine **Formatliste**, die aus einer Folge

von Datenformaten oder Steuerformaten besteht, mitgeteilt. Die Daten werden gemäß der Formatliste dann ausgedruckt.
Da die OUTPUT-Anweisung rechnerspezifisch gestaltet wird, soll hier auf Einzelheiten nicht eingegangen werden.

13.3.4. Feldverarbeitung

(1) Unter einem **Feld** versteht man einen Satz von zusammenhängenden Speicherplätzen im Computer, der für

- eine Liste (eindimensionales Feld, Vektor ↗ Abschnitt 7.) oder
- eine Tabelle (zweidimensionales Feld, Matrix ↗ Abschnitt 8.)

reserviert ist.

Elemente einer Liste tragen einen Index, z. B. x_i, Elemente einer Tabelle zwei Indizes, z. B. a_{ik}. In BASIC werden solche Variablen indizierte Variablen [↗ 13.3.2.(4)] genannt.

(2) Die Anweisung DIM, **Dimensionsanweisung** genannt, weist einer Liste oder Tabelle einen Namen zu, der nur aus einem Buchstaben besteht, und gibt in Klammern an, wie viele Speicherplätze für sie reserviert werden müssen. Sie gibt die obere Feldgrenze an, wobei die untere Feldgrenze in der Regel mit 1 festgelegt ist, z. B. erklärt

- 5Ø DIM A(5) A zum Namen einer Liste, die fünf Speicherplätze benötigt: A(1), A(2), A(3), A(4), A(5);
- 8Ø DIM B(2,3) B zum Namen einer Tabelle, die aus 2 Zeilen und 3 Spalten besteht. In dem Element B(2,1) gibt der erste Index die Zeilennummer, der zweite die Spaltennummer an.

(3) **Matrixanweisungen in BASIC**

Jede Anweisung zur Bearbeitung von Matrizen beginnt mit dem Schlüsselwort MAT. Es gibt folgende MAT-Anweisungen:

MAT READ B	bewirkt	Einlesen der Matrix ***B***
MAT INPUT B	bewirkt	Eingeben der Matrix ***B***
MAT PRINT B	bewirkt	Drucken der Matrix ***B***
MAT B = TRN(A)	bewirkt	Transponieren der Matrix ***A***
MAT B = INV(A)	bewirkt	Invertieren der Matrix ***A***
MAT B = ZER	erzeugt	eine Nullmatrix
MAT B = IDN	erzeugt	eine Einheitsmatrix
MAT C = A + B	bewirkt	Addition der Matrizen ***A*** und ***B***
MAT C = A − B	bewirkt	Subtraktion der Matrizen ***A***, ***B***
MAT C = (K)*B	bewirkt	skalare Multiplikation der Matrix ***B*** mit der Zahl k
MAT C = A*B	bewirkt	Multiplikation der Matrizen ***A*** und ***B***

Es ist zu beachten, daß ein Vektor der Dimension n vom Computer als $(n, 1)$-Matrix aufgefaßt wird.

(4) Ein Feld *A* wird bei Dialogbetrieb durch die Anweisungen

```
10 DIM A(M,N)
20 MAT INPUT A
```

zeilenweise eingegeben. Dafür kann man auch kurz schreiben:

```
10 MAT INPUT A(M,N).
```

Bei anderen Implementierungen werden aus Platzgründen vier Elemente einer Matrix auf eine Zeile geschrieben. Will man eine Matrix in die übliche »gepackte« Form bringen, ist ein zusätzliches Programm erforderlich:

Programmeingabe:

```
 7 M=2
 8 N=3
 9 MAT INPUT A(M,N)
10 FOR I=1 TO M
20 FOR J=1 TO N
30 PRINT A(I,J);
40 NEXT J
50 PRINT
60 NEXT I
```

Programmabarbeitung für die Matrix *A*(2,3) mit 5,3,4,1,6,2

```
5.0000000000   3.0000000000   4.0000000000
1.0000000000   6.0000000000   2.0000000000
```

Bild 13/17

(5) Bei manchen Implementierungen sind zum **Drucken einer Matrix** zwei Formate möglich: »gepackt«, wenn hinter MAT PRINT A ein Semikolon steht; über die ganze Seite verteilt, wenn hinter MAT PRINT A ein Komma steht. In den folgenden Beispielen stehen vier Matrixelemente in einer Zeile.

BEISPIEL 13/10

a) Programm zum Transponieren der Matrix *A* (↗ Beispiel 8/10)

Programmeingabe:

```
5 PRINT "TRANSPONIEREN DER MATRIX A"
10 DIM A(2,3), B(3,2)
20 MAT INPUT A
30 PRINT "MATRIX A"
40 PRINT
50 MAT PRINT A
60 MAT B = TRN(A)
70 PRINT "DIE TRANSPONIERTE MATRIX VON A IST"
80 PRINT "MATRIX B"
90 PRINT
100 MAT PRINT B
110 END
```

Programmtest und Ausdruck:

5,3,4,1,6,2

```
TRANSPONIEREN DER MATRIX A
MATRIX A

  5.0000000000   3.0000000000   4.0000000000   1.0000000000
  6.0000000000   2.0000000000
DIE TRANSPONIERTE MATRIX VON A IST
MATRIX B

  5.0000000000   1.0000000000   3.0000000000   6.0000000000
  4.0000000000   2.0000000000
```

Bild 13/18

b) Programm zur Invertierung einer Matrix ***A*** (↗ Beispiel 8/26)

Programmeingabe:

```
5 PRINT "INVERTIERUNG EINER MATRIX A"
1Ø MAT INPUT A(3,3)
2Ø PRINT "MATRIX A"
3Ø MAT PRINT A
4Ø DIM B(3,3)
5Ø MAT B = INV(A)
6Ø PRINT "INVERSE DER MATRIX A IST"
7Ø PRINT "MATRIX B"
8Ø MAT PRINT B
9Ø END
```

Programmtest und Ausdruck:

1, – 2,1,Ø,1,2,1, – 1,2

```
INVETIERUNG EINER MATRIX A
MATRIX A
  1.0000000000  -2.0000000000   1.0000000000    .0000000000
  1.0000000000   2.0000000000   1.0000000000  -1.0000000000
  2.0000000000
INVERSE DER MATRIX A IST
MATRIX B
 -4.0000000000  -3.0000000000   5.0000000000  -2.0000000000
 -1.0000000000   2.0000000000   1.0000000000   1.0000000000
 -1.0000000000
```

Bild 13/19

c) Programm der Multiplikation der Matrizen ***A***, ***B***

Programmeingabe:

```
5 PRINT "MULTIPLIKATION ZWEIER MATRIZEN A UND B"
1Ø DIM A(3,3), B(3,2), C(3,2)
2Ø PRINT "MATRIX A"
3Ø MAT INPUT A(3,3)
4Ø MAT PRINT A
```

```
5Ø PRINT
6Ø PRINT "MATRIX B"
7Ø MAT INPUT B(3,2)
8Ø MAT PRINT B
9Ø PRINT
1ØØ REM MULTIPLIKATION DER MATRIZEN A UND B
11Ø MAT C = A*B
12Ø PRINT "MATRIX C"
130 MAT PRINT C
14Ø END
```

Programmtest und Ausdruck:

```
3,2,1,4,-2,5,1,Ø,3
4,3,2,Ø,-1,2
```

```
MULTIPLIKATION ZWEIER MATRIZEN A UND B
MATRIX A
  3.0000000000   2.0000000000   1.0000000000   4.0000000000
 -2.0000000000   5.0000000000   1.0000000000    .0000000000
  3.0000000000

MATRIX B
  4.0000000000   3.0000000000   2.0000000000    .0000000000
 -1.0000000000   2.0000000000

MATRIX C
 15.0000000000  11.0000000000   7.0000000000  22.0000000000
  1.0000000000   9.0000000000
```

Bild 13/20

d) Programm zur Lösung eines linearen Gleichungssystems mit Hilfe der inversen Matrix (vgl. Beispiel 8/29). Die Koeffizientenmatrix muß regulär sein.

Programmeingabe:

```
5 PRINT "LOESEN EINES LINEAREN GLEICHUNGSSYSTEMS"
6 PRINT "MIT HILFE DER INVERSEN MATRIX"
1Ø INPUT N
2Ø DIM A(N,N), X(N), B(X), C(N,N)
3Ø PRINT
4Ø PRINT "MATRIX A"
5Ø MAT INPUT A
6Ø MAT PRINT A
7Ø PRINT
8Ø PRINT "MATRIX B"
9Ø MAT INPUT B
1ØØ MAT PRINT B
11Ø PRINT
12Ø MAT C = INV(A)
13Ø PRINT "MATRIX C"
14Ø MAT PRINT C
15Ø MAT X = C*B
```

```
160 PRINT
170 PRINT "DER LOESUNGSVEKTOR IST"
180 MAT PRINT X
190 END
```

Programmtestung und Ausdruck:

```
3
1,2,3,2,3,-2,3,-4,-5
4,1,8
```

```
LOESEN EINES LINEAREN GLEICHUNGSSYSTEMS
MIT HILFE DER INVERSEN MATRIX

MATRIX A
   1.0000000000   2.0000000000   3.0000000000   2.0000000000
   3.0000000000  -2.0000000000   3.0000000000  -4.0000000000
  -5.0000000000

 MATRIX B
   4.0000000000   1.0000000000   8.0000000000

 MATRIX C
    .3484848485    .0303030303    .1969696970   -.0606060606
    .2121212121   -.1212121212    .2575757576   -.1515151515
    .0151515152

 DER LOESUNGSVEKTOR X IST
   3.0000000000  -1.0000000000   1.0000000000
```

Bild 13/21

Sachwortverzeichnis